世纪数学教育信息化精品教材

高职高专数学立体化教材

线性代数与概率统计

（经管类·高职高专版·第四版）

⊙ 吴赣昌　主编

中国人民大学出版社
·北京·

内容简介

本书根据高职高专院校经管类本科专业线性代数与概率统计课程的最新教学大纲编写而成，并在第三版的基础上进行了重大修订和完善（详见本书前言）。本书包含行列式、矩阵、线性方程组、概率统计基础知识等内容模块，并特别加强了数学建模与数学实验教学环节。

本“书”远非传统意义上的书，作为立体化教材，它包含线下的“书”和线上的“服务”两部分。其中线上的“服务”用以下两种形式提供：一是书中各处的二维码，用户通过手机或平板电脑等移动端扫码即可使用；二是在本书的封面上提供的网络账号，用户通过它即可登录与本书配套建设的网络学习空间。

网络学习空间中包含与本书配套的在线学习系统，该系统在内容结构上包含教材中每节的教学内容及相关知识扩展、教学例题及综合进阶典型题详解、数学实验及其详解、习题及其详解等，并为每章增加了综合训练，其中包含每章的总结、题型分析及其详解等。该系统采用交互式多媒体化建设，并支持用户间在线求助与答疑，为用户自主式高效率地学习奠定基础。

本书可作为高职高专院校经管类专业的线性代数与概率统计教材，并可作为上述各专业领域读者的教学参考书。

前　　言

大学数学是自然科学的基本语言，是应用模式探索现实世界物质运动机理的主要手段. 对于大学非数学专业的学生而言，大学数学的教育，其意义则远不仅仅是学习一种专业的工具而已. 中外大量的教育实践事实充分显示了: 优秀的数学教育，乃是一种人的理性的思维品格和思辨能力的培育，是聪明智慧的启迪，是潜在的能动性与创造力的开发，其价值是远非一般的专业技术教育所能相提并论的.

随着我国高等教育自1999年开始迅速扩大招生规模，至2009年的短短十年间，我国高等教育实现了从精英教育到大众化教育的过渡，走完了其他国家需要三五十年甚至更长时间才能走完的道路. 教育规模的迅速扩张，给我国的高等教育带来了一系列的变化、问题与挑战. 大学数学的教育问题首当其冲受到影响. 大学数学教育过去是面向少数精英的教育，由于学科的特点，数学教育呈现几十年甚至上百年一贯制，仍处于经典状态. 当前大学数学课程的教学效果不尽如人意，概括起来主要表现在以下两方面: 一是教材建设仍然停留在传统模式上，未能适应新的社会需求. 传统的大学数学教材过分追求逻辑的严密性和理论体系的完整性，重理论而轻实践，剥离了概念、原理和范例的几何背景与现实意义，导致教学内容过于抽象，也不利于与后续课程教学的衔接，进而造成了学生“学不会，用不了”的尴尬局面. 二是在信息技术及其终端产品迅猛发展的今天，在大学数学教育领域，信息技术的应用远没有在其他领域活跃，其主要原因是:在教材和教学建设中没能把信息技术及其终端产品与大学数学教学的内容特点有效地整合起来.

作者主编的“大学数学立体化教材”，最初脱胎于作者在2000—2004年研发的“大学数学多媒体教学系统”. 2006年，作者与中国人民大学出版社达成合作，出版了该系列教材的第一版，合作期间，该系列教材经历多次改版，并于2011年出版了第四版，具体包括: 面向普通本科理工类、经管类与纯文科类的完整版系列教材; 面向普通本科部分专业和三本院校理工类与经管类的简明版系列教材; 面向高职高专院校理工类与经管类的高职高专版系列教材. 在上述第四版及相关系列教材中，作者加强了对大学数学相关教学内容中重要概念的引入、重要数学方法的应用、典型数学模型的建立、著名数学家及其贡献等方面的介绍，丰富了教材内涵，初步形成了该系列教材的特色. 令人感到欣慰的是，自2006年以来，“大学数学立体化教材”已先后被国内数百所高等院校广泛采用，并对大学数学的教育改革起到了积极的推动作用.

2017年，距2011年的改版又过去了6年. 而在这6年时间里，随着移动无线通信技术(如3G、4G等)、宽带无线接入技术(如Wi-Fi等)和移动终端设备(如智能手机、平板电脑等)的飞速发展，那些以往必须在电脑上安装运行的计算软件，如今在普通的智能手机和平板电脑上通过移动互联网接入即可流畅运行，这为各类教育信息化产品的服务向前延伸奠定了基础．

作者本次启动的“大学数学立体化教材”(第五版) 的改版工作，旨在充分利用移动互联网、移动终端设备与相关信息技术软件为教材用户提供更优质的学习内容、实验案例与交互环境．顺利实现这一宗旨，还得益于作者主持的数苑团队的另一项工作成果：公式图形可视化在线编辑计算软件．该软件于 2010 年研发成功时，仅支持在 Win 系统电脑中通过 IE 类浏览器运行．2014 年10月底，万维网联盟 (W3C) 组织正式发布并推荐了跨系统与跨浏览器的 HTML5.0 标准．为此，数苑团队通过最近几年的努力，也实现了相关技术突破．如今，数苑团队研发的公式图形可视化在线编辑计算软件已支持在各类操作系统的电脑和移动终端 (包括智能手机、平板电脑等) 上运行于不同的浏览器中，这为我们接下来的教材改版工作奠定了基础．

作者本次“大学数学立体化教材”(第五版) 的改版具体包括：面向普通本科院校的“理工类 · 第五版”“经管类 · 第五版”与“纯文科类 · 第四版”；面向普通本科少学时或三本院校的“理工类 · 简明版 · 第五版”“经管类 · 简明版 · 第五版”与“综合类 · 简明版”合订本；面向高职高专院校的“理工类 · 高职高专版 · 第四版”“经管类 · 高职高专版 · 第四版”与“综合类 · 高职高专版 · 第三版”．

本次改版的指导思想是：为帮助教材用户更好地理解教材中的重要概念、定理、方法及其应用，设计了大量相应的数学实验．实验内容包括：数值计算实验、函数计算实验、符号计算实验、2D 函数图形实验、3D 函数图形实验、矩阵运算实验、随机数生成实验、统计分布实验、线性回归实验、数学建模实验等．相比教材正文所举示例，这些实验设计的复杂程度更高、数据规模更大、实用意义也更大．本系列教材于 2017 年改版修订的各个版本均包含了针对相应课程内容的数学实验，其中的大部分都在教材内容页面上提供了对应的二维码，用户通过微信扫码功能扫描指定的二维码，即可进行相应的数学实验，而完整的数学实验内容则呈现在教材配套的网络学习空间中．

大学数学按课程模块分为高等数学(微积分)、线性代数、概率论与数理统计三大模块，各课程的改版情况简介如下：

高等数学课程：函数是高等数学的主要研究对象，函数的表示法包括解析法、图像法与表格法．以往受计算分析工具的限制，人们对函数的解析表示、图像表示与数表表示之间的关系往往难以把握，大大影响了学习者对函数概念的理解．为了弥补这方面的缺失，欧美发达国家的大学数学教材一般都补充了大量流程分析式的图像说明，因而其教材的厚度与内涵也远较国内的厚重．有鉴于此，在高等数学课程的数学实验中，我们首先就函数计算与函数图形计算方面设计了一系列的数学实验，包括函数值计算实验、不同坐标系下 2D 函数的图形计算实验和 3D 函数的图形计算实验等，实验中的函数模型较教材正文中的示例更复杂，但借助微信扫码功能可即时实现重复实验与修改实验．其次，针对定积分、重积分与级数的教学内容设计了一系列求和、多重求和、级数展开与逼近的数学实验.此外，还根据相应教学内容的需求，设计了一系列数值计算实验、符号计算实验与数学建模实验.这些数学实验有助于用户加深对高等数学中基本概念、定理与思想方法的理解，让他们通过对量变到质变过程的观察，更深刻地理解数学中近似与精确、量变与质变之间的辩证关系.

线性代数课程：矩阵实质上就是一张长方形数表，它是研究线性变换、向量组线性相关性、线性方程组的解、二次型以及线性空间的不可替代的工具.因此，在线性代数课程的数学实验设计中，首先就矩阵基于行(列)向量组的初等变换运算设计了一系列数学实验，其中矩阵的规模大多为6~10阶的，有助于帮助用户更好地理解矩阵与其行阶梯形、行最简形和标准形矩阵间的关系.进而为矩阵的秩、向量组线性相关性、线性方程组及其应用、矩阵的特征值及其应用、二次型等教学内容分别设计了一系列相应的数学实验.此外，还根据教学的需要设计了部分数值计算实验和符号计算实验，加强用户对线性代数核心内容的理解，拓展用户解决相关实际应用问题的能力.

概率论与数理统计课程：本课程是从数量化的角度来研究现实世界中的随机现象及其统计规律性的一门学科.因此，在概率论与数理统计课程的数学实验中，我们首先设计了一系列服从均匀分布、正态分布、0–1分布与二项分布的随机试验，让用户通过软件的仿真模拟试验更好地理解随机现象及其统计规律性.其次，基于计算软件设计了常用统计分布表查表实验，包括泊松分布查表、标准正态分布函数查表、标准正态分布查表、t分布查表、F分布查表与卡方分布查表等.再次，还设计了针对数组的排序、分组、直方图与经验分布图的一系列数学实验.最后，针对经验数据的散点图与线性回归设计了一系列数学实验.这些数学实验将会在帮助用户加深对概率论与数理统计课程核心内容的理解、拓展解决相关实际应用问题的能力上起到积极作用.

致用户

作者主编的"大学数学立体化教材"(第五版)及2017年改版的每本教材，均包含了与相应教材配套的网络学习空间服务.用户通过教材封面下方提供的网络学习空间的网址、账号和密码，即可登录相应的网络学习空间.网络学习空间提供了远较纸质教材更为丰富的教学内容、教学动画以及教学内容间的交互链接，提供了教材中所有习题的解答过程.在所有内容与习题页面的下方，均提供了用户间的在线交互讨论功能，作者主持的数苑团队也将在该网络学习空间中为你服务.使用微信扫码功能扫描教材封面提供的二维码，绑定微信号，你即可通过扫描教材内容页面提供的二维码进行相关的数学实验.

在你进入高校后即将学习的所有大学课程中，就提高你的学习基础、提升你的学习能力、培养你的科学素质和创新能力而言，大学数学是最有用且最值得你努力的课程.事实上，像微积分、线性代数、概率论与数理统计这些大学数学基础课程，你无论怎样评价其重要性都不为过，而学好这些大学数学基础课程，你将终生受益.

主动把握好从“学数学”到“做数学”的转变，这一点在大学数学的学习中尤为重要，不要以为你在课堂教学过程中听懂了就等于学到了，事实上，你需要在课后花更多的时间去主动学习、训练与实验，才能真正掌握所学知识.

致教师

使用本系列教材的教师，请登录数苑网“大学数学立体化教材”栏目：

http://www.math168.com/dxsx

作者主持的数苑团队在那里为你免费提供与本系列教材配套的教学课件系统及相关的备课资源，它们是作者团队十余年积累与提升的成果. 与本系列教材配套建设的信息化系统平台包括在线学习平台、试题库系统、在线考试及其预约管理系统等，感兴趣和有需要的用户可进一步通过数苑网的在线客服联系咨询.

正如美国《托马斯微积分》的作者 G.B.Thomas 教授指出的，“一套教材不能构成一门课；教师和学生在一起才能构成一门课”，教材只是支持这门课程的信息资源. 教材是死的，课程是活的. 课程是教师和学生共同组成的一个相互作用的整体，只有真正做到以学生为中心，处处为学生着想，并充分发挥教师的核心指导作用，才能使之成为富有成效的课程． 而本系列教材及其配套的信息化建设将为教学双方在教、学、考各方面提供充分的支持，帮助教师在教学过程中发挥其才华，帮助学生富有成效地学习.

作 者

2017 年 3 月 28 日

目　录

第一部分　线性代数

第二部分　概率统计

第一部分　线性代数

第1章　行 列 式

行列式实质上是由一些数值排列成的数表按一定的法则计算得到的一个数. 早在1683年与1693年,日本数学家关孝和与德国数学家莱布尼茨就分别独立地提出了行列式的概念. 以后很长一段时间内, 行列式主要应用于对线性方程组的研究. 大约一个半世纪后, 行列式逐步发展成为线性代数的一个独立的理论分支.1750年, 瑞士数学家克莱姆在他的论文中提出了利用行列式求解线性方程组的著名法则——克莱姆法则. 随后, 1812年, 法国数学家柯西发现了行列式在解析几何中的应用, 这一发现激起人们对行列式的应用进行探索的浓厚兴趣, 这种兴趣前后持续了近100年.

在柯西所处的时代, 人们讨论的行列式的阶数通常很小, 行列式在解析几何以及数学的其他分支中都扮演着很重要的角色. 如今, 由于计算机和计算软件的发展, 在常见的高阶行列式计算中, 行列式的数值意义已经不大. 但是, 行列式公式依然可以给出构成行列式的数表的重要信息. 在线性代数的某些应用中, 行列式的知识依然很有用. 特别是在本课程中, 行列式是研究后面的线性方程组、矩阵及向量组的线性相关性的一种重要工具.

§1.1　行列式的定义

二阶行列式与三阶行列式的内容在中学课程中已经涉及, 本节主要对这些知识进行复习与总结, 归纳给出 n 阶行列式的定义, 并介绍了三种特殊的行列式, 即上三角形行列式、下三角形行列式和对角行列式.

一、二阶行列式的定义

记号 $\begin{vmatrix} a_{11} & a_{12} \\ a_{21} & a_{22} \end{vmatrix}$ 表示代数和 $a_{11}a_{22}-a_{12}a_{21}$, 称为**二阶行列式**, 即

$$\begin{vmatrix} a_{11} & a_{12} \\ a_{21} & a_{22} \end{vmatrix} = a_{11}a_{22} - a_{12}a_{21}.$$

其中数 $a_{11}, a_{12}, a_{21}, a_{22}$ 称为行列式的**元素**，横排称为**行**，竖排称为**列**. 元素 a_{ij} 的第一个下标 i 称为**行标**，表明该元素位于第 i 行，第二个下标 j 称为**列标**，表明该元素位于第 j 列. 由上述定义可知，二阶行列式是由 4 个数按一定的规律运算所得的代数和. 这个规律性表现在行列式的记号中就是**“对角线法则”**. 如图1−1−1所示，把 a_{11} 到 a_{22} 的实连线称为**主对角线**，把 a_{12} 到 a_{21} 的虚连线称为**副对角线**，于是，二阶行列式便等于主对角线上两元素之积减去副对角线上两元素之积.

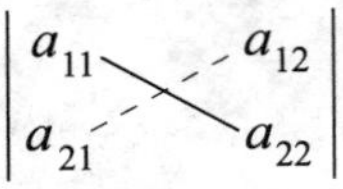

图1−1−1

例如，$\begin{vmatrix} 1 & -2 \\ 3 & 4 \end{vmatrix} = 1\times4 - 3\times(-2) = 4 - (-6) = 10.$

下面，我们利用二阶行列式的概念来讨论二元线性方程组的解.

设有二元线性方程组

$$\begin{cases} a_{11}x_1 + a_{12}x_2 = b_1 & (1.1) \\ a_{21}x_1 + a_{22}x_2 = b_2 & (1.2) \end{cases}.$$

式(1.1) $\times a_{22}$ − 式(1.2) $\times a_{12}$，得

$$(a_{11}a_{22} - a_{12}a_{21})x_1 = b_1a_{22} - b_2a_{12}. \tag{1.3}$$

式(1.2) $\times a_{11}$ − 式(1.1) $\times a_{21}$，得

$$(a_{11}a_{22} - a_{12}a_{21})x_2 = b_2a_{11} - b_1a_{21}. \tag{1.4}$$

利用二阶行列式的定义，记

$$D = a_{11}a_{22} - a_{12}a_{21} = \begin{vmatrix} a_{11} & a_{12} \\ a_{21} & a_{22} \end{vmatrix},$$

$$D_1 = b_1a_{22} - b_2a_{12} = \begin{vmatrix} b_1 & a_{12} \\ b_2 & a_{22} \end{vmatrix}, \quad D_2 = b_2a_{11} - b_1a_{21} = \begin{vmatrix} a_{11} & b_1 \\ a_{21} & b_2 \end{vmatrix}.$$

则式(1.3)、式 (1.4) 可改写为

$$Dx_1 = D_1, \quad Dx_2 = D_2.$$

于是，在系数行列式 $D \neq 0$ 的条件下，式 (1.1)、式 (1.2) 有唯一解：

$$x_1 = \frac{D_1}{D}, \quad x_2 = \frac{D_2}{D}.$$

例 1　解方程组 $\begin{cases} 2x_1 + 3x_2 = 8 \\ x_1 - 2x_2 = -3 \end{cases}$.

解
$$D = \begin{vmatrix} 2 & 3 \\ 1 & -2 \end{vmatrix} = 2\times(-2) - 3\times1 = -7,$$

$$D_1 = \begin{vmatrix} 8 & 3 \\ -3 & -2 \end{vmatrix} = 8\times(-2) - 3\times(-3) = -7,$$

$$D_2=\begin{vmatrix}2 & 8\\ 1 & -3\end{vmatrix}=2\times(-3)-8\times1=-14,$$

因 $D\neq0$，故题设方程组有唯一解：

$$x_1=\frac{D_1}{D}=\frac{-7}{-7}=1,\qquad x_2=\frac{D_2}{D}=\frac{-14}{-7}=2. \qquad ■$$

二、三阶行列式的定义

类似地，我们定义**三阶行列式**

$$\begin{vmatrix}a_{11} & a_{12} & a_{13}\\ a_{21} & a_{22} & a_{23}\\ a_{31} & a_{32} & a_{33}\end{vmatrix}=a_{11}a_{22}a_{33}+a_{12}a_{23}a_{31}+a_{13}a_{21}a_{32}-a_{11}a_{23}a_{32}-a_{12}a_{21}a_{33}-a_{13}a_{22}a_{31}.$$

将上式右端按第 1 行的元素提取公因子，可得

$$\begin{vmatrix}a_{11} & a_{12} & a_{13}\\ a_{21} & a_{22} & a_{23}\\ a_{31} & a_{32} & a_{33}\end{vmatrix}=a_{11}(a_{22}a_{33}-a_{23}a_{32})-a_{12}(a_{21}a_{33}-a_{23}a_{31})+a_{13}(a_{21}a_{32}-a_{22}a_{31})$$

$$=a_{11}\begin{vmatrix}a_{22} & a_{23}\\ a_{32} & a_{33}\end{vmatrix}-a_{12}\begin{vmatrix}a_{21} & a_{23}\\ a_{31} & a_{33}\end{vmatrix}+a_{13}\begin{vmatrix}a_{21} & a_{22}\\ a_{31} & a_{32}\end{vmatrix}. \tag{1.5}$$

式 (1.5) 具有两个特点:

(1) 三阶行列式可表示为第 1 行元素分别与一个二阶行列式乘积的代数和；

(2) 元素 a_{11}, a_{12}, a_{13} 后面的二阶行列式是从原三阶行列式中分别划去元素 a_{11}, a_{12}, a_{13} 所在的行与列后剩下的元素按原来顺序所组成的，分别称其为元素 a_{11}, a_{12}, a_{13} 的**余子式**，记为 M_{11}，M_{12}，M_{13}，即

$$M_{11}=\begin{vmatrix}a_{22} & a_{23}\\ a_{32} & a_{33}\end{vmatrix},\quad M_{12}=\begin{vmatrix}a_{21} & a_{23}\\ a_{31} & a_{33}\end{vmatrix},\quad M_{13}=\begin{vmatrix}a_{21} & a_{22}\\ a_{31} & a_{32}\end{vmatrix}.$$

令 $A_{ij}=(-1)^{i+j}M_{ij}$，称其为元素 a_{ij} 的**代数余子式**.

于是，式 (1.5) 也可以表示为

$$\begin{vmatrix}a_{11} & a_{12} & a_{13}\\ a_{21} & a_{22} & a_{23}\\ a_{31} & a_{32} & a_{33}\end{vmatrix}=a_{11}A_{11}+a_{12}A_{12}+a_{13}A_{13}=\sum_{j=1}^{3}a_{1j}A_{1j}. \tag{1.6}$$

式 (1.6) 称为三阶行列式**按第 1 行展开的展开式**.

注: 根据上述推导过程，读者也可以得到三阶行列式按其他行或列展开的展开式，例如，三阶行列式按第 2 列展开的展开式为

$$\begin{vmatrix}a_{11} & a_{12} & a_{13}\\ a_{21} & a_{22} & a_{23}\\ a_{31} & a_{32} & a_{33}\end{vmatrix}=a_{12}A_{12}+a_{22}A_{22}+a_{32}A_{32}=\sum_{i=1}^{3}a_{i2}A_{i2}. \tag{1.7}$$

此外，关于三阶行列式的上述概念也可以推广到更高阶的行列式中去.

例 2　计算三阶行列式 $\begin{vmatrix} 1 & 2 & 3 \\ 4 & 0 & 5 \\ -1 & 0 & 6 \end{vmatrix}$.

解　按第 1 行展开，得

$$\begin{aligned}\begin{vmatrix} 1 & 2 & 3 \\ 4 & 0 & 5 \\ -1 & 0 & 6 \end{vmatrix} &= 1\times A_{11}+2\times A_{12}+3\times A_{13} \\ &= 1\times(-1)^{1+1}\begin{vmatrix} 0 & 5 \\ 0 & 6 \end{vmatrix}+2\times(-1)^{1+2}\begin{vmatrix} 4 & 5 \\ -1 & 6 \end{vmatrix}+3\times(-1)^{1+3}\begin{vmatrix} 4 & 0 \\ -1 & 0 \end{vmatrix} \\ &= 1\times 0+2\times(-29)+3\times 0=-58.\end{aligned}$$ ■

注：读者可尝试将行列式按第 2 列展开进行计算.

类似于二元线性方程组的讨论，对三元线性方程组

$$\begin{cases} a_{11}x_1+a_{12}x_2+a_{13}x_3=b_1 \\ a_{21}x_1+a_{22}x_2+a_{23}x_3=b_2 \\ a_{31}x_1+a_{32}x_2+a_{33}x_3=b_3 \end{cases},$$

记

$$D=\begin{vmatrix} a_{11} & a_{12} & a_{13} \\ a_{21} & a_{22} & a_{23} \\ a_{31} & a_{32} & a_{33} \end{vmatrix},\qquad D_1=\begin{vmatrix} b_1 & a_{12} & a_{13} \\ b_2 & a_{22} & a_{23} \\ b_3 & a_{32} & a_{33} \end{vmatrix},$$

$$D_2=\begin{vmatrix} a_{11} & b_1 & a_{13} \\ a_{21} & b_2 & a_{23} \\ a_{31} & b_3 & a_{33} \end{vmatrix},\qquad D_3=\begin{vmatrix} a_{11} & a_{12} & b_1 \\ a_{21} & a_{22} & b_2 \\ a_{31} & a_{32} & b_3 \end{vmatrix},$$

若系数行列式 $D\neq 0$，则该方程组有唯一解：

$$x_1=\frac{D_1}{D},\quad x_2=\frac{D_2}{D},\quad x_3=\frac{D_3}{D}.$$

例 3　解三元线性方程组 $\begin{cases} x_1-2x_2+x_3=-2 \\ 2x_1+x_2-3x_3=1 \\ -x_1+x_2-x_3=0 \end{cases}$.

解　注意到系数行列式

$$\begin{aligned}D=\begin{vmatrix} 1 & -2 & 1 \\ 2 & 1 & -3 \\ -1 & 1 & -1 \end{vmatrix} &= 1\times(-1)^{1+1}\begin{vmatrix} 1 & -3 \\ 1 & -1 \end{vmatrix}-2\times(-1)^{1+2}\begin{vmatrix} 2 & -3 \\ -1 & -1 \end{vmatrix}+1\times(-1)^{1+3}\begin{vmatrix} 2 & 1 \\ -1 & 1 \end{vmatrix} \\ &= 1\times 2-2\times 5+1\times 3=-5\neq 0,\end{aligned}$$

同理，可得

$$D_1=\begin{vmatrix}-2 & -2 & 1\\ 1 & 1 & -3\\ 0 & 1 & -1\end{vmatrix}=-5,\quad D_2=\begin{vmatrix}1 & -2 & 1\\ 2 & 1 & -3\\ -1 & 0 & -1\end{vmatrix}=-10,\quad D_3=\begin{vmatrix}1 & -2 & -2\\ 2 & 1 & 1\\ -1 & 1 & 0\end{vmatrix}=-5,$$

故所求方程组的解为

$$x_1=\frac{D_1}{D}=1,\ x_2=\frac{D_2}{D}=2,\ x_3=\frac{D_3}{D}=1.$$ ■

三、n 阶行列式的定义

前面，我们首先定义了二阶行列式，并指出了三阶行列式可通过按行或列展开的方法转化为二阶行列式来计算．一般地，可给出 n 阶行列式的一种归纳定义．

定义 由 n^2 个元素 $a_{ij}\ (i, j=1, 2, \cdots, n)$ 组成的记号

$$D_n=\begin{vmatrix}a_{11} & a_{12} & \cdots & a_{1n}\\ a_{21} & a_{22} & \cdots & a_{2n}\\ \vdots & \vdots & & \vdots\\ a_{n1} & a_{n2} & \cdots & a_{nn}\end{vmatrix}$$

称为 **n 阶行列式**，其中横排称为**行**，竖排称为**列**．它表示一个由确定的递推运算关系所得到的数：当 $n=1$ 时，规定 $D_1=|a_{11}|=a_{11}$；当 $n=2$ 时，

$$D_2=\begin{vmatrix}a_{11} & a_{12}\\ a_{21} & a_{22}\end{vmatrix}=a_{11}a_{22}-a_{12}a_{21};$$

当 $n>2$ 时，

$$D_n=a_{11}A_{11}+a_{12}A_{12}+\cdots+a_{1n}A_{1n}=\sum_{j=1}^{n}a_{1j}A_{1j}. \tag{1.8}$$

其中 A_{ij} 称为元素 a_{ij} 的**代数余子式**，且

$$A_{ij}=(-1)^{i+j}M_{ij},$$

这里 M_{ij} 为元素 a_{ij} 的**余子式**，它为由 D_n 划去元素 a_{ij} 所在的行与列后余下的元素按原来顺序构成的 $n-1$ 阶行列式．

例如，在四阶行列式

$$D=\begin{vmatrix}a_{11} & a_{12} & a_{13} & a_{14}\\ a_{21} & a_{22} & a_{23} & a_{24}\\ a_{31} & a_{32} & a_{33} & a_{34}\\ a_{41} & a_{42} & a_{43} & a_{44}\end{vmatrix}$$

中，元素 a_{32} 的余子式和代数余子式为

$$M_{32}=\begin{vmatrix}a_{11} & a_{13} & a_{14}\\ a_{21} & a_{23} & a_{24}\\ a_{41} & a_{43} & a_{44}\end{vmatrix},\quad A_{32}=(-1)^{3+2}M_{32}=-M_{32}.$$

例 4　计算行列式 $D_4=\begin{vmatrix} 3 & 0 & 0 & -5 \\ -4 & 1 & 0 & 2 \\ 6 & 5 & 7 & 0 \\ -3 & 4 & -2 & -1 \end{vmatrix}$.

解　由行列式的定义，有

$$\begin{aligned} D_4 &= 3\cdot(-1)^{1+1}\begin{vmatrix} 1 & 0 & 2 \\ 5 & 7 & 0 \\ 4 & -2 & -1 \end{vmatrix}+(-5)\cdot(-1)^{1+4}\begin{vmatrix} -4 & 1 & 0 \\ 6 & 5 & 7 \\ -3 & 4 & -2 \end{vmatrix} \\ &= 3\left[1\cdot(-1)^{1+1}\begin{vmatrix} 7 & 0 \\ -2 & -1 \end{vmatrix}+2\cdot(-1)^{1+3}\begin{vmatrix} 5 & 7 \\ 4 & -2 \end{vmatrix}\right] \\ &\quad +5\left[(-4)\cdot(-1)^{1+1}\begin{vmatrix} 5 & 7 \\ 4 & -2 \end{vmatrix}+1\cdot(-1)^{1+2}\begin{vmatrix} 6 & 7 \\ -3 & -2 \end{vmatrix}\right] \\ &= 3[-7+2(-10-28)]+5[(-4)\cdot(-10-28)-(-12+21)]=466. \end{aligned}$$ ■

例 5　计算行列式 $D_1=\begin{vmatrix} 0 & a_{12} & 0 & 0 \\ 0 & 0 & 0 & a_{24} \\ a_{31} & 0 & 0 & 0 \\ 0 & 0 & a_{43} & 0 \end{vmatrix}$.

解　由行列式的定义，有

$$\begin{aligned} D_1 &= a_{12}\cdot(-1)^{1+2}\cdot\begin{vmatrix} 0 & 0 & a_{24} \\ a_{31} & 0 & 0 \\ 0 & a_{43} & 0 \end{vmatrix} \\ &= -a_{12}\cdot a_{24}(-1)^{1+3}\cdot\begin{vmatrix} a_{31} & 0 \\ 0 & a_{43} \end{vmatrix}=-a_{12}a_{24}a_{31}a_{43}. \end{aligned}$$ ■

式(1.8)称为 n 阶行列式**按第 1 行展开的展开式**. 事实上，我们可以证明 n 阶行列式可按其任意一行或列展开，例如，将定义中的 n 阶行列式按第 i 行或第 j 列展开，可得展开式

$$D_n=a_{i1}A_{i1}+a_{i2}A_{i2}+\cdots+a_{in}A_{in}=\sum_{k=1}^{n}a_{ik}A_{ik}\quad(i=1,2,\cdots,n),\tag{1.9}$$

或

$$D_n=a_{1j}A_{1j}+a_{2j}A_{2j}+\cdots+a_{nj}A_{nj}=\sum_{k=1}^{n}a_{kj}A_{kj}\quad(j=1,2,\cdots,n).\tag{1.10}$$

例 6　计算行列式 $D=\begin{vmatrix} 3 & 2 & 0 & 8 \\ 4 & -9 & 2 & 10 \\ -1 & 6 & 0 & -7 \\ 0 & 0 & 0 & 5 \end{vmatrix}$.

解　因为第 3 列中有三个零元素，可按第 3 列展开，得

$$D=2\cdot(-1)^{2+3}\begin{vmatrix}3&2&8\\-1&6&-7\\0&0&5\end{vmatrix},$$

对于上面的三阶行列式，按第 3 行展开，得

$$D=-2\cdot5\cdot(-1)^{3+3}\begin{vmatrix}3&2\\-1&6\end{vmatrix}=-200.$$ ■

注：由此可见，计算行列式时，选择先按零元素多的行或列展开可大大简化行列式的计算，这是计算行列式的常用技巧之一.

四、几个常用的特殊行列式

形如

$$\begin{vmatrix}a_{11}&a_{12}&\cdots&a_{1n}\\0&a_{22}&\cdots&a_{2n}\\\vdots&\vdots&&\vdots\\0&0&\cdots&a_{nn}\end{vmatrix} \quad 与 \quad \begin{vmatrix}a_{11}&0&\cdots&0\\a_{21}&a_{22}&\cdots&0\\\vdots&\vdots&&\vdots\\a_{n1}&a_{n2}&\cdots&a_{nn}\end{vmatrix}$$

的行列式分别称为**上三角形行列式**与**下三角形行列式**，其特点是主对角线以下(上)的元素全为零.

我们先来计算下三角形行列式的值. 根据 n 阶行列式的定义，每次均通过按第 1 行展开的方法来降低行列式的阶数，而每次第 1 行都仅有第 1 项不为零，故有

$$\begin{vmatrix}a_{11}&0&\cdots&0\\a_{21}&a_{22}&\cdots&0\\\vdots&\vdots&&\vdots\\a_{n1}&a_{n2}&\cdots&a_{nn}\end{vmatrix}=a_{11}(-1)^{1+1}\begin{vmatrix}a_{22}&0&\cdots&0\\a_{32}&a_{33}&\cdots&0\\\vdots&\vdots&&\vdots\\a_{n2}&a_{n3}&\cdots&a_{nn}\end{vmatrix}$$

$$=a_{11}a_{22}(-1)^{1+1}\begin{vmatrix}a_{33}&0&\cdots&0\\a_{43}&a_{44}&\cdots&0\\\vdots&\vdots&&\vdots\\a_{n3}&a_{n4}&\cdots&a_{nn}\end{vmatrix}=\cdots=a_{11}a_{22}\cdots a_{nn}.$$

对上三角形行列式，我们可每次通过按最后一行展开的方法来降低行列式的阶数，而每次最后一行都仅有最后一项不为零，同样可得

$$\begin{vmatrix}a_{11}&a_{12}&\cdots&a_{1n}\\0&a_{22}&\cdots&a_{2n}\\\vdots&\vdots&&\vdots\\0&0&\cdots&a_{nn}\end{vmatrix}=a_{11}a_{22}\cdots a_{nn}.$$

特别地，非主对角线上元素全为零的行列式称为**对角行列式**，易知

$$\begin{vmatrix}a_{11}&0&\cdots&0\\0&a_{22}&\cdots&0\\\vdots&\vdots&&\vdots\\0&0&\cdots&a_{nn}\end{vmatrix}=a_{11}a_{22}\cdots a_{nn}.$$

综上所述可知，上、下三角形行列式和对角行列式的值都等于其主对角线上元素的乘积.

*数学实验

实验 1.1 试用计算软件计算下列行列式.

(1) $\begin{vmatrix} \frac{1}{2} & \frac{1}{3} & \frac{1}{4} & \frac{1}{5} & \frac{1}{6} & \frac{1}{7} \\ \frac{1}{3} & \frac{1}{4} & \frac{1}{5} & \frac{1}{6} & \frac{1}{7} & \frac{1}{8} \\ \frac{1}{4} & \frac{1}{5} & \frac{1}{6} & \frac{1}{7} & \frac{1}{8} & \frac{1}{9} \\ \frac{1}{5} & \frac{1}{6} & \frac{1}{7} & \frac{1}{8} & \frac{1}{9} & \frac{1}{10} \\ \frac{1}{6} & \frac{1}{7} & \frac{1}{8} & \frac{1}{9} & \frac{1}{10} & \frac{1}{11} \\ \frac{1}{7} & \frac{1}{8} & \frac{1}{9} & \frac{1}{10} & \frac{1}{11} & \frac{1}{12} \end{vmatrix}$;

(2) $\begin{vmatrix} y+x & xy & 0 & 0 & 0 & 0 & 0 & 0 \\ 1 & y+x & xy & 0 & 0 & 0 & 0 & 0 \\ 0 & 1 & y+x & xy & 0 & 0 & 0 & 0 \\ 0 & 0 & 1 & y+x & xy & 0 & 0 & 0 \\ 0 & 0 & 0 & 1 & y+x & xy & 0 & 0 \\ 0 & 0 & 0 & 0 & 1 & y+x & xy & 0 \\ 0 & 0 & 0 & 0 & 0 & 1 & y+x & xy \\ 0 & 0 & 0 & 0 & 0 & 0 & 1 & y+x \end{vmatrix}$.

计算实验

习题 1-1

1. 计算下列二阶行列式：

(1) $\begin{vmatrix} 1 & 3 \\ 1 & 4 \end{vmatrix}$; (2) $\begin{vmatrix} 2 & 1 \\ -1 & 2 \end{vmatrix}$; (3) $\begin{vmatrix} a & b \\ a^2 & b^2 \end{vmatrix}$.

2. 计算下列三阶行列式：

(1) $\begin{vmatrix} -2 & -4 & 1 \\ 3 & 0 & 3 \\ 5 & 4 & -2 \end{vmatrix}$; (2) $\begin{vmatrix} 1 & -1 & 0 \\ 4 & -5 & -3 \\ 2 & 3 & 6 \end{vmatrix}$; (3) $\begin{vmatrix} 1 & -1 & 2 \\ 1 & 1 & 1 \\ 2 & 3 & -1 \end{vmatrix}$.

3. 求行列式 $\begin{vmatrix} -3 & 0 & 4 \\ 5 & 0 & 3 \\ 2 & -2 & 1 \end{vmatrix}$ 中元素 2 和 −2 的代数余子式.

4. 写出行列式 $D=\begin{vmatrix} 5 & -3 & 0 & 1 \\ 0 & -2 & -1 & 0 \\ 1 & 0 & 4 & 7 \\ 0 & 3 & 0 & 2 \end{vmatrix}$ 中元素 $a_{23}=-1$，$a_{33}=4$ 的代数余子式.

5. 已知四阶行列式 D 中第 3 列元素依次为 −1, 2, 0, 1，它们的余子式依次为 5, 3, −7, 4,

求 D.

6. 证明: $\begin{vmatrix} a^2 & ab & b^2 \\ 2a & a+b & 2b \\ 1 & 1 & 1 \end{vmatrix}=(a-b)^3$.

7. 按第 3 列展开下列行列式，并计算其值:

(1) $\begin{vmatrix} 1 & 0 & a & 1 \\ 0 & -1 & b & -1 \\ -1 & -1 & c & -1 \\ -1 & 1 & d & 0 \end{vmatrix}$;　　(2) $\begin{vmatrix} a_{11} & a_{12} & a_{13} & a_{14} & a_{15} \\ a_{21} & a_{22} & a_{23} & a_{24} & a_{25} \\ a_{31} & a_{32} & 0 & 0 & 0 \\ a_{41} & a_{42} & 0 & 0 & 0 \\ a_{51} & a_{52} & 0 & 0 & 0 \end{vmatrix}$.

§1.2　行列式的性质

行列式的奥妙在于对行列式的行或列进行了某些变换（如行与列互换、交换两行(列)位置、某行(列)乘以某个数、某行(列)乘以某数后加到另一行(列)等)后，行列式虽然会发生相应的变化，但变换前后两个行列式的值却仍保持着线性关系，这意味着，我们可以利用这些关系大大简化高阶行列式的计算．本节我们首先要讨论行列式在这方面的重要性质，然后进一步讨论如何利用这些性质计算高阶行列式的值．

一、行列式的性质

将行列式 D 的行与列互换后得到的行列式，称为 D 的**转置行列式**，记为 D^{T} 或 D', 即若 $D=\begin{vmatrix} a_{11} & a_{12} & \cdots & a_{1n} \\ a_{21} & a_{22} & \cdots & a_{2n} \\ \vdots & \vdots & & \vdots \\ a_{n1} & a_{n2} & \cdots & a_{nn} \end{vmatrix}$, 则 $D^{\mathrm{T}}=\begin{vmatrix} a_{11} & a_{21} & \cdots & a_{n1} \\ a_{12} & a_{22} & \cdots & a_{n2} \\ \vdots & \vdots & & \vdots \\ a_{1n} & a_{2n} & \cdots & a_{nn} \end{vmatrix}$.

性质 1　行列式与它的转置行列式相等，即 $D=D^{\mathrm{T}}$.

注: 由性质 1 可知，行列式中的行与列具有相同的地位，行列式的行具有的性质，它的列也同样具有.

性质 2　交换行列式的两行 (列)，行列式变号.

注: 交换 i, j 两行 (列) 记为 $r_i \leftrightarrow r_j\ (c_i \leftrightarrow c_j)$.

推论 1　若行列式中有两行 (列) 的对应元素相同，则此行列式为零.

证明　互换 D 中相同的两行(列)，有 $D=-D$，故 $D=0$.　■

性质 3　用数 k 乘行列式的某一行 (列)，等于用数 k 乘此行列式，即

$$D_1=\begin{vmatrix} a_{11} & a_{12} & \cdots & a_{1n} \\ \vdots & \vdots & & \vdots \\ ka_{i1} & ka_{i2} & \cdots & ka_{in} \\ \vdots & \vdots & & \vdots \\ a_{n1} & a_{n2} & \cdots & a_{nn} \end{vmatrix}=k\begin{vmatrix} a_{11} & a_{12} & \cdots & a_{1n} \\ \vdots & \vdots & & \vdots \\ a_{i1} & a_{i2} & \cdots & a_{in} \\ \vdots & \vdots & & \vdots \\ a_{n1} & a_{n2} & \cdots & a_{nn} \end{vmatrix}=kD.$$

注: 第 i 行(列)乘以 k, 记为 $r_i\times k$ (或 $c_i\times k$).

推论 2 行列式的某一行(列)中所有元素的公因子可以提到行列式符号的外面.

推论 3 行列式中若有两行(列)元素成比例，则此行列式为零.

例如，行列式 $D=\begin{vmatrix} 2 & -4 & 1 \\ 3 & -6 & 3 \\ -5 & 10 & 4 \end{vmatrix}$, 因为第1列与第2列对应元素成比例，根据推论3, 可直接得到 $D=\begin{vmatrix} 2 & -4 & 1 \\ 3 & -6 & 3 \\ -5 & 10 & 4 \end{vmatrix}=0$.

例 1 设 $\begin{vmatrix} a_{11} & a_{12} & a_{13} \\ a_{21} & a_{22} & a_{23} \\ a_{31} & a_{32} & a_{33} \end{vmatrix}=1$, 求 $\begin{vmatrix} 6a_{11} & -2a_{12} & -10a_{13} \\ -3a_{21} & a_{22} & 5a_{23} \\ -3a_{31} & a_{32} & 5a_{33} \end{vmatrix}$.

解 $\begin{vmatrix} 6a_{11} & -2a_{12} & -10a_{13} \\ -3a_{21} & a_{22} & 5a_{23} \\ -3a_{31} & a_{32} & 5a_{33} \end{vmatrix}=-2\begin{vmatrix} -3a_{11} & a_{12} & 5a_{13} \\ -3a_{21} & a_{22} & 5a_{23} \\ -3a_{31} & a_{32} & 5a_{33} \end{vmatrix}$

$$=-2\times(-3)\times5\begin{vmatrix} a_{11} & a_{12} & a_{13} \\ a_{21} & a_{22} & a_{23} \\ a_{31} & a_{32} & a_{33} \end{vmatrix}=-2\times(-3)\times5\times1=30.$$ ■

性质 4 若行列式的某一行(列)的元素都是两数之和，设

$$D=\begin{vmatrix} a_{11} & a_{12} & \cdots & a_{1n} \\ \vdots & \vdots & & \vdots \\ b_{i1}+c_{i1} & b_{i2}+c_{i2} & \cdots & b_{in}+c_{in} \\ \vdots & \vdots & & \vdots \\ a_{n1} & a_{n2} & \cdots & a_{nn} \end{vmatrix},$$

则
$$D=\begin{vmatrix} a_{11} & a_{12} & \cdots & a_{1n} \\ \vdots & \vdots & & \vdots \\ b_{i1} & b_{i2} & \cdots & b_{in} \\ \vdots & \vdots & & \vdots \\ a_{n1} & a_{n2} & \cdots & a_{nn} \end{vmatrix}+\begin{vmatrix} a_{11} & a_{12} & \cdots & a_{1n} \\ \vdots & \vdots & & \vdots \\ c_{i1} & c_{i2} & \cdots & c_{in} \\ \vdots & \vdots & & \vdots \\ a_{n1} & a_{n2} & \cdots & a_{nn} \end{vmatrix}=D_1+D_2.$$

性质 5 将行列式的某一行(列)的所有元素都乘以数 k 后加到另一行(列)对应位置的元素上，行列式的值不变.

例如，以数 k 乘第 j 列加到第 i 列上，则有

$$D=\begin{vmatrix} a_{11} & \cdots & a_{1i} & \cdots & a_{1j} & \cdots & a_{1n} \\ a_{21} & \cdots & a_{2i} & \cdots & a_{2j} & \cdots & a_{2n} \\ \vdots & & \vdots & & \vdots & & \vdots \\ a_{n1} & \cdots & a_{ni} & \cdots & a_{nj} & \cdots & a_{nn} \end{vmatrix}=\begin{vmatrix} a_{11} & \cdots & a_{1i}+ka_{1j} & \cdots & a_{1j} & \cdots & a_{1n} \\ a_{21} & \cdots & a_{2i}+ka_{2j} & \cdots & a_{2j} & \cdots & a_{2n} \\ \vdots & & \vdots & & \vdots & & \vdots \\ a_{n1} & \cdots & a_{ni}+ka_{nj} & \cdots & a_{nj} & \cdots & a_{nn} \end{vmatrix}=D_1\ (i\neq j).$$

证明 $$D_1 \xlongequal{\text{性质4}} \begin{vmatrix} a_{11} & \cdots & a_{1i} & \cdots & a_{1j} & \cdots & a_{1n} \\ \vdots & & \vdots & & \vdots & & \vdots \\ a_{n1} & \cdots & a_{ni} & \cdots & a_{nj} & \cdots & a_{nn} \end{vmatrix} + \begin{vmatrix} a_{11} & \cdots & ka_{1j} & \cdots & a_{1j} & \cdots & a_{1n} \\ \vdots & & \vdots & & \vdots & & \vdots \\ a_{n1} & \cdots & ka_{nj} & \cdots & a_{nj} & \cdots & a_{nn} \end{vmatrix}$$

$$\xlongequal{\text{推论3}} D + 0 = D.$$ ■

注: 以数 k 乘第 j 行加到第 i 行上，记作 $r_i + kr_j$；以数 k 乘第 j 列加到第 i 列上，记作 $c_i + kc_j$.

二、利用“三角化”计算行列式

计算行列式时，常利用行列式的性质，把它化为三角形行列式来计算. 例如，化为上三角形行列式的步骤是：

如果第 1 列第一个元素为 0，先将第 1 行与其他行交换，使得第 1 列第一个元素不为 0，然后把第 1 行分别乘以适当的数加到其他各行，使得第 1 列除第一个元素外其余元素全为 0；再用同样的方法处理除去第 1 行和第 1 列后余下的低一阶行列式；如此继续下去，直至使它成为上三角形行列式，这时主对角线上元素的乘积就是所求行列式的值.

注: 如今大部分用于计算一般行列式的计算机程序都是按上述方法进行设计的. 可以证明，利用行变换计算 n 阶行列式需要大约 $2n^3/3$ 次算术运算. 任何一台现代的微型计算机都可以在几分之一秒内计算出 50 阶行列式的值，运算量大约为 83 300 次. 如果用行列式的定义来计算，其运算量大约为 $49\times 50!$ 次，这显然是个非常巨大的数值.

例 2 计算 $D = \begin{vmatrix} 3 & 1 & -1 & 2 \\ -5 & 1 & 3 & -4 \\ 2 & 0 & 1 & -1 \\ 1 & -5 & 3 & -3 \end{vmatrix}$.

解 $$D \xlongequal{c_1 \leftrightarrow c_2} -\begin{vmatrix} 1 & 3 & -1 & 2 \\ 1 & -5 & 3 & -4 \\ 0 & 2 & 1 & -1 \\ -5 & 1 & 3 & -3 \end{vmatrix} \xlongequal[r_4 + 5r_1]{r_2 - r_1} -\begin{vmatrix} 1 & 3 & -1 & 2 \\ 0 & -8 & 4 & -6 \\ 0 & 2 & 1 & -1 \\ 0 & 16 & -2 & 7 \end{vmatrix}$$

$$\xlongequal{r_2 \leftrightarrow r_3} \begin{vmatrix} 1 & 3 & -1 & 2 \\ 0 & 2 & 1 & -1 \\ 0 & -8 & 4 & -6 \\ 0 & 16 & -2 & 7 \end{vmatrix} \xlongequal[r_4 - 8r_2]{r_3 + 4r_2} \begin{vmatrix} 1 & 3 & -1 & 2 \\ 0 & 2 & 1 & -1 \\ 0 & 0 & 8 & -10 \\ 0 & 0 & -10 & 15 \end{vmatrix}$$

$$\xlongequal{r_4 + \frac{5}{4}r_3} \begin{vmatrix} 1 & 3 & -1 & 2 \\ 0 & 2 & 1 & -1 \\ 0 & 0 & 8 & -10 \\ 0 & 0 & 0 & 5/2 \end{vmatrix} = 40.$$ ■

例 3 计算 $D = \begin{vmatrix} 3 & 1 & 1 & 1 \\ 1 & 3 & 1 & 1 \\ 1 & 1 & 3 & 1 \\ 1 & 1 & 1 & 3 \end{vmatrix}$.

解 注意到行列式中各行(列)4 个数之和都为6. 故可把第 2,3,4 行同时加到第1行，提出公因子 6，然后各行减去第1 行，化为上三角形行列式来计算:

$$D \xlongequal{r_1+r_2+r_3+r_4} \begin{vmatrix} 6 & 6 & 6 & 6 \\ 1 & 3 & 1 & 1 \\ 1 & 1 & 3 & 1 \\ 1 & 1 & 1 & 3 \end{vmatrix} = 6 \begin{vmatrix} 1 & 1 & 1 & 1 \\ 1 & 3 & 1 & 1 \\ 1 & 1 & 3 & 1 \\ 1 & 1 & 1 & 3 \end{vmatrix} \xlongequal[r_4-r_1]{r_2-r_1 \atop r_3-r_1} 6 \begin{vmatrix} 1 & 1 & 1 & 1 \\ 0 & 2 & 0 & 0 \\ 0 & 0 & 2 & 0 \\ 0 & 0 & 0 & 2 \end{vmatrix}$$

$$= 48.$$ ■

注: 仿照上述方法可得到更一般的结果:

$$\begin{vmatrix} a & b & b & \cdots & b \\ b & a & b & \cdots & b \\ \vdots & \vdots & \vdots & & \vdots \\ b & b & b & \cdots & a \end{vmatrix} = [a+(n-1)b](a-b)^{n-1}.$$

例 4 计算 $D = \begin{vmatrix} a_1 & -a_1 & 0 & 0 \\ 0 & a_2 & -a_2 & 0 \\ 0 & 0 & a_3 & -a_3 \\ 1 & 1 & 1 & 1 \end{vmatrix}$.

解 根据行列式的特点，可将第 1 列加至第 2 列，然后将第 2 列加至第 3 列，再将第 3 列加至第 4 列，目的是使 D 中的零元素增多.

$$D \xlongequal{c_2+c_1} \begin{vmatrix} a_1 & 0 & 0 & 0 \\ 0 & a_2 & -a_2 & 0 \\ 0 & 0 & a_3 & -a_3 \\ 1 & 2 & 1 & 1 \end{vmatrix} \xlongequal{c_3+c_2} \begin{vmatrix} a_1 & 0 & 0 & 0 \\ 0 & a_2 & 0 & 0 \\ 0 & 0 & a_3 & -a_3 \\ 1 & 2 & 3 & 1 \end{vmatrix} \xlongequal{c_4+c_3} \begin{vmatrix} a_1 & 0 & 0 & 0 \\ 0 & a_2 & 0 & 0 \\ 0 & 0 & a_3 & 0 \\ 1 & 2 & 3 & 4 \end{vmatrix}$$

$$= 4a_1a_2a_3.$$ ■

例 5 计算 $D = \begin{vmatrix} a & b & c & d \\ a & a+b & a+b+c & a+b+c+d \\ a & 2a+b & 3a+2b+c & 4a+3b+2c+d \\ a & 3a+b & 6a+3b+c & 10a+6b+3c+d \end{vmatrix}$.

解 从第 4 行开始，后一行减前一行.

$$D \xlongequal[r_2-r_1]{r_4-r_3 \atop r_3-r_2} \begin{vmatrix} a & b & c & d \\ 0 & a & a+b & a+b+c \\ 0 & a & 2a+b & 3a+2b+c \\ 0 & a & 3a+b & 6a+3b+c \end{vmatrix} \xlongequal[r_3-r_2]{r_4-r_3} \begin{vmatrix} a & b & c & d \\ 0 & a & a+b & a+b+c \\ 0 & 0 & a & 2a+b \\ 0 & 0 & a & 3a+b \end{vmatrix}$$

$$\xlongequal{r_4-r_3} \begin{vmatrix} a & b & c & d \\ 0 & a & a+b & a+b+c \\ 0 & 0 & a & 2a+b \\ 0 & 0 & 0 & a \end{vmatrix} = a^4.$$ ■

此外，在行列式的计算中，还将行列式的性质与行列式按行(列)展开的方法结合起来使用. 一般可先用行列式的性质将行列式中某一行(列)化为仅含有一个非零元素，再将行列式按此行(列)展开，化为低一阶的行列式，如此继续下去，直到化为二阶行列式为止.

注: 按行(列)展开计算行列式的方法称为降阶法.

例 6 计算行列式 $D=\begin{vmatrix} 1 & 2 & 3 & 4 \\ 1 & 0 & 1 & 2 \\ 3 & -1 & -1 & 0 \\ 1 & 2 & 0 & -5 \end{vmatrix}$.

解 $$D=\begin{vmatrix} 1 & 2 & 3 & 4 \\ 1 & 0 & 1 & 2 \\ 3 & -1 & -1 & 0 \\ 1 & 2 & 0 & -5 \end{vmatrix} \xlongequal[r_4+2r_3]{r_1+2r_3} \begin{vmatrix} 7 & 0 & 1 & 4 \\ 1 & 0 & 1 & 2 \\ 3 & -1 & -1 & 0 \\ 7 & 0 & -2 & -5 \end{vmatrix}$$

$$=(-1)\times(-1)^{3+2}\begin{vmatrix} 7 & 1 & 4 \\ 1 & 1 & 2 \\ 7 & -2 & -5 \end{vmatrix}$$

$$\xlongequal[r_3+2r_2]{r_1-r_2}\begin{vmatrix} 6 & 0 & 2 \\ 1 & 1 & 2 \\ 9 & 0 & -1 \end{vmatrix}=1\times(-1)^{2+2}\begin{vmatrix} 6 & 2 \\ 9 & -1 \end{vmatrix}=-6-18=-24.$$ ■

例 7 计算行列式 $D=\begin{vmatrix} 5 & 3 & -1 & 2 & 0 \\ 1 & 7 & 2 & 5 & 2 \\ 0 & -2 & 3 & 1 & 0 \\ 0 & -4 & -1 & 4 & 0 \\ 0 & 2 & 3 & 5 & 0 \end{vmatrix}$.

解 $$D=\begin{vmatrix} 5 & 3 & -1 & 2 & 0 \\ 1 & 7 & 2 & 5 & 2 \\ 0 & -2 & 3 & 1 & 0 \\ 0 & -4 & -1 & 4 & 0 \\ 0 & 2 & 3 & 5 & 0 \end{vmatrix}=2\times(-1)^{2+5}\begin{vmatrix} 5 & 3 & -1 & 2 \\ 0 & -2 & 3 & 1 \\ 0 & -4 & -1 & 4 \\ 0 & 2 & 3 & 5 \end{vmatrix}$$

$$=-10\begin{vmatrix} -2 & 3 & 1 \\ -4 & -1 & 4 \\ 2 & 3 & 5 \end{vmatrix}\xlongequal[r_3+r_1]{r_2-2r_1}-10\begin{vmatrix} -2 & 3 & 1 \\ 0 & -7 & 2 \\ 0 & 6 & 6 \end{vmatrix}$$

$$=-10\times(-2)\begin{vmatrix} -7 & 2 \\ 6 & 6 \end{vmatrix}=20(-42-12)=-1\,080.$$ ■

习题 1-2

1. 用行列式的性质计算下列行列式:

(1) $\begin{vmatrix} 34\,215 & 35\,215 \\ 28\,092 & 29\,092 \end{vmatrix}$; (2) $\begin{vmatrix} 103 & 100 & 204 \\ 199 & 200 & 395 \\ 301 & 300 & 600 \end{vmatrix}$; (3) $\begin{vmatrix} -ab & ac & ae \\ bd & -cd & de \\ bf & cf & -ef \end{vmatrix}$;

(4) $\begin{vmatrix} a & 1 & 0 & 0 \\ -1 & b & 1 & 0 \\ 0 & -1 & c & 1 \\ 0 & 0 & -1 & d \end{vmatrix}$; (5) $\begin{vmatrix} 4 & 1 & 2 & 4 \\ 1 & 2 & 0 & 2 \\ 10 & 5 & 2 & 0 \\ 0 & 1 & 1 & 7 \end{vmatrix}$; (6) $\begin{vmatrix} 1 & 1 & 1 & 1 \\ -1 & 1 & 1 & 1 \\ -1 & -1 & 1 & 1 \\ -1 & -1 & -1 & 1 \end{vmatrix}$.

2. 用行列式的性质证明下列等式：

$$\begin{vmatrix} y+z & z+x & x+y \\ x+y & y+z & z+x \\ z+x & x+y & y+z \end{vmatrix} = 2\begin{vmatrix} x & y & z \\ z & x & y \\ y & z & x \end{vmatrix}.$$

3. 已知 255，459，527 都能被 17 整除，不求行列式的值，证明行列式 $\begin{vmatrix} 2 & 4 & 5 \\ 5 & 5 & 2 \\ 5 & 9 & 7 \end{vmatrix}$ 能被17整除.

4. 把下列行列式化为上三角形行列式，并计算其值：

(1) $\begin{vmatrix} -2 & 2 & -4 & 0 \\ 4 & -1 & 3 & 5 \\ 3 & 1 & -2 & -3 \\ 2 & 0 & 5 & 1 \end{vmatrix}$; (2) $\begin{vmatrix} 1 & 2 & 3 & 4 \\ 2 & 3 & 4 & 1 \\ 3 & 4 & 1 & 2 \\ 4 & 1 & 2 & 3 \end{vmatrix}$; (3) $\begin{vmatrix} 2 & 1 & 0 & 0 & 0 \\ 1 & 2 & 1 & 0 & 0 \\ 0 & 1 & 2 & 1 & 0 \\ 0 & 0 & 1 & 2 & 1 \\ 0 & 0 & 0 & 1 & 2 \end{vmatrix}$.

5. 用降阶法计算下列行列式：

(1) $\begin{vmatrix} 1+x & 1 & 1 & 1 \\ 1 & 1-x & 1 & 1 \\ 1 & 1 & 1+y & 1 \\ 1 & 1 & 1 & 1-y \end{vmatrix}$; (2) $\begin{vmatrix} 0 & a & b & a \\ a & 0 & a & b \\ b & a & 0 & a \\ a & b & b & 0 \end{vmatrix}$;

(3) $\begin{vmatrix} x & y & 0 & \cdots & 0 & 0 \\ 0 & x & y & \cdots & 0 & 0 \\ \vdots & \vdots & \vdots & & \vdots & \vdots \\ 0 & 0 & 0 & \cdots & x & y \\ y & 0 & 0 & \cdots & 0 & x \end{vmatrix}$; (4) $\begin{vmatrix} -a_1 & a_1 & 0 & \cdots & 0 & 0 \\ 0 & -a_2 & a_2 & \cdots & 0 & 0 \\ \vdots & \vdots & \vdots & & \vdots & \vdots \\ 0 & 0 & 0 & \cdots & -a_n & a_n \\ 1 & 1 & 1 & \cdots & 1 & 1 \end{vmatrix}$.

§1.3 克莱姆法则

引例 对三元线性方程组

$$\begin{cases} a_{11}x_1 + a_{12}x_2 + a_{13}x_3 = b_1 \\ a_{21}x_1 + a_{22}x_2 + a_{23}x_3 = b_2, \\ a_{31}x_1 + a_{32}x_2 + a_{33}x_3 = b_3 \end{cases}$$

在其系数行列式 $D \neq 0$ 的条件下，已知它有唯一解：

$$x_1 = \frac{D_1}{D}, \quad x_2 = \frac{D_2}{D}, \quad x_3 = \frac{D_3}{D},$$

其中
$$D=\begin{vmatrix} a_{11} & a_{12} & a_{13} \\ a_{21} & a_{22} & a_{23} \\ a_{31} & a_{32} & a_{33} \end{vmatrix},\quad D_1=\begin{vmatrix} b_1 & a_{12} & a_{13} \\ b_2 & a_{22} & a_{23} \\ b_3 & a_{32} & a_{33} \end{vmatrix},$$
$$D_2=\begin{vmatrix} a_{11} & b_1 & a_{13} \\ a_{21} & b_2 & a_{23} \\ a_{31} & b_3 & a_{33} \end{vmatrix},\quad D_3=\begin{vmatrix} a_{11} & a_{12} & b_1 \\ a_{21} & a_{22} & b_2 \\ a_{31} & a_{32} & b_3 \end{vmatrix}.$$

注: 这个解可通过消元的方法直接求出.

对更一般的线性方程组是否有类似的结果？答案是肯定的. 在引入克莱姆法则之前，我们先介绍有关 n 元线性方程组的概念. 含有 n 个未知数 $x_1, x_2, \cdots, x_n$ 的线性方程组

$$\begin{cases} a_{11}x_1+a_{12}x_2+\cdots+a_{1n}x_n=b_1 \\ a_{21}x_1+a_{22}x_2+\cdots+a_{2n}x_n=b_2 \\ \quad\cdots\cdots \\ a_{n1}x_1+a_{n2}x_2+\cdots+a_{nn}x_n=b_n \end{cases} \tag{3.1}$$

称为 ***n* 元线性方程组**. 当其右端的常数项 $b_1, b_2, \cdots, b_n$ 不全为零时，线性方程组 (3.1) 称为**非齐次线性方程组**，当 $b_1, b_2, \cdots, b_n$ 全为零时，线性方程组 (3.1) 称为**齐次线性方程组**，即

$$\begin{cases} a_{11}x_1+a_{12}x_2+\cdots+a_{1n}x_n=0 \\ a_{21}x_1+a_{22}x_2+\cdots+a_{2n}x_n=0 \\ \quad\cdots\cdots \\ a_{n1}x_1+a_{n2}x_2+\cdots+a_{nn}x_n=0 \end{cases}. \tag{3.2}$$

线性方程组(3.1)的系数 a_{ij} 构成的行列式称为该方程组的**系数行列式 $\boldsymbol{D}$**, 即

$$D=\begin{vmatrix} a_{11} & a_{12} & \cdots & a_{1n} \\ a_{21} & a_{22} & \cdots & a_{2n} \\ \vdots & \vdots & & \vdots \\ a_{n1} & a_{n2} & \cdots & a_{nn} \end{vmatrix}.$$

定理 1（克莱姆法则） 若线性方程组 (3.1) 的系数行列式 $D\neq 0$，则线性方程组 (3.1) 有唯一解，其解为

$$x_j=\frac{D_j}{D}\quad (j=1,2,\cdots,n), \tag{3.3}$$

其中 $D_j\ (j=1,2,\cdots,n)$ 是把 D 中第 j 列元素 $a_{1j}, a_{2j}, \cdots, a_{nj}$ 对应地换成常数项 $b_1, b_2, \cdots, b_n$，而其余各列保持不变所得到的行列式.

例 1 用克莱姆法则解方程组 $\begin{cases} 2x_1+x_2-5x_3+x_4=8 \\ x_1-3x_2-6x_4=9 \\ 2x_2-x_3+2x_4=-5 \\ x_1+4x_2-7x_3+6x_4=0 \end{cases}$.

解

$$D=\begin{vmatrix}2&1&-5&1\\1&-3&0&-6\\0&2&-1&2\\1&4&-7&6\end{vmatrix}\xlongequal[r_4-r_2]{r_1-2r_2}\begin{vmatrix}0&7&-5&13\\1&-3&0&-6\\0&2&-1&2\\0&7&-7&12\end{vmatrix}$$

$$=-\begin{vmatrix}7&-5&13\\2&-1&2\\7&-7&12\end{vmatrix}\xlongequal[c_3+2c_2]{c_1+2c_2}-\begin{vmatrix}-3&-5&3\\0&-1&0\\-7&-7&-2\end{vmatrix}=\begin{vmatrix}-3&3\\-7&-2\end{vmatrix}=27.$$

$$D_1=\begin{vmatrix}8&1&-5&1\\9&-3&0&-6\\-5&2&-1&2\\0&4&-7&6\end{vmatrix}=81,\quad D_2=\begin{vmatrix}2&8&-5&1\\1&9&0&-6\\0&-5&-1&2\\1&0&-7&6\end{vmatrix}=-108,$$

$$D_3=\begin{vmatrix}2&1&8&1\\1&-3&9&-6\\0&2&-5&2\\1&4&0&6\end{vmatrix}=-27,\quad D_4=\begin{vmatrix}2&1&-5&8\\1&-3&0&9\\0&2&-1&-5\\1&4&-7&0\end{vmatrix}=27,$$

所以

$$x_1=\frac{D_1}{D}=\frac{81}{27}=3,\qquad x_2=\frac{D_2}{D}=\frac{-108}{27}=-4,$$

$$x_3=\frac{D_3}{D}=\frac{-27}{27}=-1,\qquad x_4=\frac{D_4}{D}=\frac{27}{27}=1.$$

■

例 2　大学生在饮食方面存在很多问题，多数大学生不重视吃早餐，日常饮食也没有规律．为了身体的健康就需制定营养改善计划，大学生每天的配餐中需要摄入一定的蛋白质、脂肪和碳水化合物，下表给出了这三种食物提供的营养以及大学生正常所需的营养(它们的质量以适当的单位计量)：

营养	单位食物所含的营养量			所需营养量
	食物一	食物二	食物三	
蛋白质	36	51	13	33
脂肪	0	7	1.1	3
碳水化合物	52	34	74	45

试根据这个问题建立一个线性方程组，并通过求解方程组来确定每天需要摄入上述三种食物的量．

解　设x_1, x_2, x_3分别为三种食物的量，则由表中的数据可得出下列线性方程组：

$$\begin{cases}36x_1+51x_2+13x_3=33\\ \qquad\quad 7x_2+1.1x_3=3\\ 52x_1+34x_2+74x_3=45\end{cases}.$$

由克莱姆法则可得

$$D=\begin{vmatrix}36 & 51 & 13\\ 0 & 7 & 1.1\\ 52 & 34 & 74\end{vmatrix}=15\,486.8,$$

$$D_1=\begin{vmatrix}33 & 51 & 13\\ 3 & 7 & 1.1\\ 45 & 34 & 74\end{vmatrix}=4\,293.3,\ D_2=\begin{vmatrix}36 & 33 & 13\\ 0 & 3 & 1.1\\ 52 & 45 & 74\end{vmatrix}=6\,069.6,$$

$$D_3=\begin{vmatrix}36 & 51 & 33\\ 0 & 7 & 3\\ 52 & 34 & 45\end{vmatrix}=3\,612,$$

则

$$x_1=\frac{D_1}{D}\approx 0.277,\ x_2=\frac{D_2}{D}\approx 0.392,\ x_3=\frac{D_3}{D}\approx 0.233.$$

从而我们每天摄入 0.277 单位的食物一、0.392 单位的食物二、0.233 单位的食物三就可以保证我们的健康饮食了. ■

一般来说，用克莱姆法则求线性方程组的解时，计算量是比较大的. 对具体的数字线性方程组，当未知数较多时往往可用计算机来求解. 目前用计算机解线性方程组已经有了一整套成熟的方法.

克莱姆法则在一定条件下给出了线性方程组解的存在性、唯一性，与其在计算方面的作用相比，克莱姆法则具有更重大的理论价值. 撇开求解公式 (3.3), 克莱姆法则可叙述为下面的定理.

定理 2 如果线性方程组 (3.1) 的系数行列式 $D\neq 0$, 则线性方程组 (3.1) 一定有解，且解是唯一的.

在解题或证明中，常用到定理 2 的逆否定理:

定理 2′ 如果线性方程组 (3.1) 无解或解不是唯一的，则它的系数行列式必为零.

对齐次线性方程组 (3.2), 易见 $x_1=x_2=\cdots=x_n=0$ 一定是该方程组的解，称其为齐次线性方程组 (3.2) 的**零解**. 把定理 2 应用于齐次线性方程组 (3.2), 可得到下列结论.

定理 3 如果齐次线性方程组 (3.2) 的系数行列式 $D\neq 0$, 则齐次线性方程组 (3.2) 只有零解.

定理 3′ 如果齐次线性方程组 (3.2) 有非零解，则它的系数行列式 $D=0$.

注: 在第 3 章中还将进一步证明，如果齐次线性方程组的系数行列式 $D=0$, 则齐次线性方程组 (3.2) 有非零解.

例 3 λ 为何值时，齐次线性方程组

$$\begin{cases}(1-\lambda)x_1-2x_2+4x_3=0\\ 2x_1+(3-\lambda)x_2+x_3=0\\ x_1+x_2+(1-\lambda)x_3=0\end{cases}$$

有非零解？

解 由定理 3′知，若所给齐次线性方程组有非零解，则其系数行列式 $D=0$.

$$D=\begin{vmatrix}1-\lambda & -2 & 4\\ 2 & 3-\lambda & 1\\ 1 & 1 & 1-\lambda\end{vmatrix}\xlongequal{c_2-c_1}\begin{vmatrix}1-\lambda & -3+\lambda & 4\\ 2 & 1-\lambda & 1\\ 1 & 0 & 1-\lambda\end{vmatrix}$$

$$=(\lambda-3)(-1)^{1+2}\begin{vmatrix}2 & 1\\ 1 & 1-\lambda\end{vmatrix}+(1-\lambda)(-1)^{2+2}\begin{vmatrix}1-\lambda & 4\\ 1 & 1-\lambda\end{vmatrix}\ \text{（按第 2 列展开）}$$

$$=(\lambda-3)[-2(1-\lambda)+1]+(1-\lambda)[(1-\lambda)^2-4]$$

$$=(1-\lambda)^3+2(1-\lambda)^2+\lambda-3$$

$$=\lambda(\lambda-2)(3-\lambda).$$

如果齐次线性方程组有非零解，则 $D=0$，即当 $\lambda=0$ 或 $\lambda=2$ 或 $\lambda=3$ 时，齐次线性方程组有非零解. ■

习题 1-3

1. 用克莱姆法则解下列线性方程组:

(1) $\begin{cases}x+y-2z=-3\\ 5x-2y+7z=22\\ 2x-5y+4z=4\end{cases}$；　(2) $\begin{cases}bx-ay+2ab=0\\ -2cy+3bz-bc=0\\ cx+az=0\end{cases}$，其中 $abc\neq0$.

2. 用克莱姆法则解下列线性方程组:

(1) $\begin{cases}x_1+x_2+x_3+x_4=5\\ x_1+2x_2-x_3+4x_4=-2\\ 2x_1-3x_2-x_3-5x_4=-2\\ 3x_1+x_2+2x_3+11x_4=0\end{cases}$；　(2) $\begin{cases}2x_1+3x_2+11x_3+5x_4=6\\ x_1+x_2+5x_3+2x_4=2\\ 2x_1+x_2+3x_3+4x_4=2\\ x_1+x_2+3x_3+4x_4=2\end{cases}$.

3. 判断齐次线性方程组 $\begin{cases}2x_1+2x_2-x_3=0\\ x_1-2x_2+4x_3=0\\ 5x_1+8x_2-2x_3=0\end{cases}$ 是否仅有零解.

4. λ, μ 取何值时，齐次线性方程组 $\begin{cases}\lambda x_1+x_2+x_3=0\\ x_1+\mu x_2+x_3=0\\ x_1+2\mu x_2+x_3=0\end{cases}$ 有非零解？

第2章 矩　　阵

矩阵实质上就是一张长方形数表．无论是在日常生活中还是在科学研究中，矩阵都是一种十分常见的数学现象，诸如学校里的课表、成绩统计表；工厂里的生产进度表、销售统计表；车站里的时刻表、价目表；股市中的证券价目表；科研领域中的数据分析表等．它是表述或处理大量的生活、生产与科研问题的有力工具．矩阵的重要作用首先在于它能把头绪纷繁的事物按一定的规则清晰地展现出来，使我们不至于被一些表面看起来杂乱无章的关系弄得晕头转向；其次在于它能恰当地刻画事物之间的内在联系,并通过矩阵的运算或变换来揭示事物之间的内在联系;最后在于它还是我们求解数学问题的一种特殊的“数形结合”的途径．

在本课程中，矩阵是研究线性变换、向量的线性相关性及线性方程组的解法等的有力且不可替代的工具，在线性代数中占有重要地位．本章中我们首先引入矩阵的概念，然后深入讨论矩阵的运算、矩阵的变换以及矩阵的某些内在特征．

§2.1 矩阵的概念

本节中的几个例子展示了如何将某个数学问题或实际应用问题与一张数表——矩阵联系起来,这实际上是对一个数学问题或实际应用问题进行数学建模的第一步．

一、引例

引例 1　线性方程组

$$\begin{cases} a_{11}x_1+a_{12}x_2+\cdots+a_{1n}x_n=b_1 \\ a_{21}x_1+a_{22}x_2+\cdots+a_{2n}x_n=b_2 \\ \cdots\cdots \\ a_{n1}x_1+a_{n2}x_2+\cdots+a_{nn}x_n=b_n \end{cases}$$

的系数 $a_{ij}\ (i,j=1,2,\cdots,n)$, $b_j\ (j=1,2,\cdots,n)$ 按原位置构成一数表:

$$\begin{pmatrix} a_{11} & a_{12} & \cdots & a_{1n} & b_1 \\ a_{21} & a_{22} & \cdots & a_{2n} & b_2 \\ \vdots & \vdots & & \vdots & \vdots \\ a_{n1} & a_{n2} & \cdots & a_{nn} & b_n \end{pmatrix}.$$

根据克莱姆法则,该数表决定着上述方程组是否有解，以及如果有解,解是什么等问题．因而研究这个数表就很有必要．

引例 2　某航空公司在 A, B, C, D 四城市之间开辟了若干航线，图 2–1–1 表示了四城市间的航班图，若从 A 到 B 有航班，则用带箭头的线连接 A 与 B.

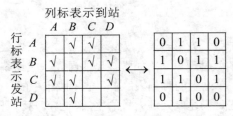

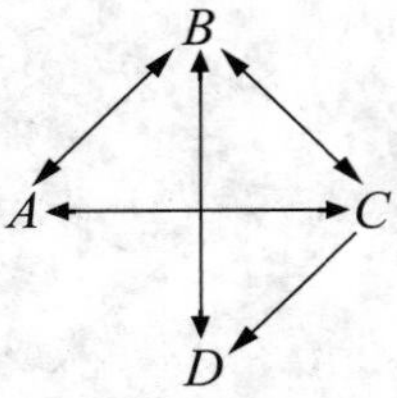

图 2–1–1

用表格表示如下：

列标表示到站（行标表示发站）

	A	B	C	D
A		√	√	
B	√		√	√
C	√	√		√
D		√		

⟷

0	1	1	0
1	0	1	1
1	1	0	1
0	1	0	0

其中 √ 表示有航班.

为便于研究，记表中 √ 为 1, 空白处为 0, 则得到一个数表. 该数表反映了四城市间的航班往来情况.

引例 3　某企业生产 4 种产品，各种产品的季度产值 (单位：万元) 见下表：

产值 季度 \ 产品	A	B	C	D
1	80	75	75	78
2	98	70	85	84
3	90	75	90	90
4	88	70	82	80

数表 $\begin{pmatrix} 80 & 75 & 75 & 78 \\ 98 & 70 & 85 & 84 \\ 90 & 75 & 90 & 90 \\ 88 & 70 & 82 & 80 \end{pmatrix}$ 具体描述了这家企业各种产品的季度产值，同时也揭示了产值随季度变化的规律、季增长率和年产量等情况.

二、矩阵的概念

定义 1　由 $m\times n$ 个数 a_{ij} $(i=1, 2, \cdots, m;\ j=1, 2, \cdots, n)$ 排成的 m 行 n 列的数表

$$\begin{matrix} a_{11} & a_{12} & \cdots & a_{1n} \\ a_{21} & a_{22} & \cdots & a_{2n} \\ \vdots & \vdots & & \vdots \\ a_{m1} & a_{m2} & \cdots & a_{mn} \end{matrix}$$

称为 ***m* 行 *n* 列矩阵**，简称 ***m*×*n* 矩阵**. 为表示它是一个整体，总是加一个括弧，并用大写黑体字母表示它，记为

$$\boldsymbol{A}=\begin{pmatrix} a_{11} & a_{12} & \cdots & a_{1n} \\ a_{21} & a_{22} & \cdots & a_{2n} \\ \vdots & \vdots & & \vdots \\ a_{m1} & a_{m2} & \cdots & a_{mn} \end{pmatrix}. \tag{1.1}$$

这 $m\times n$ 个数称为矩阵 $\boldsymbol{A}$ 的**元素**，a_{ij} 称为矩阵 $\boldsymbol{A}$ 的**第 i 行第 j 列元素**．一个 $m\times n$ 矩阵 $\boldsymbol{A}$ 也可简记为

$$\boldsymbol{A}=\boldsymbol{A}_{m\times n}=(a_{ij})_{m\times n} \text{ 或 } \boldsymbol{A}=(a_{ij}).$$

元素是实数的矩阵称为**实矩阵**，而元素是复数的矩阵称为**复矩阵**，本书中的矩阵都指实矩阵(除非有特殊说明).

所有元素均为零的矩阵称为**零矩阵**，记为 $\boldsymbol{O}$.

所有元素均为非负数的矩阵称为**非负矩阵**.

若矩阵 $\boldsymbol{A}=(a_{ij})$ 的行数与列数都等于 n，则称 $\boldsymbol{A}$ 为 **n 阶方阵**，记为 $\boldsymbol{A}_n$.

如果两个矩阵具有相同的行数与相同的列数，则称这两个矩阵为**同型矩阵**.

定义 2 如果矩阵 $\boldsymbol{A},\boldsymbol{B}$ 为同型矩阵，且对应元素均相等，则称矩阵 $\boldsymbol{A}$ 与矩阵 $\boldsymbol{B}$ **相等**，记为 $\boldsymbol{A}=\boldsymbol{B}$.

即若 $\boldsymbol{A}=(a_{ij})$，$\boldsymbol{B}=(b_{ij})$，且 $a_{ij}=b_{ij}\ (i=1,2,\cdots,m;\ j=1,2,\cdots,n)$，则 $\boldsymbol{A}=\boldsymbol{B}$.

例 1 设 $\boldsymbol{A}=\begin{pmatrix}1 & 2-x & 3\\ 2 & 6 & 5z\end{pmatrix}$，$\boldsymbol{B}=\begin{pmatrix}1 & x & 3\\ y & 6 & z-8\end{pmatrix}$，已知 $\boldsymbol{A}=\boldsymbol{B}$，求 x,y,z.

解 因为 $2-x=x$，$2=y$，$5z=z-8$，所以 $x=1$，$y=2$，$z=-2$． ■

三、矩阵概念的应用

矩阵概念的应用十分广泛，这里，我们先展示矩阵的概念在解决逻辑判断问题中的一个应用．某些逻辑判断问题的条件往往给得很多，看上去错综复杂，但如果我们能恰当地设计一些矩阵，则有助于我们把所给条件的头绪厘清，在此基础上再进行推理，能达到化简问题的目的.

例 2 甲、乙、丙、丁四人各从图书馆借来一本小说，他们约定读完后互相交换．这四本书的厚度以及他们四人的阅读速度差不多，因此，四人总是同时交换书．经三次交换后，他们四人读完了这四本书．现已知：

(1) 乙读的最后一本书是甲读的第二本书；

(2) 丙读的第一本书是丁读的最后一本书；

试用矩阵表示各人的阅读顺序.

解 设甲、乙、丙、丁最后读的书的代号依次为 A、B、C、D，则根据题设条件可以列出初始矩阵

$$\begin{array}{c} \\ 1\\ 2\\ 3\\ 4\end{array}\begin{array}{c}\begin{array}{cccc}\text{甲} & \text{乙} & \text{丙} & \text{丁}\end{array}\\ \begin{pmatrix} & & D & \\ B & & & \\ & & & \\ A & B & C & D\end{pmatrix}\end{array}.$$

下面我们来分析矩阵中各位置的书名代号．已知每个人都读完了所有书，所以

丙读的第二本书不可能是 C, D. 又甲读的第二本书是 B, 所以丙读的第二本也不可能是 B, 从而丙读的第二本书是 A, 同理可依次推出丙读的第三本书是 B, 丁读的第二本书是 C, 丁读的第三本书是 A, 丁读的第一本书是 B, 乙读的第二本书是 D, 甲读的第一本书是 C, 乙读的第一本书是 A, 乙读的第三本书是 C, 甲读的第三本书是 D. 故各人阅读的顺序可用矩阵表示为

$$\begin{array}{c} \\ 1 \\ 2 \\ 3 \\ 4 \end{array}\begin{array}{c} \begin{array}{cccc} 甲 & 乙 & 丙 & 丁 \end{array} \\ \begin{pmatrix} C & A & D & B \\ B & D & A & C \\ D & C & B & A \\ A & B & C & D \end{pmatrix} \end{array}.$$ ■

四、几种特殊矩阵

(1) 只有一行的矩阵 $\boldsymbol{A}=(a_1\ \ a_2\ \ \cdots\ \ a_n)$ 称为**行矩阵**或**行向量**. 为避免元素间的混淆, 行矩阵也记作 $\boldsymbol{A}=(a_1, a_2, \cdots, a_n)$.

(2) 只有一列的矩阵 $\boldsymbol{B}=\begin{pmatrix} b_1 \\ b_2 \\ \vdots \\ b_m \end{pmatrix}$ 称为**列矩阵**或**列向量**.

(3) n 阶方阵 $\begin{pmatrix} \lambda_1 & 0 & \cdots & 0 \\ 0 & \lambda_2 & \cdots & 0 \\ \vdots & \vdots & & \vdots \\ 0 & 0 & \cdots & \lambda_n \end{pmatrix}$ 称为 **n 阶对角矩阵**, 对角矩阵也记为

$$\boldsymbol{A}=\operatorname{diag}(\lambda_1, \lambda_2, \cdots, \lambda_n).$$

(4) n 阶方阵 $\begin{pmatrix} 1 & 0 & \cdots & 0 \\ 0 & 1 & \cdots & 0 \\ \vdots & \vdots & & \vdots \\ 0 & 0 & \cdots & 1 \end{pmatrix}$ 称为 **n 阶单位矩阵**, n 阶单位矩阵也记为

$$\boldsymbol{E}=\boldsymbol{E}_n\ \ (\text{或 } \boldsymbol{I}=\boldsymbol{I}_n).$$

(5) 当一个 n 阶对角矩阵 $\boldsymbol{A}$ 的对角元素全部相等且等于某一数 a 时, 称 $\boldsymbol{A}$ 为 **n 阶数量矩阵**, 即 $\boldsymbol{A}=\begin{pmatrix} a & 0 & \cdots & 0 \\ 0 & a & \cdots & 0 \\ \vdots & \vdots & & \vdots \\ 0 & 0 & \cdots & a \end{pmatrix}$.

此外, 上(下)三角形矩阵的定义与上(下)三角形行列式的定义类似.

习题 2-1

二人零和对策问题. 两儿童玩石头—剪子—布的游戏, 每人的出法只能在{石头, 剪子,

布}中选择一种，当他们各选定一种出法(亦称策略)时，就确定了一个“局势”，也就决定了各自的输赢．若规定胜者得1分，负者得 −1 分，平手各得零分，则对于各种可能的局势(每一局势得分之和为零，即零和)，试用矩阵表示他们的输赢状况．

§2.2 矩阵的运算

一、矩阵的线性运算

定义1 设有两个 $m\times n$ 矩阵 $\boldsymbol{A}=(a_{ij})$ 和 $\boldsymbol{B}=(b_{ij})$，矩阵 $\boldsymbol{A}$ 与 $\boldsymbol{B}$ 的和记作 $\boldsymbol{A}+\boldsymbol{B}$，规定为

$$\boldsymbol{A}+\boldsymbol{B}=(a_{ij}+b_{ij})=\begin{pmatrix} a_{11}+b_{11} & a_{12}+b_{12} & \cdots & a_{1n}+b_{1n} \\ a_{21}+b_{21} & a_{22}+b_{22} & \cdots & a_{2n}+b_{2n} \\ \vdots & \vdots & & \vdots \\ a_{m1}+b_{m1} & a_{m2}+b_{m2} & \cdots & a_{mn}+b_{mn} \end{pmatrix}.$$

注：只有两个矩阵是同型矩阵时，才能进行矩阵的加法运算．两个同型矩阵的和即为两个矩阵对应位置元素相加得到的矩阵．

设矩阵 $\boldsymbol{A}=(a_{ij})$，记 $-\boldsymbol{A}=(-a_{ij})$，称 $-\boldsymbol{A}$ 为矩阵 $\boldsymbol{A}$ 的**负矩阵**，显然有

$$\boldsymbol{A}+(-\boldsymbol{A})=\boldsymbol{O}.$$

由此规定**矩阵的减法**为 $\boldsymbol{A}-\boldsymbol{B}=\boldsymbol{A}+(-\boldsymbol{B})$.

定义2 数 k 与 $m\times n$ 矩阵 $\boldsymbol{A}$ 的乘积记作 $k\boldsymbol{A}$ 或 $\boldsymbol{A}k$，规定为

$$k\boldsymbol{A}=\boldsymbol{A}k=(ka_{ij})=\begin{pmatrix} ka_{11} & ka_{12} & \cdots & ka_{1n} \\ ka_{21} & ka_{22} & \cdots & ka_{2n} \\ \vdots & \vdots & & \vdots \\ ka_{m1} & ka_{m2} & \cdots & ka_{mn} \end{pmatrix}.$$

数与矩阵的乘积运算称为**数乘运算**．

矩阵的加法与数乘两种运算统称为**矩阵的线性运算**．它满足下列运算规律：

设 $\boldsymbol{A}$, $\boldsymbol{B}$, $\boldsymbol{C}$, $\boldsymbol{O}$ 都是同型矩阵，k, l 是常数，则

(1) $\boldsymbol{A}+\boldsymbol{B}=\boldsymbol{B}+\boldsymbol{A}$;　　(2) $(\boldsymbol{A}+\boldsymbol{B})+\boldsymbol{C}=\boldsymbol{A}+(\boldsymbol{B}+\boldsymbol{C})$;

(3) $\boldsymbol{A}+\boldsymbol{O}=\boldsymbol{A}$;　　(4) $\boldsymbol{A}+(-\boldsymbol{A})=\boldsymbol{O}$;

(5) $1\boldsymbol{A}=\boldsymbol{A}$;　　(6) $k(l\boldsymbol{A})=(kl)\boldsymbol{A}$;

(7) $(k+l)\boldsymbol{A}=k\boldsymbol{A}+l\boldsymbol{A}$;　　(8) $k(\boldsymbol{A}+\boldsymbol{B})=k\boldsymbol{A}+k\boldsymbol{B}$.

注：在数学中，把满足上述八条规律的运算称为**线性运算**．

例1 已知 $\boldsymbol{A}=\begin{pmatrix} -1 & 2 & 3 & 1 \\ 0 & 3 & -2 & 1 \\ 4 & 0 & 3 & 2 \end{pmatrix}$，$\boldsymbol{B}=\begin{pmatrix} 4 & 3 & 2 & -1 \\ 5 & -3 & 0 & 1 \\ 1 & 2 & -5 & 0 \end{pmatrix}$，求 $3\boldsymbol{A}-2\boldsymbol{B}$.

解 $3\boldsymbol{A}-2\boldsymbol{B}=3\begin{pmatrix}-1&2&3&1\\0&3&-2&1\\4&0&3&2\end{pmatrix}-2\begin{pmatrix}4&3&2&-1\\5&-3&0&1\\1&2&-5&0\end{pmatrix}$

$$=\begin{pmatrix}-3-8&6-6&9-4&3+2\\0-10&9+6&-6-0&3-2\\12-2&0-4&9+10&6-0\end{pmatrix}=\begin{pmatrix}-11&0&5&5\\-10&15&-6&1\\10&-4&19&6\end{pmatrix}.$$ ■

例 2 已知 $\boldsymbol{A}=\begin{pmatrix}3&-1&2&0\\1&5&7&9\\2&4&6&8\end{pmatrix}$, $\boldsymbol{B}=\begin{pmatrix}7&5&-2&4\\5&1&9&7\\3&2&-1&6\end{pmatrix}$, 且 $\boldsymbol{A}+2\boldsymbol{X}=\boldsymbol{B}$, 求 $\boldsymbol{X}$.

解 $\boldsymbol{X}=\frac{1}{2}(\boldsymbol{B}-\boldsymbol{A})=\frac{1}{2}\begin{pmatrix}4&6&-4&4\\4&-4&2&-2\\1&-2&-7&-2\end{pmatrix}=\begin{pmatrix}2&3&-2&2\\2&-2&1&-1\\1/2&-1&-7/2&-1\end{pmatrix}.$

注: 根据矩阵的数乘运算, n 阶数量矩阵

$$\boldsymbol{A}=\begin{pmatrix}a&0&\cdots&0\\0&a&\cdots&0\\\vdots&\vdots&&\vdots\\0&0&\cdots&a\end{pmatrix}=a\boldsymbol{E}_n.$$ ■

二、矩阵的乘法

定义 3 设

$$\boldsymbol{A}=(a_{ij})_{m\times s}=\begin{pmatrix}a_{11}&a_{12}&\cdots&a_{1s}\\a_{21}&a_{22}&\cdots&a_{2s}\\\vdots&\vdots&&\vdots\\a_{m1}&a_{m2}&\cdots&a_{ms}\end{pmatrix},\ \boldsymbol{B}=(b_{ij})_{s\times n}=\begin{pmatrix}b_{11}&b_{12}&\cdots&b_{1n}\\b_{21}&b_{22}&\cdots&b_{2n}\\\vdots&\vdots&&\vdots\\b_{s1}&b_{s2}&\cdots&b_{sn}\end{pmatrix}.$$

矩阵 $\boldsymbol{A}$ 与矩阵 $\boldsymbol{B}$ 的乘积记作 $\boldsymbol{AB}$, 规定为

$$\boldsymbol{AB}=(c_{ij})_{m\times n}=\begin{pmatrix}c_{11}&c_{12}&\cdots&c_{1n}\\c_{21}&c_{22}&\cdots&c_{2n}\\\vdots&\vdots&&\vdots\\c_{m1}&c_{m2}&\cdots&c_{mn}\end{pmatrix},$$

其中

$$c_{ij}=a_{i1}b_{1j}+a_{i2}b_{2j}+\cdots+a_{is}b_{sj}=\sum_{k=1}^{s}a_{ik}b_{kj}$$

$$(i=1,2,\cdots,m;\ j=1,2,\cdots,n).$$

记号 $\boldsymbol{AB}$ 常读作 $\boldsymbol{A}$ 左乘 $\boldsymbol{B}$ 或 $\boldsymbol{B}$ 右乘 $\boldsymbol{A}$.

注:只有当左边矩阵的列数等于右边矩阵的行数时,两个矩阵才能进行乘法运算.

若 $\boldsymbol{C}=\boldsymbol{AB}$, 则矩阵 $\boldsymbol{C}$ 的元素 c_{ij} 即为矩阵 $\boldsymbol{A}$ 的第 i 行元素与矩阵 $\boldsymbol{B}$ 的第 j 列对应元素乘积的和, 即

$$c_{ij}=(a_{i1}\ \ a_{i2}\ \ \cdots\ \ a_{is})\begin{pmatrix}b_{1j}\\b_{2j}\\\vdots\\b_{sj}\end{pmatrix}=a_{i1}b_{1j}+a_{i2}b_{2j}+\cdots+a_{is}b_{sj}.$$

例 3 若 $\boldsymbol{A}=\begin{pmatrix}2&3\\1&-2\\3&1\end{pmatrix}$, $\boldsymbol{B}=\begin{pmatrix}1&-2&-3\\2&-1&0\end{pmatrix}$, 求 $\boldsymbol{AB}$.

解 $\boldsymbol{AB}=\begin{pmatrix}2&3\\1&-2\\3&1\end{pmatrix}\begin{pmatrix}1&-2&-3\\2&-1&0\end{pmatrix}$

$$=\begin{pmatrix}2\times1+3\times2 & 2\times(-2)+3\times(-1) & 2\times(-3)+3\times0\\1\times1+(-2)\times2 & 1\times(-2)+(-2)\times(-1) & 1\times(-3)+(-2)\times0\\3\times1+1\times2 & 3\times(-2)+1\times(-1) & 3\times(-3)+1\times0\end{pmatrix}=\begin{pmatrix}8&-7&-6\\-3&0&-3\\5&-7&-9\end{pmatrix}.$$ ■

矩阵的乘法满足下列运算规律(假定运算都是可行的):

(1) $(\boldsymbol{AB})\boldsymbol{C}=\boldsymbol{A}(\boldsymbol{BC})$; (2) $(\boldsymbol{A}+\boldsymbol{B})\boldsymbol{C}=\boldsymbol{AC}+\boldsymbol{BC}$;

(3) $\boldsymbol{C}(\boldsymbol{A}+\boldsymbol{B})=\boldsymbol{CA}+\boldsymbol{CB}$; (4) $k(\boldsymbol{AB})=(k\boldsymbol{A})\boldsymbol{B}=\boldsymbol{A}(k\boldsymbol{B})$.

例 4 设 $\boldsymbol{A}=\begin{pmatrix}1&2\\3&4\end{pmatrix}$, $\boldsymbol{B}=\begin{pmatrix}2&3\\4&1\end{pmatrix}$, $\boldsymbol{C}=\begin{pmatrix}3&4\\1&2\end{pmatrix}$, 试验证

$$\boldsymbol{ABC}=\boldsymbol{A}(\boldsymbol{BC}),\ \boldsymbol{A}(\boldsymbol{B}+\boldsymbol{C})=\boldsymbol{AB}+\boldsymbol{AC},\ (\boldsymbol{A}+\boldsymbol{B})\boldsymbol{C}=\boldsymbol{AC}+\boldsymbol{BC}.$$

解 (1) $(\boldsymbol{AB})\boldsymbol{C}=\begin{pmatrix}10&5\\22&13\end{pmatrix}\begin{pmatrix}3&4\\1&2\end{pmatrix}=\begin{pmatrix}35&50\\79&114\end{pmatrix}$,

$$\boldsymbol{A}(\boldsymbol{BC})=\begin{pmatrix}1&2\\3&4\end{pmatrix}\begin{pmatrix}9&14\\13&18\end{pmatrix}=\begin{pmatrix}35&50\\79&114\end{pmatrix},$$

故 $\boldsymbol{ABC}=\boldsymbol{A}(\boldsymbol{BC})$;

(2) $\boldsymbol{A}(\boldsymbol{B}+\boldsymbol{C})=\begin{pmatrix}1&2\\3&4\end{pmatrix}\begin{pmatrix}5&7\\5&3\end{pmatrix}=\begin{pmatrix}15&13\\35&33\end{pmatrix}$,

$$\boldsymbol{AB}+\boldsymbol{AC}=\begin{pmatrix}10&5\\22&13\end{pmatrix}+\begin{pmatrix}5&8\\13&20\end{pmatrix}=\begin{pmatrix}15&13\\35&33\end{pmatrix},$$

故 $\boldsymbol{A}(\boldsymbol{B}+\boldsymbol{C})=\boldsymbol{AB}+\boldsymbol{AC}$;

(3) $(\boldsymbol{A}+\boldsymbol{B})\boldsymbol{C}=\begin{pmatrix}3&5\\7&5\end{pmatrix}\begin{pmatrix}3&4\\1&2\end{pmatrix}=\begin{pmatrix}14&22\\26&38\end{pmatrix}$,

$$\boldsymbol{AC}+\boldsymbol{BC}=\begin{pmatrix}5&8\\13&20\end{pmatrix}+\begin{pmatrix}9&14\\13&18\end{pmatrix}=\begin{pmatrix}14&22\\26&38\end{pmatrix},$$

故 $(\boldsymbol{A}+\boldsymbol{B})\boldsymbol{C}=\boldsymbol{AC}+\boldsymbol{BC}$. ■

矩阵的乘法一般不满足交换律，即 $\boldsymbol{AB}\neq\boldsymbol{BA}$.

例如，设 $\boldsymbol{A}=\begin{pmatrix}-2 & 4\\ 1 & -2\end{pmatrix}$，$\boldsymbol{B}=\begin{pmatrix}2 & 4\\ -3 & -6\end{pmatrix}$，则

$$\boldsymbol{AB}=\begin{pmatrix}-2 & 4\\ 1 & -2\end{pmatrix}\begin{pmatrix}2 & 4\\ -3 & -6\end{pmatrix}=\begin{pmatrix}-16 & -32\\ 8 & 16\end{pmatrix},$$

$$\boldsymbol{BA}=\begin{pmatrix}2 & 4\\ -3 & -6\end{pmatrix}\begin{pmatrix}-2 & 4\\ 1 & -2\end{pmatrix}=\begin{pmatrix}0 & 0\\ 0 & 0\end{pmatrix},$$

于是，$\boldsymbol{AB}\neq\boldsymbol{BA}$，且 $\boldsymbol{BA}=\boldsymbol{O}$.

从上例还可看出：两个非零矩阵相乘，结果可能是零矩阵，故不能从 $\boldsymbol{AB}=\boldsymbol{O}$ 必然推出 $\boldsymbol{A}=\boldsymbol{O}$ 或 $\boldsymbol{B}=\boldsymbol{O}$.

不过，也要注意并非所有矩阵的乘法都不能交换，例如，设

$$\boldsymbol{A}=\begin{pmatrix}1 & 1\\ 0 & 1\end{pmatrix},\quad \boldsymbol{B}=\begin{pmatrix}1 & 2\\ 0 & 1\end{pmatrix},$$

则

$$\boldsymbol{AB}=\begin{pmatrix}1 & 1\\ 0 & 1\end{pmatrix}\begin{pmatrix}1 & 2\\ 0 & 1\end{pmatrix}=\begin{pmatrix}1 & 3\\ 0 & 1\end{pmatrix}=\begin{pmatrix}1 & 2\\ 0 & 1\end{pmatrix}\begin{pmatrix}1 & 1\\ 0 & 1\end{pmatrix}=\boldsymbol{BA}.$$

此外，矩阵乘法一般也不满足消去律，即不能从 $\boldsymbol{AC}=\boldsymbol{BC}$ 必然推出 $\boldsymbol{A}=\boldsymbol{B}$. 例如，设

$$\boldsymbol{A}=\begin{pmatrix}1 & 2\\ 0 & 3\end{pmatrix},\quad \boldsymbol{B}=\begin{pmatrix}1 & 0\\ 0 & 4\end{pmatrix},\quad \boldsymbol{C}=\begin{pmatrix}1 & 1\\ 0 & 0\end{pmatrix},$$

则

$$\boldsymbol{AC}=\begin{pmatrix}1 & 2\\ 0 & 3\end{pmatrix}\begin{pmatrix}1 & 1\\ 0 & 0\end{pmatrix}=\begin{pmatrix}1 & 1\\ 0 & 0\end{pmatrix}=\begin{pmatrix}1 & 0\\ 0 & 4\end{pmatrix}\begin{pmatrix}1 & 1\\ 0 & 0\end{pmatrix}=\boldsymbol{BC},$$

但

$$\boldsymbol{A}\neq\boldsymbol{B}.$$

定义 4　如果两矩阵相乘，有 $\boldsymbol{AB}=\boldsymbol{BA}$，则称矩阵 $\boldsymbol{A}$ 与矩阵 $\boldsymbol{B}$ **可交换**. 简称 $\boldsymbol{A}$ 与 $\boldsymbol{B}$ **可换**.

注：对于单位矩阵 $\boldsymbol{E}$，容易证明 $\boldsymbol{E}_m\boldsymbol{A}_{m\times n}=\boldsymbol{A}_{m\times n}$，$\boldsymbol{A}_{m\times n}\boldsymbol{E}_n=\boldsymbol{A}_{m\times n}$，或简写成 $\boldsymbol{EA}=\boldsymbol{AE}=\boldsymbol{A}$. 可见单位矩阵 $\boldsymbol{E}$ 在矩阵的乘法中的作用类似于数 1.

*数学实验

实验 2.1　设

$$\boldsymbol{A}=\begin{pmatrix}1&2&3&4&5&6&5&4\\3&2&1&2&3&4&5&6\\7&6&5&4&3&2&1&2\\3&4&5&6&7&8&7&6\\5&4&3&2&1&2&3&4\\5&6&7&8&9&8&7&6\\5&4&3&2&1&2&3&4\\5&6&7&8&9&10&9&8\end{pmatrix},\boldsymbol{B}=\begin{pmatrix}3&4&4&5&6&6&7&8\\8&9&1&1&2&3&3&4\\5&5&6&7&7&8&9&9\\1&2&2&3&4&4&5&6\\6&7&8&8&9&8&7&7\\6&5&5&4&3&3&2&1\\1&2&2&3&4&4&5&6\\6&7&8&8&9&8&7&5\end{pmatrix},\boldsymbol{C}=\begin{pmatrix}9&8&7&4&3&4&5&2\\8&7&6&5&2&3&4&1\\7&6&5&6&1&2&3&2\\6&5&4&7&2&1&2&3\\5&4&3&6&3&2&1&2\\4&3&2&5&4&3&2&1\\3&2&1&4&5&4&3&2\\2&1&2&3&6&5&4&3\end{pmatrix}.$$

试利用计算软件计算:

(1) $\boldsymbol{AB}$;

(2) $(3\boldsymbol{A}-2\boldsymbol{B})\boldsymbol{C}$.

微信扫描右侧的二维码即可进行计算实验(详见教材配套的网络学习空间).

计算实验

三、线性方程组的矩阵表示

对线性方程组

$$\begin{cases} a_{11}x_1+a_{12}x_2+\cdots+a_{1n}x_n=b_1 \\ a_{21}x_1+a_{22}x_2+\cdots+a_{2n}x_n=b_2 \\ \cdots\cdots \\ a_{m1}x_1+a_{m2}x_2+\cdots+a_{mn}x_n=b_m \end{cases}, \tag{2.1}$$

若记

$$\boldsymbol{A}=\begin{pmatrix} a_{11} & a_{12} & \cdots & a_{1n} \\ a_{21} & a_{22} & \cdots & a_{2n} \\ \vdots & \vdots & & \vdots \\ a_{m1} & a_{m2} & \cdots & a_{mn} \end{pmatrix},\ \boldsymbol{x}=\begin{pmatrix} x_1 \\ x_2 \\ \vdots \\ x_n \end{pmatrix},\ \boldsymbol{b}=\begin{pmatrix} b_1 \\ b_2 \\ \vdots \\ b_m \end{pmatrix},$$

则利用矩阵的乘法，线性方程组 (2.1) 可表示为矩阵形式：

$$\boldsymbol{Ax}=\boldsymbol{b}, \tag{2.2}$$

其中 $\boldsymbol{A}$ 称为方程组 (2.1) 的**系数矩阵**, 方程组 (2.2) 称为**矩阵方程**.

注：对行 (列) 矩阵，为与后面章节的符号保持一致，常按行 (列) 向量的记法，采用小写黑体字母 $\boldsymbol{\alpha}$, $\boldsymbol{\beta}$, $\boldsymbol{a}$, $\boldsymbol{b}$, $\boldsymbol{x}$, $\boldsymbol{y}$ …… 表示.

如果 $x_j=c_j\,(j=1,2,\cdots,n)$ 是方程组 (2.1) 的解, 记列矩阵 $\boldsymbol{\eta}=\begin{pmatrix} c_1 \\ c_2 \\ \vdots \\ c_n \end{pmatrix}$, 则 $\boldsymbol{A\eta}=\boldsymbol{b}$, 这时也称 $\boldsymbol{\eta}$ 是矩阵方程 (2.2) 的解; 反之, 如果列矩阵 $\boldsymbol{\eta}$ 是矩阵方程 (2.2) 的解, 即有矩阵等式 $\boldsymbol{A\eta}=\boldsymbol{b}$ 成立, 则 $\boldsymbol{x}=\boldsymbol{\eta}$, 即 $x_j=c_j\,(j=1,2,\cdots,n)$, 也是线性方程组 (2.1) 的解. 这样, 对线性方程组 (2.1) 的讨论便等价于对矩阵方程 (2.2) 的讨论. 特别地，齐次线性方程组可以表示为 $\boldsymbol{Ax}=\boldsymbol{0}$.

将线性方程组写成矩阵方程的形式，不仅书写方便，而且可以把线性方程组的理论与矩阵理论联系起来，这给线性方程组的讨论带来很大的便利.

四、矩阵的转置

定义 5　把矩阵 $\boldsymbol{A}$ 的行换成同序数的列得到的新矩阵，称为 $\boldsymbol{A}$ 的**转置矩阵**，记作 $\boldsymbol{A}^{\mathrm{T}}$ (或 $\boldsymbol{A}'$).

即若 $\boldsymbol{A}=\begin{pmatrix} a_{11} & a_{12} & \cdots & a_{1n} \\ a_{21} & a_{22} & \cdots & a_{2n} \\ \vdots & \vdots & & \vdots \\ a_{m1} & a_{m2} & \cdots & a_{mn} \end{pmatrix}$，则 $\boldsymbol{A}^{\mathrm{T}}=\begin{pmatrix} a_{11} & a_{21} & \cdots & a_{m1} \\ a_{12} & a_{22} & \cdots & a_{m2} \\ \vdots & \vdots & & \vdots \\ a_{1n} & a_{2n} & \cdots & a_{mn} \end{pmatrix}$.

例如，$\boldsymbol{A}=\begin{pmatrix} 1 & 2 & 3 \\ 3 & 2 & 1 \end{pmatrix}$，则 $\boldsymbol{A}^{\mathrm{T}}=\begin{pmatrix} 1 & 3 \\ 2 & 2 \\ 3 & 1 \end{pmatrix}$；$\boldsymbol{B}=\begin{pmatrix} 1 & 0 & 0 \\ 2 & 1 & 0 \\ 3 & 2 & 1 \end{pmatrix}$，则 $\boldsymbol{B}^{\mathrm{T}}=\begin{pmatrix} 1 & 2 & 3 \\ 0 & 1 & 2 \\ 0 & 0 & 1 \end{pmatrix}$.

矩阵的转置满足以下运算规律（假设运算都是可行的）：

(1) $(\boldsymbol{A}^{\mathrm{T}})^{\mathrm{T}}=\boldsymbol{A}$；　　(2) $(\boldsymbol{A}+\boldsymbol{B})^{\mathrm{T}}=\boldsymbol{A}^{\mathrm{T}}+\boldsymbol{B}^{\mathrm{T}}$；

(3) $(k\boldsymbol{A})^{\mathrm{T}}=k\boldsymbol{A}^{\mathrm{T}}$；　　(4) $(\boldsymbol{AB})^{\mathrm{T}}=\boldsymbol{B}^{\mathrm{T}}\boldsymbol{A}^{\mathrm{T}}$.

例 5 已知 $\boldsymbol{A}=\begin{pmatrix} 2 & 0 & -1 \\ 1 & 3 & 2 \end{pmatrix}$，$\boldsymbol{B}=\begin{pmatrix} 1 & 7 & -1 \\ 4 & 2 & 3 \\ 2 & 0 & 1 \end{pmatrix}$，求 $(\boldsymbol{AB})^{\mathrm{T}}$.

解 方法一 因为

$$\boldsymbol{AB}=\begin{pmatrix} 2 & 0 & -1 \\ 1 & 3 & 2 \end{pmatrix}\begin{pmatrix} 1 & 7 & -1 \\ 4 & 2 & 3 \\ 2 & 0 & 1 \end{pmatrix}=\begin{pmatrix} 0 & 14 & -3 \\ 17 & 13 & 10 \end{pmatrix},$$

所以 $(\boldsymbol{AB})^{\mathrm{T}}=\begin{pmatrix} 0 & 17 \\ 14 & 13 \\ -3 & 10 \end{pmatrix}$.

方法二 $(\boldsymbol{AB})^{\mathrm{T}}=\boldsymbol{B}^{\mathrm{T}}\boldsymbol{A}^{\mathrm{T}}=\begin{pmatrix} 1 & 4 & 2 \\ 7 & 2 & 0 \\ -1 & 3 & 1 \end{pmatrix}\begin{pmatrix} 2 & 1 \\ 0 & 3 \\ -1 & 2 \end{pmatrix}=\begin{pmatrix} 0 & 17 \\ 14 & 13 \\ -3 & 10 \end{pmatrix}$. ■

五、方阵的幂

定义 6 设方阵 $\boldsymbol{A}=(a_{ij})_{n\times n}$，规定

$$\boldsymbol{A}^0=\boldsymbol{E},\quad \boldsymbol{A}^k=\overbrace{\boldsymbol{A}\cdot\boldsymbol{A}\cdot\cdots\cdot\boldsymbol{A}}^{k\text{个}},\quad k\text{为自然数}.$$

$\boldsymbol{A}^k$ 称为 $\boldsymbol{A}$ 的 **k 次幂**.

方阵的幂满足以下运算规律：

(1) $\boldsymbol{A}^m\boldsymbol{A}^n=\boldsymbol{A}^{m+n}$（$m,n$ 为非负整数）；　　(2) $(\boldsymbol{A}^m)^n=\boldsymbol{A}^{mn}$.

注：一般地，$(\boldsymbol{AB})^m\neq\boldsymbol{A}^m\boldsymbol{B}^m$，$m$ 为自然数. 但如果 $\boldsymbol{A},\boldsymbol{B}$ 均为 n 阶矩阵，$\boldsymbol{AB}=\boldsymbol{BA}$，则可证明 $(\boldsymbol{AB})^m=\boldsymbol{A}^m\boldsymbol{B}^m$，其中 m 为自然数，反之不然.

例 6 设 $\boldsymbol{A}=\begin{pmatrix} \lambda & 1 & 0 \\ 0 & \lambda & 1 \\ 0 & 0 & \lambda \end{pmatrix}$，求 $\boldsymbol{A}^3$.

解　$$A^2=\begin{pmatrix}\lambda & 1 & 0\\ 0 & \lambda & 1\\ 0 & 0 & \lambda\end{pmatrix}\begin{pmatrix}\lambda & 1 & 0\\ 0 & \lambda & 1\\ 0 & 0 & \lambda\end{pmatrix}=\begin{pmatrix}\lambda^2 & 2\lambda & 1\\ 0 & \lambda^2 & 2\lambda\\ 0 & 0 & \lambda^2\end{pmatrix},$$

$$A^3=A^2A=\begin{pmatrix}\lambda^2 & 2\lambda & 1\\ 0 & \lambda^2 & 2\lambda\\ 0 & 0 & \lambda^2\end{pmatrix}\begin{pmatrix}\lambda & 1 & 0\\ 0 & \lambda & 1\\ 0 & 0 & \lambda\end{pmatrix}=\begin{pmatrix}\lambda^3 & 3\lambda^2 & 3\lambda\\ 0 & \lambda^3 & 3\lambda^2\\ 0 & 0 & \lambda^3\end{pmatrix}.$$ ■

***数学实验**

实验 2.2　试计算下列方阵的幂.

(1) $\begin{pmatrix}0.95 & 0.12\\ 0.05 & 0.88\end{pmatrix}^{20}$;

(2) $\begin{pmatrix}3 & -10 & 4\\ 4 & -19 & 8\\ 8 & -40 & 17\end{pmatrix}^{120}$;

(3) $\begin{pmatrix}-11 & 6 & 3 & 1 & -15 & 29\\ -9 & 4 & 3 & 1 & -11 & 17\\ 56 & -38 & -7 & -2 & 65 & -153\\ 48 & -30 & -9 & -2 & 57 & -123\\ 54 & -36 & -9 & -3 & 65 & -144\\ 18 & -12 & -3 & -1 & 21 & -46\end{pmatrix}^{9}$.

计算实验

微信扫描右侧相应的二维码即可进行计算实验(详见教材配套的网络学习空间).

六、方阵的行列式

定义 7　由 n 阶方阵 A 的元素所构成的行列式(各元素的位置不变),称为**方阵 A 的行列式**,记作 $|A|$ 或 $\det A$.

注:方阵与行列式是两个不同的概念,n 阶方阵是 n^2 个数按一定方式排成的数表,而 n 阶行列式则是这些数按一定的运算法则所确定的一个数值(实数或复数).

方阵 A 的行列式 $|A|$ 满足以下运算规律(设 A,B 为 n 阶方阵,k 为常数):

(1) $|A^{\mathrm T}|=|A|$ (行列式性质 1);

(2) $|kA|=k^n|A|$;

(3) $|AB|=|A||B|$.

注:由运算规律(3)知,对于 n 阶矩阵 A、B,虽然一般 $AB\neq BA$,但

$$|AB|=|A||B|=|B||A|=|BA|.$$

***数学实验**

实验 2.3　试计算下列行列式(详见教材配套的网络学习空间):

(1) $\begin{vmatrix} 0&1&0&3&0&0&0&0 \\ 0&0&0&2&0&0&0&6 \\ 0&0&4&0&0&8&0&0 \\ 3&0&0&0&4&0&7&0 \\ 0&6&0&0&0&0&8&0 \\ 0&0&2&0&7&0&9&0 \\ 5&0&0&1&0&0&0&0 \\ 0&0&2&0&0&9&0&3 \end{vmatrix}$;　　(2) $\begin{vmatrix} 7&6&2&2&3&1&1&0 \\ 9&1&6&3&3&4&8&9 \\ 3&8&3&0&0&1&1&0 \\ 0&2&3&0&2&4&6&5 \\ 0&1&8&3&1&4&3&6 \\ 1&1&1&5&5&4&9&7 \\ 6&4&5&8&2&3&0&0 \\ 1&3&5&0&3&0&2&2 \end{vmatrix}$.

计算实验

七、对称矩阵

定义 8　设 $\boldsymbol{A}$ 为 n 阶方阵，如果 $\boldsymbol{A}^{\mathrm{T}}=\boldsymbol{A}$，即 $a_{ij}=a_{ji}\ (i,j=1,2,\cdots,n)$，则称 $\boldsymbol{A}$ 为**对称矩阵**.

显然，对称矩阵 $\boldsymbol{A}$ 的元素关于主对角线对称.

例如，$\begin{pmatrix} 0 & -1 \\ -1 & 0 \end{pmatrix}$，$\begin{pmatrix} 8 & 6 & 1 \\ 6 & 9 & 0 \\ 1 & 0 & 5 \end{pmatrix}$ 均为对称矩阵.

如果 $\boldsymbol{A}^{\mathrm{T}}=-\boldsymbol{A}$，则称 $\boldsymbol{A}$ 为**反对称矩阵**.

习题　2-2

1. 计算:

(1) $\begin{pmatrix} 1 & 6 & 4 \\ -4 & 2 & 8 \end{pmatrix}+\begin{pmatrix} -2 & 0 & 1 \\ 2 & -3 & 4 \end{pmatrix}$;　　(2) $\begin{pmatrix} 1 & 2 \\ 0 & 1 \end{pmatrix}-\begin{pmatrix} 2 & -2 \\ 0 & 3 \end{pmatrix}$.

2. 设 $\boldsymbol{A}=\begin{pmatrix} 1 & 2 & 1 & 2 \\ 2 & 1 & 2 & 1 \\ 1 & 2 & 3 & 4 \end{pmatrix}$，$\boldsymbol{B}=\begin{pmatrix} 4 & 3 & 2 & 1 \\ -2 & 1 & -2 & 1 \\ 0 & -1 & 0 & -1 \end{pmatrix}$，计算:

(1) $3\boldsymbol{A}-\boldsymbol{B}$;　　(2) $2\boldsymbol{A}+3\boldsymbol{B}$;　　(3) 若 $\boldsymbol{X}$ 满足 $\boldsymbol{A}+\boldsymbol{X}=\boldsymbol{B}$，求 $\boldsymbol{X}$.

3. 计算:

(1) $\begin{pmatrix} 4 & 3 & 1 \\ 1 & -2 & 3 \\ 5 & 7 & 0 \end{pmatrix}\begin{pmatrix} 7 \\ 2 \\ 1 \end{pmatrix}$;　　(2) $\begin{pmatrix} 1 & 2 & 3 \\ 2 & 4 & 6 \\ 3 & 6 & 9 \end{pmatrix}\begin{pmatrix} -1 & -2 & -4 \\ -1 & -2 & -4 \\ 1 & 2 & 4 \end{pmatrix}$;

(3) $(1\ \ 2\ \ 3)\begin{pmatrix} 3 \\ 2 \\ 1 \end{pmatrix}$;　　(4) $\begin{pmatrix} 3 \\ 2 \\ 1 \end{pmatrix}(1\ \ 2\ \ 3)$;

(5) $\begin{pmatrix} 1 & 2 & 3 \\ -2 & 1 & 2 \end{pmatrix}\begin{pmatrix} 1 & 2 & 0 \\ 0 & 1 & 1 \\ 3 & 0 & -1 \end{pmatrix}$;　　(6) $(x_1\ \ x_2\ \ x_3)\begin{pmatrix} a_{11} & a_{12} & a_{13} \\ a_{12} & a_{22} & a_{23} \\ a_{13} & a_{23} & a_{33} \end{pmatrix}\begin{pmatrix} x_1 \\ x_2 \\ x_3 \end{pmatrix}$.

4. 设 $\boldsymbol{A}=\begin{pmatrix} 1 & 1 & 1 \\ 1 & 1 & -1 \\ 1 & -1 & 1 \end{pmatrix}$，$\boldsymbol{B}=\begin{pmatrix} 1 & 2 & 3 \\ -1 & -2 & 4 \\ 0 & 5 & 1 \end{pmatrix}$，求 $3\boldsymbol{AB}-2\boldsymbol{A}$ 及 $\boldsymbol{A}^{\mathrm{T}}\boldsymbol{B}$.

5. 某企业某年出口到三个国家的两种货物的数量以及两种货物的单位价格、重量、体积如下表：

货物＼数量＼国家	美国	德国	日本	单位价格（万元）	单位重量（吨）	单位体积（m^3）
A_1	3 000	1 500	2 000	0.5	0.04	0.2
A_2	1 400	1 300	800	0.4	0.06	0.4

利用矩阵乘法计算该企业出口到三个国家的货物总价值、总重量、总体积各为多少 .

6. 设 $\boldsymbol{A}=\begin{pmatrix}1&1\\0&1\end{pmatrix}$, 求所有与 $\boldsymbol{A}$ 可交换的矩阵.

7. 计算下列矩阵：

(1) $\begin{pmatrix}1&1\\0&0\end{pmatrix}^3$;　　(2) $\begin{pmatrix}1&0\\\lambda&1\end{pmatrix}^5$;　　(3) $\begin{pmatrix}a&0&0\\0&b&0\\0&0&c\end{pmatrix}^3$.

8. 设 $\boldsymbol{A},\boldsymbol{B}$ 均为 n 阶方阵, 证明下列命题等价:

(1) $\boldsymbol{AB}=\boldsymbol{BA}$;　　(2) $(\boldsymbol{A}\pm\boldsymbol{B})^2=\boldsymbol{A}^2\pm2\boldsymbol{AB}+\boldsymbol{B}^2$;

(3) $(\boldsymbol{A}+\boldsymbol{B})(\boldsymbol{A}-\boldsymbol{B})=\boldsymbol{A}^2-\boldsymbol{B}^2$.

9. 设 $\boldsymbol{A},\boldsymbol{B}$ 为 n 阶矩阵，且 $\boldsymbol{A}$ 为对称矩阵，证明 $\boldsymbol{B}^{\mathrm{T}}\boldsymbol{AB}$ 也是对称矩阵.

10. 设

$$\boldsymbol{A}=\begin{pmatrix}a_{11}&a_{12}&a_{13}\\&a_{22}&a_{23}\\&&a_{33}\end{pmatrix},\ \boldsymbol{B}=\begin{pmatrix}b_{11}&b_{12}&b_{13}\\&b_{22}&b_{23}\\&&b_{33}\end{pmatrix},$$

验证 $a\boldsymbol{A},\ \boldsymbol{A}+\boldsymbol{B},\ \boldsymbol{AB}$ 仍为同阶且同结构的上三角形矩阵(其中 a 为实数).

11. 设矩阵 $\boldsymbol{A}$ 为三阶矩阵，且已知 $|\boldsymbol{A}|=m$，求 $|-m\boldsymbol{A}|$.

§2.3 逆 矩 阵

一、逆矩阵的概念

回顾一下实数的乘法逆元, 对于数 $a\neq0$, 总存在唯一乘法逆元 a^{-1}, 使得

$$a\cdot a^{-1}=1 \text{ 且 } a^{-1}\cdot a=1. \tag{3.1}$$

数的逆在解方程中起着重要作用, 例如线性方程 $ax=b$, 当 $a\neq0$ 时, 其解为 $x=a^{-1}b$.

由于矩阵乘法不满足交换律，因此将逆元概念推广到矩阵时, 式 (3.1) 中的两个方程需同时满足 . 此外，根据两矩阵乘积的定义，仅当我们所讨论的矩阵是方阵时，才有可能得到一个完全的推广.

定义 1　对于 n 阶矩阵 $\boldsymbol{A}$，如果存在一个 n 阶矩阵 $\boldsymbol{B}$，使得 $\boldsymbol{AB}=\boldsymbol{BA}=\boldsymbol{E}$，则称矩阵 $\boldsymbol{A}$ 为**可逆矩阵**，而矩阵 $\boldsymbol{B}$ 称为 $\boldsymbol{A}$ 的**逆矩阵**.

注: (1) 从上述定义可见，其中的“n 阶矩阵”即为“n 阶方阵”(以下同).

(2) 对于 n 阶矩阵 $\boldsymbol{A}$ 与 $\boldsymbol{B}$，若 $\boldsymbol{AB}=\boldsymbol{BA}=\boldsymbol{E}$，则称矩阵 $\boldsymbol{A}$ 与 $\boldsymbol{B}$ 互为**逆**矩阵，又称矩

阵 A 与 B 是**互逆**的.

例如，矩阵 $\begin{pmatrix}1&2&4\\0&1&2\\1&0&1\end{pmatrix}$ 和 $\begin{pmatrix}1&-2&0\\2&-3&-2\\-1&2&1\end{pmatrix}$ 是互逆的，因为

$$\begin{pmatrix}1&2&4\\0&1&2\\1&0&1\end{pmatrix}\begin{pmatrix}1&-2&0\\2&-3&-2\\-1&2&1\end{pmatrix}=\begin{pmatrix}1&0&0\\0&1&0\\0&0&1\end{pmatrix},$$

$$\begin{pmatrix}1&-2&0\\2&-3&-2\\-1&2&1\end{pmatrix}\begin{pmatrix}1&2&4\\0&1&2\\1&0&1\end{pmatrix}=\begin{pmatrix}1&0&0\\0&1&0\\0&0&1\end{pmatrix}.$$

命题 1 若矩阵 A 是可逆的，则 A 的逆矩阵是唯一的.

事实上，设 B 和 C 都是 A 的逆矩阵，则有

$$AB=BA=E,\quad AC=CA=E,$$

$$B=EB=(CA)B=C(AB)=CE=C.$$

故 A 的逆矩阵唯一，记为 A^{-1}.

定义 2 如果 n 阶矩阵 A 的行列式 $|A|\neq 0$，则称 A 为**非奇异的**，否则称 A 为**奇异的**.

例 1 设 $A=\begin{pmatrix}1&2\\2&3\end{pmatrix}$，$B=\begin{pmatrix}-3&2\\2&-1\end{pmatrix}$，验证 B 是否为 A 的逆矩阵.

解 因为

$$AB=\begin{pmatrix}1&2\\2&3\end{pmatrix}\begin{pmatrix}-3&2\\2&-1\end{pmatrix}=\begin{pmatrix}1&0\\0&1\end{pmatrix},$$

$$BA=\begin{pmatrix}-3&2\\2&-1\end{pmatrix}\begin{pmatrix}1&2\\2&3\end{pmatrix}=\begin{pmatrix}1&0\\0&1\end{pmatrix},$$

即有 $AB=BA=E$，所以 B 是 A 的逆矩阵. ■

例 2 设 $A=\begin{pmatrix}a_1&0&\cdots&0\\0&a_2&\cdots&0\\\vdots&\vdots&&\vdots\\0&0&\cdots&a_n\end{pmatrix}$，其中 $a_i\neq 0\ (i=1,2,\cdots,n)$，试求 A^{-1}.

证明 因为

$$\begin{pmatrix}a_1&0&\cdots&0\\0&a_2&\cdots&0\\\vdots&\vdots&&\vdots\\0&0&\cdots&a_n\end{pmatrix}\begin{pmatrix}a_1^{-1}&0&\cdots&0\\0&a_2^{-1}&\cdots&0\\\vdots&\vdots&&\vdots\\0&0&\cdots&a_n^{-1}\end{pmatrix}=\begin{pmatrix}a_1^{-1}&0&\cdots&0\\0&a_2^{-1}&\cdots&0\\\vdots&\vdots&&\vdots\\0&0&\cdots&a_n^{-1}\end{pmatrix}\begin{pmatrix}a_1&0&\cdots&0\\0&a_2&\cdots&0\\\vdots&\vdots&&\vdots\\0&0&\cdots&a_n\end{pmatrix}$$

$$=E_n,$$

所以 $A^{-1}=\begin{pmatrix}a_1^{-1}&0&\cdots&0\\0&a_2^{-1}&\cdots&0\\\vdots&\vdots&&\vdots\\0&0&\cdots&a_n^{-1}\end{pmatrix}$. ■

例 3 设 $\boldsymbol{A}, \boldsymbol{B}$ 为同阶可逆矩阵，则 $\boldsymbol{AB}$ 也可逆，且 $(\boldsymbol{AB})^{-1}=\boldsymbol{B}^{-1}\boldsymbol{A}^{-1}$.

证明 因 $\boldsymbol{AB}(\boldsymbol{B}^{-1}\boldsymbol{A}^{-1})=\boldsymbol{A}(\boldsymbol{BB}^{-1})\boldsymbol{A}^{-1}=\boldsymbol{AEA}^{-1}=\boldsymbol{AA}^{-1}=\boldsymbol{E}$, 故

$$(\boldsymbol{AB})^{-1}=\boldsymbol{B}^{-1}\boldsymbol{A}^{-1}.$$ ■

注: 本例结果可推广至任意有限个同阶可逆矩阵的情形，即若 $\boldsymbol{A}_1, \boldsymbol{A}_2, \cdots, \boldsymbol{A}_n$ 均是 n 阶可逆矩阵，则 $\boldsymbol{A}_1\boldsymbol{A}_2\cdots\boldsymbol{A}_n$ 也可逆，且

$$(\boldsymbol{A}_1\boldsymbol{A}_2\cdots\boldsymbol{A}_n)^{-1}=\boldsymbol{A}_n^{-1}\cdots\boldsymbol{A}_2^{-1}\boldsymbol{A}_1^{-1}.$$

二、伴随矩阵及其与逆矩阵的关系

定义 3 行列式 $|\boldsymbol{A}|$ 的各个代数余子式 A_{ij} 按下列排列方式构造的新矩阵

$$\boldsymbol{A}^*=\begin{pmatrix} A_{11} & A_{21} & \cdots & A_{n1} \\ A_{12} & A_{22} & \cdots & A_{n2} \\ \vdots & \vdots & & \vdots \\ A_{1n} & A_{2n} & \cdots & A_{nn} \end{pmatrix} \tag{3.2}$$

称为矩阵 $\boldsymbol{A}$ 的**伴随矩阵**.

例 4 设矩阵 $\boldsymbol{A}=\begin{pmatrix} 1 & 0 & 1 \\ 2 & 1 & 0 \\ -3 & 2 & -5 \end{pmatrix}$, 求矩阵 $\boldsymbol{A}$ 的伴随矩阵 $\boldsymbol{A}^*$.

解 按定义，因为

$$A_{11}=-5, \quad A_{12}=10, \quad A_{13}=7, \quad A_{21}=2,$$

$$A_{22}=-2, \quad A_{23}=-2, \quad A_{31}=-1, \quad A_{32}=2, \quad A_{33}=1,$$

所以 $\boldsymbol{A}^*=\begin{pmatrix} -5 & 2 & -1 \\ 10 & -2 & 2 \\ 7 & -2 & 1 \end{pmatrix}$. ■

利用伴随矩阵与行列式的性质，可以证明:

定理 1 n 阶矩阵 $\boldsymbol{A}$ 可逆的充分必要条件是其行列式 $|\boldsymbol{A}|\neq 0$, 且当 $\boldsymbol{A}$ 可逆时，有

$$\boldsymbol{A}^{-1}=\frac{1}{|\boldsymbol{A}|}\boldsymbol{A}^*, \tag{3.3}$$

其中 $\boldsymbol{A}^*$ 为 $\boldsymbol{A}$ 的伴随矩阵.

注: 利用定理 1 求逆矩阵的方法称为**伴随矩阵法**.

推论 1 若 $\boldsymbol{AB}=\boldsymbol{E}$ (或 $\boldsymbol{BA}=\boldsymbol{E}$), 则 $\boldsymbol{B}=\boldsymbol{A}^{-1}$.

证明 由 $\boldsymbol{AB}=\boldsymbol{E}$, 得 $|\boldsymbol{A}||\boldsymbol{B}|=1$, $|\boldsymbol{A}|\neq 0$, 故 $\boldsymbol{A}^{-1}$ 存在，且

$$\boldsymbol{B}=\boldsymbol{EB}=(\boldsymbol{A}^{-1}\boldsymbol{A})\boldsymbol{B}=\boldsymbol{A}^{-1}(\boldsymbol{AB})=\boldsymbol{A}^{-1}\boldsymbol{E}=\boldsymbol{A}^{-1}.$$ ■

推论 1 表明，要验证矩阵 $\boldsymbol{B}$ 是否为 $\boldsymbol{A}$ 的逆矩阵，只要验证 $\boldsymbol{AB}=\boldsymbol{E}$ 或 $\boldsymbol{BA}=\boldsymbol{E}$ 中的一个式子成立即可，这比直接用定义判断要节省一半的工作量.

例 5　设 $\boldsymbol{A}=\begin{pmatrix}1&2\\3&5\end{pmatrix}$，问 $\boldsymbol{A}$ 是否可逆？若可逆，求 $\boldsymbol{A}^{-1}$.

解　因为 $|\boldsymbol{A}|=\begin{vmatrix}1&2\\3&5\end{vmatrix}=-1\neq 0$，所以 $\boldsymbol{A}$ 可逆. 又

$$A_{11}=(-1)^{1+1}|5|=5,\qquad A_{12}=(-1)^{1+2}|3|=-3,$$
$$A_{21}=(-1)^{2+1}|2|=-2,\quad A_{22}=(-1)^{2+2}|1|=1,$$

所以

$$\boldsymbol{A}^{-1}=\frac{1}{|\boldsymbol{A}|}\boldsymbol{A}^{*}=\frac{1}{5-6}\begin{pmatrix}5&-2\\-3&1\end{pmatrix}=-\begin{pmatrix}5&-2\\-3&1\end{pmatrix}=\begin{pmatrix}-5&2\\3&-1\end{pmatrix}.\qquad\blacksquare$$

例 6　求例 4 中矩阵 $\boldsymbol{A}$ 的逆矩阵 $\boldsymbol{A}^{-1}$.

解　因

$$|\boldsymbol{A}|=\begin{vmatrix}1&0&1\\2&1&0\\-3&2&-5\end{vmatrix}=2\neq 0,$$

故矩阵 $\boldsymbol{A}$ 可逆，由例 4 的结果，已知 $\boldsymbol{A}^{*}=\begin{pmatrix}-5&2&-1\\10&-2&2\\7&-2&1\end{pmatrix}$. 于是

$$\boldsymbol{A}^{-1}=\frac{1}{|\boldsymbol{A}|}\boldsymbol{A}^{*}=\frac{1}{2}\begin{pmatrix}-5&2&-1\\10&-2&2\\7&-2&1\end{pmatrix}=\begin{pmatrix}-5/2&1&-1/2\\5&-1&1\\7/2&-1&1/2\end{pmatrix}.\qquad\blacksquare$$

***数学实验**

实验 2.4　试用伴随矩阵法，求下列矩阵的逆矩阵.

$$(1)\begin{pmatrix}4&7&1&2&1&1&2&7\\6&7&6&3&0&1&3&1\\1&1&3&2&1&3&1&2\\6&8&7&1&4&3&2&1\\2&7&2&2&2&1&2&3\\1&2&0&1&1&2&1&1\\1&4&4&2&7&1&1&2\\2&1&6&0&0&2&2&2\end{pmatrix};\qquad(2)\begin{pmatrix}8&8&2&2&4&1&2&1\\9&2&8&4&3&5&8&9\\4&8&4&1&0&2&1&0\\1&2&4&1&2&6&8&8\\1&1&8&4&1&6&4&8\\2&2&2&8&8&7&9&8\\8&5&8&8&2&3&1&1\\2&3&8&1&4&1&3&2\end{pmatrix}.$$

计算实验

微信扫描右侧相应的二维码即可进行计算实验（详见教材配套的网络学习空间）.

三、矩阵方程

有了逆矩阵的概念，我们就可以来讨论矩阵方程

$$\boldsymbol{AX}=\boldsymbol{B}$$

的求解问题了，事实上，如果 $\boldsymbol{A}$ 可逆，则 $\boldsymbol{A}^{-1}$ 存在，用 $\boldsymbol{A}^{-1}$ 左乘上式两端，得

$$\boldsymbol{X}=\boldsymbol{A}^{-1}\boldsymbol{B},$$

同理，对矩阵方程

$$XA=B\,(A\text{可逆}),\quad AXB=C\,(A,B\text{均可逆}),$$

利用矩阵乘法的运算规律和逆矩阵的运算性质，通过在方程两边左乘或右乘相应矩阵的逆矩阵，可求出其解分别为

$$X=BA^{-1},\ X=A^{-1}CB^{-1}.$$

例 7 求解矩阵方程 $X\begin{pmatrix}1&3\\5&2\end{pmatrix}=\begin{pmatrix}0&1\\1&0\end{pmatrix}$.

解 记 $A=\begin{pmatrix}1&3\\5&2\end{pmatrix}$, $B=\begin{pmatrix}0&1\\1&0\end{pmatrix}$, 则题设方程可改写为

$$XA=B.$$

若 A 可逆，用 A^{-1} 右乘上式，得

$$X=BA^{-1}.$$

易算出 $|A|=\begin{vmatrix}1&3\\5&2\end{vmatrix}=-13$, $A^*=\begin{pmatrix}2&-3\\-5&1\end{pmatrix}$, 故

$$A^{-1}=\frac{1}{|A|}A^*=-\frac{1}{13}\begin{pmatrix}2&-3\\-5&1\end{pmatrix},$$

于是

$$X=BA^{-1}=-\frac{1}{13}\begin{pmatrix}0&1\\1&0\end{pmatrix}\begin{pmatrix}2&-3\\-5&1\end{pmatrix}=\begin{pmatrix}5/13&-1/13\\-2/13&3/13\end{pmatrix}.$$ ■

例 8 求解线性方程组 $\begin{cases}x_1-x_2-x_3=2\\2x_1-x_2-3x_3=1\\3x_1+2x_2-5x_3=0\end{cases}$.

解 记

$$A=\begin{pmatrix}1&-1&-1\\2&-1&-3\\3&2&-5\end{pmatrix},\ X=\begin{pmatrix}x_1\\x_2\\x_3\end{pmatrix},\ B=\begin{pmatrix}2\\1\\0\end{pmatrix},$$

则题设线性方程组可写为

$$AX=B,$$

若 A 可逆，则

$$X=A^{-1}B.$$

易算出

$$|A|=\begin{vmatrix}1&-1&-1\\2&-1&-3\\3&2&-5\end{vmatrix}=3,\ A^*=\begin{pmatrix}11&-7&2\\1&-2&1\\7&-5&1\end{pmatrix},$$

故

$$A^{-1}=\frac{1}{|A|}A^*=\begin{pmatrix}11/3&-7/3&2/3\\1/3&-2/3&1/3\\7/3&-5/3&1/3\end{pmatrix},$$

于是

$$X=A^{-1}B=\begin{pmatrix}11/3 & -7/3 & 2/3\\ 1/3 & -2/3 & 1/3\\ 7/3 & -5/3 & 1/3\end{pmatrix}\begin{pmatrix}2\\1\\0\end{pmatrix}=\begin{pmatrix}5\\0\\3\end{pmatrix},$$

即所求线性方程组的解为 $x_1=5$，$x_2=0$，$x_3=3$. ■

习题 2-3

1. 求下列矩阵的逆矩阵:

(1) $\begin{pmatrix}1 & 2\\ 2 & 5\end{pmatrix}$;　　(2) $\begin{pmatrix}1 & 2 & -1\\ 3 & 4 & -2\\ 5 & -4 & 1\end{pmatrix}$;　　(3) $\begin{pmatrix}1 & 2 & 3 & 4\\ 0 & 1 & 2 & 3\\ 0 & 0 & 1 & 2\\ 0 & 0 & 0 & 1\end{pmatrix}$.

2. 用逆矩阵解下列矩阵方程:

(1) $\begin{pmatrix}2 & 5\\ 1 & 3\end{pmatrix}X=\begin{pmatrix}4 & -6\\ 2 & 1\end{pmatrix}$;　　(2) $\begin{pmatrix}1 & 4\\ -1 & 2\end{pmatrix}X\begin{pmatrix}2 & 0\\ -1 & 1\end{pmatrix}=\begin{pmatrix}3 & 1\\ 0 & -1\end{pmatrix}$;

(3) $\begin{pmatrix}0 & 1 & 0\\ 1 & 0 & 0\\ 0 & 0 & 1\end{pmatrix}X\begin{pmatrix}1 & 0 & 0\\ 0 & 0 & 1\\ 0 & 1 & 0\end{pmatrix}=\begin{pmatrix}1 & -4 & 3\\ 2 & 0 & -1\\ 1 & -2 & 0\end{pmatrix}$.

3. 利用逆矩阵解下列线性方程组:

(1) $\begin{cases}x_1+2x_2+3x_3=1\\ 2x_1+2x_2+5x_3=2;\\ 3x_1+5x_2+x_3=3\end{cases}$　　(2) $\begin{cases}x_1-x_2-x_3=2\\ 2x_1-x_2-3x_3=1.\\ 3x_1+2x_2-5x_3=0\end{cases}$

4. 设方阵 A 满足 $A^2-A-2E=O$, 证明 A 及 $A+2E$ 都可逆.

5. 设 n 阶矩阵 A 的伴随矩阵为 A^*, 证明:

(1) 若 $|A|=0$, 则 $|A^*|=0$;　　(2) $|A^*|=|A|^{n-1}$.

§2.4　分 块 矩 阵

一、分块矩阵的概念

对于行数和列数较高的矩阵，为了简化运算，经常采用分块法，使大矩阵的运算化成若干小矩阵间的运算，同时也使原矩阵的结构显得简单而清晰. 具体做法是: 将大矩阵 A 用若干条纵线和横线分成多个小矩阵. 每个小矩阵称为 A 的**子块**，以子块为元素的形式上的矩阵称为**分块矩阵**.

矩阵的分块有多种方式，可根据具体需要而定. 例如；矩阵

$$A=\begin{pmatrix}1 & 0 & 0 & 3\\ 0 & 1 & 0 & -1\\ 0 & 0 & 1 & 0\\ 0 & 0 & 0 & 1\end{pmatrix}.$$

可分成 $A=\left(\begin{array}{ccc|c}1&0&0&3\\0&1&0&-1\\0&0&1&0\\\hline 0&0&0&1\end{array}\right)=\begin{pmatrix}E_3&B\\O&E_1\end{pmatrix}$，其中 $B=\begin{pmatrix}3\\-1\\0\end{pmatrix}$；

也可分成 $A=\left(\begin{array}{cc|cc}1&0&0&3\\0&1&0&-1\\\hline 0&0&1&0\\0&0&0&1\end{array}\right)=\begin{pmatrix}E_2&C\\O&E_2\end{pmatrix}$，其中 $C=\begin{pmatrix}0&3\\0&-1\end{pmatrix}$.

此外，A 还可按如下方式分块：

$$A=\left(\begin{array}{c|c|c|c}1&0&0&3\\0&1&0&-1\\0&0&1&0\\0&0&0&1\end{array}\right),\quad A=\left(\begin{array}{cccc}1&0&0&3\\\hline 0&1&0&-1\\\hline 0&0&1&0\\\hline 0&0&0&1\end{array}\right),\text{等等}.$$

注：一个矩阵也可看作以 $m\times n$ 个元素为 1 阶子块的分块矩阵.

二、分块矩阵的运算

分块矩阵的运算与普通矩阵的运算规则相似．分块时要注意，运算的两矩阵按块能运算，并且参与运算的子块也能运算，即内外都能运算.

(1) 加法运算：设矩阵 A 与 B 的行数相同、列数相同，并采用相同的分块法，则 $A+B$ 的每个分块是 A 与 B 中对应分块之和.

(2) 数乘运算：设 A 是一个分块矩阵，k 为一实数，则 kA 的每个子块是 k 与 A 中相应子块的数乘.

(3) 乘法运算：两分块矩阵 A 与 B 的乘积依然按照普通矩阵的乘积进行运算，即把矩阵 A 与 B 中的子块当作数量一样来对待，但对于乘积 AB，A 的列的划分必须与 B 的行的划分一致.

例 1 设矩阵 $A=\begin{pmatrix}1&0&1&3\\0&1&2&4\\0&0&-1&0\\0&0&0&-1\end{pmatrix}$，$B=\begin{pmatrix}1&2&0&0\\2&0&0&0\\6&3&1&0\\0&-2&0&1\end{pmatrix}$，用分块矩阵计算 kA，$A+B$.

解 将矩阵 A,B 分块如下：

$$A=\left(\begin{array}{cc|cc}1&0&1&3\\0&1&2&4\\\hline 0&0&-1&0\\0&0&0&-1\end{array}\right)=\begin{pmatrix}E&C\\O&-E\end{pmatrix},\quad B=\left(\begin{array}{cc|cc}1&2&0&0\\2&0&0&0\\\hline 6&3&1&0\\0&-2&0&1\end{array}\right)=\begin{pmatrix}D&O\\F&E\end{pmatrix},$$

则
$$kA=k\begin{pmatrix}E & C\\ O & -E\end{pmatrix}=\begin{pmatrix}kE & kC\\ O & -kE\end{pmatrix}=\begin{pmatrix}k & 0 & k & 3k\\ 0 & k & 2k & 4k\\ 0 & 0 & -k & 0\\ 0 & 0 & 0 & -k\end{pmatrix},$$

$$A+B=\begin{pmatrix}E & C\\ O & -E\end{pmatrix}+\begin{pmatrix}D & O\\ F & E\end{pmatrix}=\begin{pmatrix}E+D & C\\ F & O\end{pmatrix}=\begin{pmatrix}2 & 2 & 1 & 3\\ 2 & 1 & 2 & 4\\ 6 & 3 & 0 & 0\\ 0 & -2 & 0 & 0\end{pmatrix}.$$ ■

例 2 设 $A=\begin{pmatrix}1 & 0 & 0 & 0\\ 0 & 1 & 0 & 0\\ -1 & 2 & 1 & 0\\ 1 & 1 & 0 & 1\end{pmatrix}$, $B=\begin{pmatrix}1 & 0 & 1 & 0\\ -1 & 2 & 0 & 1\\ 1 & 0 & 4 & 1\\ -1 & -1 & 2 & 0\end{pmatrix}$, 用分块矩阵计算 AB.

解 把 A, B 分块成
$$A=\left(\begin{array}{cc|cc}1 & 0 & 0 & 0\\ 0 & 1 & 0 & 0\\ \hline -1 & 2 & 1 & 0\\ 1 & 1 & 0 & 1\end{array}\right)=\begin{pmatrix}E & O\\ A_1 & E\end{pmatrix},\quad B=\left(\begin{array}{cc|cc}1 & 0 & 1 & 0\\ -1 & 2 & 0 & 1\\ \hline 1 & 0 & 4 & 1\\ -1 & -1 & 2 & 0\end{array}\right)=\begin{pmatrix}B_{11} & E\\ B_{21} & B_{22}\end{pmatrix},$$

则
$$AB=\begin{pmatrix}E & O\\ A_1 & E\end{pmatrix}\begin{pmatrix}B_{11} & E\\ B_{21} & B_{22}\end{pmatrix}=\begin{pmatrix}B_{11} & E\\ A_1B_{11}+B_{21} & A_1+B_{22}\end{pmatrix},$$

而
$$A_1B_{11}+B_{21}=\begin{pmatrix}-1 & 2\\ 1 & 1\end{pmatrix}\begin{pmatrix}1 & 0\\ -1 & 2\end{pmatrix}+\begin{pmatrix}1 & 0\\ -1 & -1\end{pmatrix}$$
$$=\begin{pmatrix}-3 & 4\\ 0 & 2\end{pmatrix}+\begin{pmatrix}1 & 0\\ -1 & -1\end{pmatrix}=\begin{pmatrix}-2 & 4\\ -1 & 1\end{pmatrix},$$
$$A_1+B_{22}=\begin{pmatrix}-1 & 2\\ 1 & 1\end{pmatrix}+\begin{pmatrix}4 & 1\\ 2 & 0\end{pmatrix}=\begin{pmatrix}3 & 3\\ 3 & 1\end{pmatrix},$$

于是
$$AB=\begin{pmatrix}1 & 0 & 1 & 0\\ -1 & 2 & 0 & 1\\ -2 & 4 & 3 & 3\\ -1 & 1 & 3 & 1\end{pmatrix}.$$ ■

例 3 设 $A=\begin{pmatrix}3 & 0 & 2\\ -2 & -1 & -1\\ -1 & -3 & 5\end{pmatrix}$, $B=\begin{pmatrix}1 & -1 & 4\\ 2 & 3 & 0\\ 5 & 0 & 2\end{pmatrix}$, 求 AB.

解 将 A, B 分块成
$$A=\left(\begin{array}{c|c|c}3 & 0 & 2\\ -2 & -1 & -1\\ -1 & -3 & 5\end{array}\right)=(A_1\quad A_2\quad A_3),\quad B=\left(\begin{array}{ccc}1 & -1 & 4\\ \hline 2 & 3 & 0\\ \hline 5 & 0 & 2\end{array}\right)=\begin{pmatrix}B_1\\ B_2\\ B_3\end{pmatrix},$$

则
$$AB=(A_1\quad A_2\quad A_3)\begin{pmatrix}B_1\\B_2\\B_3\end{pmatrix}=(A_1B_1+A_2B_2+A_3B_3)$$
$$=\begin{pmatrix}3\\-2\\-1\end{pmatrix}(1\quad -1\quad 4)+\begin{pmatrix}0\\-1\\-3\end{pmatrix}(2\quad 3\quad 0)+\begin{pmatrix}2\\-1\\5\end{pmatrix}(5\quad 0\quad 2)$$
$$=\begin{pmatrix}3&-3&12\\-2&2&-8\\-1&1&-4\end{pmatrix}+\begin{pmatrix}0&0&0\\-2&-3&0\\-6&-9&0\end{pmatrix}+\begin{pmatrix}10&0&4\\-5&0&-2\\25&0&10\end{pmatrix}$$
$$=\begin{pmatrix}13&-3&16\\-9&-1&-10\\18&-8&6\end{pmatrix}.$$ ■

(4) 设 A 为 n 阶矩阵，若 A 的分块矩阵只在对角线上有非零子块，其余子块都为零矩阵，且在对角线上的子块都是方阵，即
$$A=\begin{pmatrix}A_1&&&O\\&A_2&&\\&&\ddots&\\O&&&A_s\end{pmatrix},$$
其中 $A_i\,(i=1, 2, \cdots, s)$ 都是方阵，则称 A 为**分块对角矩阵**.

分块对角矩阵具有以下性质：

(i) 若 $|A_i|\neq 0\ (i=1, 2, \cdots, s)$，则 $|A|\neq 0$，且 $|A|=|A_1||A_2|\cdots|A_s|$；

(ii) $A^{-1}=\begin{pmatrix}A_1^{-1}&&&O\\&A_2^{-1}&&\\&&\ddots&\\O&&&A_s^{-1}\end{pmatrix}$；

(iii) 同结构的分块对角矩阵的和、差、积、数乘及逆仍是分块对角矩阵，且运算表现为对应子块的运算.

例 4 设 $A=\begin{pmatrix}5&0&0\\0&3&1\\0&2&1\end{pmatrix}$，求 A^{-1}.

解 $A=\left(\begin{array}{c:cc}5&0&0\\\hdashline 0&3&1\\0&2&1\end{array}\right)=\begin{pmatrix}A_1&O\\O&A_2\end{pmatrix}.$

$$A_1=(5),\quad A_1^{-1}=\left(\frac{1}{5}\right),\quad A_2=\begin{pmatrix}3&1\\2&1\end{pmatrix},\quad A_2^{-1}=\frac{A_2^*}{|A_2|}=\begin{pmatrix}1&-1\\-2&3\end{pmatrix}.$$

所以
$$A^{-1}=\begin{pmatrix} A_1^{-1} & O \\ O & A_2^{-1} \end{pmatrix}=\begin{pmatrix} 1/5 & 0 & 0 \\ 0 & 1 & -1 \\ 0 & -2 & 3 \end{pmatrix}.$$
■

习题 2-4

1. 按指定分块的方法，用分块矩阵乘法求下列矩阵的乘积：

(1) $\left(\begin{array}{ccc} 2 & 1 & -1 \\ \hline 3 & 0 & -2 \\ \hline 1 & -1 & 1 \end{array}\right)\left(\begin{array}{c:c:c} 1 & 1 & 0 \\ 0 & 0 & -1 \\ -1 & 2 & 1 \end{array}\right)$；

(2) $\left(\begin{array}{cc:cc} a & 0 & 0 & 0 \\ 0 & a & 0 & 0 \\ \hline 1 & 0 & b & 0 \\ 0 & 1 & 0 & b \end{array}\right)\left(\begin{array}{cc:cc} 1 & 0 & c & 0 \\ 0 & 1 & 0 & c \\ \hline 0 & 0 & d & 0 \\ 0 & 0 & 0 & d \end{array}\right)$.

2. 计算 $\begin{pmatrix} 1 & 2 & 1 & 0 \\ 0 & 1 & 0 & 1 \\ 0 & 0 & 2 & 1 \\ 0 & 0 & 0 & 3 \end{pmatrix}\begin{pmatrix} 1 & 0 & 3 & 0 \\ 0 & 1 & 2 & -1 \\ 0 & 0 & -2 & 3 \\ 0 & 0 & 0 & -3 \end{pmatrix}$.

3. 用矩阵的分块求下列矩阵的逆矩阵：

(1) $\begin{pmatrix} 0 & 0 & 2 \\ 1 & 2 & 0 \\ 3 & 4 & 0 \end{pmatrix}$； (2) $\begin{pmatrix} 5 & 2 & 0 & 0 \\ 2 & 1 & 0 & 0 \\ 0 & 0 & 8 & 3 \\ 0 & 0 & 5 & 2 \end{pmatrix}$； (3) $\begin{pmatrix} 0 & a_1 & 0 & \cdots & 0 \\ 0 & 0 & a_2 & \cdots & 0 \\ \vdots & \vdots & \vdots & & \vdots \\ 0 & 0 & 0 & \cdots & a_{n-1} \\ a_n & 0 & 0 & \cdots & 0 \end{pmatrix}$ $(a_1a_2\cdots a_n\neq 0)$.

4. 设 $A=\begin{pmatrix} 3 & 4 & & \\ 4 & -3 & & O \\ & & 2 & 0 \\ O & & 2 & 2 \end{pmatrix}$，求 $|A^8|$ 及 A^4.

5. 设 A 为 3×3 矩阵，$|A|=-2$，把 A 按列分块为 $A=(A_1, A_2, A_3)$，其中 $A_j\ (j=1,2,3)$ 为 A 的第 j 列. 求：

(1) $|A_1', 2A_2, A_3|$； (2) $|A_3-2A_1, 3A_2, A_1|$.

§2.5 矩阵的初等变换

一、矩阵的初等变换

在计算行列式时，利用行列式的性质可以将给定的行列式化为上(下)三角形行列式，从而简化行列式的计算，把行列式的某些性质引用到矩阵上，会给我们研究矩阵带来很大的方便，这些性质反映到矩阵上就是矩阵的初等变换.

定义 1 矩阵的下列三种变换称为矩阵的**初等行变换**：

(1) 交换矩阵的两行(交换 i, j 两行，记作 $r_i\leftrightarrow r_j$)；

(2) 以一个非零的数 k 乘矩阵的某一行(第 i 行乘数 k，记作 kr_i 或 $r_i\times k$)；

(3) 把矩阵的某一行的 k 倍加到另一行(第 j 行乘数 k 加到第 i 行,记为 r_i+kr_j).

把定义中的"行"换成"列",即得矩阵的**初等列变换**的定义(相应记号中把 r 换成 c).初等行变换与初等列变换统称为**初等变换**.

注:初等变换的逆变换仍是初等变换,且变换类型相同.

例如,变换 $r_i \leftrightarrow r_j$ 的逆变换即为其本身;变换 $r_i \times k$ 的逆变换为 $r_i \times \dfrac{1}{k}$;变换 r_i+kr_j 的逆变换为 $r_i+(-k)r_j$ 或 r_i-kr_j.

定义 2 若矩阵 $\boldsymbol{A}$ 经过有限次初等变换变成矩阵 $\boldsymbol{B}$,则称矩阵 $\boldsymbol{A}$ 与 $\boldsymbol{B}$ **等价**,记为 $\boldsymbol{A}\to\boldsymbol{B}$ 或 $\boldsymbol{A}\sim\boldsymbol{B}$.

矩阵之间的等价关系具有下列**基本性质**:

(1) 自反性 $\boldsymbol{A}\sim\boldsymbol{A}$;

(2) 对称性 若 $\boldsymbol{A}\sim\boldsymbol{B}$,则 $\boldsymbol{B}\sim\boldsymbol{A}$;

(3) 传递性 若 $\boldsymbol{A}\sim\boldsymbol{B}$,$\boldsymbol{B}\sim\boldsymbol{C}$,则 $\boldsymbol{A}\sim\boldsymbol{C}$.

例 1 已知矩阵 $\boldsymbol{A}=\begin{pmatrix}3&2&9&6\\-1&-3&4&-17\\1&4&-7&3\\-1&-4&7&-3\end{pmatrix}$,对其作如下初等行变换:

$$\boldsymbol{A}=\begin{pmatrix}3&2&9&6\\-1&-3&4&-17\\1&4&-7&3\\-1&-4&7&-3\end{pmatrix}\xrightarrow{r_1\leftrightarrow r_3}\begin{pmatrix}1&4&-7&3\\-1&-3&4&-17\\3&2&9&6\\-1&-4&7&-3\end{pmatrix}$$

$$\xrightarrow[r_4+r_1]{\substack{r_2+r_1\\ r_3-3r_1}}\begin{pmatrix}1&4&-7&3\\0&1&-3&-14\\0&-10&30&-3\\0&0&0&0\end{pmatrix}\xrightarrow{r_3+10r_2}\begin{pmatrix}1&4&-7&3\\0&1&-3&-14\\0&0&0&-143\\0&0&0&0\end{pmatrix}=\boldsymbol{B}.$$

这里的矩阵 $\boldsymbol{B}$ 依其形状的特征称为行阶梯形矩阵. ■

一般地,称满足下列条件的矩阵为**行阶梯形矩阵**:

(1) 零行(元素全为零的行)位于矩阵的下方;

(2) 各非零行的首非零元(从左至右的第一个不为零的元素)的列标随着行标的增大而严格增大(或说其列标一定不小于行标).

*数学实验

实验 2.5 试利用初等行变换将下列矩阵化为右侧的行阶梯形矩阵.

$$(1)\ \begin{pmatrix}2&1&2&3&4&5\\4&2&4&6&8&10\\10&5&10&15&20&25\\6&3&6&9&12&15\\12&6&12&18&24&30\end{pmatrix}\to\begin{pmatrix}2&1&2&3&4&5\\0&0&0&0&0&0\\0&0&0&0&0&0\\0&0&0&0&0&0\\0&0&0&0&0&0\end{pmatrix};$$

$$(2)\begin{pmatrix}10&24&-26&-24&34&48\\18&45&-45&-45&63&90\\14&35&-35&-35&49&70\\12&31&-29&-31&43&62\\8&20&-20&-20&28&40\end{pmatrix}\to\begin{pmatrix}1&2&-3&-2&3&4\\0&1&1&-1&1&2\\0&0&0&0&0&0\\0&0&0&0&0&0\\0&0&0&0&0&0\end{pmatrix};$$

$$(3)\begin{pmatrix}5&18&9&16&35&110\\9&36&12&31&67&211\\11&44&15&38&82&259\\6&26&6&22&47&149\\4&16&6&14&30&96\end{pmatrix}\to\begin{pmatrix}1&2&3&2&5&14\\0&2&-3&1&2&5\\0&0&3&1&1&10\\0&0&0&0&0&0\\0&0&0&0&0&0\end{pmatrix};$$

$$(4)\begin{pmatrix}10&24&24&31&74&20\\14&34&33&44&103&35\\22&55&49&71&157&83\\12&31&25&39&85&59\\8&20&18&26&58&30\end{pmatrix}\to\begin{pmatrix}2&4&6&5&16&-10\\0&2&-3&3&-3&35\\0&0&1&1&5&-1\\0&0&0&1&-2&4\\0&0&0&0&0&0\end{pmatrix};$$

$$(5)\begin{pmatrix}5&18&9&16&25&43\\13&52&18&100&71&149\\11&44&15&88&60&129\\16&62&24&100&85&169\\4&16&6&32&22&47\end{pmatrix}\to\begin{pmatrix}1&2&3&-16&3&-4\\0&2&-3&20&2&12\\0&0&3&4&1&4\\0&0&0&4&0&3\\0&0&0&0&0&1\end{pmatrix};$$

$$(6)\begin{pmatrix}10&28&-12&60&10&72\\26&78&-21&208&10&214\\22&66&-18&180&10&183\\32&94&-30&236&20&253\\8&24&-6&64&5&67\end{pmatrix}\to\begin{pmatrix}2&4&-6&-4&5&5\\0&2&3&20&-10&8\\0&0&3&-4&10&5\\0&0&0&4&0&2\\0&0&0&0&5&1\end{pmatrix}.$$

计算实验

微信扫描右侧相应的二维码即可进行计算实验（详见教材配套的网络学习空间）.

对例 1 中的矩阵 $\boldsymbol{B}=\begin{pmatrix}1&4&-7&3\\0&1&-3&-14\\0&0&0&-143\\0&0&0&0\end{pmatrix}$ 再作初等行变换：

$$\boldsymbol{B}\xrightarrow{r_3\times\left(-\frac{1}{143}\right)}\begin{pmatrix}1&4&-7&3\\0&1&-3&-14\\0&0&0&1\\0&0&0&0\end{pmatrix}\xrightarrow[r_1-3r_3]{r_2+14r_3}\begin{pmatrix}1&4&-7&0\\0&1&-3&0\\0&0&0&1\\0&0&0&0\end{pmatrix}\xrightarrow{r_1-4r_2}\begin{pmatrix}1&0&5&0\\0&1&-3&0\\0&0&0&1\\0&0&0&0\end{pmatrix}$$

$$=\boldsymbol{C},$$

称这种特殊形状的阶梯形矩阵 $\boldsymbol{C}$ 为行最简形矩阵.

一般地，称满足下列条件的阶梯形矩阵为**行最简形矩阵**：

(1) 各非零行的首非零元都是1；

(2) 每个首非零元所在列的其余元素都是零.

如果对上述矩阵 $C=\begin{pmatrix}1&0&5&0\\0&1&-3&0\\0&0&0&1\\0&0&0&0\end{pmatrix}$ 再作初等列变换，可得：

$$C\xrightarrow[c_3+3c_2]{c_3-5c_1}\begin{pmatrix}1&0&0&0\\0&1&0&0\\0&0&0&1\\0&0&0&0\end{pmatrix}\xrightarrow{c_3\leftrightarrow c_4}\begin{pmatrix}1&0&0&0\\0&1&0&0\\0&0&1&0\\0&0&0&0\end{pmatrix}=D.$$ ■

这里的矩阵 D 称为原矩阵 A 的**标准形**. 一般地，矩阵 A 的标准形 D 具有如下特点：D 的左上角是一个单位矩阵，其余元素全为0. 可以证明：

定理1　任意一个矩阵 $A=(a_{ij})_{m\times n}$ 经过有限次初等变换，可以化为下列标准形矩阵

$$D=\underbrace{\begin{pmatrix}1&&&&&\\&\ddots&&&&\\&&1&&&\\&&&0&&\\&&&&\ddots&\\&&&&&0\end{pmatrix}}_{r\text{列}}r\text{行}=\begin{pmatrix}E_r&O_{r\times(n-r)}\\O_{(m-r)\times r}&O_{(m-r)\times(n-r)}\end{pmatrix}.$$

注：定理1实质上给出了结论“任一矩阵 A 总可以经过有限次初等行变换化为行阶梯形矩阵，并进而化为行最简形矩阵”.

根据定理1的结论及初等变换的可逆性，有如下推论1.

推论1　如果 A 为 n 阶可逆矩阵，则矩阵 A 经过有限次初等行变换可化为单位矩阵 E，即 $A\to E$.

例2　将矩阵 $A=\begin{pmatrix}2&1&2&3\\4&1&3&5\\2&0&1&2\end{pmatrix}$ 化为标准形.

解

$$A=\begin{pmatrix}2&1&2&3\\4&1&3&5\\2&0&1&2\end{pmatrix}\to\begin{pmatrix}2&1&2&3\\0&-1&-1&-1\\0&-1&-1&-1\end{pmatrix}\to\begin{pmatrix}2&0&0&0\\0&-1&-1&-1\\0&-1&-1&-1\end{pmatrix}$$

$$\to\begin{pmatrix}1&0&0&0\\0&-1&-1&-1\\0&0&0&0\end{pmatrix}\to\begin{pmatrix}1&0&0&0\\0&-1&0&0\\0&0&0&0\end{pmatrix}\to\begin{pmatrix}1&0&0&0\\0&1&0&0\\0&0&0&0\end{pmatrix}.$$ ■

*数学实验

实验2.6　试利用初等行变换将下列矩阵化为右侧的标准形矩阵.

(1) $$\begin{pmatrix}10&24&24&31&74&20\\14&34&33&44&103&35\\22&55&49&71&157&83\\12&31&25&39&85&59\\8&20&18&26&58&30\end{pmatrix}\to\begin{pmatrix}1&0&0&0&0&0\\0&1&0&0&0&0\\0&0&1&0&0&0\\0&0&0&1&0&0\\0&0&0&0&0&0\end{pmatrix};$$

(2) $\begin{pmatrix} 5 & 18 & 9 & 16 & 25 & 43 \\ 13 & 52 & 18 & 100 & 71 & 149 \\ 11 & 44 & 15 & 88 & 60 & 129 \\ 16 & 62 & 24 & 100 & 85 & 169 \\ 4 & 16 & 6 & 32 & 22 & 47 \end{pmatrix} \to \begin{pmatrix} 1 & 0 & 0 & 0 & 0 & 0 \\ 0 & 1 & 0 & 0 & 0 & 0 \\ 0 & 0 & 1 & 0 & 0 & 0 \\ 0 & 0 & 0 & 1 & 0 & 0 \\ 0 & 0 & 0 & 0 & 1 & 0 \end{pmatrix}$;

(3) $\begin{pmatrix} 10 & 28 & -12 & 60 & 10 & 72 \\ 26 & 78 & -21 & 208 & 10 & 214 \\ 22 & 66 & -18 & 180 & 10 & 183 \\ 32 & 94 & -30 & 236 & 20 & 253 \\ 8 & 24 & -6 & 64 & 5 & 67 \end{pmatrix} \to \begin{pmatrix} 1 & 0 & 0 & 0 & 0 & 0 \\ 0 & 1 & 0 & 0 & 0 & 0 \\ 0 & 0 & 1 & 0 & 0 & 0 \\ 0 & 0 & 0 & 1 & 0 & 0 \\ 0 & 0 & 0 & 0 & 1 & 0 \end{pmatrix}$;

(4) $\begin{pmatrix} 3 & 14 & -11 & -9 & 20 & -18 \\ 2 & 10 & -8 & -6 & 14 & -12 \\ -2 & -8 & 7 & 6 & -13 & 12 \\ -3 & -12 & 9 & 10 & -18 & 18 \\ 4 & 17 & -13 & -12 & 26 & -24 \\ -5 & -20 & 15 & 15 & -30 & 31 \end{pmatrix} \to \begin{pmatrix} 1 & 0 & 0 & 0 & 0 & 0 \\ 0 & 1 & 0 & 0 & 0 & 0 \\ 0 & 0 & 1 & 0 & 0 & 0 \\ 0 & 0 & 0 & 1 & 0 & 0 \\ 0 & 0 & 0 & 0 & 1 & 0 \\ 0 & 0 & 0 & 0 & 0 & 1 \end{pmatrix}$.

计算实验

其中，题 (1)、(2)、(3) 可借助第 42 页实验 2.5(4)、(5)、(6) 右侧的行阶梯形矩阵进一步作初等列变换得到．微信扫描右侧相应的二维码即可进行计算实验(详见教材配套的网络学习空间)．

二、初等矩阵

定义 3　对单位矩阵 $\boldsymbol{E}$ 施以一次初等变换得到的矩阵称为**初等矩阵**．三种初等变换分别对应着三种初等矩阵．

(1) $\boldsymbol{E}$ 的第 i, j 行(列)互换得到的矩阵

$$\boldsymbol{E}(i,j)=\begin{pmatrix} 1 & & & & & & & & \\ & \ddots & & & & & & & \\ & & 1 & & & & & & \\ & & & 0 & \cdots & 1 & & & \\ & & & & 1 & & & & \\ & & & \vdots & \ddots & \vdots & & & \\ & & & & & 1 & & & \\ & & & 1 & \cdots & 0 & & & \\ & & & & & & 1 & & \\ & & & & & & & \ddots & \\ & & & & & & & & 1 \end{pmatrix}\begin{matrix} \\ \\ \\ i\text{ 行} \\ \\ \\ \\ j\text{ 行} \\ \\ \\ \\ \end{matrix};$$

i 列　　　j 列

(2) $\boldsymbol{E}$ 的第 i 行(列)乘以非零数 k 得到的矩阵

$$\boldsymbol{E}(i(k))=\begin{pmatrix} 1 & & & & \\ & \ddots & & & \\ & & k & & \\ & & & \ddots & \\ & & & & 1 \end{pmatrix} i\text{ 行};$$

i 列

(3) $\boldsymbol{E}$ 的第 j 行乘以数 k 加到第 i 行上，或 $\boldsymbol{E}$ 的第 i 列乘以数 k 加到第 j 列上得到的矩阵

$$\boldsymbol{E}(i\ j(k))=\begin{pmatrix}1 & & & & & & \\ & \ddots & & & & & \\ & & 1 & \cdots & k & & \\ & & & \ddots & \vdots & & \\ & & & & 1 & & \\ & & & & & \ddots & \\ & & & & & & 1\end{pmatrix}\begin{matrix}\\ \\ i\text{ 行}\\ \\ j\text{ 行}\\ \\ \\ \end{matrix}.$$

$$\qquad\qquad\qquad i\text{ 列}\quad j\text{ 列}$$

关于初等矩阵，可以证明：

定理 2 设 $\boldsymbol{A}$ 是一个 $m\times n$ 矩阵，对 $\boldsymbol{A}$ 施行一次某种初等行 (列) 变换，相当于用同种的 $m(n)$ 阶初等矩阵左 (右) 乘 $\boldsymbol{A}$.

例 3 设有矩阵 $\boldsymbol{A}=\begin{pmatrix}3 & 0 & 1\\ 1 & -1 & 2\\ 0 & 1 & 1\end{pmatrix}$，而

$$\boldsymbol{E}_3(1,2)=\begin{pmatrix}0 & 1 & 0\\ 1 & 0 & 0\\ 0 & 0 & 1\end{pmatrix},\quad \boldsymbol{E}_3(3\ 1(2))=\begin{pmatrix}1 & 0 & 0\\ 0 & 1 & 0\\ 2 & 0 & 1\end{pmatrix},$$

则
$$\boldsymbol{E}_3(1,2)\boldsymbol{A}=\begin{pmatrix}0 & 1 & 0\\ 1 & 0 & 0\\ 0 & 0 & 1\end{pmatrix}\begin{pmatrix}3 & 0 & 1\\ 1 & -1 & 2\\ 0 & 1 & 1\end{pmatrix}=\begin{pmatrix}1 & -1 & 2\\ 3 & 0 & 1\\ 0 & 1 & 1\end{pmatrix},$$

即用 $\boldsymbol{E}_3(1,2)$ 左乘 $\boldsymbol{A}$，相当于交换矩阵 $\boldsymbol{A}$ 的第 1 行与第 2 行，又

$$\boldsymbol{A}\boldsymbol{E}_3(3\ 1(2))=\begin{pmatrix}3 & 0 & 1\\ 1 & -1 & 2\\ 0 & 1 & 1\end{pmatrix}\begin{pmatrix}1 & 0 & 0\\ 0 & 1 & 0\\ 2 & 0 & 1\end{pmatrix}=\begin{pmatrix}5 & 0 & 1\\ 5 & -1 & 2\\ 2 & 1 & 1\end{pmatrix},$$

即用 $\boldsymbol{E}_3(3\ 1(2))$ 右乘 $\boldsymbol{A}$，相当于将矩阵 $\boldsymbol{A}$ 的第 3 列乘 2 加到第 1 列. ■

*数学实验

实验 2.7 试利用计算软件验证 (详见教材配套的网络学习空间).

(1) 对矩阵 $\boldsymbol{A}$ 分别施行如下初等行变换与列变换后化为对角矩阵 $\boldsymbol{A}_1$，

$$\boldsymbol{A}=\begin{pmatrix}1 & 0 & 0 & 0 & 0\\ 2 & 1 & 0 & 2 & 0\\ 0 & 0 & 2 & 0 & 0\\ 0 & 3 & 0 & 2 & 4\\ 0 & 0 & 0 & 0 & 1\end{pmatrix}\xrightarrow[r_4-3r_2]{r_2-2r_1}\begin{pmatrix}1 & 0 & 0 & 0 & 0\\ 0 & 1 & 0 & 2 & 0\\ 0 & 0 & 2 & 0 & 0\\ 0 & 0 & 0 & -4 & 4\\ 0 & 0 & 0 & 0 & 1\end{pmatrix}\xrightarrow[c_5+c_4]{c_4-2c_2}\begin{pmatrix}1 & 0 & 0 & 0 & 0\\ 0 & 1 & 0 & 0 & 0\\ 0 & 0 & 2 & 0 & 0\\ 0 & 0 & 0 & -4 & 0\\ 0 & 0 & 0 & 0 & 1\end{pmatrix}=\boldsymbol{A}_1,$$

计算实验

将与两次初等行变换和列变换对应的初等矩阵标记如下：

$$\boldsymbol{P}_1=E_{\text{行}}(2\ 1(-2))=\begin{pmatrix}1 & 0 & 0 & 0 & 0\\ -2 & 1 & 0 & 0 & 0\\ 0 & 0 & 1 & 0 & 0\\ 0 & 0 & 0 & 1 & 0\\ 0 & 0 & 0 & 0 & 1\end{pmatrix},\ \boldsymbol{P}_2=E_{\text{行}}(4\ 2(-3))=\begin{pmatrix}1 & 0 & 0 & 0 & 0\\ 0 & 1 & 0 & 0 & 0\\ 0 & 0 & 1 & 0 & 0\\ 0 & -3 & 0 & 1 & 0\\ 0 & 0 & 0 & 0 & 1\end{pmatrix},$$

$$Q_1=E_{列}(2\ 4(-2))=\begin{pmatrix}1&0&0&0&0\\0&1&0&-2&0\\0&0&1&0&0\\0&0&0&1&0\\0&0&0&0&1\end{pmatrix},\quad Q_2=E_{列}(4\ 5\ (1))=\begin{pmatrix}1&0&0&0&0\\0&1&0&0&0\\0&0&1&0&0\\0&0&0&1&1\\0&0&0&0&1\end{pmatrix}.$$

试验证 $P_2P_1AQ_1Q_2=A_1$.

(2) 对矩阵 B 分别施行如下初等行变换与列变换后化为对角矩阵 B_1,

$$B=\begin{pmatrix}1&0&0&0&6\\0&2&0&2&0\\0&0&1&0&0\\0&6&0&2&0\\4&0&0&0&1\end{pmatrix}\xrightarrow[c_4-c_2]{c_5-6c_1}\begin{pmatrix}1&0&0&0&0\\0&2&0&0&0\\0&0&1&0&0\\0&6&0&-4&0\\4&0&0&0&-23\end{pmatrix}\xrightarrow[r_4-3r_2]{r_5-4r_1}\begin{pmatrix}1&0&0&0&0\\0&2&0&0&0\\0&0&1&0&0\\0&0&0&-4&0\\0&0&0&0&-23\end{pmatrix}=B_1,$$

计算实验

将与两次初等行变换和列变换对应的初等矩阵标记如下:

$$Q_3=E_{列}(1\ 5(-6))=\begin{pmatrix}1&0&0&0&-6\\0&1&0&0&0\\0&0&1&0&0\\0&0&0&1&0\\0&0&0&0&1\end{pmatrix},\quad Q_4=E_{列}(2\ 4(-1))=\begin{pmatrix}1&0&0&0&0\\0&1&0&-1&0\\0&0&1&0&0\\0&0&0&1&0\\0&0&0&0&1\end{pmatrix},$$

$$P_3=E_{行}(5\ 1(-4))=\begin{pmatrix}1&0&0&0&0\\0&1&0&0&0\\0&0&1&0&0\\0&0&0&1&0\\-4&0&0&0&1\end{pmatrix},\quad P_4=E_{行}(4\ 2(-3))=\begin{pmatrix}1&0&0&0&0\\0&1&0&0&0\\0&0&1&0&0\\0&-3&0&1&0\\0&0&0&0&1\end{pmatrix}.$$

试验证 $P_4P_3BQ_3Q_4=B_1$.

三、求逆矩阵的初等变换法

在§2.3中, 给出矩阵 A 可逆的充分必要条件的同时, 也给出了利用伴随矩阵求逆矩阵 A^{-1} 的一种方法 —— 伴随矩阵法, 即

$$A^{-1}=\frac{1}{|A|}A^*.$$

对于较高阶的矩阵, 用伴随矩阵法求逆矩阵计算量太大, 下面介绍一种较为简便的方法 —— 初等变换法.

根据定理 1 的推论, 如果矩阵 A 可逆, 则 A 可以经过有限次初等行变换化为单位矩阵 E, 即存在初等矩阵 $P_1, P_2, \cdots, P_s$, 使得

$$P_s\cdots P_2P_1A=E, \tag{5.1}$$

在上式两边右乘矩阵 A^{-1}, 得

$$P_s\cdots P_2P_1AA^{-1}=EA^{-1}=A^{-1},$$

即

$$A^{-1}=P_1P_2\cdots P_sE. \tag{5.2}$$

式 (5.1) 表示对 A 施以若干次初等行变换可化为 E; 式 (5.2) 表示对 E 施以相同的若干次初等行变换可化为 A^{-1}.

因此，求矩阵 $\boldsymbol{A}$ 的逆矩阵 $\boldsymbol{A}^{-1}$ 时，可构造 $n\times 2n$ 矩阵 $(\boldsymbol{A}\ \boldsymbol{E})$，然后对其施以初等行变换将矩阵 $\boldsymbol{A}$ 化为单位矩阵 $\boldsymbol{E}$，则上述初等行变换同时也将其中的单位矩阵 $\boldsymbol{E}$ 化为 $\boldsymbol{A}^{-1}$，即

$$(\boldsymbol{A}\ \ \boldsymbol{E})\xrightarrow{\text{初等行变换}}(\boldsymbol{E}\ \ \boldsymbol{A}^{-1}).$$

这就是求逆矩阵的**初等变换法**.

例 4 设 $\boldsymbol{A}=\begin{pmatrix}1&2&3\\2&2&1\\3&4&3\end{pmatrix}$，求 $\boldsymbol{A}^{-1}$.

解
$$(\boldsymbol{A}\ \ \boldsymbol{E})=\begin{pmatrix}1&2&3&1&0&0\\2&2&1&0&1&0\\3&4&3&0&0&1\end{pmatrix}\xrightarrow[r_3-3r_1]{r_2-2r_1}\begin{pmatrix}1&2&3&1&0&0\\0&-2&-5&-2&1&0\\0&-2&-6&-3&0&1\end{pmatrix}$$

$$\xrightarrow[r_3-r_2]{r_1+r_2}\begin{pmatrix}1&0&-2&-1&1&0\\0&-2&-5&-2&1&0\\0&0&-1&-1&-1&1\end{pmatrix}\xrightarrow[r_2-5r_3]{r_1-2r_3}\begin{pmatrix}1&0&0&1&3&-2\\0&-2&0&3&6&-5\\0&0&-1&-1&-1&1\end{pmatrix}$$

$$\xrightarrow[r_3\div(-1)]{r_2\div(-2)}\begin{pmatrix}1&0&0&1&3&-2\\0&1&0&-3/2&-3&5/2\\0&0&1&1&1&-1\end{pmatrix},$$

所以

$$\boldsymbol{A}^{-1}=\begin{pmatrix}1&3&-2\\-3/2&-3&5/2\\1&1&-1\end{pmatrix}.$$ ■

例 5 已知矩阵 $\boldsymbol{A}=\begin{pmatrix}1&0&1\\2&1&0\\-3&2&-5\end{pmatrix}$，求 $(\boldsymbol{E}-\boldsymbol{A})^{-1}$.

解
$$\boldsymbol{E}-\boldsymbol{A}=\begin{pmatrix}0&0&-1\\-2&0&0\\3&-2&6\end{pmatrix}.$$

$$(\boldsymbol{E}-\boldsymbol{A}\ \ \boldsymbol{E})=\begin{pmatrix}0&0&-1&1&0&0\\-2&0&0&0&1&0\\3&-2&6&0&0&1\end{pmatrix}\xrightarrow{r_1\leftrightarrow r_2}\begin{pmatrix}-2&0&0&0&1&0\\0&0&-1&1&0&0\\3&-2&6&0&0&1\end{pmatrix}$$

$$\xrightarrow[r_2\leftrightarrow r_3]{r_1\div(-2)}\begin{pmatrix}1&0&0&0&-1/2&0\\3&-2&6&0&0&1\\0&0&-1&1&0&0\end{pmatrix}\xrightarrow{r_2-3r_1}\begin{pmatrix}1&0&0&0&-1/2&0\\0&-2&6&0&3/2&1\\0&0&-1&1&0&0\end{pmatrix}$$

$$\xrightarrow[r_3\div(-1)]{r_2\div(-2)}\begin{pmatrix}1&0&0&0&-1/2&0\\0&1&-3&0&-3/4&-1/2\\0&0&1&-1&0&0\end{pmatrix}\xrightarrow{r_2+3r_3}\begin{pmatrix}1&0&0&0&-1/2&0\\0&1&0&-3&-3/4&-1/2\\0&0&1&-1&0&0\end{pmatrix},$$

所以 $(\boldsymbol{E}-\boldsymbol{A})^{-1}=\begin{pmatrix}0 & -1/2 & 0\\ -3 & -3/4 & -1/2\\ -1 & 0 & 0\end{pmatrix}$. ■

四、用初等变换法求解矩阵方程 $\boldsymbol{AX}=\boldsymbol{B}$

设矩阵 $\boldsymbol{A}$ 可逆，则求解矩阵方程 $\boldsymbol{AX}=\boldsymbol{B}$ 等价于求矩阵 $\boldsymbol{X}=\boldsymbol{A}^{-1}\boldsymbol{B}$，为此，可采用类似初等行变换求矩阵逆的方法，构造矩阵 $(\boldsymbol{A}\ \boldsymbol{B})$，对其施以初等行变换将矩阵 $\boldsymbol{A}$ 化为单位矩阵 $\boldsymbol{E}$，则上述初等行变换同时也将其中的矩阵 $\boldsymbol{B}$ 化为 $\boldsymbol{A}^{-1}\boldsymbol{B}$，即

$$(\boldsymbol{A}\ \ \boldsymbol{B})\xrightarrow{\text{初等行变换}}(\boldsymbol{E}\ \ \boldsymbol{A}^{-1}\boldsymbol{B}).$$

这样就给出了用初等行变换求解矩阵方程 $\boldsymbol{AX}=\boldsymbol{B}$ 的方法.

例 6 求矩阵 $\boldsymbol{X}$，使 $\boldsymbol{AX}=\boldsymbol{B}$，其中 $\boldsymbol{A}=\begin{pmatrix}1 & 2 & 3\\ 2 & 2 & 1\\ 3 & 4 & 3\end{pmatrix}$，$\boldsymbol{B}=\begin{pmatrix}2 & 5\\ 3 & 1\\ 4 & 3\end{pmatrix}$.

解 若 $\boldsymbol{A}$ 可逆，则 $\boldsymbol{X}=\boldsymbol{A}^{-1}\boldsymbol{B}$.

$$(\boldsymbol{A}\ \boldsymbol{B})=\begin{pmatrix}1 & 2 & 3 & 2 & 5\\ 2 & 2 & 1 & 3 & 1\\ 3 & 4 & 3 & 4 & 3\end{pmatrix}\xrightarrow[r_3-3r_1]{r_2-2r_1}\begin{pmatrix}1 & 2 & 3 & 2 & 5\\ 0 & -2 & -5 & -1 & -9\\ 0 & -2 & -6 & -2 & -12\end{pmatrix}$$

$$\xrightarrow[r_3-r_2]{r_1+r_2}\begin{pmatrix}1 & 0 & -2 & 1 & -4\\ 0 & -2 & -5 & -1 & -9\\ 0 & 0 & -1 & -1 & -3\end{pmatrix}\xrightarrow[r_2-5r_3]{r_1-2r_3}\begin{pmatrix}1 & 0 & 0 & 3 & 2\\ 0 & -2 & 0 & 4 & 6\\ 0 & 0 & -1 & -1 & -3\end{pmatrix}$$

$$\xrightarrow[r_3\div(-1)]{r_2\div(-2)}\begin{pmatrix}1 & 0 & 0 & 3 & 2\\ 0 & 1 & 0 & -2 & -3\\ 0 & 0 & 1 & 1 & 3\end{pmatrix},\quad \text{即得 } \boldsymbol{X}=\begin{pmatrix}3 & 2\\ -2 & -3\\ 1 & 3\end{pmatrix}.$$ ■

例 7 求解矩阵方程 $\boldsymbol{AX}=\boldsymbol{A}+\boldsymbol{X}$，其中 $\boldsymbol{A}=\begin{pmatrix}2 & 2 & 0\\ 2 & 1 & 3\\ 0 & 1 & 0\end{pmatrix}$.

解 把所给方程变形为 $(\boldsymbol{A}-\boldsymbol{E})\boldsymbol{X}=\boldsymbol{A}$，则 $\boldsymbol{X}=(\boldsymbol{A}-\boldsymbol{E})^{-1}\boldsymbol{A}$.

$$(\boldsymbol{A}-\boldsymbol{E}\ \ \boldsymbol{A})=\begin{pmatrix}1 & 2 & 0 & 2 & 2 & 0\\ 2 & 0 & 3 & 2 & 1 & 3\\ 0 & 1 & -1 & 0 & 1 & 0\end{pmatrix}\xrightarrow[r_2\leftrightarrow r_3]{r_2-2r_1}\begin{pmatrix}1 & 2 & 0 & 2 & 2 & 0\\ 0 & 1 & -1 & 0 & 1 & 0\\ 0 & -4 & 3 & -2 & -3 & 3\end{pmatrix}$$

$$\xrightarrow[r_3\div(-1)]{r_3+4r_2}\begin{pmatrix}1 & 2 & 0 & 2 & 2 & 0\\ 0 & 1 & -1 & 0 & 1 & 0\\ 0 & 0 & 1 & 2 & -1 & -3\end{pmatrix}\xrightarrow{r_2+r_3}\begin{pmatrix}1 & 2 & 0 & 2 & 2 & 0\\ 0 & 1 & 0 & 2 & 0 & -3\\ 0 & 0 & 1 & 2 & -1 & -3\end{pmatrix}$$

$$\xrightarrow{r_1-2r_2}\begin{pmatrix}1 & 0 & 0 & -2 & 2 & 6\\ 0 & 1 & 0 & 2 & 0 & -3\\ 0 & 0 & 1 & 2 & -1 & -3\end{pmatrix},\ \text{即得 } \boldsymbol{X}=\begin{pmatrix}-2 & 2 & 6\\ 2 & 0 & -3\\ 2 & -1 & -3\end{pmatrix}.$$ ■

*数学实验

实验 2.8 对于下列矩阵，试用计算软件比较直接求矩阵的逆、伴随矩阵法求逆和初等变换法求逆，看看结果是否相同(详见教材配套的网络学习空间).

(1) $\begin{pmatrix} 1 & 2 & 3 & 4 & 5 & 6 \\ 3 & 2 & 9 & 18 & 17 & 17 \\ 2 & -2 & 4 & 8 & 6 & 4 \\ 3 & -4 & 8 & 28 & 23 & 16 \\ 4 & 2 & 11 & 20 & 19 & 19 \\ 4 & 0 & 12 & 30 & 26 & 25 \end{pmatrix}$； (2) $\begin{pmatrix} 2 & -2 & 6 & 2 & -5 & 3 \\ 2 & 2 & 4 & 3 & -4 & 1 \\ 2 & 1 & 4 & 2 & -3 & 1 \\ 2 & 2 & 8 & 10 & -17 & 6 \\ 4 & 0 & 6 & -1 & 1 & -1 \\ 4 & -2 & 16 & 11 & -20 & 10.5 \end{pmatrix}$.

计算实验

习题 2-5

1. 把下列矩阵化为标准形矩阵 $\boldsymbol{D}=\begin{pmatrix} \boldsymbol{E}_r & \boldsymbol{O} \\ \boldsymbol{O} & \boldsymbol{O} \end{pmatrix}$.

(1) $\begin{pmatrix} 1 & -1 & 2 \\ 3 & 2 & 1 \\ 1 & -2 & 0 \end{pmatrix}$； (2) $\begin{pmatrix} 1 & -1 & 2 \\ 3 & -3 & 1 \\ -2 & 2 & -4 \end{pmatrix}$； (3) $\begin{pmatrix} 1 & 0 & 2 & -1 \\ 2 & 0 & 3 & 1 \\ 3 & 0 & 4 & -3 \end{pmatrix}$.

2. 用初等变换法判定下列矩阵是否可逆，如可逆，求其逆矩阵.

(1) $\begin{pmatrix} 1 & 0 & 0 \\ 1 & 2 & 0 \\ 1 & 2 & 3 \end{pmatrix}$； (2) $\begin{pmatrix} 2 & 2 & -1 \\ 1 & -2 & 4 \\ 5 & 8 & 2 \end{pmatrix}$；

(3) $\begin{pmatrix} 3 & 2 & 1 \\ 3 & 1 & 5 \\ 3 & 2 & 3 \end{pmatrix}$； (4) $\begin{pmatrix} 3 & -2 & 0 & -1 \\ 0 & 2 & 2 & 1 \\ 1 & -2 & -3 & -2 \\ 0 & 1 & 2 & 1 \end{pmatrix}$.

3. 解下列矩阵方程:

(1) 设 $\boldsymbol{A}=\begin{pmatrix} 4 & 1 & -2 \\ 2 & 2 & 1 \\ 3 & 1 & -1 \end{pmatrix}$, $\boldsymbol{B}=\begin{pmatrix} 1 & -3 \\ 2 & 2 \\ 3 & -1 \end{pmatrix}$, 求 $\boldsymbol{X}$ 使 $\boldsymbol{AX}=\boldsymbol{B}$.

(2) 设 $\boldsymbol{A}=\begin{pmatrix} 1 & -1 & 0 \\ 0 & 1 & -1 \\ -1 & 0 & 1 \end{pmatrix}$, $\boldsymbol{AX}=2\boldsymbol{X}+\boldsymbol{A}$, 求 $\boldsymbol{X}$.

4. 设矩阵 $\boldsymbol{A}=\begin{pmatrix} 1 & 0 & 1 \\ 0 & 2 & 6 \\ 1 & 6 & 1 \end{pmatrix}$ 满足 $\boldsymbol{AX}+\boldsymbol{E}=\boldsymbol{A}^2+\boldsymbol{X}$, 求矩阵 $\boldsymbol{X}$.

§2.6 矩 阵 的 秩

一、矩阵的秩

矩阵的秩的概念是讨论向量组的线性相关性、线性方程组解的存在性等问题的重要工具. 从 §2.5 已看到, 矩阵可经初等行变换化为行阶梯形矩阵, 且行阶梯形矩阵所含非零行的行数是唯一确定的, 这个数实质上就是矩阵的“秩”. 鉴于这个数的唯一性尚未证明, 在本节中, 我们首先利用行列式来定义矩阵的秩, 然后给出利用初等变换求矩阵的秩的方法.

定义1 在 $m\times n$ 矩阵 $\boldsymbol{A}$ 中, 任取 k 行 k 列 $(1\le k\le m, 1\le k\le n)$, 位于这些行列交叉处的 k^2 个元素, 不改变它们在 $\boldsymbol{A}$ 中所处的位置次序而得到的 k 阶行列式, 称为矩阵 $\boldsymbol{A}$ 的 **k 阶子式**.

例如, 设矩阵 $\boldsymbol{A}=\begin{pmatrix}1&3&4&5\\-1&0&2&3\\0&1&-1&0\end{pmatrix}$, 则由1、3 两行, 2、4 两列交叉处的元素构成的二阶子式为 $\begin{vmatrix}3&5\\1&0\end{vmatrix}$.

设 $\boldsymbol{A}$ 为 $m\times n$ 矩阵, 当 $\boldsymbol{A}=\boldsymbol{O}$ 时, 它的任何子式都为零. 当 $\boldsymbol{A}\neq\boldsymbol{O}$ 时, 它至少有一个元素不为零, 即它至少有一个一阶子式不为零. 再考察二阶子式, 若 $\boldsymbol{A}$ 中有一个二阶子式不为零, 则往下考察三阶子式, 如此进行下去, 最后必达到 $\boldsymbol{A}$ 中有 r 阶子式不为零, 而再没有比 r 更高阶的不为零的子式. 这个不为零的子式的最高阶数 r 反映了矩阵 $\boldsymbol{A}$ 内在的重要特征, 在矩阵的理论与应用中都有重要意义.

定义2 设 $\boldsymbol{A}$ 为 $m\times n$ 矩阵, 如果存在 $\boldsymbol{A}$ 的 r 阶子式不为零, 而任何 $r+1$ 阶子式 (如果存在的话) 皆为零, 则称数 r 为矩阵 $\boldsymbol{A}$ 的**秩**, 记为 $\mathrm{r}(\boldsymbol{A})$(或 $\mathrm{R}(\boldsymbol{A})$), 并规定零矩阵的秩等于零.

例1 求矩阵 $\boldsymbol{A}=\begin{pmatrix}1&2&3\\2&3&-5\\4&7&1\end{pmatrix}$ 的秩.

解 在 $\boldsymbol{A}$ 中, $\begin{vmatrix}1&3\\2&-5\end{vmatrix}\neq 0$. 又 $\boldsymbol{A}$ 的三阶子式只有一个 $|\boldsymbol{A}|$, 且

$$|\boldsymbol{A}|=\begin{vmatrix}1&2&3\\2&3&-5\\4&7&1\end{vmatrix}=\begin{vmatrix}1&2&3\\0&-1&-11\\0&-1&-11\end{vmatrix}=0,$$

故 $\mathrm{r}(\boldsymbol{A})=2$. ■

例2 求矩阵 $\boldsymbol{B}=\begin{pmatrix}2&-1&0&3&-2\\0&3&1&-2&5\\0&0&0&4&-3\\0&0&0&0&0\end{pmatrix}$ 的秩.

解 因 $\boldsymbol{B}$ 是一个行阶梯形矩阵, 其非零行只有 3 行, 故知 $\boldsymbol{B}$ 的所有4 阶子式全为零. 此外, 又存在 $\boldsymbol{B}$ 的一个三阶子式

$$\begin{vmatrix} 2 & -1 & 3 \\ 0 & 3 & -2 \\ 0 & 0 & 4 \end{vmatrix} = 24 \neq 0,$$

所以 $r(\boldsymbol{B})=3$. ■

注: 下列矩阵分别是第41页实验2.5(1)~(6)右侧的行阶梯形矩阵:

$$(1)\ \boldsymbol{A}=\begin{pmatrix} 2 & 1 & 2 & 3 & 4 & 5 \\ 0 & 0 & 0 & 0 & 0 & 0 \\ 0 & 0 & 0 & 0 & 0 & 0 \\ 0 & 0 & 0 & 0 & 0 & 0 \\ 0 & 0 & 0 & 0 & 0 & 0 \end{pmatrix};\quad (2)\ \boldsymbol{A}=\begin{pmatrix} 1 & 2 & -3 & -2 & 3 & 4 \\ 0 & 1 & 1 & -1 & 1 & 2 \\ 0 & 0 & 0 & 0 & 0 & 0 \\ 0 & 0 & 0 & 0 & 0 & 0 \\ 0 & 0 & 0 & 0 & 0 & 0 \end{pmatrix};$$

$$(3)\ \boldsymbol{A}=\begin{pmatrix} 1 & 2 & 3 & 2 & 5 & 14 \\ 0 & 2 & -3 & 1 & 2 & 5 \\ 0 & 0 & 3 & 1 & 1 & 10 \\ 0 & 0 & 0 & 0 & 0 & 0 \\ 0 & 0 & 0 & 0 & 0 & 0 \end{pmatrix};\quad (4)\ \boldsymbol{A}=\begin{pmatrix} 2 & 4 & 6 & 5 & 16 & -10 \\ 0 & 2 & -3 & 3 & -3 & 35 \\ 0 & 0 & 1 & 1 & 5 & -1 \\ 0 & 0 & 0 & 1 & -2 & 4 \\ 0 & 0 & 0 & 0 & 0 & 0 \end{pmatrix};$$

$$(5)\ \boldsymbol{A}=\begin{pmatrix} 1 & 2 & 3 & -16 & 3 & -4 \\ 0 & 2 & -3 & 20 & 2 & 12 \\ 0 & 0 & 3 & 4 & 1 & 4 \\ 0 & 0 & 0 & 4 & 0 & 3 \\ 0 & 0 & 0 & 0 & 0 & 1 \end{pmatrix};\quad (6)\ \boldsymbol{A}=\begin{pmatrix} 2 & 4 & -6 & -4 & 5 & 5 \\ 0 & 2 & 3 & 20 & -10 & 8 \\ 0 & 0 & 3 & -4 & 10 & 5 \\ 0 & 0 & 0 & 4 & 0 & 2 \\ 0 & 0 & 0 & 0 & 5 & 1 \end{pmatrix}.$$

这里, 我们可以根据矩阵秩的定义直接给出上述矩阵的秩.

(1) 根据矩阵秩的定义知, $r(\boldsymbol{A})=1$, 因为存在一阶子式 $|2|=2\neq 0$, 而矩阵 $\boldsymbol{A}$ 中任何二阶以上的子式均为0.

(2) $r(\boldsymbol{A})=2$, 因为存在二阶子式 $\begin{vmatrix} 1 & 2 \\ 0 & 1 \end{vmatrix}=1\neq 0$, 而矩阵 $\boldsymbol{A}$ 中任何三阶以上的子式均为0.

同(1)、(2)的方法可以得出

(3) $r(\boldsymbol{A})=3$.

(4) $r(\boldsymbol{A})=4$.

(5) 显然存在五阶子式 $\begin{vmatrix} 1 & 2 & 3 & -16 & -4 \\ 0 & 2 & -3 & 20 & 12 \\ 0 & 0 & 3 & 4 & 4 \\ 0 & 0 & 0 & 4 & 3 \\ 0 & 0 & 0 & 0 & 1 \end{vmatrix}=24\neq 0$, 且本矩阵的最大行数为5, 故必有 $r(\boldsymbol{A})=5$.

运用同样的思路可以得到

(6) $r(\boldsymbol{A})=5$.

显然，矩阵的秩具有下列性质：

(1) 若矩阵 $\boldsymbol{A}$ 中有某个 s 阶子式不为 0，则 $r(\boldsymbol{A})\geq s$；

(2) 若 $\boldsymbol{A}$ 中所有 t 阶子式全为 0，则 $r(\boldsymbol{A})<t$；

(3) 若 $\boldsymbol{A}$ 为 $m\times n$ 矩阵，则 $0\leq r(\boldsymbol{A})\leq \min\{m, n\}$；

(4) $r(\boldsymbol{A})=r(\boldsymbol{A}^{\mathrm{T}})$.

当 $r(\boldsymbol{A})=\min\{m, n\}$，称矩阵 $\boldsymbol{A}$ 为**满秩矩阵**，否则称为**降秩矩阵**.

例如，对矩阵 $\boldsymbol{A}=\begin{pmatrix}1&3&4&5\\0&1&0&3\\0&0&1&0\end{pmatrix}$，$0\leq r(\boldsymbol{A})\leq 3$，又存在三阶子式

$$\begin{vmatrix}1&3&4\\0&1&0\\0&0&1\end{vmatrix}=1\neq 0,$$

所以 $r(\boldsymbol{A})\geq 3$，从而 $r(\boldsymbol{A})=3$，故 $\boldsymbol{A}$ 为满秩矩阵.

由上面的例子可知，利用定义计算矩阵的秩，需要由高阶到低阶考虑矩阵的子式. 当矩阵的行数与列数较高时，按定义求秩是非常麻烦的.

由于行阶梯形矩阵的秩很容易判断，而任意矩阵都可以经过有限次初等行变换化为阶梯形矩阵，因而可考虑借助初等变换法来求矩阵的秩.

二、矩阵的秩的求法

定理 1 若 $\boldsymbol{A}\to\boldsymbol{B}$，则 $r(\boldsymbol{A})=r(\boldsymbol{B})$.

证明 略. ■

根据这个定理，我们得到利用初等变换求矩阵的秩的方法：用初等行变换把矩阵变成行阶梯形矩阵，行阶梯形矩阵中非零行的行数就是该矩阵的秩.

例 3 求矩阵 $\boldsymbol{A}=\begin{pmatrix}1&0&0&1\\1&2&0&-1\\3&-1&0&4\\1&4&5&1\end{pmatrix}$ 的秩.

解 $\boldsymbol{A}\xrightarrow[r_4-r_1]{\substack{r_2-r_1\\r_3-3r_1}}\begin{pmatrix}1&0&0&1\\0&2&0&-2\\0&-1&0&1\\0&4&5&0\end{pmatrix}\xrightarrow[r_3\leftrightarrow r_4]{r_2\div 2}\begin{pmatrix}1&0&0&1\\0&1&0&-1\\0&4&5&0\\0&-1&0&1\end{pmatrix}\xrightarrow[r_3-4r_2]{r_4+r_2}\begin{pmatrix}1&0&0&1\\0&1&0&-1\\0&0&5&4\\0&0&0&0\end{pmatrix}$.

所以 $r(\boldsymbol{A})=3$. ■

例 4 设 $\boldsymbol{A}=\begin{pmatrix}3&2&0&5&0\\3&-2&3&6&-1\\2&0&1&5&-3\\1&6&-4&-1&4\end{pmatrix}$，求矩阵 $\boldsymbol{A}$ 的秩.

解 对 A 作初等变换，变成行阶梯形矩阵.

$$A \xrightarrow{r_1 \leftrightarrow r_4} \begin{pmatrix} 1 & 6 & -4 & -1 & 4 \\ 3 & -2 & 3 & 6 & -1 \\ 2 & 0 & 1 & 5 & -3 \\ 3 & 2 & 0 & 5 & 0 \end{pmatrix} \xrightarrow{r_2 - r_4} \begin{pmatrix} 1 & 6 & -4 & -1 & 4 \\ 0 & -4 & 3 & 1 & -1 \\ 2 & 0 & 1 & 5 & -3 \\ 3 & 2 & 0 & 5 & 0 \end{pmatrix}$$

$$\xrightarrow[r_4 - 3r_1]{r_3 - 2r_1} \begin{pmatrix} 1 & 6 & -4 & -1 & 4 \\ 0 & -4 & 3 & 1 & -1 \\ 0 & -12 & 9 & 7 & -11 \\ 0 & -16 & 12 & 8 & -12 \end{pmatrix} \xrightarrow[r_4 - 4r_2]{r_3 - 3r_2} \begin{pmatrix} 1 & 6 & -4 & -1 & 4 \\ 0 & -4 & 3 & 1 & -1 \\ 0 & 0 & 0 & 4 & -8 \\ 0 & 0 & 0 & 4 & -8 \end{pmatrix}$$

$$\xrightarrow{r_4 - r_3} \begin{pmatrix} 1 & 6 & -4 & -1 & 4 \\ 0 & -4 & 3 & 1 & -1 \\ 0 & 0 & 0 & 4 & -8 \\ 0 & 0 & 0 & 0 & 0 \end{pmatrix}.$$

由行阶梯形矩阵有三个非零行知 $\mathrm{r}(A)=3$. ■

例 5 设 $A=\begin{pmatrix} 1 & -1 & 1 & 2 \\ 3 & \lambda & -1 & 2 \\ 5 & 3 & \mu & 6 \end{pmatrix}$，已知 $\mathrm{r}(A)=2$，求 λ 与 μ 的值.

解 $A \xrightarrow[r_3 - 5r_1]{r_2 - 3r_1} \begin{pmatrix} 1 & -1 & 1 & 2 \\ 0 & \lambda+3 & -4 & -4 \\ 0 & 8 & \mu-5 & -4 \end{pmatrix} \xrightarrow{r_3 - r_2} \begin{pmatrix} 1 & -1 & 1 & 2 \\ 0 & \lambda+3 & -4 & -4 \\ 0 & 5-\lambda & \mu-1 & 0 \end{pmatrix}$，

因 $\mathrm{r}(A)=2$，故 $5-\lambda=0$，$\mu-1=0$，即 $\lambda=5$，$\mu=1$. ■

注：在实验2.5中，我们已经利用计算软件，将下列各题左侧矩阵利用初等变换化为右侧相应矩阵：

(1) $\begin{pmatrix} 2 & 1 & 2 & 3 & 4 & 5 \\ 4 & 2 & 4 & 6 & 8 & 10 \\ 10 & 5 & 10 & 15 & 20 & 25 \\ 6 & 3 & 6 & 9 & 12 & 15 \\ 12 & 6 & 12 & 18 & 24 & 30 \end{pmatrix} \to \begin{pmatrix} 2 & 1 & 2 & 3 & 4 & 5 \\ 0 & 0 & 0 & 0 & 0 & 0 \\ 0 & 0 & 0 & 0 & 0 & 0 \\ 0 & 0 & 0 & 0 & 0 & 0 \\ 0 & 0 & 0 & 0 & 0 & 0 \end{pmatrix}$；

(2) $\begin{pmatrix} 10 & 24 & -26 & -24 & 34 & 48 \\ 18 & 45 & -45 & -45 & 63 & 90 \\ 14 & 35 & -35 & -35 & 49 & 70 \\ 12 & 31 & -29 & -31 & 43 & 62 \\ 8 & 20 & -20 & -20 & 28 & 40 \end{pmatrix} \to \begin{pmatrix} 1 & 2 & -3 & -2 & 3 & 4 \\ 0 & 1 & 1 & -1 & 1 & 2 \\ 0 & 0 & 0 & 0 & 0 & 0 \\ 0 & 0 & 0 & 0 & 0 & 0 \\ 0 & 0 & 0 & 0 & 0 & 0 \end{pmatrix}$；

(3) $\begin{pmatrix} 5 & 18 & 9 & 16 & 35 & 110 \\ 9 & 36 & 12 & 31 & 67 & 211 \\ 11 & 44 & 15 & 38 & 82 & 259 \\ 6 & 26 & 6 & 22 & 47 & 149 \\ 4 & 16 & 6 & 14 & 30 & 96 \end{pmatrix} \to \begin{pmatrix} 1 & 2 & 3 & 2 & 5 & 14 \\ 0 & 2 & -3 & 1 & 2 & 5 \\ 0 & 0 & 3 & 1 & 1 & 10 \\ 0 & 0 & 0 & 0 & 0 & 0 \\ 0 & 0 & 0 & 0 & 0 & 0 \end{pmatrix}$；

$$(4)\begin{pmatrix}10&24&24&31&74&20\\14&34&33&44&103&35\\22&55&49&71&157&83\\12&31&25&39&85&59\\8&20&18&26&58&30\end{pmatrix}\to\begin{pmatrix}2&4&6&5&16&-10\\0&2&-3&3&-3&35\\0&0&1&1&5&-1\\0&0&0&1&-2&4\\0&0&0&0&0&0\end{pmatrix};$$

$$(5)\begin{pmatrix}5&18&9&16&25&43\\13&52&18&100&71&149\\11&44&15&88&60&129\\16&62&24&100&85&169\\4&16&6&32&22&47\end{pmatrix}\to\begin{pmatrix}1&2&3&-16&3&-4\\0&2&-3&20&2&12\\0&0&3&4&1&4\\0&0&0&4&0&3\\0&0&0&0&0&1\end{pmatrix};$$

$$(6)\begin{pmatrix}10&28&-12&60&10&72\\26&78&-21&208&10&214\\22&66&-18&180&10&183\\32&94&-30&236&20&253\\8&24&-6&64&5&67\end{pmatrix}\to\begin{pmatrix}2&4&-6&-4&5&5\\0&2&3&20&-10&8\\0&0&3&-4&10&5\\0&0&0&4&0&2\\0&0&0&0&5&1\end{pmatrix}.$$

而在第51页的注中，我们已经知道(1)、(2)、(3)、(4)、(5)、(6)题右侧行阶梯形矩阵的秩分别为1、2、3、4、5、5，故根据本节定理1的结论，(1)、(2)、(3)、(4)、(5)、(6)题左侧矩阵的秩也分别为1、2、3、4、5、5.

习题 2-6

1. 设矩阵 $A=\begin{pmatrix}1&-5&6&-2\\2&-1&3&-2\\-1&-4&3&0\end{pmatrix}$，试计算 A 的全部三阶子式，并求 $r(A)$.

2. 在秩是 r 的矩阵中，有没有等于 0 的 $r-1$ 阶子式？有没有等于 0 的 r 阶子式？

3. 求下列矩阵的秩：

(1) $\begin{pmatrix}3&1&0&2\\1&-1&2&-1\\1&3&-4&-4\end{pmatrix}$；　(2) $\begin{pmatrix}3&2&-1&-3&-2\\2&-1&3&1&-3\\7&0&5&-1&-8\end{pmatrix}$；　(3) $\begin{pmatrix}1&-1&2&1&0\\2&-2&4&2&0\\3&0&6&-1&1\\0&3&0&0&1\end{pmatrix}$.

4. 设矩阵 $A=\begin{pmatrix}1&\lambda&-1&2\\2&-1&\lambda&5\\1&10&-6&1\end{pmatrix}$，其中 λ 为参数，求矩阵 A 的秩.

第3章　线性方程组

20世纪40年代末，美国哈佛大学的列昂惕夫(W. Leontief)教授领导的项目组在对美国国民经济系统的投入与产出进行分析时，汇总了美国劳工统计局历时两年紧张工作所得的250 000多个数据．列昂惕夫教授把美国的经济系统分成了500个部门，如汽车工业、石油工业、通信业、农业等，针对每个部门列出了一个线性方程，以描述该部门如何向其他部门分配产出．这样就形成了含有500个未知量、500个线性方程的方程组．由于当时该校最好的计算机Mark II还不足以处理如此庞大的线性方程组，所以，列昂惕夫教授最终把这个问题提炼成一个只含42个未知量、42个方程的线性方程组，最后，经过计算机连续56小时的持续运算求出了该方程组的解．我们将在§3.6中更深入地讨论列昂惕夫的投入产出模型．

列昂惕夫(W. Leontief)

列昂惕夫开启了一扇通往经济学数学模型新时代的大门，并于1973年荣获诺贝尔经济学奖．列昂惕夫教授的上述工作是早期利用计算机分析大型数学模型的重大应用之一．从那时起，其他科学领域的研究者也开始利用计算机来分析数学模型．

线性代数在应用上的重要性与计算机的计算性能成正比例增长，而这一性能伴随着计算机软硬件的创新在不断提升．最终，计算机并行处理和大规模计算的迅猛发展将会把计算机科学与线性代数紧密地联系在一起，并被广泛应用于解决飞机制造、桥梁设计、交通规划、石油勘探、经济管理等领域的科学问题．

科学家和工程师如今处理的问题远比几十年前想象的要复杂得多．今天，对于理工类和经济管理类专业的大学生来说，线性代数比其他大学数学课程具有更大的潜在的应用价值．

线性方程组是线性代数的核心，本章将借助线性方程组简单而具体地介绍线性代数的核心概念，深入理解它们将有助于我们感受线性代数的力与美．

§3.1　消元法

引例　用消元法求解线性方程组：

$$\begin{cases} 2x_1 + 2x_2 - x_3 = 6 \\ x_1 - 2x_2 + 4x_3 = 3 \\ 5x_1 + 7x_2 + x_3 = 28 \end{cases}.$$

解　为观察消元过程，我们将消元过程中每个步骤的方程组及与其对应的矩阵一并列出：

$$\begin{cases} 2x_1+2x_2- x_3=6 \\ x_1-2x_2+4x_3=3 \\ 5x_1+7x_2+x_3=28 \end{cases} ① \overset{\text{对应}}{\longleftrightarrow} \begin{pmatrix} 2 & 2 & -1 & 6 \\ 1 & -2 & 4 & 3 \\ 5 & 7 & 1 & 28 \end{pmatrix} ①$$

$$\to \begin{cases} 2x_1+2x_2- x_3=6 \\ -3x_2+\dfrac{9}{2}x_3=0 \\ 2x_2+\dfrac{7}{2}x_3=13 \end{cases} ② \longleftrightarrow \begin{pmatrix} 2 & 2 & -1 & 6 \\ 0 & -3 & \dfrac{9}{2} & 0 \\ 0 & 2 & \dfrac{7}{2} & 13 \end{pmatrix} ②$$

$$\to \begin{cases} 2x_1+2x_2 -x_3=6 \\ -3x_2+\dfrac{9}{2}x_3=0 \\ \dfrac{13}{2}x_3=13 \end{cases} ③ \longleftrightarrow \begin{pmatrix} 2 & 2 & -1 & 6 \\ 0 & -3 & \dfrac{9}{2} & 0 \\ 0 & 0 & \dfrac{13}{2} & 13 \end{pmatrix} ③$$

$$\to \begin{cases} 2x_1+2x_2- x_3=6 \\ -3x_2+\dfrac{9}{2}x_3=0 \\ x_3=2 \end{cases} ④ \longleftrightarrow \begin{pmatrix} 2 & 2 & -1 & 6 \\ 0 & -3 & \dfrac{9}{2} & 0 \\ 0 & 0 & 1 & 2 \end{pmatrix} ④$$

从最后一个方程得到 $x_3=2$，将其代入第二个方程可得到 $x_2=3$，再将 $x_3=2$ 与 $x_2=3$ 一起代入第一个方程得到 $x_1=1$，因此，所求方程组的解为

$$x_1=1, x_2=3, x_3=2.$$

■

通常把过程 ① 至 ④ 称为**消元过程**，矩阵 ④ 是行阶梯形矩阵，与之对应的方程组④则称为**行阶梯形方程组**.

从上述解题过程可以看出，用消元法求解线性方程组的具体做法就是对方程组反复实施以下三种变换：

(1) 交换某两个方程的位置；

(2) 用一个非零数乘某一个方程的两边；

(3) 将一个方程的倍数加到另一个方程上.

以上这三种变换称为**线性方程组的初等变换**. 而消元法的目的就是利用方程组的初等变换将原方程组化为阶梯形方程组，显然这个阶梯形方程组与原线性方程组同解，解这个阶梯形方程组就能得原方程组的解. 如果用矩阵表示其系数及常数项，则将原方程组化为行阶梯形方程组的过程就是将对应矩阵化为行阶梯形矩阵的过程.

将一个方程组化为行阶梯形方程组的步骤并不是唯一的，所以，同一个方程组

的行阶梯形方程组也不是唯一的. 特别地，我们还可以将一个一般的行阶梯形方程组化为行最简形方程组，从而使我们能直接“读”出该线性方程组的解.

对本例，我们还可以利用线性方程组的初等行变换继续化简线性方程组④:

$$\to\begin{cases}2x_1+2x_2 \quad = 8\\ \quad -3x_2 \quad =-9\\ \quad\quad x_3= 2\end{cases} ⑤ \longleftrightarrow \begin{pmatrix}2 & 2 & 0 & 8\\0 & -3 & 0 & -9\\0 & 0 & 1 & 2\end{pmatrix} ⑤$$

$$\to\begin{cases}2x_1+2x_2 \quad =8\\ \quad x_2 \quad =3\\ \quad\quad x_3=2\end{cases} ⑥ \longleftrightarrow \begin{pmatrix}2 & 2 & 0 & 8\\0 & 1 & 0 & 3\\0 & 0 & 1 & 2\end{pmatrix} ⑥$$

$$\to\begin{cases}2x_1 \quad =2\\ \quad x_2 \quad =3\\ \quad\quad x_3=2\end{cases} ⑦ \longleftrightarrow \begin{pmatrix}2 & 0 & 0 & 2\\0 & 1 & 0 & 3\\0 & 0 & 1 & 2\end{pmatrix} ⑦$$

$$\to\begin{cases}x_1 \quad =1\\ \quad x_2 \quad =3\\ \quad\quad x_3=2\end{cases} ⑧ \longleftrightarrow \begin{pmatrix}1 & 0 & 0 & 1\\0 & 1 & 0 & 3\\0 & 0 & 1 & 2\end{pmatrix} ⑧$$

从方程组⑧, 我们可以一目了然地看出 $x_1=1,\ x_2=3,\ x_3=2$.

通常把过程 ⑤ 至 ⑧ 称为**回代过程**.

从引例我们可得到如下启示：用消元法解三元线性方程组的过程，相当于对该方程组的系数与右端常数项按对应位置构成的矩阵作初等行变换. 对一般线性方程组是否有同样的结论？答案是肯定的. 以下就一般线性方程组求解的问题进行讨论.

设有线性方程组

$$\begin{cases}a_{11}x_1+a_{12}x_2+\cdots+a_{1n}x_n=b_1\\a_{21}x_1+a_{22}x_2+\cdots+a_{2n}x_n=b_2\\ \cdots\cdots\\a_{m1}x_1+a_{m2}x_2+\cdots+a_{mn}x_n=b_m\end{cases}, \tag{1.1}$$

其矩阵形式为

$$\boldsymbol{Ax}=\boldsymbol{b}, \tag{1.2}$$

其中

$$\boldsymbol{A}=\begin{pmatrix}a_{11} & a_{12} & \cdots & a_{1n}\\a_{21} & a_{22} & \cdots & a_{2n}\\ \vdots & \vdots & & \vdots\\a_{m1} & a_{m2} & \cdots & a_{mn}\end{pmatrix},\ \boldsymbol{x}=\begin{pmatrix}x_1\\x_2\\ \vdots\\x_n\end{pmatrix},\ \boldsymbol{b}=\begin{pmatrix}b_1\\b_2\\ \vdots\\b_m\end{pmatrix}.$$

称矩阵 $(\boldsymbol{A}\ \ \boldsymbol{b})$ (有时记为 $\widetilde{\boldsymbol{A}}$) 为线性方程组 (1.1) 的**增广矩阵**.

当 $b_i=0\,(i=1,2,\cdots,m)$ 时，线性方程组 (1.1) 称为齐次的；否则称为非齐次的. 显然，齐次线性方程组的矩阵形式为

$$\boldsymbol{Ax}=\boldsymbol{0}. \tag{1.3}$$

定理 1 设 $\boldsymbol{A}=(a_{ij})_{m\times n}$, n 元齐次线性方程组 $\boldsymbol{Ax}=\boldsymbol{0}$ 有非零解的充要条件是系数矩阵 $\boldsymbol{A}$ 的秩 $\mathrm{r}(\boldsymbol{A})<n$.

证明 必要性. 设方程组 $\boldsymbol{Ax}=\mathbf{0}$ 有非零解.

设 $\mathrm{r}(\boldsymbol{A})=n$, 则在 $\boldsymbol{A}$ 中应有一个 n 阶非零子式 D_n. 根据克莱姆法则, D_n 所对应的 n 个方程只有零解, 与假设矛盾, 故 $\mathrm{r}(\boldsymbol{A})<n$.

充分性. 设 $\mathrm{r}(\boldsymbol{A})=s<n$, 则 $\boldsymbol{A}$ 的行阶梯形矩阵只含有 s 个非零行, 从而知其有 $n-s$ 个**自由未知量**(即可取任意实数的未知量). 任取一个自由未知量为1, 其余自由未知量为 0, 即可得到方程组的一个非零解. ■

定理 2 设 $\boldsymbol{A}=(a_{ij})_{m\times n}$, n 元非齐次线性方程组 $\boldsymbol{Ax}=\boldsymbol{b}$ 有解的充要条件是系数矩阵 $\boldsymbol{A}$ 的秩等于增广矩阵 $\widetilde{\boldsymbol{A}}=(\boldsymbol{A}\ \ \boldsymbol{b})$ 的秩, 即 $\mathrm{r}(\boldsymbol{A})=\mathrm{r}(\widetilde{\boldsymbol{A}})$.

证明 必要性. 设方程组 $\boldsymbol{Ax}=\boldsymbol{b}$ 有解, 但 $\mathrm{r}(\boldsymbol{A})<\mathrm{r}(\widetilde{\boldsymbol{A}})$, 则 $\widetilde{\boldsymbol{A}}$ 的行阶梯形矩阵中最后一个非零行是矛盾方程, 这与方程组有解矛盾, 因此 $\mathrm{r}(\boldsymbol{A})=\mathrm{r}(\widetilde{\boldsymbol{A}})$.

充分性. 设 $\mathrm{r}(\boldsymbol{A})=\mathrm{r}(\widetilde{\boldsymbol{A}})=s\ (s\le n)$, 则 $\widetilde{\boldsymbol{A}}$ 的行阶梯形矩阵中含有 s 个非零行, 把这 s 行的第一个非零元所对应的未知量作为非自由量, 其余 $n-s$ 个作为自由未知量, 并令这 $n-s$ 个自由未知量全为零, 即可得到方程组的一个解. ■

注: 定理 2 的证明实际上给出了求解线性方程组(1.1)的方法. 此外, 若记 $\widetilde{\boldsymbol{A}}=(\boldsymbol{A}\ \ \boldsymbol{b})$, 则上述定理的结果可简要总结如下:

(1) $\mathrm{r}(\boldsymbol{A})=\mathrm{r}(\widetilde{\boldsymbol{A}})=n$, 当且仅当 $\boldsymbol{Ax}=\boldsymbol{b}$ 有唯一解;

(2) $\mathrm{r}(\boldsymbol{A})=\mathrm{r}(\widetilde{\boldsymbol{A}})<n$, 当且仅当 $\boldsymbol{Ax}=\boldsymbol{b}$ 有无穷多解;

(3) $\mathrm{r}(\boldsymbol{A})\ne\mathrm{r}(\widetilde{\boldsymbol{A}})$, 当且仅当 $\boldsymbol{Ax}=\boldsymbol{b}$ 无解;

(4) $\mathrm{r}(\boldsymbol{A})=n$, 当且仅当 $\boldsymbol{Ax}=\mathbf{0}$ 只有零解;

(5) $r(\boldsymbol{A})<n$, 当且仅当 $\boldsymbol{Ax}=\mathbf{0}$ 有非零解.

对非齐次线性方程组, 将增广矩阵 $\widetilde{\boldsymbol{A}}$ 化为行阶梯形矩阵, 便可直接判断其是否有解, 若有解, 化为行最简形矩阵, 便可直接写出其**全部解**. 其中要注意, 当 $\mathrm{r}(\boldsymbol{A})=\mathrm{r}(\widetilde{\boldsymbol{A}})=s<n$ 时, $\widetilde{\boldsymbol{A}}$ 的行阶梯形矩阵中含有 s 个非零行, 把这 s 行的第一个非零元所对应的未知量作为非自由量, 其余 $n-s$ 个作为自由未知量.

对齐次线性方程组, 将其系数矩阵化为行最简形矩阵, 便可直接写出其全部解.

例 1 求解齐次线性方程组

$$\begin{cases} x_1+2x_2+2x_3+\ \ x_4=0 \\ 2x_1+\ \ x_2-2x_3-2x_4=0 \\ x_1-\ \ x_2-4x_3-3x_4=0 \end{cases}.$$

解 对系数矩阵 $\boldsymbol{A}$ 施行初等行变换.

$$\boldsymbol{A}=\begin{pmatrix} 1 & 2 & 2 & 1 \\ 2 & 1 & -2 & -2 \\ 1 & -1 & -4 & -3 \end{pmatrix} \xrightarrow[r_3-r_1]{r_2-2r_1} \begin{pmatrix} 1 & 2 & 2 & 1 \\ 0 & -3 & -6 & -4 \\ 0 & -3 & -6 & -4 \end{pmatrix}$$

$$\xrightarrow[r_2\div(-3)]{r_3-r_2}\begin{pmatrix}1&2&2&1\\0&1&2&4/3\\0&0&0&0\end{pmatrix}\xrightarrow{r_1-2r_2}\begin{pmatrix}1&0&-2&-5/3\\0&1&2&4/3\\0&0&0&0\end{pmatrix}.$$

即得与原方程组同解的方程组

$$\begin{cases}x_1-2x_3-(5/3)x_4=0\\x_2+2x_3+(4/3)x_4=0\end{cases},\quad 即\ \begin{cases}x_1=\ \ 2x_3+(5/3)x_4\\x_2=-2x_3-(4/3)x_4\end{cases}\quad (x_3,\ x_4\ 可取任意值).$$

令 $x_3=c_1,\ x_4=c_2$，将其写成向量形式为

$$\begin{pmatrix}x_1\\x_2\\x_3\\x_4\end{pmatrix}=c_1\begin{pmatrix}2\\-2\\1\\0\end{pmatrix}+c_2\begin{pmatrix}5/3\\-4/3\\0\\1\end{pmatrix}\quad (c_1,\ c_2\ 为任意实数).$$

它表达了方程组的全部解. ■

例 2 解线性方程组 $\begin{cases}x_1+5x_2-\ \ x_3-\ \ x_4=-1\\x_1-2x_2+\ \ x_3+3x_4=3\\3x_1+8x_2-\ \ x_3+\ \ x_4=1\\x_1-9x_2+3x_3+7x_4=7\end{cases}$.

解 对增广矩阵 $(\boldsymbol{A}\ \ \boldsymbol{b})$ 施行初等行变换.

$$(\boldsymbol{A}\ \ \boldsymbol{b})=\begin{pmatrix}1&5&-1&-1&-1\\1&-2&1&3&3\\3&8&-1&1&1\\1&-9&3&7&7\end{pmatrix}\to\begin{pmatrix}1&5&-1&-1&-1\\0&-7&2&4&4\\0&-7&2&4&4\\0&-14&4&8&8\end{pmatrix}$$

$$\to\begin{pmatrix}1&5&-1&-1&-1\\0&-7&2&4&4\\0&0&0&0&0\\0&0&0&0&0\end{pmatrix}\to\begin{pmatrix}1&5&-1&-1&-1\\0&1&-2/7&-4/7&-4/7\\0&0&0&0&0\\0&0&0&0&0\end{pmatrix}.$$

因为 $\mathrm{r}(\boldsymbol{A}\ \ \boldsymbol{b})=\mathrm{r}(\boldsymbol{A})=2<4$，故方程组有无穷多解. 利用上面最后一个矩阵进行回代得到

$$(\boldsymbol{A}\ \ \boldsymbol{b})\to\begin{pmatrix}1&0&3/7&13/7&13/7\\0&1&-2/7&-4/7&-4/7\\0&0&0&0&0\\0&0&0&0&0\end{pmatrix}.$$

该矩阵对应的方程组为

$$\begin{cases}x_1=\ \ \dfrac{13}{7}-\dfrac{3}{7}x_3-\dfrac{13}{7}x_4\\[2mm]x_2=-\dfrac{4}{7}+\dfrac{2}{7}x_3+\dfrac{4}{7}x_4\end{cases}.$$

取 $x_3=c_1$，$x_4=c_2$（其中 c_1, c_2 为任意常数），则方程组的全部解为

$$\begin{cases} x_1=\dfrac{13}{7}-\dfrac{3}{7}c_1-\dfrac{13}{7}c_2 \\ x_2=-\dfrac{4}{7}+\dfrac{2}{7}c_1+\dfrac{4}{7}c_2 \\ x_3=c_1 \\ x_4=c_2 \end{cases}.$$

■

例3 讨论线性方程组

$$\begin{cases} x_1+x_2+2x_3+3x_4=1 \\ x_1+3x_2+6x_3+x_4=3 \\ 3x_1-x_2-px_3+15x_4=3 \\ x_1-5x_2-10x_3+12x_4=t \end{cases},$$

当 p, t 取何值时，方程组无解？有唯一解？有无穷多解？在方程组有无穷多解的情况下，求出全部解.

解 $$\widetilde{A}=\begin{pmatrix} 1 & 1 & 2 & 3 & 1 \\ 1 & 3 & 6 & 1 & 3 \\ 3 & -1 & -p & 15 & 3 \\ 1 & -5 & -10 & 12 & t \end{pmatrix} \to \begin{pmatrix} 1 & 1 & 2 & 3 & 1 \\ 0 & 2 & 4 & -2 & 2 \\ 0 & -4 & -p-6 & 6 & 0 \\ 0 & -6 & -12 & 9 & t-1 \end{pmatrix}$$

$$\to \begin{pmatrix} 1 & 1 & 2 & 3 & 1 \\ 0 & 1 & 2 & -1 & 1 \\ 0 & 0 & -p+2 & 2 & 4 \\ 0 & 0 & 0 & 3 & t+5 \end{pmatrix}.$$

(1) 当 $p\neq 2$ 时，$\mathrm{r}(\boldsymbol{A})=\mathrm{r}(\widetilde{\boldsymbol{A}})=4$，方程组有唯一解.

(2) 当 $p=2$ 时，有

$$\widetilde{A}\to \begin{pmatrix} 1 & 1 & 2 & 3 & 1 \\ 0 & 1 & 2 & -1 & 1 \\ 0 & 0 & 0 & 2 & 4 \\ 0 & 0 & 0 & 3 & t+5 \end{pmatrix} \to \begin{pmatrix} 1 & 1 & 2 & 3 & 1 \\ 0 & 1 & 2 & -1 & 1 \\ 0 & 0 & 0 & 1 & 2 \\ 0 & 0 & 0 & 0 & t-1 \end{pmatrix}.$$

当 $t\neq 1$ 时，$\mathrm{r}(\boldsymbol{A})=3<\mathrm{r}(\widetilde{\boldsymbol{A}})=4$，方程组无解；

当 $t=1$ 时，$\mathrm{r}(\boldsymbol{A})=\mathrm{r}(\widetilde{\boldsymbol{A}})=3$，方程组有无穷多解.

$$\widetilde{A}\to \begin{pmatrix} 1 & 1 & 2 & 3 & 1 \\ 0 & 1 & 2 & -1 & 1 \\ 0 & 0 & 0 & 1 & 2 \\ 0 & 0 & 0 & 0 & t-1 \end{pmatrix} \to \begin{pmatrix} 1 & 1 & 2 & 3 & 1 \\ 0 & 1 & 2 & -1 & 1 \\ 0 & 0 & 0 & 1 & 2 \\ 0 & 0 & 0 & 0 & 0 \end{pmatrix} \to \begin{pmatrix} 1 & 0 & 0 & 0 & -8 \\ 0 & 1 & 2 & 0 & 3 \\ 0 & 0 & 0 & 1 & 2 \\ 0 & 0 & 0 & 0 & 0 \end{pmatrix},$$

从而有 $\begin{cases} x_1 = -8 \\ x_2 + 2x_3 = 3, \\ x_4 = 2 \end{cases}$ 令 $x_3 = c$，则原方程组的全部解为

$$\begin{pmatrix} x_1 \\ x_2 \\ x_3 \\ x_4 \end{pmatrix} = c\begin{pmatrix} 0 \\ -2 \\ 1 \\ 0 \end{pmatrix} + \begin{pmatrix} -8 \\ 3 \\ 0 \\ 2 \end{pmatrix} \quad (c\text{为任意实数}).$$

■

例4 假使你是一位建筑师，某小区要建设一栋公寓，现在有一个模块构造计划方案需要你来设计，根据基本建筑面积每个楼层可以有三种户型设置方案，如右表所示，如果要设计出含有136套一居室，74套两居室，66套三居室的公寓，是否可行？设计方案是否唯一呢？

方案	一居室(套)	两居室(套)	三居室(套)
A	8	7	3
B	8	4	4
C	9	3	5

解 设公寓的每层采用同一种方案，有 x_1 层采用方案 A，x_2 层采用方案 B，x_3 层采用方案 C，根据条件可得：

$$\begin{cases} 8x_1 + 8x_2 + 9x_3 = 136 \\ 7x_1 + 4x_2 + 3x_3 = 74 \\ 3x_1 + 4x_2 + 5x_3 = 66 \end{cases},$$

$$\widetilde{\boldsymbol{A}} = (\boldsymbol{A}\ \ \boldsymbol{b}) = \begin{pmatrix} 8 & 8 & 9 & 136 \\ 7 & 4 & 3 & 74 \\ 3 & 4 & 5 & 66 \end{pmatrix} \to \begin{pmatrix} 8 & 8 & 9 & 136 \\ 4 & 0 & -2 & 8 \\ 3 & 4 & 5 & 66 \end{pmatrix} \to \begin{pmatrix} 0 & 8 & 13 & 120 \\ 2 & 0 & -1 & 4 \\ 3 & 4 & 5 & 66 \end{pmatrix}$$

$$\to \begin{pmatrix} 2 & 0 & -1 & 4 \\ 0 & 4 & \dfrac{13}{2} & 60 \\ 0 & 0 & 0 & 0 \end{pmatrix}.$$

因为 $\mathrm{r}(\boldsymbol{A}) = \mathrm{r}(\widetilde{\boldsymbol{A}}) = 2 < 3$，故方程组有无穷多解．

利用上面最后一个矩阵进行回代得到

$$(\boldsymbol{A}\ \ \boldsymbol{b}) \to \begin{pmatrix} 2 & 0 & -1 & 4 \\ 0 & 4 & \dfrac{13}{2} & 60 \\ 0 & 0 & 0 & 0 \end{pmatrix}.$$

该矩阵对应的方程组为

$$\begin{cases} x_1 = 2 + \dfrac{1}{2}x_3 \\ x_2 = 15 - \dfrac{13}{8}x_3 \end{cases},$$

取 $x_3=c$ (其中 c 为正整数), 则方程组的全部解为

$$\begin{cases} x_1=2+\dfrac{1}{2}c \\ x_2=15-\dfrac{13}{8}c \\ x_3=c \end{cases}.$$

又由题意可知 x_1, x_2, x_3 都为正整数, 则方程组有唯一解 $x_3=8, x_2=2, x_1=6$.

所以设计方案可行且唯一, 设计方案为: 6 层采用方案 A, 2 层采用方案 B, 8 层采用方案 C. ■

*数学实验

实验 3.1 试用计算软件判断下列方程组是否有解, 若有解, 试求其全部解.

(1) $\begin{cases} x_1+2x_2+2x_3+x_5+4x_6=0 \\ 2x_1+5x_2+4x_3+4x_4+2x_5+9x_6=0 \\ -3x_1-6x_2-2x_3+8x_4+x_5+4x_6=0 \\ x_1+2x_2+3x_3+3x_4+3x_5+6x_6=0 \\ x_1+x_2+2x_3-4x_4+x_5+3x_6=0 \\ 2x_1+3x_2+5x_3-x_4+4x_5+9x_6=0 \end{cases}$;

(2) $\begin{cases} x_1+2x_2+5x_3-7x_4+3x_5+3x_6=8 \\ -2x_1-2x_2-6x_3+3x_4+3x_5+3x_6=9 \\ 6x_1-2x_2-3x_3+39x_4-47x_5-47x_6=-125 \\ 8x_1+34x_2+66x_3-140x_4+98x_5+98x_6=280 \\ 5x_1+32x_2+54x_3-151x_4+112x_5+112x_6=336 \\ 3x_1-2x_2+4x_3+9x_4-7x_5-7x_6=-32 \end{cases}$;

(3) $\begin{cases} 3x_1+6x_2+15x_3-21x_4+9x_5+135x_6=429 \\ -3x_1-4x_2-11x_3+10x_4-96x_6=-287 \\ 5x_1-4x_2-8x_3+46x_4-50x_5-81x_6=-376 \\ 7x_1+32x_2+61x_3-133x_4+95x_5+585x_6=2\,027 \\ x_1+24x_2+34x_3-123x_4+100x_5+388x_6=1\,468 \\ 3x_1-2x_2+4x_3+9x_4-7x_5+7x_6=-11 \end{cases}$;

(4) $\begin{cases} 10x_1+6x_2+17x_3+11x_4-35x_5+28x_6=-128 \\ -2x_1-2x_2-6x_3+3x_4+3x_5+4x_6=12 \\ 5x_1-4x_2-8x_3+46x_4-50x_5+88x_6=-183 \\ 9x_1+36x_2+71x_3-147x_4+101x_5-258x_6=389 \\ 21x_1+82x_2+160x_3-347x_4+234x_5-612x_6=914 \\ 3x_1-2x_2+4x_3+9x_4-7x_5+16x_6=-38 \end{cases}$.

计算实验

详情参见教材配套的网络学习空间.

习题　3-1

1. 用消元法解下列齐次线性方程组:

(1) $\begin{cases} x_1+2x_2-x_3=0 \\ 2x_1+4x_2+7x_3=0 \end{cases}$;　　(2) $\begin{cases} x_1+2x_2-3x_3=0 \\ 2x_1+5x_2+2x_3=0 \\ 3x_1-x_2-4x_3=0 \end{cases}$;

(3) $\begin{cases} x_1+x_2+2x_3-x_4=0 \\ 2x_1+x_2+x_3-x_4=0 \\ 2x_1+2x_2+x_3+2x_4=0 \end{cases}$;　　(4) $\begin{cases} x_1+2x_2+x_3-x_4=0 \\ 3x_1+6x_2-x_3-3x_4=0 \\ 5x_1+10x_2+x_3-5x_4=0 \end{cases}$.

2. 用消元法解下列非齐次线性方程组:

(1) $\begin{cases} 4x_1+2x_2-x_3=2 \\ 3x_1-x_2+2x_3=10 \\ 11x_1+3x_2=8 \end{cases}$;　　(2) $\begin{cases} 2x+y-z+w=1 \\ 3x-2y+z-3w=4 \\ x+4y-3z+5w=-2 \end{cases}$.

3. λ 取何值时，下列非齐次线性方程组有唯一解、无解或有无穷多解？并在有无穷多解时求出其解.

(1) $\begin{cases} \lambda x_1+x_2+x_3=1 \\ x_1+\lambda x_2+x_3=\lambda \\ x_1+x_2+\lambda x_3=\lambda^2 \end{cases}$;　　(2) $\begin{cases} -2x_1+x_2+x_3=-2 \\ x_1-2x_2+x_3=\lambda \\ x_1+x_2-2x_3=\lambda^2 \end{cases}$.

§3.2　向量组的线性组合

一、n 维向量及其线性运算

定义 1　n 个有次序的数 $a_1, a_2, \cdots, a_n$ 所组成的数组称为 **n 维向量**，这 n 个数称为该向量的 n 个**分量**，第 i 个数 a_i 称为**第 i 个分量**.

例如，$(1,2,4,8,9)$ 是 5 维向量，其第 3 个分量为 4.

分量全为 0 的向量称为**零向量**，记作 $\mathbf{0}$，即 $\mathbf{0}=(0,0,\cdots,0)$；

向量 $(-a_1,-a_2,\cdots,-a_n)$ 称为向量 $\boldsymbol{a}=(a_1, a_2,\cdots, a_n)$ 的**负向量**，记作 $-\boldsymbol{a}$；

若 $\boldsymbol{a}=(a_1, a_2,\cdots, a_n)$ 和 $\boldsymbol{b}=(b_1, b_2,\cdots, b_n)$ 的每个分量对应相等，即

$$a_i=b_i\,(i=1,2,\cdots,n),$$

则称向量 $\boldsymbol{a}$ 与 $\boldsymbol{b}$ **相等**，记作 $\boldsymbol{a}=\boldsymbol{b}$.

分量全为实数的向量称为**实向量**，分量为复数的向量称为**复向量**. 除非特别声明，本书一般只讨论实向量.

n 维向量可写成一行，也可写成一列. 按第 2 章的规定，分别称为**行向量**和**列向量**，也就是行矩阵和列矩阵，并规定行向量和列向量都按矩阵的运算法则进行运算.

因此，n 维列向量 $\boldsymbol{\alpha}=\begin{pmatrix} a_1 \\ a_2 \\ \vdots \\ a_n \end{pmatrix}$ 与 n 维行向量 $\boldsymbol{\alpha}^{\mathrm{T}}=(a_1, a_2, \cdots, a_n)$ 总被视为两个不同的向量(按定义1，$\boldsymbol{\alpha}$ 与 $\boldsymbol{\alpha}^{\mathrm{T}}$ 应是同一个向量).

本书中，常用黑体小写字母 $\boldsymbol{\alpha}$, $\boldsymbol{\beta}$, $\boldsymbol{a}$, $\boldsymbol{b}$ 等表示列向量，用 $\boldsymbol{\alpha}^{\mathrm{T}}$, $\boldsymbol{\beta}^{\mathrm{T}}$, $\boldsymbol{a}^{\mathrm{T}}$, $\boldsymbol{b}^{\mathrm{T}}$ 等表示行向量，所讨论的向量在没有特别指明的情况下都被视为列向量.

注：在解析几何中，我们把“既有大小又有方向的量”称为向量，并把可随意平行移动的有向线段作为向量的几何形象. 引入坐标系后，又定义了向量的坐标表示式（三个有序实数），此即上面定义的三维向量. 因此，当 $n\leq 3$ 时，n 维向量可以把有向线段作为其几何形象. 当 $n>3$ 时，n 维向量没有直观的几何形象.

在空间解析几何中，“空间”通常作为点的集合，称为点空间. 因为空间中的点 $P(x,y,z)$ 与三维向量 $\boldsymbol{r}=(x,y,z)^{\mathrm{T}}$ 之间有一一对应的关系，故又把三维向量的全体组成的集合

$$\boldsymbol{R}^3=\{\boldsymbol{r}=(x, y, z)^{\mathrm{T}} \mid x, y, z\in\mathbf{R}\}$$

称为**三维向量空间**. 类似地，n 维向量的全体组成的集合

$$\boldsymbol{R}^n=\{\boldsymbol{x}=(x_1, x_2, \cdots, x_n)^{\mathrm{T}} \mid x_1, x_2, \cdots, x_n\in\mathbf{R}\}$$

称为 **n 维向量空间**.

若干个同维数的列向量（或行向量）组成的集合称为**向量组**.

例如，由一个 $m\times n$ 矩阵 $\boldsymbol{A}=\begin{pmatrix} a_{11} & a_{12} & \cdots & a_{1n} \\ a_{21} & a_{22} & \cdots & a_{2n} \\ \vdots & \vdots & & \vdots \\ a_{m1} & a_{m2} & \cdots & a_{mn} \end{pmatrix}$ 的每一列

$$\boldsymbol{\alpha}_j=\begin{pmatrix} a_{1j} \\ a_{2j} \\ \vdots \\ a_{mj} \end{pmatrix}\quad (j=1, 2, \cdots, n)$$

组成的向量组 $\boldsymbol{\alpha}_1, \boldsymbol{\alpha}_2, \cdots, \boldsymbol{\alpha}_n$ 称为矩阵 $\boldsymbol{A}$ 的**列向量组**，而由矩阵 $\boldsymbol{A}$ 的每一行

$$\boldsymbol{\beta}_i=(a_{i1}, a_{i2}, \cdots, a_{in})\quad (i=1, 2, \cdots, m)$$

组成的向量组 $\boldsymbol{\beta}_1, \boldsymbol{\beta}_2, \cdots, \boldsymbol{\beta}_m$ 称为矩阵 $\boldsymbol{A}$ 的**行向量组**.

根据上述讨论，矩阵 $\boldsymbol{A}$ 可记为

$$\boldsymbol{A}=(\boldsymbol{\alpha}_1, \boldsymbol{\alpha}_2, \cdots, \boldsymbol{\alpha}_n)\quad 或\quad \boldsymbol{A}=\begin{pmatrix} \boldsymbol{\beta}_1 \\ \boldsymbol{\beta}_2 \\ \vdots \\ \boldsymbol{\beta}_m \end{pmatrix}.$$

这样，矩阵 $\boldsymbol{A}$ 就与其列向量组或行向量组之间建立了一一对应关系．

矩阵的列向量组和行向量组都是只含有限个向量的向量组．而线性方程组

$$\boldsymbol{A}\boldsymbol{x}=\boldsymbol{0}$$

的全部解当 $\mathrm{r}(\boldsymbol{A})<n$ 时是一个含有无限多个 n 维列向量的向量组．

定义 2 两个 n 维向量 $\boldsymbol{\alpha}=(a_1,a_2,\cdots,a_n)^{\mathrm{T}}$ 与 $\boldsymbol{\beta}=(b_1,b_2,\cdots,b_n)^{\mathrm{T}}$ 的各对应分量之和组成的向量，称为**向量 $\boldsymbol{\alpha}$ 与 $\boldsymbol{\beta}$ 的和**，记为 $\boldsymbol{\alpha}+\boldsymbol{\beta}$，即

$$\boldsymbol{\alpha}+\boldsymbol{\beta}=(a_1+b_1,\ a_2+b_2,\ \cdots,\ a_n+b_n)^{\mathrm{T}}.$$

由加法和负向量的定义，可定义**向量的减法**：

$$\boldsymbol{\alpha}-\boldsymbol{\beta}=\boldsymbol{\alpha}+(-\boldsymbol{\beta})=(a_1-b_1,\ a_2-b_2,\ \cdots,\ a_n-b_n)^{\mathrm{T}}.$$

定义 3 n 维向量 $\boldsymbol{\alpha}=(a_1,a_2,\cdots,a_n)^{\mathrm{T}}$ 的各个分量都乘以实数 k 所组成的向量，称为**数 k 与向量 $\boldsymbol{\alpha}$ 的乘积**（又简称为**数乘**），记为 $k\boldsymbol{\alpha}$，即

$$k\boldsymbol{\alpha}=(ka_1,\ ka_2,\ \cdots,\ ka_n)^{\mathrm{T}}.$$

向量的加法和数乘运算统称为向量的**线性运算**．

注：向量的线性运算与行（列）矩阵的运算规律相同，从而也满足下列运算规律（其中 $\boldsymbol{\alpha},\boldsymbol{\beta},\boldsymbol{\gamma}\in\boldsymbol{R}^n$，$k,l\in\mathbf{R}$）：

① $\boldsymbol{\alpha}+\boldsymbol{\beta}=\boldsymbol{\beta}+\boldsymbol{\alpha}$； ⑤ $1\boldsymbol{\alpha}=\boldsymbol{\alpha}$；

② $(\boldsymbol{\alpha}+\boldsymbol{\beta})+\boldsymbol{\gamma}=\boldsymbol{\alpha}+(\boldsymbol{\beta}+\boldsymbol{\gamma})$； ⑥ $k(l\boldsymbol{\alpha})=(kl)\boldsymbol{\alpha}$；

③ $\boldsymbol{\alpha}+\boldsymbol{0}=\boldsymbol{\alpha}$； ⑦ $k(\boldsymbol{\alpha}+\boldsymbol{\beta})=k\boldsymbol{\alpha}+k\boldsymbol{\beta}$；

④ $\boldsymbol{\alpha}+(-\boldsymbol{\alpha})=\boldsymbol{0}$； ⑧ $(k+l)\boldsymbol{\alpha}=k\boldsymbol{\alpha}+l\boldsymbol{\alpha}$．

例 1 设 $\boldsymbol{\alpha}=(2,0,-1,3)^{\mathrm{T}}$，$\boldsymbol{\beta}=(1,7,4,-2)^{\mathrm{T}}$，$\boldsymbol{\gamma}=(0,1,0,1)^{\mathrm{T}}$．

(1) 求 $2\boldsymbol{\alpha}+\boldsymbol{\beta}-3\boldsymbol{\gamma}$；

(2) 若有 $\boldsymbol{x}$，满足 $3\boldsymbol{\alpha}-\boldsymbol{\beta}+5\boldsymbol{\gamma}+2\boldsymbol{x}=\boldsymbol{0}$，求 $\boldsymbol{x}$．

解 (1) $2\boldsymbol{\alpha}+\boldsymbol{\beta}-3\boldsymbol{\gamma}=2(2,0,-1,3)^{\mathrm{T}}+(1,7,4,-2)^{\mathrm{T}}-3(0,1,0,1)^{\mathrm{T}}=(5,4,2,1)^{\mathrm{T}}$．

(2) 由 $3\boldsymbol{\alpha}-\boldsymbol{\beta}+5\boldsymbol{\gamma}+2\boldsymbol{x}=\boldsymbol{0}$，得

$$\begin{aligned}\boldsymbol{x}&=\frac{1}{2}(-3\boldsymbol{\alpha}+\boldsymbol{\beta}-5\boldsymbol{\gamma})\\&=\frac{1}{2}[-3(2,0,-1,3)^{\mathrm{T}}+(1,7,4,-2)^{\mathrm{T}}-5(0,1,0,1)^{\mathrm{T}}]\\&=\left(-\frac{5}{2},1,\frac{7}{2},-8\right)^{\mathrm{T}}.\end{aligned}$$

■

二、向量组的线性组合

考察线性方程组

$$\begin{cases}a_{11}x_1+a_{12}x_2+\cdots+a_{1n}x_n=b_1\\a_{21}x_1+a_{22}x_2+\cdots+a_{2n}x_n=b_2\\\cdots\cdots\\a_{m1}x_1+a_{m2}x_2+\cdots+a_{mn}x_n=b_m\end{cases}. \tag{2.1}$$

令
$$\boldsymbol{\alpha}_j=\begin{pmatrix}a_{1j}\\a_{2j}\\\vdots\\a_{mj}\end{pmatrix}\quad(j=1,2,\cdots,n),\quad \boldsymbol{\beta}=\begin{pmatrix}b_1\\b_2\\\vdots\\b_m\end{pmatrix},\tag{2.2}$$
则线性方程组 (2.1) 可表示为如下向量形式:
$$\boldsymbol{\alpha}_1x_1+\boldsymbol{\alpha}_2x_2+\cdots+\boldsymbol{\alpha}_nx_n=\boldsymbol{\beta}.\tag{2.3}$$
于是，线性方程组 (2.1) 是否有解，就相当于是否存在一组数 $k_1,k_2,\cdots,k_n$ 使得下列线性关系式成立:
$$\boldsymbol{\beta}=k_1\boldsymbol{\alpha}_1+k_2\boldsymbol{\alpha}_2+\cdots+k_n\boldsymbol{\alpha}_n.$$
例如，线性方程组
$$\begin{cases}x_1+2x_2+x_3=-0.5\\ \qquad x_2-x_3=-1.5\\ x_1+2x_2\qquad=-1\end{cases}$$
的向量形式为
$$\boldsymbol{\alpha}_1x_1+\boldsymbol{\alpha}_2x_2+\boldsymbol{\alpha}_3x_3=\boldsymbol{\beta},$$
其中
$$\boldsymbol{\alpha}_1=\begin{pmatrix}1\\0\\1\end{pmatrix},\ \boldsymbol{\alpha}_2=\begin{pmatrix}2\\1\\2\end{pmatrix},\ \boldsymbol{\alpha}_1=\begin{pmatrix}1\\-1\\0\end{pmatrix},\ \boldsymbol{\beta}=\begin{pmatrix}-0.5\\-1.5\\-1\end{pmatrix}.$$
另外, 易求出该方程组的解为 $(1,-1,0.5)$, 故有
$$1\cdot\boldsymbol{\alpha}_1+(-1)\cdot\boldsymbol{\alpha}_2+0.5\cdot\boldsymbol{\alpha}_3=\boldsymbol{\beta}.$$
在探讨这一问题之前，我们先介绍几个有关向量组的概念.

定义 4 给定向量组 $\boldsymbol{A}$: $\boldsymbol{\alpha}_1,\boldsymbol{\alpha}_2,\cdots,\boldsymbol{\alpha}_s$，对于任何一组实数 $k_1,k_2,\cdots,k_s$，表达式 $k_1\boldsymbol{\alpha}_1+k_2\boldsymbol{\alpha}_2+\cdots+k_s\boldsymbol{\alpha}_s$ 称为向量组 $\boldsymbol{A}$ 的一个**线性组合**, $k_1,k_2,\cdots,k_s$ 称为这个线性组合的**系数**, 也称为该线性组合的**权重**.

定义 5 给定向量组 $\boldsymbol{A}$: $\boldsymbol{\alpha}_1,\boldsymbol{\alpha}_2,\cdots,\boldsymbol{\alpha}_s$ 和向量 $\boldsymbol{\beta}$, 若存在一组数 $k_1,k_2,\cdots,k_s$, 使
$$\boldsymbol{\beta}=k_1\boldsymbol{\alpha}_1+k_2\boldsymbol{\alpha}_2+\cdots+k_s\boldsymbol{\alpha}_s,$$
则称向量 $\boldsymbol{\beta}$ 是向量组 $\boldsymbol{A}$ 的**线性组合**, 又称向量 $\boldsymbol{\beta}$ 能由向量组 $\boldsymbol{A}$ **线性表示** (或**线性表出**).

从线性方程组 (2.1) 的向量形式 (2.3) 可见，向量 $\boldsymbol{\beta}$ 是否能由向量组 $\boldsymbol{\alpha}_1,\boldsymbol{\alpha}_2,\cdots,\boldsymbol{\alpha}_s$ 线性表示的问题等价于线性方程组 $\boldsymbol{\alpha}_1x_1+\boldsymbol{\alpha}_2x_2+\cdots+\boldsymbol{\alpha}_sx_s=\boldsymbol{\beta}$ 是否有解的问题. 于是, 根据§3.1的定理2 , 可得:

定理 1 设向量 $\boldsymbol{\beta}$, $\boldsymbol{\alpha}_j\ (j=1,2,\cdots,s)$ 由式 (2.2) 给出, 则向量 $\boldsymbol{\beta}$ 能由向量组 $\boldsymbol{\alpha}_1,\boldsymbol{\alpha}_2,\cdots,\boldsymbol{\alpha}_s$ 线性表示的充分必要条件是矩阵
$$\boldsymbol{A}=(\boldsymbol{\alpha}_1,\boldsymbol{\alpha}_2,\cdots,\boldsymbol{\alpha}_s)\ 与\ \widetilde{\boldsymbol{A}}=(\boldsymbol{\alpha}_1,\boldsymbol{\alpha}_2,\cdots,\boldsymbol{\alpha}_s,\boldsymbol{\beta})$$

的秩相等.

例如, 设有列向量组

$$\boldsymbol{\alpha}_1=\begin{pmatrix}10\\26\\22\\32\\8\end{pmatrix},\ \boldsymbol{\alpha}_2=\begin{pmatrix}28\\78\\66\\94\\24\end{pmatrix},\ \boldsymbol{\alpha}_3=\begin{pmatrix}-12\\-21\\-18\\-30\\-6\end{pmatrix},\ \boldsymbol{\alpha}_4=\begin{pmatrix}60\\208\\180\\236\\64\end{pmatrix},\ \boldsymbol{\alpha}_5=\begin{pmatrix}10\\10\\10\\20\\5\end{pmatrix},\ \boldsymbol{\beta}=\begin{pmatrix}72\\214\\183\\253\\67\end{pmatrix}.$$

根据第 44 页实验 2.6(3) 的结果, 由该列向量组构成矩阵

$$\begin{pmatrix}10&28&-12&60&10&72\\26&78&-21&208&10&214\\22&66&-18&180&10&183\\32&94&-30&236&20&253\\8&24&-6&64&5&67\end{pmatrix}\to\begin{pmatrix}1&0&0&0&0&13\\0&2&0&0&0&-5\\0&0&3&0&0&5\\0&0&0&4&0&2\\0&0&0&0&5&1\end{pmatrix}.$$

两矩阵秩相等, 所以, 向量 $\boldsymbol{\beta}$ 可由 $\boldsymbol{\alpha}_1,\boldsymbol{\alpha}_2,\cdots,\boldsymbol{\alpha}_5$ 线性表示, 且由上面右侧的矩阵, 可得线性表示式为

$$\boldsymbol{\beta}=13\boldsymbol{\alpha}_1-\frac{5}{2}\boldsymbol{\alpha}_2+\frac{5}{3}\boldsymbol{\alpha}_3+\frac{1}{2}\boldsymbol{\alpha}_4+\frac{1}{5}\boldsymbol{\alpha}_5.$$

例 2 任何一个 n 维向量 $\boldsymbol{\alpha}=(a_1,a_2,\cdots,a_n)^{\mathrm{T}}$ 都是 n 维单位向量组 $\boldsymbol{\varepsilon}_1=(1,0,\cdots,0)^{\mathrm{T}}$, $\boldsymbol{\varepsilon}_2=(0,1,0,\cdots,0)^{\mathrm{T}}$, $\cdots$, $\boldsymbol{\varepsilon}_n=(0,\cdots,0,1)^{\mathrm{T}}$ 的线性组合.

因为
$$\boldsymbol{\alpha}=a_1\boldsymbol{\varepsilon}_1+a_2\boldsymbol{\varepsilon}_2+\cdots+a_n\boldsymbol{\varepsilon}_n.$$
■

例 3 零向量是任何一组向量的线性组合.

因为
$$\mathbf{0}=0\cdot\boldsymbol{\alpha}_1+0\cdot\boldsymbol{\alpha}_2+\cdots+0\cdot\boldsymbol{\alpha}_s.$$
■

例 4 向量组 $\boldsymbol{\alpha}_1,\boldsymbol{\alpha}_2,\cdots,\boldsymbol{\alpha}_s$ 中任一向量 $\boldsymbol{\alpha}_j\ (1\le j\le s)$ 都是此向量组的线性组合.

因为
$$\boldsymbol{\alpha}_j=0\cdot\boldsymbol{\alpha}_1+\cdots+1\cdot\boldsymbol{\alpha}_j+\cdots+0\cdot\boldsymbol{\alpha}_s.$$
■

例 5 判断向量 $\boldsymbol{\beta}=(4,3,-1,11)^{\mathrm{T}}$ 是否为向量组 $\boldsymbol{\alpha}_1=(1,2,-1,5)^{\mathrm{T}}$, $\boldsymbol{\alpha}_2=(2,-1,1,1)^{\mathrm{T}}$ 的线性组合. 若是, 写出表示式.

解 设 $k_1\boldsymbol{\alpha}_1+k_2\boldsymbol{\alpha}_2=\boldsymbol{\beta}$, 对矩阵 $(\boldsymbol{\alpha}_1\ \ \boldsymbol{\alpha}_2\ \ \boldsymbol{\beta})$ 施以初等行变换:

$$\begin{pmatrix}1&2&4\\2&-1&3\\-1&1&-1\\5&1&11\end{pmatrix}\to\begin{pmatrix}1&2&4\\0&-5&-5\\0&3&3\\0&-9&-9\end{pmatrix}\to\begin{pmatrix}1&2&4\\0&1&1\\0&0&0\\0&0&0\end{pmatrix}\to\begin{pmatrix}1&0&2\\0&1&1\\0&0&0\\0&0&0\end{pmatrix}.$$

易见,
$$\mathrm{r}(\boldsymbol{\alpha}_1\ \ \boldsymbol{\alpha}_2\ \ \boldsymbol{\beta})=\mathrm{r}(\boldsymbol{\alpha}_1\ \ \boldsymbol{\alpha}_2)=2.$$

故 $\boldsymbol{\beta}$ 可由 $\boldsymbol{\alpha}_1,\boldsymbol{\alpha}_2$ 线性表示, 且由上面最后一个矩阵知, 取 $k_1=2$, $k_2=1$ 可使

$$\boldsymbol{\beta}=2\boldsymbol{\alpha}_1+\boldsymbol{\alpha}_2.$$
■

三、向量组间的线性表示

定义 6 设有两个向量组

$$\boldsymbol{A}: \boldsymbol{\alpha}_1, \boldsymbol{\alpha}_2, \cdots, \boldsymbol{\alpha}_s; \ \boldsymbol{B}: \boldsymbol{\beta}_1, \boldsymbol{\beta}_2, \cdots, \boldsymbol{\beta}_t,$$

若向量组 $\boldsymbol{B}$ 中的每一个向量都能由向量组 $\boldsymbol{A}$ 线性表示，则称向量组 $\boldsymbol{B}$ 能由向量组 $\boldsymbol{A}$ **线性表示**. 若向量组 $\boldsymbol{A}$ 与向量组 $\boldsymbol{B}$ 能相互线性表示，则称这两个**向量组等价**. 按定义, 若向量组 $\boldsymbol{B}$ 能由向量组 $\boldsymbol{A}$ 线性表示, 则存在 $k_{1j}, k_{2j}, \cdots, k_{sj}\ (j=1,2,\cdots,t)$, 使

$$\boldsymbol{\beta}_j = k_{1j}\boldsymbol{\alpha}_1 + k_{2j}\boldsymbol{\alpha}_2 + \cdots + k_{sj}\boldsymbol{\alpha}_s = (\boldsymbol{\alpha}_1, \boldsymbol{\alpha}_2, \cdots, \boldsymbol{\alpha}_s)\begin{pmatrix} k_{1j} \\ k_{2j} \\ \vdots \\ k_{sj} \end{pmatrix},$$

即
$$(\boldsymbol{\beta}_1, \boldsymbol{\beta}_2, \cdots, \boldsymbol{\beta}_t) = (\boldsymbol{\alpha}_1, \boldsymbol{\alpha}_2, \cdots, \boldsymbol{\alpha}_s)\begin{pmatrix} k_{11} & k_{12} & \cdots & k_{1t} \\ k_{21} & k_{22} & \cdots & k_{2t} \\ \vdots & \vdots & & \vdots \\ k_{s1} & k_{s2} & \cdots & k_{st} \end{pmatrix},$$

其中矩阵 $\boldsymbol{K}_{s\times t} = (k_{ij})_{s\times t}$ 称为这一线性表示的**系数矩阵**.

例如, 设有两向量组

$$\boldsymbol{A}:\ \boldsymbol{\alpha}_1 = \begin{pmatrix} -1 \\ 1 \\ 1 \\ -1 \end{pmatrix},\quad \boldsymbol{\alpha}_2 = \begin{pmatrix} 4 \\ -8 \\ 2 \\ 1 \end{pmatrix},\quad \boldsymbol{\alpha}_3 = \begin{pmatrix} 1 \\ -4 \\ 4 \\ -1 \end{pmatrix},\quad \boldsymbol{\alpha}_4 = \begin{pmatrix} -2 \\ 1 \\ 4 \\ -3 \end{pmatrix};$$

$$\boldsymbol{B}:\ \boldsymbol{\beta}_1 = \begin{pmatrix} 2 \\ -10 \\ 11 \\ -4 \end{pmatrix},\ \boldsymbol{\beta}_2 = \begin{pmatrix} 4 \\ -12 \\ 9 \\ -2 \end{pmatrix},\ \boldsymbol{\beta}_3 = \begin{pmatrix} -2 \\ 4 \\ -1 \\ 0 \end{pmatrix},\ \boldsymbol{\beta}_4 = \begin{pmatrix} -3 \\ 8 \\ -5 \\ 1 \end{pmatrix},\ \boldsymbol{\beta}_5 = \begin{pmatrix} 8 \\ -14 \\ 1 \\ 4 \end{pmatrix}.$$

易验证向量组 $\boldsymbol{B}$: $\boldsymbol{\beta}_1, \boldsymbol{\beta}_2, \boldsymbol{\beta}_3, \boldsymbol{\beta}_4, \boldsymbol{\beta}_5$ 能由向量组 $\boldsymbol{A}$: $\boldsymbol{\alpha}_1, \boldsymbol{\alpha}_2, \boldsymbol{\alpha}_3, \boldsymbol{\alpha}_4$ 线性表示, 且

$$\boldsymbol{\beta}_1 = \boldsymbol{\alpha}_1 + \boldsymbol{\alpha}_2 + \boldsymbol{\alpha}_3 + \boldsymbol{\alpha}_4,\quad \boldsymbol{\beta}_2 = -\boldsymbol{\alpha}_1 + \boldsymbol{\alpha}_2 + \boldsymbol{\alpha}_3 + \boldsymbol{\alpha}_4,$$
$$\boldsymbol{\beta}_3 = \boldsymbol{\alpha}_1 - \boldsymbol{\alpha}_2 + \boldsymbol{\alpha}_3 - \boldsymbol{\alpha}_4,\quad \boldsymbol{\beta}_4 = \boldsymbol{\alpha}_1 - \boldsymbol{\alpha}_2 - \boldsymbol{\alpha}_4,$$
$$\boldsymbol{\beta}_5 = -\boldsymbol{\alpha}_1 + \boldsymbol{\alpha}_2 + \boldsymbol{\alpha}_3 - \boldsymbol{\alpha}_4,$$

于是

$$(\boldsymbol{\beta}_1, \boldsymbol{\beta}_2, \boldsymbol{\beta}_3, \boldsymbol{\beta}_4, \boldsymbol{\beta}_5) = (\boldsymbol{\alpha}_1, \boldsymbol{\alpha}_2, \boldsymbol{\alpha}_3, \boldsymbol{\alpha}_4)\begin{pmatrix} 1 & -1 & 1 & 1 & -1 \\ 1 & 1 & -1 & -1 & 1 \\ 1 & 1 & 1 & 0 & 1 \\ 1 & 1 & -1 & -1 & -1 \end{pmatrix},$$

上述线性表示的系数矩阵即为

$$\begin{pmatrix} 1 & -1 & 1 & 1 & -1 \\ 1 & 1 & -1 & -1 & 1 \\ 1 & 1 & 1 & 0 & 1 \\ 1 & 1 & -1 & -1 & -1 \end{pmatrix}.$$

根据上述概念，若 $\boldsymbol{C}_{s\times n}=\boldsymbol{A}_{s\times t}\boldsymbol{B}_{t\times n}$，则矩阵 $\boldsymbol{C}$ 的列向量组能由矩阵 $\boldsymbol{A}$ 的列向量组线性表示，$\boldsymbol{B}$ 为这一表示的系数矩阵．而矩阵 $\boldsymbol{C}$ 的行向量组能由矩阵 $\boldsymbol{B}$ 的行向量组线性表示，$\boldsymbol{A}$ 为这一表示的系数矩阵．

定理 2 若向量组 $\boldsymbol{A}$ 可由向量组 $\boldsymbol{B}$ 线性表示，向量组 $\boldsymbol{B}$ 可由向量组 $\boldsymbol{C}$ 线性表示，则向量组 $\boldsymbol{A}$ 可由向量组 $\boldsymbol{C}$ 线性表示．

证明 由定理的条件，存在系数矩阵 $\boldsymbol{M}$, $\boldsymbol{N}$ 使得 $\boldsymbol{A}=\boldsymbol{BM}$, $\boldsymbol{B}=\boldsymbol{CN}$, 由此得

$$\boldsymbol{A}=\boldsymbol{CNM}=\boldsymbol{CK}, \text{ 其中 } \boldsymbol{K}=\boldsymbol{NM},$$

即向量组 $\boldsymbol{A}$ 可由向量组 $\boldsymbol{C}$ 线性表示． ■

例 6 已知向量组 $\boldsymbol{B}:\boldsymbol{\beta}_1,\boldsymbol{\beta}_2$ 由向量组 $\boldsymbol{A}:\boldsymbol{\alpha}_1,\boldsymbol{\alpha}_2$ 线性表示为 $\boldsymbol{\beta}_1=\boldsymbol{\alpha}_1-\boldsymbol{\alpha}_2$，$\boldsymbol{\beta}_2=\boldsymbol{\alpha}_1+\boldsymbol{\alpha}_2$，试将向量组 $\boldsymbol{A}$ 的向量用向量组 $\boldsymbol{B}$ 的向量线性表示．

解 由
$$\boldsymbol{\beta}_1=\boldsymbol{\alpha}_1-\boldsymbol{\alpha}_2,\ \boldsymbol{\beta}_2=\boldsymbol{\alpha}_1+\boldsymbol{\alpha}_2 .$$

将两式相加得

$$\boldsymbol{\beta}_1+\boldsymbol{\beta}_2=2\boldsymbol{\alpha}_1,$$

将两式相减得

$$\boldsymbol{\beta}_1-\boldsymbol{\beta}_2=-2\boldsymbol{\alpha}_2,$$

所以有

$$\boldsymbol{\alpha}_1=(\boldsymbol{\beta}_1+\boldsymbol{\beta}_2)/2;\quad \boldsymbol{\alpha}_2=(\boldsymbol{\beta}_2-\boldsymbol{\beta}_1)/2 .$$ ■

习题 3-2

1. 设 $\boldsymbol{v}_1=(1,1,0)^{\mathrm{T}}$, $\boldsymbol{v}_2=(0,1,1)^{\mathrm{T}}$, $\boldsymbol{v}_3=(3,4,0)^{\mathrm{T}}$，求 $\boldsymbol{v}_1-\boldsymbol{v}_2$ 及 $3\boldsymbol{v}_1+2\boldsymbol{v}_2-\boldsymbol{v}_3$．

2. 将下列向量中的 $\boldsymbol{\beta}$ 表示为其余向量的线性组合:

$$\boldsymbol{\beta}=(3,5,-6),\ \boldsymbol{\alpha}_1=(1,0,1),\ \boldsymbol{\alpha}_2=(1,1,1),\ \boldsymbol{\alpha}_3=(0,-1,-1).$$

3. 已知向量组 $\boldsymbol{B}:\boldsymbol{\beta}_1,\boldsymbol{\beta}_2,\boldsymbol{\beta}_3$ 由向量组 $\boldsymbol{A}:\boldsymbol{\alpha}_1,\boldsymbol{\alpha}_2,\boldsymbol{\alpha}_3$ 线性表示的表示式为

$$\boldsymbol{\beta}_1=\boldsymbol{\alpha}_1-\boldsymbol{\alpha}_2+\boldsymbol{\alpha}_3,\quad \boldsymbol{\beta}_2=\boldsymbol{\alpha}_1+\boldsymbol{\alpha}_2-\boldsymbol{\alpha}_3,\quad \boldsymbol{\beta}_3=-\boldsymbol{\alpha}_1+\boldsymbol{\alpha}_2+\boldsymbol{\alpha}_3,$$

试将向量组 $\boldsymbol{A}$ 的向量用向量组 $\boldsymbol{B}$ 的向量线性表示．

4. 设有向量

$$\boldsymbol{\alpha}_1=\begin{pmatrix}1\\4\\0\\2\end{pmatrix},\ \boldsymbol{\alpha}_2=\begin{pmatrix}2\\7\\1\\3\end{pmatrix},\ \boldsymbol{\alpha}_3=\begin{pmatrix}0\\1\\-1\\a\end{pmatrix},\ \boldsymbol{\beta}=\begin{pmatrix}3\\10\\b\\4\end{pmatrix}.$$

试问当 a, b 为何值时,

(1) $\boldsymbol{\beta}$ 不能由 $\boldsymbol{\alpha}_1, \boldsymbol{\alpha}_2, \boldsymbol{\alpha}_3$ 线性表示?

(2) $\boldsymbol{\beta}$ 可由 $\boldsymbol{\alpha}_1, \boldsymbol{\alpha}_2, \boldsymbol{\alpha}_3$ 线性表示? 并写出该表达式.

§3.3 向量组的线性相关性

一、线性相关性概念

定义 1 给定向量组 $\boldsymbol{A}: \boldsymbol{\alpha}_1, \boldsymbol{\alpha}_2, \cdots, \boldsymbol{\alpha}_s$, 如果存在不全为零的数 $k_1, k_2, \cdots, k_s$, 使

$$k_1\boldsymbol{\alpha}_1 + k_2\boldsymbol{\alpha}_2 + \cdots + k_s\boldsymbol{\alpha}_s = \mathbf{0}, \tag{3.1}$$

则称向量组 $\boldsymbol{A}$ **线性相关**, 否则称为**线性无关**.

从上述定义可见:

(1) 向量组只含有一个向量 $\boldsymbol{\alpha}$ 时, $\boldsymbol{\alpha}$ 线性无关的充分必要条件是 $\boldsymbol{\alpha} \neq \mathbf{0}$. 因此, 单个零向量 $\mathbf{0}$ 是线性相关的. 进一步还可推出, 包含零向量的任何向量组都是线性相关的. 事实上, 对向量组 $\boldsymbol{\alpha}_1, \boldsymbol{\alpha}_2, \cdots, \mathbf{0}, \cdots, \boldsymbol{\alpha}_s$ 恒有

$$0\boldsymbol{\alpha}_1 + 0\boldsymbol{\alpha}_2 + \cdots + k\mathbf{0} + \cdots + 0\boldsymbol{\alpha}_s = \mathbf{0},$$

其中 k 可以是任意不为零的数, 故该向量组线性相关.

(2) 仅含两个向量的向量组线性相关的充分必要条件是这两个向量的对应分量成比例. 两向量线性相关的几何意义是这两个向量共线 (见图 3-3-1).

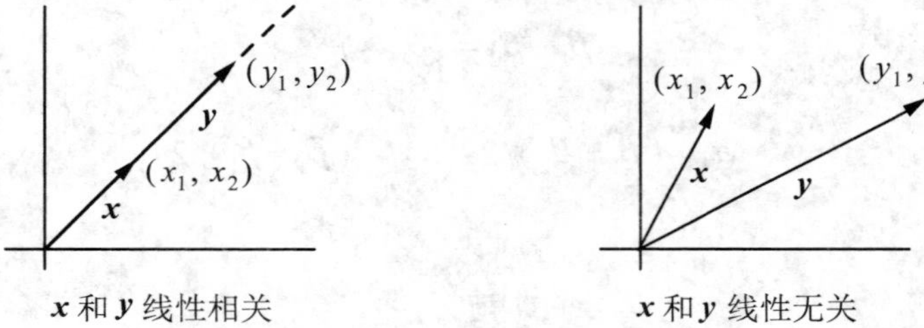

图 3-3-1

(3) 三个向量线性相关的几何意义是这三个向量共面 (见图 3-3-2).

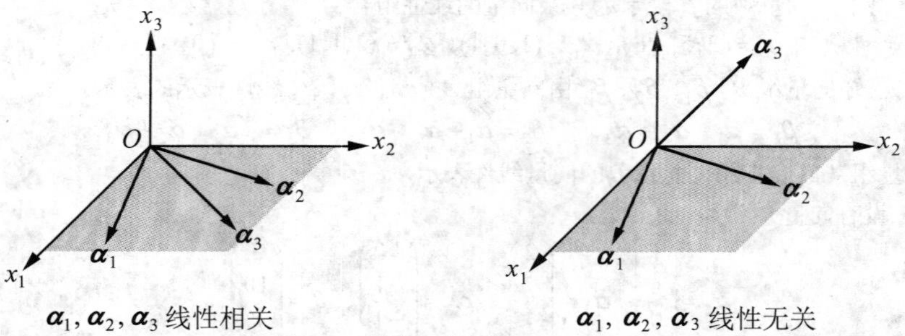

图 3-3-2

最后我们指出，如果当且仅当 $k_1=k_2=\cdots=k_s=0$ 时式(3.1)才成立，则向量组 $\boldsymbol{\alpha}_1,\boldsymbol{\alpha}_2,\cdots,\boldsymbol{\alpha}_s$ 是线性无关的，这也是论证一向量组线性无关的基本方法.

例如，向量组 $\begin{pmatrix}1\\0\\1\end{pmatrix},\begin{pmatrix}0\\1\\1\end{pmatrix},\begin{pmatrix}1\\1\\0\end{pmatrix}$ 线性无关，因为若

$$c_1\begin{pmatrix}1\\0\\1\end{pmatrix}+c_2\begin{pmatrix}0\\1\\1\end{pmatrix}+c_3\begin{pmatrix}1\\1\\0\end{pmatrix}=\begin{pmatrix}0\\0\\0\end{pmatrix},$$

即 $\begin{cases}c_1 \quad\quad +c_3=0\\ \quad\quad c_2+c_3=0\\ c_1+c_2 \quad\quad =0\end{cases}$，该方程组只有零解，所以 $c_1=0,c_2=0,c_3=0$，从而上述向量组是线性无关的.

二、线性相关性的判定

定理1 向量组 $\boldsymbol{\alpha}_1,\boldsymbol{\alpha}_2,\cdots,\boldsymbol{\alpha}_s\ (s\geq 2)$ 线性相关的充要条件是向量组中至少有一个向量可由其余 $s-1$ 个向量线性表示.

证明 必要性. 设 $\boldsymbol{\alpha}_1,\boldsymbol{\alpha}_2,\cdots,\boldsymbol{\alpha}_s$ 线性相关，则存在 s 个不全为零的数 $k_1,k_2,\cdots,k_s$，使得 $k_1\boldsymbol{\alpha}_1+k_2\boldsymbol{\alpha}_2+\cdots+k_s\boldsymbol{\alpha}_s=\mathbf{0}$ 成立. 不妨设 $k_1\neq 0$，于是

$$\boldsymbol{\alpha}_1=\left(-\frac{k_2}{k_1}\right)\boldsymbol{\alpha}_2+\cdots+\left(-\frac{k_s}{k_1}\right)\boldsymbol{\alpha}_s,$$

即 $\boldsymbol{\alpha}_1$ 可由其余向量线性表示.

充分性. 设 $\boldsymbol{\alpha}_1,\boldsymbol{\alpha}_2,\cdots,\boldsymbol{\alpha}_s$ 中至少有一个向量能由其余向量线性表示，不妨设

$$\boldsymbol{\alpha}_1=k_2\boldsymbol{\alpha}_2+\cdots+k_s\boldsymbol{\alpha}_s,$$

即

$$(-1)\boldsymbol{\alpha}_1+k_2\boldsymbol{\alpha}_2+\cdots+k_s\boldsymbol{\alpha}_s=\mathbf{0},$$

故 $\boldsymbol{\alpha}_1,\boldsymbol{\alpha}_2,\cdots,\boldsymbol{\alpha}_s$ 线性相关. ■

例如，设有向量组

$$\boldsymbol{\alpha}_1=(1,-1,1,0)^{\mathrm{T}},\ \boldsymbol{\alpha}_2=(1,0,1,0)^{\mathrm{T}},\ \boldsymbol{\alpha}_3=(0,1,0,0)^{\mathrm{T}},$$

因为 $\boldsymbol{\alpha}_1-\boldsymbol{\alpha}_2+\boldsymbol{\alpha}_3=\mathbf{0}$，故 $\boldsymbol{\alpha}_1,\boldsymbol{\alpha}_2,\boldsymbol{\alpha}_3$ 线性相关. 由 $\boldsymbol{\alpha}_1-\boldsymbol{\alpha}_2+\boldsymbol{\alpha}_3=\mathbf{0}$，易见有

$$\boldsymbol{\alpha}_1=\boldsymbol{\alpha}_2-\boldsymbol{\alpha}_3,\quad \boldsymbol{\alpha}_2=\boldsymbol{\alpha}_1+\boldsymbol{\alpha}_3,\quad \boldsymbol{\alpha}_3=-\boldsymbol{\alpha}_1+\boldsymbol{\alpha}_2.$$

设有列向量组 $\boldsymbol{\alpha}_1,\boldsymbol{\alpha}_2,\cdots,\boldsymbol{\alpha}_s$，及由该向量组构成的矩阵 $\boldsymbol{A}=(\boldsymbol{\alpha}_1,\boldsymbol{\alpha}_2,\cdots,\boldsymbol{\alpha}_s)$，则向量组 $\boldsymbol{\alpha}_1,\boldsymbol{\alpha}_2,\cdots,\boldsymbol{\alpha}_s$ 线性相关，就是齐次线性方程组

$$x_1\boldsymbol{\alpha}_1+x_2\boldsymbol{\alpha}_2+\cdots+x_s\boldsymbol{\alpha}_s=\mathbf{0}\ \ (\text{即 } \boldsymbol{A}\boldsymbol{x}=\mathbf{0})$$

有非零解. 故由§3.1定理1即得如下定理:

定理2 设有列向量组 $\boldsymbol{\alpha}_j=\begin{pmatrix}a_{1j}\\a_{2j}\\\vdots\\a_{nj}\end{pmatrix}\ (j=1,2,\cdots,s)$，则向量组 $\boldsymbol{\alpha}_1,\boldsymbol{\alpha}_2,\cdots,\boldsymbol{\alpha}_s$ 线

性相关的充要条件是：矩阵 $\boldsymbol{A}=(\boldsymbol{\alpha}_1,\boldsymbol{\alpha}_2,\cdots,\boldsymbol{\alpha}_s)$ 的秩小于向量的个数 s.

推论 1　s 个 n 维列向量 $\boldsymbol{\alpha}_1,\boldsymbol{\alpha}_2,\cdots,\boldsymbol{\alpha}_s$ 线性无关（线性相关）的充要条件是：矩阵 $\boldsymbol{A}=(\boldsymbol{\alpha}_1,\boldsymbol{\alpha}_2,\cdots,\boldsymbol{\alpha}_s)$ 的秩等于（小于）向量的个数 s.

推论 2　n 个 n 维列向量组 $\boldsymbol{\alpha}_1,\boldsymbol{\alpha}_2,\cdots,\boldsymbol{\alpha}_n$ 线性无关（线性相关）的充要条件是：矩阵 $\boldsymbol{A}=(\boldsymbol{\alpha}_1,\boldsymbol{\alpha}_2,\cdots,\boldsymbol{\alpha}_n)$ 的行列式不等于（等于）零.

注：上述结论对于矩阵的行向量组也同样成立.

推论 3　当向量组中所含向量的个数大于向量的维数时，此向量组必线性相关.

定理 2 及其推论告诉我们，向量组线性相关性的判定实际上可以转化为对该向量组所构成的矩阵的秩的判定.

例如，取第 42 页实验 2.5(3) 与 (6) 题矩阵的前 5 列构成矩阵 $\boldsymbol{A}$ 与 $\boldsymbol{B}$，则有

$$\boldsymbol{A}=(\boldsymbol{\alpha}_1,\boldsymbol{\alpha}_2,\boldsymbol{\alpha}_3,\boldsymbol{\alpha}_4,\boldsymbol{\alpha}_5)=\begin{pmatrix}5&18&9&16&35\\9&36&12&31&67\\11&44&15&38&82\\6&26&6&22&47\\4&16&6&14&30\end{pmatrix}\to\begin{pmatrix}1&2&3&2&5\\0&2&-3&1&2\\0&0&3&1&1\\0&0&0&0&0\\0&0&0&0&0\end{pmatrix},$$

$$\boldsymbol{B}=(\boldsymbol{\beta}_1,\boldsymbol{\beta}_2,\boldsymbol{\beta}_3,\boldsymbol{\beta}_4,\boldsymbol{\beta}_5)=\begin{pmatrix}10&28&-12&60&10\\26&78&-21&208&10\\22&66&-18&180&10\\32&94&-30&236&20\\8&24&-6&64&5\end{pmatrix}\to\begin{pmatrix}2&4&-6&-4&5\\0&2&3&20&-10\\0&0&3&-4&10\\0&0&0&4&0\\0&0&0&0&5\end{pmatrix},$$

易见矩阵 $\boldsymbol{A}$ 的秩 $\mathrm{r}(\boldsymbol{A})<5$，故其列向量组 $\boldsymbol{\alpha}_1,\boldsymbol{\alpha}_2,\boldsymbol{\alpha}_3,\boldsymbol{\alpha}_4,\boldsymbol{\alpha}_5$ 线性相关；而矩阵 $\boldsymbol{B}$ 的秩 $\mathrm{r}(\boldsymbol{B})=5$，故其列向量组 $\boldsymbol{\beta}_1,\boldsymbol{\beta}_2,\boldsymbol{\beta}_3,\boldsymbol{\beta}_4,\boldsymbol{\beta}_5$ 线性无关.

例 1　n 维向量组

$$\boldsymbol{\varepsilon}_1=(1,0,\cdots,0)^{\mathrm{T}},\ \boldsymbol{\varepsilon}_2=(0,1,\cdots,0)^{\mathrm{T}},\ \cdots,\ \boldsymbol{\varepsilon}_n=(0,0,\cdots,1)^{\mathrm{T}}$$

称为 n 维单位坐标向量组，讨论其线性相关性.

解　n 维单位坐标向量组构成的矩阵

$$\boldsymbol{E}=(\boldsymbol{\varepsilon}_1,\boldsymbol{\varepsilon}_2,\cdots,\boldsymbol{\varepsilon}_n)=\begin{pmatrix}1&0&\cdots&0\\0&1&\cdots&0\\\vdots&\vdots&&\vdots\\0&0&\cdots&1\end{pmatrix}$$

是 n 阶单位矩阵.

由 $|\boldsymbol{E}|=1\neq0$，知 $\mathrm{r}(\boldsymbol{E})=n$，即 $\mathrm{r}(\boldsymbol{E})$ 等于向量组中向量的个数，故由推论 1 知，此向量组是线性无关的. ■

例 2　已知

$$\boldsymbol{\alpha}_1=\begin{pmatrix}1\\1\\1\end{pmatrix},\quad\boldsymbol{\alpha}_2=\begin{pmatrix}0\\2\\5\end{pmatrix},\quad\boldsymbol{\alpha}_3=\begin{pmatrix}2\\4\\7\end{pmatrix},$$

试讨论向量组 $\boldsymbol{\alpha}_1, \boldsymbol{\alpha}_2, \boldsymbol{\alpha}_3$ 及向量组 $\boldsymbol{\alpha}_1, \boldsymbol{\alpha}_2$ 的线性相关性.

解 对矩阵 $\boldsymbol{A}=(\boldsymbol{\alpha}_1, \boldsymbol{\alpha}_2, \boldsymbol{\alpha}_3)$ 施行初等行变换，将其化为行阶梯形矩阵，即可同时看出矩阵 $\boldsymbol{A}$ 及 $\boldsymbol{B}=(\boldsymbol{\alpha}_1, \boldsymbol{\alpha}_2)$ 的秩，利用定理 2 即可得出结论.

$$(\boldsymbol{\alpha}_1, \boldsymbol{\alpha}_2, \boldsymbol{\alpha}_3)=\begin{pmatrix}1&0&2\\1&2&4\\1&5&7\end{pmatrix}\xrightarrow[r_3-r_1]{r_2-r_1}\begin{pmatrix}1&0&2\\0&2&2\\0&5&5\end{pmatrix}\xrightarrow{r_3-\frac{5}{2}r_2}\begin{pmatrix}1&0&2\\0&2&2\\0&0&0\end{pmatrix},$$

可见 $\mathrm{r}(\boldsymbol{A})=2, \mathrm{r}(\boldsymbol{B})=2$，故向量组 $\boldsymbol{\alpha}_1, \boldsymbol{\alpha}_2, \boldsymbol{\alpha}_3$ 线性相关；向量组 $\boldsymbol{\alpha}_1, \boldsymbol{\alpha}_2$ 线性无关. ■

定理 3 若向量组中有一部分向量（**部分组**）线性相关，则整个向量组线性相关.

证明 设向量组 $\boldsymbol{\alpha}_1, \boldsymbol{\alpha}_2, \cdots, \boldsymbol{\alpha}_s$ 中有 $r\ (r \leq s)$ 个向量的部分组线性相关，不妨设 $\boldsymbol{\alpha}_1, \boldsymbol{\alpha}_2, \cdots, \boldsymbol{\alpha}_r$ 线性相关，则存在不全为零的数 $k_1, k_2, \cdots, k_r$ 使

$$k_1\boldsymbol{\alpha}_1+k_2\boldsymbol{\alpha}_2+\cdots+k_r\boldsymbol{\alpha}_r=\mathbf{0}$$

成立. 因而存在一组不全为零的数 $k_1, k_2, \cdots, k_r, 0, \cdots, 0$ 使

$$k_1\boldsymbol{\alpha}_1+k_2\boldsymbol{\alpha}_2+\cdots+k_r\boldsymbol{\alpha}_r+0\cdot\boldsymbol{\alpha}_{r+1}+\cdots+0\cdot\boldsymbol{\alpha}_s=\mathbf{0}$$

成立，即 $\boldsymbol{\alpha}_1, \boldsymbol{\alpha}_2, \cdots, \boldsymbol{\alpha}_s$ 线性相关. ■

推论 4 线性无关的向量组中的任一部分组皆线性无关.

定理 4 若向量组 $\boldsymbol{\alpha}_1, \cdots, \boldsymbol{\alpha}_s, \boldsymbol{\beta}$ 线性相关，而向量组 $\boldsymbol{\alpha}_1, \boldsymbol{\alpha}_2, \cdots, \boldsymbol{\alpha}_s$ 线性无关，则向量 $\boldsymbol{\beta}$ 可由 $\boldsymbol{\alpha}_1, \boldsymbol{\alpha}_2, \cdots, \boldsymbol{\alpha}_s$ 线性表示，且表示法唯一.

证明 先证 $\boldsymbol{\beta}$ 可由 $\boldsymbol{\alpha}_1, \boldsymbol{\alpha}_2, \cdots, \boldsymbol{\alpha}_s$ 线性表示.

因为 $\boldsymbol{\alpha}_1, \cdots, \boldsymbol{\alpha}_s, \boldsymbol{\beta}$ 线性相关，故存在一组不全为零的数 $k_1, \cdots, k_s, k$，使得

$$k_1\boldsymbol{\alpha}_1+\cdots+k_s\boldsymbol{\alpha}_s+k\boldsymbol{\beta}=\mathbf{0}$$

成立. 注意到 $\boldsymbol{\alpha}_1, \cdots, \boldsymbol{\alpha}_s$ 线性无关，易知 $k\neq 0$，所以

$$\boldsymbol{\beta}=\left(-\frac{k_1}{k}\right)\boldsymbol{\alpha}_1+\left(-\frac{k_2}{k}\right)\boldsymbol{\alpha}_2+\cdots+\left(-\frac{k_s}{k}\right)\boldsymbol{\alpha}_s.$$

再证表示法的唯一性. 若

$$\boldsymbol{\beta}=h_1\boldsymbol{\alpha}_1+\cdots+h_s\boldsymbol{\alpha}_s,\ \boldsymbol{\beta}=l_1\boldsymbol{\alpha}_1+\cdots+l_s\boldsymbol{\alpha}_s,$$

整理得

$$(h_1-l_1)\boldsymbol{\alpha}_1+\cdots+(h_s-l_s)\boldsymbol{\alpha}_s=\mathbf{0}.$$

由 $\boldsymbol{\alpha}_1, \boldsymbol{\alpha}_2, \cdots, \boldsymbol{\alpha}_s$ 线性无关，易知 $h_1=l_1, \cdots, h_s=l_s$，故表示法是唯一的. ■

例如，任意一向量 $\boldsymbol{\alpha}=(a_1, a_2, \cdots, a_n)^{\mathrm{T}}$ 可由单位向量 $\boldsymbol{\varepsilon}_1, \boldsymbol{\varepsilon}_2, \cdots, \boldsymbol{\varepsilon}_n$ 唯一地线性表示，即

$$\boldsymbol{\alpha}=a_1\boldsymbol{\varepsilon}_1+a_2\boldsymbol{\varepsilon}_2+\cdots+a_n\boldsymbol{\varepsilon}_n.$$

定理 5 设有两向量组

$$A: \boldsymbol{\alpha}_1, \boldsymbol{\alpha}_2, \cdots, \boldsymbol{\alpha}_s;\quad B: \boldsymbol{\beta}_1, \boldsymbol{\beta}_2, \cdots, \boldsymbol{\beta}_t,$$

向量组 $\boldsymbol{B}$ 能由向量组 $\boldsymbol{A}$ 线性表示，若 $s<t$，则向量组 $\boldsymbol{B}$ 线性相关.

证明　设

$$(\boldsymbol{\beta}_1,\boldsymbol{\beta}_2,\cdots,\boldsymbol{\beta}_t)=(\boldsymbol{\alpha}_1,\boldsymbol{\alpha}_2,\cdots,\boldsymbol{\alpha}_s)\begin{pmatrix} k_{11} & k_{12} & \cdots & k_{1t} \\ k_{21} & k_{22} & \cdots & k_{2t} \\ \vdots & \vdots & & \vdots \\ k_{s1} & k_{s2} & \cdots & k_{st} \end{pmatrix}, \tag{3.2}$$

欲证存在不全为零的数 $x_1, x_2, \cdots, x_t$ 使

$$x_1\boldsymbol{\beta}_1+x_2\boldsymbol{\beta}_2+\cdots+x_t\boldsymbol{\beta}_t=(\boldsymbol{\beta}_1,\boldsymbol{\beta}_2,\cdots,\boldsymbol{\beta}_t)\begin{pmatrix} x_1 \\ x_2 \\ \vdots \\ x_t \end{pmatrix}=\mathbf{0}, \tag{3.3}$$

将式(3.2)代入式(3.3)，并注意到 $s<t$，则知齐次线性方程组

$$\begin{pmatrix} k_{11} & k_{12} & \cdots & k_{1t} \\ k_{21} & k_{22} & \cdots & k_{2t} \\ \vdots & \vdots & & \vdots \\ k_{s1} & k_{s2} & \cdots & k_{st} \end{pmatrix}\begin{pmatrix} x_1 \\ x_2 \\ \vdots \\ x_t \end{pmatrix}=\mathbf{0}$$

有非零解，从而向量组 $\boldsymbol{B}$ 线性相关. ■

例如，从第68页定义6后的例子中，我们有

$$(\boldsymbol{\beta}_1,\boldsymbol{\beta}_2,\boldsymbol{\beta}_3,\boldsymbol{\beta}_4,\boldsymbol{\beta}_5)=(\boldsymbol{\alpha}_1,\boldsymbol{\alpha}_2,\boldsymbol{\alpha}_3,\boldsymbol{\alpha}_4)\begin{pmatrix} 1 & -1 & 1 & 1 & -1 \\ 1 & 1 & -1 & -1 & 1 \\ 1 & 1 & 1 & 0 & 1 \\ 1 & 1 & -1 & -1 & -1 \end{pmatrix},$$

这里，向量组 $\boldsymbol{\alpha}_1,\boldsymbol{\alpha}_2,\boldsymbol{\alpha}_3,\boldsymbol{\alpha}_4$ 的个数4小于向量组 $\boldsymbol{\beta}_1,\boldsymbol{\beta}_2,\boldsymbol{\beta}_3,\boldsymbol{\beta}_4,\boldsymbol{\beta}_5$ 的个数5，从而可根据定理5的结论，判定向量组 $\boldsymbol{\beta}_1,\boldsymbol{\beta}_2,\boldsymbol{\beta}_3,\boldsymbol{\beta}_4,\boldsymbol{\beta}_5$ 线性相关.

易得定理 5 的等价命题：

推论 5　设向量组 $\boldsymbol{B}$ 能由向量组 $\boldsymbol{A}$ 线性表示，若向量组 $\boldsymbol{B}$ 线性无关，则 $s\geq t$.

推论 6　设向量组 $\boldsymbol{A}$ 与 $\boldsymbol{B}$ 可以相互线性表示，若 $\boldsymbol{A}$ 与 $\boldsymbol{B}$ 都是线性无关的，则 $s=t$.

证明　向量组 $\boldsymbol{A}$ 线性无关且可由 $\boldsymbol{B}$ 线性表示，则 $s\leq t$；向量组 $\boldsymbol{B}$ 线性无关且可由 $\boldsymbol{A}$ 线性表示，则 $s\geq t$. 故有 $s=t$. ■

例 3　设向量组 $\boldsymbol{\alpha}_1, \boldsymbol{\alpha}_2, \boldsymbol{\alpha}_3$ 线性相关，向量组 $\boldsymbol{\alpha}_2, \boldsymbol{\alpha}_3, \boldsymbol{\alpha}_4$ 线性无关，证明：

(1) $\boldsymbol{\alpha}_1$ 能由 $\boldsymbol{\alpha}_2, \boldsymbol{\alpha}_3$ 线性表示；

(2) $\boldsymbol{\alpha}_4$ 不能由 $\boldsymbol{\alpha}_1, \boldsymbol{\alpha}_2, \boldsymbol{\alpha}_3$ 线性表示.

证明　(1) 因 $\boldsymbol{\alpha}_2,\boldsymbol{\alpha}_3,\boldsymbol{\alpha}_4$ 线性无关，由推论 4 知 $\boldsymbol{\alpha}_2,\boldsymbol{\alpha}_3$ 线性无关，而 $\boldsymbol{\alpha}_1,\boldsymbol{\alpha}_2,\boldsymbol{\alpha}_3$ 线性相关，由定理 4 知 $\boldsymbol{\alpha}_1$ 能由 $\boldsymbol{\alpha}_2, \boldsymbol{\alpha}_3$ 线性表示.

(2) 用反证法. 假设 $\boldsymbol{\alpha}_4$ 能由 $\boldsymbol{\alpha}_1, \boldsymbol{\alpha}_2, \boldsymbol{\alpha}_3$ 表示，而由 (1) 知 $\boldsymbol{\alpha}_1$ 能由 $\boldsymbol{\alpha}_2, \boldsymbol{\alpha}_3$ 表示，

因此 $\boldsymbol{\alpha}_4$ 能由 $\boldsymbol{\alpha}_2, \boldsymbol{\alpha}_3$ 线性表示，这与 $\boldsymbol{\alpha}_2, \boldsymbol{\alpha}_3, \boldsymbol{\alpha}_4$ 线性无关矛盾. ■

习题 3-3

1. 判定下列向量组是线性相关还是线性无关:

(1) $\boldsymbol{\alpha}_1=(1,0,-1)^{\mathrm{T}}$, $\boldsymbol{\alpha}_2=(-2,2,0)^{\mathrm{T}}$, $\boldsymbol{\alpha}_3=(3,-5,2)^{\mathrm{T}}$;

(2) $\boldsymbol{\alpha}_1=(1,1,3,1)^{\mathrm{T}}$, $\boldsymbol{\alpha}_2=(3,-1,2,4)^{\mathrm{T}}$, $\boldsymbol{\alpha}_3=(2,2,7,-1)^{\mathrm{T}}$;

(3) $\boldsymbol{\alpha}_1=(1,0,0,2,5)^{\mathrm{T}}$, $\boldsymbol{\alpha}_2=(0,1,0,3,4)^{\mathrm{T}}$, $\boldsymbol{\alpha}_3=(0,0,1,4,7)^{\mathrm{T}}$, $\boldsymbol{\alpha}_4=(2,-3,4,11,12)^{\mathrm{T}}$.

2. 求 a 取什么值时，下列向量组线性相关.

$$\boldsymbol{\alpha}_1=\begin{pmatrix}a\\1\\1\end{pmatrix},\ \boldsymbol{\alpha}_2=\begin{pmatrix}1\\a\\-1\end{pmatrix},\ \boldsymbol{\alpha}_3=\begin{pmatrix}1\\-1\\a\end{pmatrix}.$$

3. 设 $\boldsymbol{\alpha}_1, \boldsymbol{\alpha}_2$ 线性无关，$\boldsymbol{\alpha}_1+\boldsymbol{\beta}, \boldsymbol{\alpha}_2+\boldsymbol{\beta}$ 线性相关，求向量 $\boldsymbol{\beta}$ 由 $\boldsymbol{\alpha}_1, \boldsymbol{\alpha}_2$ 线性表示的表示式.

4. 已知向量组

$$\boldsymbol{\alpha}_1=(1,1,2,1)^{\mathrm{T}},\ \boldsymbol{\alpha}_2=(1,0,0,2)^{\mathrm{T}},\ \boldsymbol{\alpha}_3=(-1,-4,-8,k)^{\mathrm{T}}$$

线性相关，求 k.

5. 设向量组 $\boldsymbol{A}$: $\boldsymbol{\alpha}_1=(1,2,1,3)^{\mathrm{T}}$, $\boldsymbol{\alpha}_2=(4,-1,-5,-6)^{\mathrm{T}}$; 向量组 $\boldsymbol{B}$: $\boldsymbol{\beta}_1=(-1,3,4,7)^{\mathrm{T}}$, $\boldsymbol{\beta}_2=(2,-1,-3,-4)^{\mathrm{T}}$, 试证明: 向量组 $\boldsymbol{A}$ 与向量组 $\boldsymbol{B}$ 等价.

§3.4 向量组的秩

本节我们考察一向量组中拥有最大个数的线性无关向量的部分组——极大线性无关向量组，并由此引入向量组的秩的定义. 在此基础上，进一步讨论矩阵与其行向量组和列向量组间秩的相等关系，这个关系是我们处理线性方程组相关信息的一个强有力的工具.

一、极大线性无关向量组

定义1 设有向量组 $\boldsymbol{A}$: $\boldsymbol{\alpha}_1, \boldsymbol{\alpha}_2, \cdots, \boldsymbol{\alpha}_s$，若在向量组 $\boldsymbol{A}$ 中能选出 r 个向量 $\boldsymbol{\alpha}_{j_1}, \boldsymbol{\alpha}_{j_2}, \cdots, \boldsymbol{\alpha}_{j_r}$，满足

(1) 向量组 $\boldsymbol{A}_0$: $\boldsymbol{\alpha}_{j_1}, \boldsymbol{\alpha}_{j_2}, \cdots, \boldsymbol{\alpha}_{j_r}$ 线性无关，

(2) 向量组 $\boldsymbol{A}$ 中任意 $r+1$ 个向量(若存在的话)都线性相关，

则称向量组 $\boldsymbol{A}_0$ 是向量组 $\boldsymbol{A}$ 的一个**极大线性无关向量组**(简称为**极大无关组**).

注：向量组的极大无关组可能不止一个，但由§3.3 推论6 知，其向量的个数是相等的.

例如，二维向量组 $\boldsymbol{\alpha}_1=(0,1)^{\mathrm{T}}$, $\boldsymbol{\alpha}_2=(1,0)^{\mathrm{T}}$, $\boldsymbol{\alpha}_3=(1,1)^{\mathrm{T}}$, $\boldsymbol{\alpha}_4=(0,2)^{\mathrm{T}}$, 因为任何三个二维向量的向量组必定线性相关，又 $\boldsymbol{\alpha}_1,\boldsymbol{\alpha}_2$ 线性无关，故 $\boldsymbol{\alpha}_1,\boldsymbol{\alpha}_2$ 是该向量组的一个极大线性无关组．易知 $\boldsymbol{\alpha}_2,\boldsymbol{\alpha}_3$ 也是该向量组的极大线性无关组．

定理 1　如果 $\boldsymbol{\alpha}_{j_1},\boldsymbol{\alpha}_{j_2},\cdots,\boldsymbol{\alpha}_{j_r}$ 是 $\boldsymbol{\alpha}_1,\boldsymbol{\alpha}_2,\cdots,\boldsymbol{\alpha}_s$ 的线性无关部分组，它是极大无关组的充分必要条件是 $\boldsymbol{\alpha}_1,\boldsymbol{\alpha}_2,\cdots,\boldsymbol{\alpha}_s$ 中的每一个向量都可由 $\boldsymbol{\alpha}_{j_1},\boldsymbol{\alpha}_{j_2},\cdots,\boldsymbol{\alpha}_{j_r}$ 线性表示．

证明　必要性．若 $\boldsymbol{\alpha}_{j_1},\boldsymbol{\alpha}_{j_2},\cdots,\boldsymbol{\alpha}_{j_r}$ 是 $\boldsymbol{\alpha}_1,\boldsymbol{\alpha}_2,\cdots,\boldsymbol{\alpha}_s$ 的一个极大无关组，则当 j 是 $j_1, j_2,\cdots, j_r$ 中的数时，显然 $\boldsymbol{\alpha}_j$ 可由 $\boldsymbol{\alpha}_{j_1},\boldsymbol{\alpha}_{j_2},\cdots,\boldsymbol{\alpha}_{j_r}$ 线性表示；而当 j 不是 $j_1, j_2,\cdots, j_r$ 中的数时，$\boldsymbol{\alpha}_j,\boldsymbol{\alpha}_{j_1},\boldsymbol{\alpha}_{j_2},\cdots,\boldsymbol{\alpha}_{j_r}$ 线性相关，又 $\boldsymbol{\alpha}_{j_1},\boldsymbol{\alpha}_{j_2},\cdots,\boldsymbol{\alpha}_{j_r}$ 线性无关，由§3.3 定理 4 知，$\boldsymbol{\alpha}_j$ 可由 $\boldsymbol{\alpha}_{j_1},\boldsymbol{\alpha}_{j_2},\cdots,\boldsymbol{\alpha}_{j_r}$ 线性表示．

充分性．如果 $\boldsymbol{\alpha}_1,\boldsymbol{\alpha}_2,\cdots,\boldsymbol{\alpha}_s$ 可由 $\boldsymbol{\alpha}_{j_1},\boldsymbol{\alpha}_{j_2},\cdots,\boldsymbol{\alpha}_{j_r}$ 线性表示，则 $\boldsymbol{\alpha}_1,\boldsymbol{\alpha}_2,\cdots,\boldsymbol{\alpha}_s$ 中任何包含 $r+1\,(s>r)$ 个向量的部分组都线性相关，于是，$\boldsymbol{\alpha}_{j_1},\boldsymbol{\alpha}_{j_2},\cdots,\boldsymbol{\alpha}_{j_r}$ 是极大无关组．■

注：由定理 1 知，向量组与其极大线性无关组可相互线性表示，即向量组与其极大线性无关组等价．

***数学实验**

实验 3.2　试用计算软件求下列矩阵的列（或行）向量组的一个极大无关组．

$$
(1)\begin{pmatrix} 1 & 1 & -1 & 2 & 1 & 2 \\ 2 & 4 & 0 & 7 & 1 & 8 \\ 3 & 4 & -2 & 8 & 4 & 5 \\ 4 & 4 & -4 & 9 & 6 & 16 \\ 2 & 1 & -3 & 2 & 1 & 6 \\ 2 & 2 & -2 & 3 & 0 & -4 \end{pmatrix},\qquad
(2)\begin{pmatrix} 6 & 4 & 4 & -2 & -2 & 5 \\ -1 & 2 & -6 & 2 & 3 & 1 \\ 7 & 6 & 2 & -2 & -1 & 7 \\ 4 & 4 & 0 & 1 & 0 & 4 \\ 2 & 3 & -2 & 0 & 1 & 3 \\ -5 & -4 & -2 & 1 & 1 & -5 \end{pmatrix}.
$$

计算实验

微信扫描右侧相应的二维码即可进行矩阵变换实验（详见教材配套的网络学习空间）．

二、向量组的秩

定义 2　向量组 $\boldsymbol{\alpha}_1,\boldsymbol{\alpha}_2,\cdots,\boldsymbol{\alpha}_s$ 的极大无关组所含向量的个数称为该向量组的**秩**，记为 $\mathrm{r}(\boldsymbol{\alpha}_1,\boldsymbol{\alpha}_2,\cdots,\boldsymbol{\alpha}_s)$．

规定：由零向量组成的向量组的秩为 0．

例如，前面已经讨论过，二维向量组

$$\boldsymbol{\alpha}_1=(0,1)^{\mathrm{T}},\quad \boldsymbol{\alpha}_2=(1,0)^{\mathrm{T}},\quad \boldsymbol{\alpha}_3=(1,1)^{\mathrm{T}},\ \boldsymbol{\alpha}_4=(0,2)^{\mathrm{T}}$$

的极大无关组的向量的个数为 2，故 $\mathrm{r}(\boldsymbol{\alpha}_1,\boldsymbol{\alpha}_2,\boldsymbol{\alpha}_3,\boldsymbol{\alpha}_4)=2$．

三、矩阵与向量组秩的关系

定理 2　设 $\boldsymbol{A}$ 为 $m\times n$ 矩阵，则矩阵 $\boldsymbol{A}$ 的秩等于它的列向量组的秩，也等于它的行向量组的秩．

证明 设$A=(\alpha_1, \alpha_2, \cdots, \alpha_n)$, $r(A)=s$，则由矩阵的秩的定义知，存在A的s阶子式$D_s\neq 0$. 从而D_s所在的s个列向量线性无关；又A中所有$s+1$阶子式$D_{s+1}=0$，故A中的任意$s+1$个列向量都线性相关. 因此，D_s所在的s列是A的列向量组的一个极大无关组，所以列向量组的秩等于s.

同理可证，矩阵A的行向量组的秩也等于s. ■

推论 1 矩阵A的行向量组的秩与列向量组的秩相等.

由定理 2 证明知，若D_s是矩阵A的一个最高阶非零子式，则D_s所在的s列就是A的列向量组的一个极大无关组；D_s所在的s行即为A的行向量组的一个极大无关组.

注：可以证明：若对矩阵A仅施以初等行变换得矩阵B，则B的列向量组与A的列向量组间有相同的线性关系，即行的初等变换保持了列向量间的线性无关性和线性相关性. 它提供了**求极大无关组的方法**：

以向量组中各向量为列向量组成矩阵后，只作初等行变换将该矩阵化为行阶梯形矩阵，则可直接写出所求向量组的极大无关组.

同理，也可以向量组中各向量为行向量组成矩阵，通过作初等列变换来求向量组的极大无关组.

例 1 全体n维向量构成的向量组记作R^n，求R^n的一个极大无关组及R^n的秩.

解 因为n维单位坐标向量构成的向量组E：$\varepsilon_1, \varepsilon_2, \cdots, \varepsilon_n$是线性无关的，又知$R^n$中的任意$n+1$个向量都线性相关，因此，向量组$E$是$R^n$的一个极大无关组，且$R^n$的秩等于$n$. ■

例 2 设矩阵$A=\begin{pmatrix} 2 & -1 & -1 & 1 & 2 \\ 1 & 1 & -2 & 1 & 4 \\ 4 & -6 & 2 & -2 & 4 \\ 3 & 6 & -9 & 7 & 9 \end{pmatrix}$，求矩阵$A$的列向量组的一个极大无关组，并把不属于极大无关组的列向量用极大无关组线性表示.

解 对A施行初等行变换化为行阶梯形矩阵：

$$A\to\begin{pmatrix} 1 & 1 & -2 & 1 & 4 \\ 0 & 1 & -1 & 1 & 0 \\ 0 & 0 & 0 & 1 & -3 \\ 0 & 0 & 0 & 0 & 0 \end{pmatrix}\to\begin{pmatrix} 1 & 0 & -1 & 0 & 4 \\ 0 & 1 & -1 & 0 & 3 \\ 0 & 0 & 0 & 1 & -3 \\ 0 & 0 & 0 & 0 & 0 \end{pmatrix}.$$

知$r(A)=3$，故列向量组的极大无关组含 3 个向量. 而三个非零行的非零首元在第 1, 2, 4 列，故$\alpha_1, \alpha_2, \alpha_4$为列向量组的一个极大无关组.

从而$r(\alpha_1, \alpha_2, \alpha_4)=3$，故$\alpha_1, \alpha_2, \alpha_4$线性无关. 由$A$的行最简形矩阵，有

$$\alpha_3=-\alpha_1-\alpha_2,$$
$$\alpha_5=4\alpha_1+3\alpha_2-3\alpha_4.$$
■

例 3 求向量组

$$\boldsymbol{\alpha}_1=(1,\ 2,\ -1,1)^{\mathrm{T}},\qquad \boldsymbol{\alpha}_2=(2,\ 0,\ t,0)^{\mathrm{T}},$$
$$\boldsymbol{\alpha}_3=(0,\ -4,\ 5,\ -2)^{\mathrm{T}},\qquad \boldsymbol{\alpha}_4=(3,\ -2,\ t+4,\ -1)^{\mathrm{T}}$$

的秩和一个极大无关组.

解 向量的分量中含参数 t，向量组的秩和极大无关组与 t 的取值有关. 对下列矩阵作初等行变换：

$$(\boldsymbol{\alpha}_1\ \boldsymbol{\alpha}_2\ \boldsymbol{\alpha}_3\ \boldsymbol{\alpha}_4)=\begin{pmatrix}1&2&0&3\\2&0&-4&-2\\-1&t&5&t+4\\1&0&-2&-1\end{pmatrix}$$
$$\to\begin{pmatrix}1&2&0&3\\0&-4&-4&-8\\0&t+2&5&t+7\\0&-2&-2&-4\end{pmatrix}\to\begin{pmatrix}1&2&0&3\\0&1&1&2\\0&0&3-t&3-t\\0&0&0&0\end{pmatrix}.$$

显然，$\boldsymbol{\alpha}_1,\boldsymbol{\alpha}_2$ 线性无关，且

(1) $t=3$ 时，$\mathrm{r}(\boldsymbol{\alpha}_1,\boldsymbol{\alpha}_2,\boldsymbol{\alpha}_3,\boldsymbol{\alpha}_4)=2$，$\boldsymbol{\alpha}_1,\boldsymbol{\alpha}_2$ 是极大无关组；

(2) $t\neq 3$ 时，$\mathrm{r}(\boldsymbol{\alpha}_1,\boldsymbol{\alpha}_2,\boldsymbol{\alpha}_3,\boldsymbol{\alpha}_4)=3$，$\boldsymbol{\alpha}_1,\boldsymbol{\alpha}_2,\boldsymbol{\alpha}_3$ 是极大无关组. ■

定理 3 若向量组 $\boldsymbol{B}$ 能由向量组 $\boldsymbol{A}$ 线性表示，则 $\mathrm{r}(\boldsymbol{B})\leq \mathrm{r}(\boldsymbol{A})$.

证明 略. ■

由向量组等价的定义及定理 3 立即可得到：

推论 2 等价的向量组的秩相等.

推论 3 设向量组 $\boldsymbol{B}$ 是向量组 $\boldsymbol{A}$ 的部分组，若向量组 $\boldsymbol{B}$ 线性无关，且向量组 $\boldsymbol{A}$ 能由向量组 $\boldsymbol{B}$ 线性表示，则向量组 $\boldsymbol{B}$ 是向量组 $\boldsymbol{A}$ 的一个极大无关组.

证明 设向量组 $\boldsymbol{B}$ 含有 s 个向量，则它的秩为 s，因向量组 $\boldsymbol{A}$ 能由向量组 $\boldsymbol{B}$ 线性表示，故 $\mathrm{r}(\boldsymbol{A})\leq s$，从而向量组 $\boldsymbol{A}$ 中任意 $s+1$ 个向量线性相关，所以向量组 $\boldsymbol{B}$ 是向量组 $\boldsymbol{A}$ 的一个极大无关组. ■

习题 3-4

1. 求下列向量组的秩，并求一个极大无关组.

(1) $\boldsymbol{\alpha}_1=\begin{pmatrix}1\\2\\-1\\4\end{pmatrix},\ \boldsymbol{\alpha}_2=\begin{pmatrix}9\\100\\10\\4\end{pmatrix},\ \boldsymbol{\alpha}_3=\begin{pmatrix}-2\\-4\\2\\-8\end{pmatrix}$；

(2) $\boldsymbol{\alpha}_1^{\mathrm{T}}=(1,2,1,3)$，$\boldsymbol{\alpha}_2^{\mathrm{T}}=(4,-1,-5,-6)$，$\boldsymbol{\alpha}_3^{\mathrm{T}}=(1,-3,-4,-7)$.

2. 求下列向量组的一个极大无关组，并将其余向量用此极大无关组线性表示.

(1) $\boldsymbol{\alpha}_1=(1,1,1)^{\mathrm{T}}$, $\boldsymbol{\alpha}_2=(1,1,0)^{\mathrm{T}}$, $\boldsymbol{\alpha}_3=(1,0,0)^{\mathrm{T}}$, $\boldsymbol{\alpha}_4=(1,2,-3)^{\mathrm{T}}$;

(2) $\boldsymbol{\alpha}_1=(2,1,1,1)^{\mathrm{T}}$, $\boldsymbol{\alpha}_2=(-1,1,7,10)^{\mathrm{T}}$, $\boldsymbol{\alpha}_3=(3,1,-1,-2)^{\mathrm{T}}$, $\boldsymbol{\alpha}_4=(8,5,9,11)^{\mathrm{T}}$.

3. 求下列矩阵的列向量组的一个极大无关组.

(1) $\begin{pmatrix}1&1&0\\2&0&4\\2&3&-2\end{pmatrix}$; (2) $\begin{pmatrix}25&31&17&43\\75&94&53&132\\75&94&54&134\\25&32&20&48\end{pmatrix}$; (3) $\begin{pmatrix}1&1&2&2&1\\0&2&1&5&-1\\2&0&3&-1&3\\1&1&0&4&-1\end{pmatrix}$.

4. 设向量组

$$\boldsymbol{\alpha}_1=\begin{pmatrix}a\\3\\1\end{pmatrix},\ \boldsymbol{\alpha}_2=\begin{pmatrix}2\\b\\3\end{pmatrix},\ \boldsymbol{\alpha}_3=\begin{pmatrix}1\\2\\1\end{pmatrix},\ \boldsymbol{\alpha}_4=\begin{pmatrix}2\\3\\1\end{pmatrix}$$

的秩为 2，求 a 和 b.

5. 已知向量组

$$\boldsymbol{A}: \boldsymbol{\alpha}_1=\begin{pmatrix}0\\1\\1\end{pmatrix}, \boldsymbol{\alpha}_2=\begin{pmatrix}1\\1\\0\end{pmatrix};\quad \boldsymbol{B}: \boldsymbol{\beta}_1=\begin{pmatrix}-1\\0\\1\end{pmatrix}, \boldsymbol{\beta}_2=\begin{pmatrix}1\\2\\1\end{pmatrix}, \boldsymbol{\beta}_3=\begin{pmatrix}3\\2\\-1\end{pmatrix}.$$

证明向量组 $\boldsymbol{A}$ 与向量组 $\boldsymbol{B}$ 等价.

6. 设 $\boldsymbol{\alpha}_1,\boldsymbol{\alpha}_2,\cdots,\boldsymbol{\alpha}_n$ 是一组 n 维向量，已知 n 维单位向量组 $\boldsymbol{\varepsilon}_1,\boldsymbol{\varepsilon}_2,\cdots,\boldsymbol{\varepsilon}_n$ 能由它们线性表示，证明 $\boldsymbol{\alpha}_1,\boldsymbol{\alpha}_2,\cdots,\boldsymbol{\alpha}_n$ 线性无关.

§3.5 线性方程组解的结构

一、齐次线性方程组解的结构

设有齐次线性方程组

$$\begin{cases}a_{11}x_1+a_{12}x_2+\cdots+a_{1n}x_n=0\\a_{21}x_1+a_{22}x_2+\cdots+a_{2n}x_n=0\\\quad\cdots\cdots\\a_{m1}x_1+a_{m2}x_2+\cdots+a_{mn}x_n=0\end{cases}, \tag{5.1}$$

若记

$$\boldsymbol{A}=\begin{pmatrix}a_{11}&a_{12}&\cdots&a_{1n}\\a_{21}&a_{22}&\cdots&a_{2n}\\\vdots&\vdots&&\vdots\\a_{m1}&a_{m2}&\cdots&a_{mn}\end{pmatrix},\quad \boldsymbol{x}=\begin{pmatrix}x_1\\x_2\\\vdots\\x_n\end{pmatrix},$$

则方程组 (5.1) 可改写为向量方程

$$\boldsymbol{Ax}=\boldsymbol{0}, \tag{5.2}$$

称矩阵方程 (5.2) 的解 $\boldsymbol{x}=\begin{pmatrix}x_1\\x_2\\\vdots\\x_n\end{pmatrix}$ 为方程组 (5.1) 的**解向量**.

齐次线性方程组的解具有如下性质:

性质 1 若 $\boldsymbol{\xi}_1, \boldsymbol{\xi}_2$ 为方程组 (5.2) 的解，则 $\boldsymbol{\xi}_1+\boldsymbol{\xi}_2$ 也是该方程的解.

证明 因为 $\boldsymbol{\xi}_1, \boldsymbol{\xi}_2$ 是方程组 (5.2) 的解，所以 $\boldsymbol{A\xi}_1=\boldsymbol{0}$, $\boldsymbol{A\xi}_2=\boldsymbol{0}$. 两式相加得

$$\boldsymbol{A}(\boldsymbol{\xi}_1+\boldsymbol{\xi}_2)=\boldsymbol{0},$$

即 $\boldsymbol{\xi}_1+\boldsymbol{\xi}_2$ 是方程组 (5.2) 的解. ■

性质 2 若 $\boldsymbol{\xi}_1$ 为方程组 (5.2) 的解，k 为实数，则 $k\boldsymbol{\xi}_1$ 也是方程组 (5.2) 的解.

证明 $\boldsymbol{\xi}_1$ 是方程组 (5.2) 的解，所以

$$\boldsymbol{A\xi}_1=\boldsymbol{0},\ \boldsymbol{A}(k\boldsymbol{\xi}_1)=k\boldsymbol{A\xi}_1=k\cdot\boldsymbol{0}=\boldsymbol{0},$$

即 $k\boldsymbol{\xi}_1$ 是方程组 (5.2) 的解. ■

根据上述性质，容易推出：若 $\boldsymbol{\xi}_1, \boldsymbol{\xi}_2, \cdots, \boldsymbol{\xi}_s$ 是线性方程组 (5.2) 的解，$k_1, k_2, \cdots, k_s$ 为任意实数，则线性组合 $k_1\boldsymbol{\xi}_1+k_2\boldsymbol{\xi}_2+\cdots+k_s\boldsymbol{\xi}_s$ 也是方程组 (5.2) 的解.

注: 齐次线性方程组若有非零解，则它有无穷多解.

定义 1 若齐次线性方程组 $\boldsymbol{Ax}=\boldsymbol{0}$ 的有限个解 $\boldsymbol{\eta}_1, \boldsymbol{\eta}_2, \cdots, \boldsymbol{\eta}_t$ 满足:

(1) $\boldsymbol{\eta}_1, \boldsymbol{\eta}_2, \cdots, \boldsymbol{\eta}_t$ 线性无关，

(2) $\boldsymbol{Ax}=\boldsymbol{0}$ 的任意一个解均可由 $\boldsymbol{\eta}_1, \boldsymbol{\eta}_2, \cdots, \boldsymbol{\eta}_t$ 线性表示，

则称 $\boldsymbol{\eta}_1, \boldsymbol{\eta}_2, \cdots, \boldsymbol{\eta}_t$ 是齐次线性方程组 $\boldsymbol{Ax}=\boldsymbol{0}$ 的一个**基础解系**.

当一个齐次线性方程组只有零解时，该方程组没有基础解系；而当一个齐次线性方程组有非零解时，是否一定有基础解系呢？这个答案是肯定的，事实上，我们可以证明下列定理:

定理 1 对于齐次线性方程组 $\boldsymbol{Ax}=\boldsymbol{0}$，若 $\mathrm{r}(\boldsymbol{A})=r<n$，则该方程组的基础解系一定存在，且每个基础解系中所含解向量的个数均等于 $n-r$，其中 n 是方程组所含未知量的个数.

由 §3.4 的定义 1 知，当 $\mathrm{r}(\boldsymbol{A})=r<n$ 时，方程组 $\boldsymbol{Ax}=\boldsymbol{0}$ 的基础解系 $\boldsymbol{\eta}_1, \boldsymbol{\eta}_2, \cdots, \boldsymbol{\eta}_{n-r}$ 就是其全部解向量的一个极大无关组，故方程组的任一解 $\boldsymbol{x}$ 均可表示为

$$\boldsymbol{x}=c_1\boldsymbol{\eta}_1+c_2\boldsymbol{\eta}_2+\cdots+c_{n-r}\boldsymbol{\eta}_{n-r}, \tag{5.3}$$

其中 $c_1, c_2, \cdots, c_{n-r}$ 为任意实数. 而表达式 (5.3) 称为线性方程组 $\boldsymbol{Ax}=\boldsymbol{0}$ 的**通解**.

综上所述，求一方程组的通解的关键在于求得该方程组的一个基础解系，下面给出求齐次线性方程组 $\boldsymbol{Ax}=\boldsymbol{0}$ 的基础解系的方法.

设 $\mathrm{r}(\boldsymbol{A})=r<n$，对矩阵 $\boldsymbol{A}$ 施以初等行变换，化为如下形式:

$$\boldsymbol{B}=\begin{pmatrix} 1 & 0 & \cdots & 0 & b_{11} & b_{12} & \cdots & b_{1,n-r} \\ 0 & 1 & \cdots & 0 & b_{21} & b_{22} & \cdots & b_{2,n-r} \\ \vdots & \vdots & & \vdots & \vdots & \vdots & & \vdots \\ 0 & 0 & \cdots & 1 & b_{r1} & b_{r2} & \cdots & b_{r,n-r} \\ 0 & 0 & \cdots & 0 & 0 & 0 & \cdots & 0 \\ \vdots & \vdots & & \vdots & \vdots & \vdots & & \vdots \\ 0 & 0 & \cdots & 0 & 0 & 0 & \cdots & 0 \end{pmatrix},$$

写出齐次线性方程组 $\boldsymbol{Ax}=\boldsymbol{0}$ 的同解方程组:

$$\begin{cases} x_1=-b_{11}x_{r+1}-b_{12}x_{r+2}-\cdots-b_{1,n-r}x_n \\ x_2=-b_{21}x_{r+1}-b_{22}x_{r+2}-\cdots-b_{2,n-r}x_n \\ \cdots\cdots \\ x_r=-b_{r1}x_{r+1}-b_{r2}x_{r+2}-\cdots-b_{r,n-r}x_n \end{cases}, \tag{5.4}$$

其中 $x_{r+1}, x_{r+2}, \cdots, x_n$ 是自由未知量. 分别取

$$\begin{pmatrix} x_{r+1} \\ x_{r+2} \\ \vdots \\ x_n \end{pmatrix}=\begin{pmatrix} 1 \\ 0 \\ \vdots \\ 0 \end{pmatrix}, \begin{pmatrix} 0 \\ 1 \\ \vdots \\ 0 \end{pmatrix}, \cdots, \begin{pmatrix} 0 \\ 0 \\ \vdots \\ 1 \end{pmatrix}$$

代入式 (5.4), 即可得到方程组 $\boldsymbol{Ax}=\boldsymbol{0}$ 的一个基础解系 $\boldsymbol{\eta}_1, \boldsymbol{\eta}_2, \cdots, \boldsymbol{\eta}_{n-r}$.

例 1 求齐次线性方程组

$$\begin{cases} x_1+x_2-x_3-x_4=0 \\ 2x_1-5x_2+3x_3+2x_4=0 \\ 7x_1-7x_2+3x_3+x_4=0 \end{cases}$$

的基础解系与通解.

解 对系数矩阵 $\boldsymbol{A}$ 作初等行变换, 化为行最简形矩阵, 有

$$\boldsymbol{A}=\begin{pmatrix} 1 & 1 & -1 & -1 \\ 2 & -5 & 3 & 2 \\ 7 & -7 & 3 & 1 \end{pmatrix} \xrightarrow[r_3-7r_1]{r_2-2r_1} \begin{pmatrix} 1 & 1 & -1 & -1 \\ 0 & -7 & 5 & 4 \\ 0 & -14 & 10 & 8 \end{pmatrix} \xrightarrow{r_3-2r_2} \begin{pmatrix} 1 & 1 & -1 & -1 \\ 0 & -7 & 5 & 4 \\ 0 & 0 & 0 & 0 \end{pmatrix}$$

$$\xrightarrow{r_2\div(-7)} \begin{pmatrix} 1 & 1 & -1 & -1 \\ 0 & 1 & -5/7 & -4/7 \\ 0 & 0 & 0 & 0 \end{pmatrix} \xrightarrow{r_1-r_2} \begin{pmatrix} 1 & 0 & -2/7 & -3/7 \\ 0 & 1 & -5/7 & -4/7 \\ 0 & 0 & 0 & 0 \end{pmatrix},$$

可得题设方程组的通解方程组

$$\begin{cases} x_1=\dfrac{2}{7}x_3+\dfrac{3}{7}x_4 \\ x_2=\dfrac{5}{7}x_3+\dfrac{4}{7}x_4 \end{cases}. \tag{$*$}$$

令 $\begin{pmatrix} x_3 \\ x_4 \end{pmatrix}=\begin{pmatrix} 1 \\ 0 \end{pmatrix}$ 及 $\begin{pmatrix} 0 \\ 1 \end{pmatrix}$, 则对应有 $\begin{pmatrix} x_1 \\ x_2 \end{pmatrix}=\begin{pmatrix} 2/7 \\ 5/7 \end{pmatrix}$ 及 $\begin{pmatrix} 3/7 \\ 4/7 \end{pmatrix}$, 即得所求基础解系

$$\boldsymbol{\eta}_1=\begin{pmatrix} 2/7 \\ 5/7 \\ 1 \\ 0 \end{pmatrix}, \quad \boldsymbol{\eta}_2=\begin{pmatrix} 3/7 \\ 4/7 \\ 0 \\ 1 \end{pmatrix},$$

由此可写出所求通解

$$\begin{pmatrix} x_1 \\ x_2 \\ x_3 \\ x_4 \end{pmatrix} = c_1 \begin{pmatrix} 2/7 \\ 5/7 \\ 1 \\ 0 \end{pmatrix} + c_2 \begin{pmatrix} 3/7 \\ 4/7 \\ 0 \\ 1 \end{pmatrix} \quad (c_1, c_2 \in \mathbf{R}).$$ ■

注：在§3.1中，线性方程组的解法是从式(*)直接写出方程组的全部解(通解)．实际上可从式(*)先取基础解系，再写出通解，两种解法没有多少区别．

例2　用基础解系表示如下线性方程组的通解．

$$\begin{cases} x_1 + x_2 + x_3 + 4x_4 - 3x_5 = 0 \\ x_1 - x_2 + 3x_3 - 2x_4 - x_5 = 0 \\ 2x_1 + x_2 + 3x_3 + 5x_4 - 5x_5 = 0 \\ 3x_1 + x_2 + 5x_3 + 6x_4 - 7x_5 = 0 \end{cases}.$$

解　$m=4,\ n=5,\ m<n$，因此，所给方程组有无穷多解．

$$\boldsymbol{A} = \begin{pmatrix} 1 & 1 & 1 & 4 & -3 \\ 1 & -1 & 3 & -2 & -1 \\ 2 & 1 & 3 & 5 & -5 \\ 3 & 1 & 5 & 6 & -7 \end{pmatrix} \to \begin{pmatrix} 1 & 1 & 1 & 4 & -3 \\ 0 & -2 & 2 & -6 & 2 \\ 0 & -1 & 1 & -3 & 1 \\ 0 & -2 & 2 & -6 & 2 \end{pmatrix} \to \begin{pmatrix} 1 & 0 & 2 & 1 & -2 \\ 0 & 1 & -1 & 3 & -1 \\ 0 & 0 & 0 & 0 & 0 \\ 0 & 0 & 0 & 0 & 0 \end{pmatrix},$$

即原方程组与下面的方程组同解：

$$\begin{cases} x_1 = -2x_3 - x_4 + 2x_5 \\ x_2 = x_3 - 3x_4 + x_5 \end{cases}，\text{其中 } x_3,\ x_4,\ x_5 \text{ 为自由未知量}.$$

令自由未知量 $\begin{pmatrix} x_3 \\ x_4 \\ x_5 \end{pmatrix}$ 取值 $\begin{pmatrix} 1 \\ 0 \\ 0 \end{pmatrix}, \begin{pmatrix} 0 \\ 1 \\ 0 \end{pmatrix}, \begin{pmatrix} 0 \\ 0 \\ 1 \end{pmatrix}$，分别得方程组的解为

$$\boldsymbol{\eta}_1 = (-2, 1, 1, 0, 0)^{\mathrm{T}},\ \boldsymbol{\eta}_2 = (-1, -3, 0, 1, 0)^{\mathrm{T}},\ \boldsymbol{\eta}_3 = (2, 1, 0, 0, 1)^{\mathrm{T}},$$

$\boldsymbol{\eta}_1, \boldsymbol{\eta}_2, \boldsymbol{\eta}_3$ 就是所给方程组的一个基础解系．因此，方程组的通解为

$$\boldsymbol{\eta} = c_1\boldsymbol{\eta}_1 + c_2\boldsymbol{\eta}_2 + c_3\boldsymbol{\eta}_3 \quad (c_1, c_2, c_3 \text{ 为任意常数}).$$ ■

***数学实验**

实验 3.3　求下列齐次线性方程组的通解(详见教材配套的网络学习空间)：

$$(1) \begin{cases} 2x_1 + 6x_2 + 16x_3 + 16x_4 + 64x_5 + 4x_6 = 0 \\ 2x_1 + 4x_2 + 8x_3 + 17x_4 + 41x_5 + 12x_6 = 0 \\ 6x_1 + 4x_2 - 13x_3 + 44x_4 - 5x_5 + 71x_6 = 0 \\ 8x_1 + 42x_2 + 126x_3 + 40x_4 + 398x_5 - 36x_6 = 0 \\ 5x_1 + 37x_2 + 113x_3 - 11x_4 + 298x_5 - 83x_6 = 0 \\ -5x_1 - 41x_2 - 129x_3 - 11x_4 - 368x_5 + 51x_6 = 0 \end{cases};$$

$$
(2)\begin{cases}
2x_1+6x_2+12x_3+14x_4+38x_5+170x_6=0\\
-3x_1-9x_2-14x_3-13x_4-45x_5-188x_6=0\\
5x_1+15x_2-3x_3-31x_4-4x_5-112x_6=0\\
7x_1+21x_2+68x_3+101x_4+211x_5+1\,047x_6=0\\
x_1+3x_2+35x_3+65x_4+106x_5+631x_6=0\\
3x_1+9x_2+7x_3-x_4+24x_5+50x_6=0
\end{cases};
$$

$$
(3)\begin{cases}
10x_1+6x_2+37x_3+11x_4-35x_5+28x_6=0\\
-2x_1-2x_2-10x_3+3x_4+3x_5+4x_6=0\\
5x_1-4x_2+2x_3+46x_4-50x_5+88x_6=0\\
9x_1+36x_2+89x_3-147x_4+101x_5-258x_6=0\\
21x_1+82x_2+202x_3-347x_4+234x_5-612x_6=0
\end{cases}.
$$

计算实验

二、非齐次线性方程组解的结构

设有非齐次线性方程组

$$
\begin{cases}
a_{11}x_1+a_{12}x_2+\cdots+a_{1n}x_n=b_1\\
a_{21}x_1+a_{22}x_2+\cdots+a_{2n}x_n=b_2\\
\quad\cdots\cdots\\
a_{m1}x_1+a_{m2}x_2+\cdots+a_{mn}x_n=b_m
\end{cases}, \tag{5.5}
$$

它也可写作向量方程

$$\boldsymbol{Ax}=\boldsymbol{b}, \tag{5.6}$$

称 $\boldsymbol{Ax}=\boldsymbol{0}$ 为 $\boldsymbol{Ax}=\boldsymbol{b}$ **对应的齐次线性方程组**(也称为**导出组**).

性质 3 设 $\boldsymbol{\eta}_1,\boldsymbol{\eta}_2$ 是非齐次线性方程组 $\boldsymbol{Ax}=\boldsymbol{b}$ 的解，则 $\boldsymbol{\eta}_1-\boldsymbol{\eta}_2$ 是对应的齐次线性方程组 $\boldsymbol{Ax}=\boldsymbol{0}$ 的解.

证明 $$\boldsymbol{A}(\boldsymbol{\eta}_1-\boldsymbol{\eta}_2)=\boldsymbol{A\eta}_1-\boldsymbol{A\eta}_2=\boldsymbol{b}-\boldsymbol{b}=\boldsymbol{0},$$

即 $\boldsymbol{\eta}_1-\boldsymbol{\eta}_2$ 为对应的齐次线性方程组 $\boldsymbol{Ax}=\boldsymbol{0}$ 的解. ■

性质 4 设 $\boldsymbol{\eta}$ 是非齐次线性方程组 $\boldsymbol{Ax}=\boldsymbol{b}$ 的解，$\boldsymbol{\xi}$ 为对应的齐次线性方程组 $\boldsymbol{Ax}=\boldsymbol{0}$ 的解，则 $\boldsymbol{\xi}+\boldsymbol{\eta}$ 为非齐次线性方程组 $\boldsymbol{Ax}=\boldsymbol{b}$ 的解.

证明 $$\boldsymbol{A}(\boldsymbol{\xi}+\boldsymbol{\eta})=\boldsymbol{A\xi}+\boldsymbol{A\eta}=\boldsymbol{0}+\boldsymbol{b}=\boldsymbol{b},$$

即 $\boldsymbol{\xi}+\boldsymbol{\eta}$ 是非齐次线性方程组 $\boldsymbol{Ax}=\boldsymbol{b}$ 的解. ■

定理 2 设 $\boldsymbol{\eta}^*$ 是非齐次线性方程组 $\boldsymbol{Ax}=\boldsymbol{b}$ 的一个解，$\boldsymbol{\xi}$ 是对应的齐次线性方程组 $\boldsymbol{Ax}=\boldsymbol{0}$ 的通解，则 $\boldsymbol{x}=\boldsymbol{\xi}+\boldsymbol{\eta}^*$ 是非齐次线性方程组 $\boldsymbol{Ax}=\boldsymbol{b}$ 的通解.

证明 根据非齐次线性方程组解的性质，只需证明非齐次线性方程组的任一解 $\boldsymbol{\eta}$ 一定能表示为 $\boldsymbol{\eta}^*$ 与 $\boldsymbol{Ax}=\boldsymbol{0}$ 的某一解 $\boldsymbol{\xi}_1$ 的和. 为此取 $\boldsymbol{\xi}_1=\boldsymbol{\eta}-\boldsymbol{\eta}^*$. 由性质 3 知，$\boldsymbol{\xi}_1$ 是 $\boldsymbol{Ax}=\boldsymbol{0}$ 的一个解，故

$$\boldsymbol{\eta}=\boldsymbol{\xi}_1+\boldsymbol{\eta}^*,$$

即非齐次线性方程组的任一解都能表示为该方程组的一个解 $\boldsymbol{\eta}^*$ 与其对应的齐次线性方程组某一个解的和. ■

注：设 $\boldsymbol{\xi}_1, \cdots, \boldsymbol{\xi}_{n-r}$ 是 $\boldsymbol{Ax}=\boldsymbol{0}$ 的基础解系，$\boldsymbol{\eta}^*$ 是 $\boldsymbol{Ax}=\boldsymbol{b}$ 的一个解，则非齐次线性方程组 $\boldsymbol{Ax}=\boldsymbol{b}$ 的通解可表示为

$$\boldsymbol{x}=c_1\boldsymbol{\xi}_1+c_2\boldsymbol{\xi}_2+\cdots+c_{n-r}\boldsymbol{\xi}_{n-r}+\boldsymbol{\eta}^*,$$

其中 $c_1, c_2, \cdots, c_{n-r}\in\mathbf{R}$.

综合前述讨论，设有非齐次线性方程组 $\boldsymbol{Ax}=\boldsymbol{b}$，而 $\boldsymbol{\alpha}_1, \boldsymbol{\alpha}_2, \cdots, \boldsymbol{\alpha}_n$ 是系数矩阵 $\boldsymbol{A}$ 的列向量组，则下列四个命题等价：

① 非齐次线性方程组 $\boldsymbol{Ax}=\boldsymbol{b}$ 有解；

② 向量 $\boldsymbol{b}$ 能由向量组 $\boldsymbol{\alpha}_1, \boldsymbol{\alpha}_2, \cdots, \boldsymbol{\alpha}_n$ 线性表示；

③ 向量组 $\boldsymbol{\alpha}_1, \boldsymbol{\alpha}_2, \cdots, \boldsymbol{\alpha}_n$ 与向量组 $\boldsymbol{\alpha}_1, \boldsymbol{\alpha}_2, \cdots, \boldsymbol{\alpha}_n, \boldsymbol{b}$ 等价；

④ $\mathrm{r}(\boldsymbol{A})=\mathrm{r}(\boldsymbol{A}\ \boldsymbol{b})$.

例 3　求下列方程组的通解：

$$\begin{cases} x_1+x_2+x_3+x_4+x_5=7 \\ 3x_1+x_2+2x_3+x_4-3x_5=-2 \\ 2x_2+x_3+2x_4+6x_5=23 \end{cases}.$$

解　$$\widetilde{A}=\begin{pmatrix} 1 & 1 & 1 & 1 & 1 & 7 \\ 3 & 1 & 2 & 1 & -3 & -2 \\ 0 & 2 & 1 & 2 & 6 & 23 \end{pmatrix}\to\begin{pmatrix} 1 & 0 & 1/2 & 0 & -2 & -9/2 \\ 0 & 1 & 1/2 & 1 & 3 & 23/2 \\ 0 & 0 & 0 & 0 & 0 & 0 \end{pmatrix}.$$

由 $\mathrm{r}(\boldsymbol{A})=\mathrm{r}(\widetilde{\boldsymbol{A}})=2<5$，知方程组有无穷多解，且原方程组等价于方程组

$$\begin{cases} x_1=-\dfrac{1}{2}x_3+2x_5-\dfrac{9}{2} \\ x_2=-\dfrac{1}{2}x_3-x_4-3x_5+\dfrac{23}{2} \end{cases}. \tag{5.7}$$

令

$$\begin{pmatrix} x_3 \\ x_4 \\ x_5 \end{pmatrix}=\begin{pmatrix} 1 \\ 0 \\ 0 \end{pmatrix}, \begin{pmatrix} 0 \\ 1 \\ 0 \end{pmatrix}, \begin{pmatrix} 0 \\ 0 \\ 1 \end{pmatrix},$$

将它们分别代入方程组 (5.7) 的导出组中，可求得基础解系

$$\boldsymbol{\xi}_1=\begin{pmatrix} -1/2 \\ -1/2 \\ 1 \\ 0 \\ 0 \end{pmatrix},\quad \boldsymbol{\xi}_2=\begin{pmatrix} 0 \\ -1 \\ 0 \\ 1 \\ 0 \end{pmatrix},\quad \boldsymbol{\xi}_3=\begin{pmatrix} 2 \\ -3 \\ 0 \\ 0 \\ 1 \end{pmatrix}.$$

求特解：令 $x_3=x_4=x_5=0$，得 $x_1=-9/2$，$x_2=23/2$. 故所求通解为

$$\boldsymbol{x}=c_1\begin{pmatrix}-1/2\\-1/2\\1\\0\\0\end{pmatrix}+c_2\begin{pmatrix}0\\-1\\0\\1\\0\end{pmatrix}+c_3\begin{pmatrix}2\\-3\\0\\0\\1\end{pmatrix}+\begin{pmatrix}-9/2\\23/2\\0\\0\\0\end{pmatrix},$$

其中 c_1, c_2, c_3 为任意常数. ■

例 4 设四元非齐次线性方程组 $\boldsymbol{Ax}=\boldsymbol{b}$ 的系数矩阵 $\boldsymbol{A}$ 的秩为 3，已知它的三个解向量为 $\boldsymbol{\eta}_1$，$\boldsymbol{\eta}_2$，$\boldsymbol{\eta}_3$，其中

$$\boldsymbol{\eta}_1=\begin{pmatrix}3\\-4\\1\\2\end{pmatrix},\quad \boldsymbol{\eta}_2+\boldsymbol{\eta}_3=\begin{pmatrix}4\\6\\8\\0\end{pmatrix},$$

求该方程组的通解.

解 根据题意，方程组 $\boldsymbol{Ax}=\boldsymbol{b}$ 的导出组的基础解系含 $4-3=1$ 个向量，于是，导出组的任何一个非零解都可作为其基础解系. 显然

$$\boldsymbol{\eta}_1-\frac{1}{2}(\boldsymbol{\eta}_2+\boldsymbol{\eta}_3)=\begin{pmatrix}1\\-7\\-3\\2\end{pmatrix}\neq\boldsymbol{0}$$

是导出组的非零解，可作为其基础解系. 故方程组 $\boldsymbol{Ax}=\boldsymbol{b}$ 的通解为

$$\boldsymbol{x}=\boldsymbol{\eta}_1+c\left[\boldsymbol{\eta}_1-\frac{1}{2}(\boldsymbol{\eta}_2+\boldsymbol{\eta}_3)\right]=\begin{pmatrix}3\\-4\\1\\2\end{pmatrix}+c\begin{pmatrix}1\\-7\\-3\\2\end{pmatrix}\ (c\text{ 为任意常数}).$$ ■

*数学实验

实验 3.4 求下列非齐次线性方程组的通解（详见教材配套的网络学习空间）:

(1) $$\begin{cases}2x_1+6x_2+16x_3+16x_4+64x_5+4x_6=86\\2x_1+4x_2+8x_3+17x_4+41x_5+12x_6=5\\6x_1+4x_2-13x_3+44x_4-5x_5+71x_6=-305\\8x_1+42x_2+126x_3+40x_4+398x_5-36x_6=1\,018\\5x_1+37x_2+113x_3-11x_4+298x_5-83x_6=1\,181\\-5x_1-41x_2-129x_3-11x_4-368x_5+51x_6=-1\,127\end{cases};$$

(2) $$\begin{cases}2x_1+6x_2+12x_3+14x_4+38x_5+170x_6=-148\\-3x_1-9x_2-14x_3-13x_4-45x_5-188x_6=159\\5x_1+15x_2-3x_3-31x_4-4x_5-112x_6=197\\7x_1+21x_2+68x_3+101x_4+211x_5+1\,047x_6=-878\\x_1+3x_2+35x_3+65x_4+106x_5+631x_6=-350\\3x_1+9x_2+7x_3-x_4+24x_5+50x_6=-111\end{cases};$$

计算实验

(3) $\begin{cases} 10x_1+6x_2+37x_3+11x_4-35x_5+28x_6=-168 \\ -2x_1-2x_2-10x_3+3x_4+3x_5+4x_6=20 \\ 5x_1-4x_2+2x_3+46x_4-50x_5+88x_6=-203 \\ 9x_1+36x_2+89x_3-147x_4+101x_5-258x_6=353 \\ 21x_1+82x_2+202x_3-347x_4+234x_5-612x_6=830 \\ 3x_1-2x_2+10x_3+9x_4-7x_5+17x_6=-49 \end{cases}$.

计算实验

习题 3-5

1. 求下列齐次线性方程组的基础解系：

(1) $\begin{cases} x_1-8x_2+10x_3+2x_4=0 \\ 2x_1+4x_2+5x_3-x_4=0; \\ 3x_1+8x_2+6x_3-2x_4=0 \end{cases}$ (2) $\begin{cases} 2x_1-3x_2-2x_3+x_4=0 \\ 3x_1+5x_2+4x_3-2x_4=0; \\ 8x_1+7x_2+6x_3-3x_4=0 \end{cases}$

(3) $nx_1+(n-1)x_2+\cdots+2x_{n-1}+x_n=0$.

2. 设 $\boldsymbol{\alpha}_1,\boldsymbol{\alpha}_2$ 是某个齐次线性方程组的基础解系，证明：$\boldsymbol{\alpha}_1+\boldsymbol{\alpha}_2$, $2\boldsymbol{\alpha}_1-\boldsymbol{\alpha}_2$ 是该线性方程组的基础解系.

3. 求下列非齐次线性方程组的一个解及对应的齐次线性方程组的基础解系：

(1) $\begin{cases} x_1+x_2=5 \\ 2x_1+x_2+x_3+2x_4=1; \\ 5x_1+3x_2+2x_3+2x_4=3 \end{cases}$ (2) $\begin{cases} x_1-5x_2+2x_3-3x_4=11 \\ 5x_1+3x_2+6x_3-x_4=-1. \\ 2x_1+4x_2+2x_3+x_4=-6 \end{cases}$

4. 设四元非齐次线性方程组 $\boldsymbol{Ax}=\boldsymbol{b}$ 的系数矩阵 $\boldsymbol{A}$ 的秩为 2，已知它的三个解向量为 $\boldsymbol{\eta}_1$, $\boldsymbol{\eta}_2,\boldsymbol{\eta}_3$，其中 $\boldsymbol{\eta}_1=\begin{pmatrix}4\\3\\2\\1\end{pmatrix}$, $\boldsymbol{\eta}_2=\begin{pmatrix}1\\3\\5\\1\end{pmatrix}$, $\boldsymbol{\eta}_3=\begin{pmatrix}-2\\6\\3\\2\end{pmatrix}$，求该方程组的通解.

5. 设 $\boldsymbol{A}=\begin{pmatrix}1&2&1\\2&3&a+2\\1&a&-2\end{pmatrix}$, $\boldsymbol{b}=\begin{pmatrix}1\\3\\0\end{pmatrix}$, $\boldsymbol{x}=\begin{pmatrix}x_1\\x_2\\x_3\end{pmatrix}$,

(1) 齐次方程组 $\boldsymbol{Ax}=\boldsymbol{0}$ 只有零解，则 $a=$ __________;

(2) 线性方程组 $\boldsymbol{Ax}=\boldsymbol{b}$ 无解，则 $a=$ __________.

6. 设矩阵 $\boldsymbol{A}=\begin{pmatrix}1&2&1&2\\0&1&t&t\\1&t&0&1\end{pmatrix}$，齐次线性方程组 $\boldsymbol{Ax}=\boldsymbol{0}$ 的基础解系含有 2 个线性无关的解向量，试求方程组 $\boldsymbol{Ax}=\boldsymbol{0}$ 的全部解.

7. 设 $\boldsymbol{\eta}_1,\cdots,\boldsymbol{\eta}_s$ 是非齐次线性方程组 $\boldsymbol{Ax}=\boldsymbol{b}$ 的 s 个解，$k_1,\cdots,k_s$ 为实数，满足

$$k_1+k_2+\cdots+k_s=1,$$

证明 $\boldsymbol{x}=k_1\boldsymbol{\eta}_1+k_2\boldsymbol{\eta}_2+\cdots+k_s\boldsymbol{\eta}_s$ 也是它的解.

§3.6 线性方程组的应用

本节中的数学模型都是线性的，即每个模型都用线性方程组来表示，通常写成向量或矩阵的形式．由于自然现象通常都是线性的，或者当变量取值在合理范围内时近似于线性，因此线性模型的研究非常重要．此外，线性模型比复杂的非线性模型更易于用计算机进行计算．

一、网络流模型

网络流模型广泛应用于交通、运输、通信、电力分配、城市规划、任务分派以及计算机辅助设计等众多领域．当科学家、工程师和经济学家研究某种网络中的流量问题时，线性方程组就自然而然地产生了．例如，城市规划设计人员和交通工程师监控城市道路网络内的交通流量，电气工程师计算电路中流经的电流，经济学家分析产品通过批发商和零售商网络从生产者到消费者的分配等．大多数网络流模型中的方程组都包含了数百甚至上千个未知量和线性方程．

一个**网络**由一个点集以及连接部分或全部点的直线或弧线构成．网络中的点称作**联结点**(或**节点**)，网络中的连接线称作**分支**．每一分支中的流量方向已经指定，并且流量(或流速)已知或者已标为变量．

网络流的基本假设是网络中流入与流出的总量相等，并且每个联结点流入和流出的总量也相等．例如，图3－6－1说明了流量从一个或两个分支流入联结点，x_1，x_2 和 x_3 表示从其他分支流出的流量，x_4 和 x_5 表示从其他分支流入的流量．因为流量在每个联结点守恒，所以有 $x_1+x_2=60$ 和 $x_4+x_5=x_3+80$．在类似的网络模式中，每个联结点的流量都可以用一个线性方程来表示．网络分析要解决的问题就是：在就是：在部分信息(如网络的输入量)已知的情况下，确定每一分支中的流量．

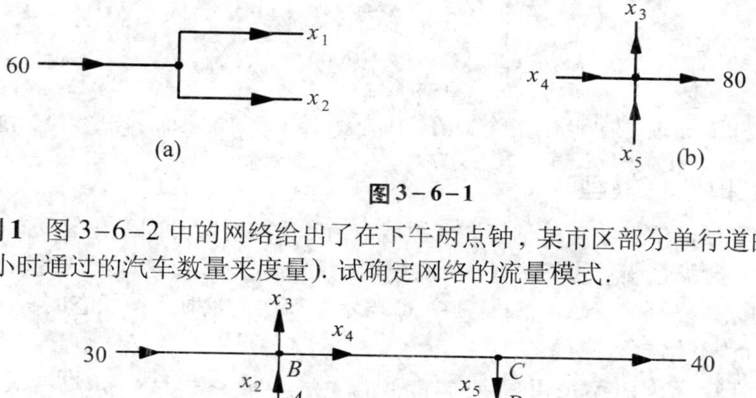

图3－6－1

例1 图3－6－2中的网络给出了在下午两点钟，某市区部分单行道的交通流量(以每小时通过的汽车数量来度量)．试确定网络的流量模式．

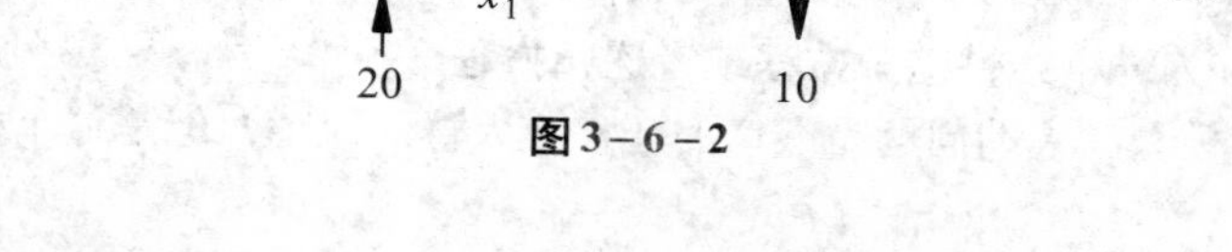

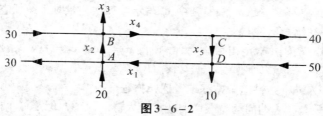

图3－6－2

解　根据网络流模型的基本假设，在节点(交叉口) A, B, C, D 处，我们可以分别得到下列方程：

$$A: x_1 + 20 = 30 + x_2 \qquad B: x_2 + 30 = x_3 + x_4$$
$$C: \qquad x_4 = 40 + x_5 \qquad D: x_5 + 50 = 10 + x_1$$

此外，该网络的总流入 $(20+30+50)$ 等于网络的总流出 $(30+x_3+40+10)$，化简得 $x_3=20$. 联立这个方程与整理后的前四个方程，得如下方程组：

$$\begin{cases} x_1 - x_2 = 10 \\ x_2 - x_3 - x_4 = -30 \\ x_4 - x_5 = 40 \\ x_1 - x_5 = 40 \\ x_3 = 20 \end{cases},$$

取 $x_5 = c$(c 为任意常数)，则网络的流量模式表示为

$$x_1 = 40 + c,\ x_2 = 30 + c,\ x_3 = 20,\ x_4 = 40 + c,\ x_5 = c. \qquad ■$$

网络分支中的负流量表示与模型中指定的方向相反．由于街道是单行道，因此变量不能取负值．这导致变量在取正值时也有一定的局限．

***数学实验**

实验 3.5　假设某城市部分单行街道的交通流量(每小时通过的车辆数)如图 3-6-3 所示．

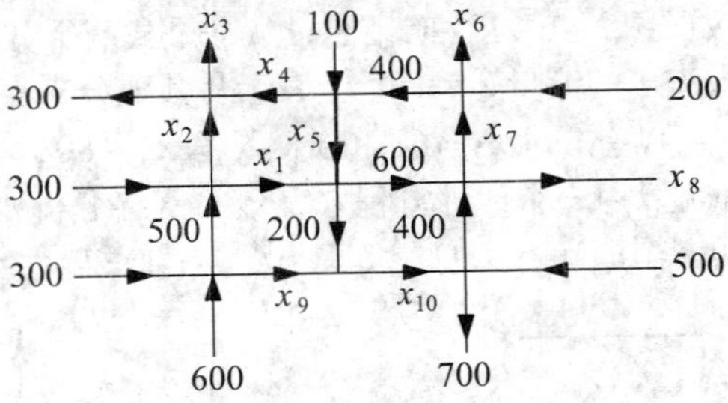

图 3-6-3

试建立数学模型确定该交通网络未知部分的具体流量(详见教材配套的网络学习空间)．

二、人口迁移模型

在生态学、经济学和工程学等许多领域中经常需要对随时间变化的动态系统进行数学建模，此类系统中的某些量常按离散时间间隔来测量，这样就产生了与时间间隔相应的向量序列 $\boldsymbol{x}_0, \boldsymbol{x}_1, \boldsymbol{x}_2, \cdots$，其中 $\boldsymbol{x}_n$ 表示第 n 次测量时系统状态的有关信息，而 $\boldsymbol{x}_0$ 常被称为**初始向量**．

如果存在矩阵 $\boldsymbol{A}$，并给定初始向量 $\boldsymbol{x}_0$，使得 $\boldsymbol{x}_1 = \boldsymbol{A}\boldsymbol{x}_0, \boldsymbol{x}_2 = \boldsymbol{A}\boldsymbol{x}_1, \cdots$，即

$$\boldsymbol{x}_{n+1} = \boldsymbol{A}\boldsymbol{x}_n\ (n = 0, 1, 2, \cdots), \tag{6.1}$$

则称方程 (6.1) 为一个**线性差分方程**或者**递归方程**．

人口迁移模型考虑的问题是人口的迁移或人群的流动．但是这个模型还可以广

泛应用于生态学、经济学和工程学等许多领域. 这里我们考察一个简单的模型, 即某城市及其周边农村在若干年内的人口变化情况. 该模型显然可用于研究我国当前农村的城镇化与城市化过程中农村人口与城市人口的变迁问题.

设定一个初始年份, 比如说 2008 年, 用 r_0, s_0 分别表示这一年城市和农村的人口. 设 x_0 为初始人口向量, 即 $\boldsymbol{x}_0=\begin{pmatrix} r_0 \\ s_0 \end{pmatrix}$, 对 2009 年以及后面的年份, 我们用向量

$$\boldsymbol{x}_1=\begin{pmatrix} r_1 \\ s_1 \end{pmatrix},\ \boldsymbol{x}_2=\begin{pmatrix} r_2 \\ s_2 \end{pmatrix},\ \boldsymbol{x}_3=\begin{pmatrix} r_3 \\ s_3 \end{pmatrix},\ \cdots$$

表示每一年城市和农村的人口. 我们的目标是用数学公式表示出这些向量之间的关系.

假设每年大约有 5% 的城市人口迁移到农村 (95% 仍然留在城市), 有 12% 的农村人口迁移到城市 (88% 仍然留在农村), 如图 3−6−4 所示, 忽略其他因素对人口规模的影响, 则一年之后, 城市与农村人口的分布分别为

$$r_0\begin{pmatrix} 0.95 \\ 0.05 \end{pmatrix}\begin{matrix}\text{留在城市} \\ \text{移居农村}\end{matrix},\ s_0\begin{pmatrix} 0.12 \\ 0.88 \end{pmatrix}\begin{matrix}\text{移居城市} \\ \text{留在农村}\end{matrix}.$$

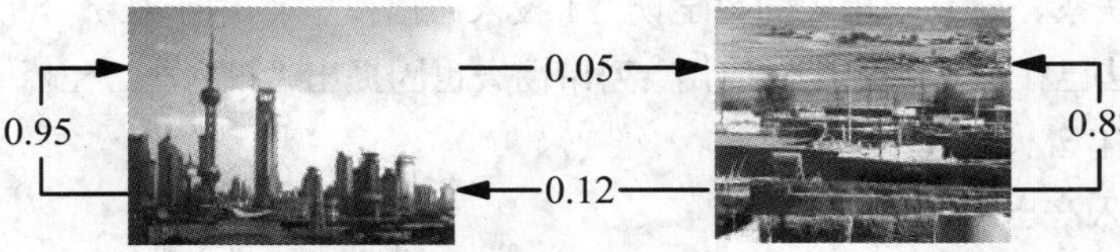

图 3−6−4

因此, 2009 年全部人口的分布为

$$\begin{pmatrix} r_1 \\ s_1 \end{pmatrix}=r_0\begin{pmatrix} 0.95 \\ 0.05 \end{pmatrix}+s_0\begin{pmatrix} 0.12 \\ 0.88 \end{pmatrix}=\begin{pmatrix} 0.95 & 0.12 \\ 0.05 & 0.88 \end{pmatrix}\begin{pmatrix} r_0 \\ s_0 \end{pmatrix},$$

即

$$\boldsymbol{x}_1=\boldsymbol{M}\boldsymbol{x}_0, \tag{6.2}$$

其中 $\boldsymbol{M}=\begin{pmatrix} 0.95 & 0.12 \\ 0.05 & 0.88 \end{pmatrix}$ 称为**迁移矩阵**.

如果人口迁移的百分比保持不变, 则可以继续得到 2010 年, 2011 年, …… 的人口分布公式:

$$\boldsymbol{x}_2=\boldsymbol{M}\boldsymbol{x}_1,\ \boldsymbol{x}_3=\boldsymbol{M}\boldsymbol{x}_2,\ \cdots,$$

一般地, 有

$$\boldsymbol{x}_{n+1}=\boldsymbol{M}\boldsymbol{x}_n\ (n=0,1,2,\cdots). \tag{6.3}$$

这里, 向量序列 $\{\boldsymbol{x}_0, \boldsymbol{x}_1, \boldsymbol{x}_2, \cdots\}$ 描述了城市与农村人口在若干年内的分布变化.

例 2 已知某城市 2008 年的城市人口为 5 000 000，农村人口为 7 800 000. 计算 2010 年的人口分布.

解 因 2008 年的初始人口为 $\boldsymbol{x}_0=\begin{pmatrix}5\,000\,000\\7\,800\,000\end{pmatrix}$，故对 2009 年，有

$$\boldsymbol{x}_1=\begin{pmatrix}0.95 & 0.12\\0.05 & 0.88\end{pmatrix}\begin{pmatrix}5\,000\,000\\7\,800\,000\end{pmatrix}=\begin{pmatrix}5\,686\,000\\7\,114\,000\end{pmatrix},$$

对 2010 年，有

$$\boldsymbol{x}_2=\begin{pmatrix}0.95 & 0.12\\0.05 & 0.88\end{pmatrix}\begin{pmatrix}5\,686\,000\\7\,114\,000\end{pmatrix}=\begin{pmatrix}6\,255\,380\\6\,544\,620\end{pmatrix}.$$

即 2010 年人口分布情况是：城市人口为 6 255 380，农村人口为 6 544 620. ■

注：如果一个人口迁移模型经验证基本符合实际情况，我们就可以利用它进一步预测未来一段时间内人口分布变化的情况，从而为政府决策提供有力的依据.

三、投入产出模型

投入产出分析是美国经济学家列昂惕夫于 20 世纪 30 年代首先提出的，他利用线性代数的理论和方法，研究一个经济系统(企业、地区、国家等)的各部门之间错综复杂的联系，建立起相应的数学模型(投入产出模型)，用于经济分析和预测. 这种分析方法已在世界各地广泛应用. 列昂惕夫也因提出“投入—产出”分析方法获得了 1973 年诺贝尔经济学奖.

1. 投入产出平衡表

考察一个具有 n 个部门的经济系统，各部门分别用 $1, 2, \cdots, n$ 表示，并作如下基本假设：

(1) 部门 i 仅生产一种产品(称为部门 i 的产出)，不同部门的产品不能相互替代；

(2) 部门 i 在生产过程中至少需要消耗另一部门 j 的产品(称为部门 j 对部门 i 的投入)，并且消耗的各部门产品的投入量与该部门的总产出量成正比.

根据上述假设，一方面，每一生产部门将自己的产品分配给各部门作为生产资料或满足社会的非生产性消费需要，并提供积累，另一方面，每一生产部门在其生产过程中也要消耗各部门的产品，所以该经济系统内各部门之间就形成了一个错综复杂的关系，这一关系可用投入产出(平衡)表来表示. 利用某一年的实际统计数据，可先编制出投入产出表，并进一步建立相应的投入产出(数学)模型.

投入产出模型按计量单位的不同，可分为价值型和实物型两种. 在价值型模型中，各部门的投入、产出均以货币单位表示；在实物型模型中，则按各产出的实物单位(如米、千克、吨等)表示. 本书只讨论价值型的投入产出模型. 因此，后面提到的诸如“产出”“总产出”“中间产出”“最终产出”等，分别指“产出的价值”“总

产出的价值”“中间产出的价值”“最终产出的价值”等.

首先，我们可利用某年的经济统计数据来编制投入产出表(见表3-6-1). 为方便说明，表中采用了下列记号：

表3-6-1　　价值型投入产出表

部门间流量（投入＼产出）		中间产出							最终产出				总产出
		部门 1	部门 2	… …	部门 j	… …	部门 n	合计Σ	积累	消费	…	合计 Σ	
物质消耗	部门1	x_{11}	x_{12}	…	x_{1j}	…	x_{1n}	$\sum_j x_{1j}$				y_1	x_1
	部门2	x_{21}	x_{22}	…	x_{2j}	…	x_{2n}	$\sum_j x_{2j}$				y_2	x_2
	⋮	⋮	⋮		⋮		⋮	⋮				⋮	⋮
	部门 n	x_{n1}	x_{n2}	…	x_{nj}	…	x_{nn}	$\sum_j x_{nj}$				y_n	x_n
合计Σ		$\sum_i x_{i1}$	$\sum_i x_{i2}$	…	$\sum_i x_{ij}$	…	$\sum_i x_{in}$	$\sum_i \sum_j x_{ij}$				$\sum_i y_i$	$\sum_i x_i$
新创造的价值	劳动报酬	v_1	v_2	…	v_j	…	v_n	$\sum_j v_j$					
	纯收入	m_1	m_2	…	m_j	…	m_n	$\sum_j m_j$					
	合计Σ	z_1	z_2	…	z_j	…	z_n	$\sum_j z_j$					
总投入		x_1	x_2	…	x_j	…	x_n	$\sum_j x_j$					

$x_i\ (i=1, 2, \cdots, n)$ 表示部门 i 的总产出；

$y_i\ (i=1, 2, \cdots, n)$ 表示部门 i 的最终产出；

$x_{ij}\ (i, j=1, 2, \cdots, n)$ 表示部门 i 分配给部门 j 的产出量，或称为部门 j 在生产过程中需消耗的部门 i 的产出量；

$v_j\ (j=1, 2, \cdots, n)$ 表示部门 j 的劳动报酬；

$m_j\ (j=1, 2, \cdots, n)$ 表示部门 j 的纯收入；

$z_j\ (j=1, 2, \cdots, n)$ 表示部门 j 新创造的价值，它是部门 j 的劳动报酬 v_j (工资、奖金及其他劳动收入)与纯收入 m_j (税金、利润等)的总和.

用双线把投入产出表分割成四个部分：左上、右上、左下、右下，分别称为第Ⅰ、第Ⅱ、第Ⅲ、第Ⅳ象限.

在第Ⅰ象限中，每一个部门都以生产者和消费者的双重身份出现. 从每一行来看，该部门作为生产部门把自己的产出分配给各部门；从每一列来看，该部门又作为消耗部门，在生产过程中消耗各部门的产出. 行与列的交叉点是部门之间的流量，这个量也是以双重身份出现，它是行部门分配给列部门的产出量，也是列部门消耗的行部门的产出量.

第Ⅱ象限反映了各部门用作最终产出的部分. 从每一行来看，数据反映了该部门最终产出的分配情况；从每一列来看，数据反映了用于消费、积累等方面的最终产出分别由各部门提供的数量情况.

第 III 象限反映了总产出中新创造的价值情况. 从每一行来看，数据反映了各部门新创造的价值的构成情况；从每一列来看，数据反映了该部门新创造的价值情况.

第 IV 象限反映了总收入的再分配，由于该部分的经济内容比较复杂，人们对其研究、利用还很少，因此，在投入产出表中一般不编制这部分内容.

2. 平衡方程

从表 3-6-1 的第 I、第 II 象限来看，每一行都存在一个等式，即每一个部门作为生产部门分配给各部门用于生产消耗的产出，加上它本部门的最终产出，应等于它的总产出，即

$$x_i = \sum_{j=1}^{n} x_{ij} + y_i \quad (i=1, 2, \cdots, n). \tag{6.4}$$

这个方程组称为**产出平衡方程组**.

从表 3-6-1 的第 I、第 III 象限来看，每一列也存在一个等式，即每一个部门作为消耗部门，各部门为它的生产消耗转移的产出价值，加上它本部门新创造的价值，应等于它的总产值，即

$$x_j = \sum_{i=1}^{n} x_{ij} + z_j \quad (j=1, 2, \cdots, n). \tag{6.5}$$

这个方程组称为**产值构成平衡方程组**.

根据前述基本假设 (2)，记

$$a_{ij} = \frac{x_{ij}}{x_j} \quad (i, j=1, 2, \cdots, n), \tag{6.6}$$

易见 a_{ij} 表示生产单位产品 j 所需直接消耗产品 i 的数量，一般称其为**直接消耗系数**.

注：物质生产部门之间的直接消耗系数，基本上是技术性的，因而是相对稳定的，故直接消耗系数通常也称为 **技术系数**.

各部门间的直接消耗系数构成一个 n 阶矩阵

$$\boldsymbol{A} = \begin{pmatrix} a_{11} & a_{12} & \cdots & a_{1n} \\ a_{21} & a_{22} & \cdots & a_{2n} \\ \vdots & \vdots & & \vdots \\ a_{n1} & a_{n2} & \cdots & a_{nn} \end{pmatrix},$$

称为**直接消耗系数矩阵**.

直接消耗系数 $a_{ij}\ (i, j=1, 2, \cdots, n)$ 具有下列性质：

(1) $0 \le a_{ij} < 1 \ (i, j=1, 2, \cdots, n)$.

事实上，由 $x_{ij} \ge 0$，$x_j \ge 0$，且 $x_{ij} < x_j$，以及 $a_{ij} = x_{ij} / x_j \ (i, j=1, 2, \cdots, n)$，即可推得上述结论.

(2) $\sum\limits_{i=1}^{n} a_{ij} < 1$ ($j=1, 2, \cdots, n$).

事实上，由 $x_{ij}=a_{ij}x_j$，产值构成平衡方程组(6.5)可化为

$$x_j=\sum_{i=1}^{n} a_{ij}x_j+z_j \quad (j=1, 2, \cdots, n).$$

整理得
$$\left(1-\sum_{i=1}^{n} a_{ij}\right)x_j=z_j \quad (j=1, 2, \cdots, n).$$

又 $x_j>0, z_j>0$ ($j=1, 2, \cdots, n$)，所以

$$1-\sum_{i=1}^{n} a_{ij}>0 \qquad (j=1, 2, \cdots, n).$$

从上式即推得所证结论.

利用直接消耗系数矩阵，可分别将产出平衡方程组(6.4) 和产值构成平衡方程组(6.5) 表示成矩阵形式.

将 $x_{ij}=a_{ij}x_j$ 代入产出平衡方程组(6.4)，得

$$x_i=\sum_{j=1}^{n} a_{ij}x_j+y_i \quad (i=1, 2, \cdots, n), \tag{6.7}$$

即
$$\begin{cases} x_1=a_{11}x_1+a_{12}x_2+\cdots+a_{1n}x_n+y_1 \\ x_2=a_{21}x_1+a_{22}x_2+\cdots+a_{2n}x_n+y_2 \\ \quad\cdots\cdots \\ x_n=a_{n1}x_1+a_{n2}x_2+\cdots+a_{nn}x_n+y_n \end{cases}. \tag{6.8}$$

若记 $\boldsymbol{x}=(x_1,x_2,\cdots,x_n)^{\mathrm{T}}$，$\boldsymbol{y}=(y_1,y_2,\cdots,y_n)^{\mathrm{T}}$，则产出平衡方程组(6.4)可表示为

$$\boldsymbol{x}=\boldsymbol{A}\boldsymbol{x}+\boldsymbol{y} \quad 或 \quad (\boldsymbol{E}-\boldsymbol{A})\boldsymbol{x}=\boldsymbol{y}. \tag{6.9}$$

将 $x_{ij}=a_{ij}x_j$ 代入产值构成平衡方程组(6.5)，得

$$x_j=\sum_{i=1}^{n} a_{ij}x_j+z_j \quad (j=1, 2, \cdots, n), \tag{6.10}$$

即
$$\begin{cases} x_1=a_{11}x_1+a_{21}x_1+\cdots+a_{n1}x_1+z_1 \\ x_2=a_{12}x_2+a_{22}x_2+\cdots+a_{n2}x_2+z_2 \\ \quad\cdots\cdots \\ x_n=a_{1n}x_n+a_{2n}x_n+\cdots+a_{nn}x_n+z_n \end{cases}. \tag{6.11}$$

若记 $\boldsymbol{z}=(z_1,z_2,\cdots,z_n)^{\mathrm{T}}$，及

$$\boldsymbol{D}=\begin{pmatrix} \sum\limits_{i=1}^{n} a_{i1} & & & \\ & \sum\limits_{i=1}^{n} a_{i2} & & \\ & & \ddots & \\ & & & \sum\limits_{i=1}^{n} a_{in} \end{pmatrix},$$

则产值构成平衡方程组(6.5)可表示为

$$\boldsymbol{x}=\boldsymbol{D}\boldsymbol{x}+\boldsymbol{z} \quad \text{或} \quad (\boldsymbol{E}-\boldsymbol{D})\boldsymbol{x}=\boldsymbol{z}. \tag{6.12}$$

3. 平衡方程组的解

根据直接消耗系数矩阵$\boldsymbol{A}$的性质，知矩阵$\boldsymbol{E}-\boldsymbol{A}$可逆，且

$$(\boldsymbol{E}-\boldsymbol{A})^{-1}=\boldsymbol{A}+\boldsymbol{A}^2+\boldsymbol{A}^3+\cdots+\boldsymbol{A}^k+\cdots.$$

由于$\boldsymbol{A}$的所有元素非负，由上式可知$(\boldsymbol{E}-\boldsymbol{A})^{-1}$(称为**列昂惕夫逆矩阵**)的所有元素也非负. 因此，对产出平衡方程组$(\boldsymbol{E}-\boldsymbol{A})\boldsymbol{x}=\boldsymbol{y}$，若已知最终需求向量$\boldsymbol{y}=(y_1,y_2,\cdots,y_n)^{\mathrm{T}}\geq\boldsymbol{0}$，则可求得总产出向量

$$\boldsymbol{x}=(\boldsymbol{E}-\boldsymbol{A})^{-1}\boldsymbol{y}, \tag{6.13}$$

即 $\boldsymbol{x}=(x_1,x_2,\cdots,x_n)^{\mathrm{T}}$ 的各分量 $x_i\geq 0$ ($i=1, 2, \cdots, n$)，这样的解在经济预测和分析中才具有实际意义.

而对产值构成平衡方程组(6.12)，因对角矩阵$\boldsymbol{E}-\boldsymbol{D}$的主对角线元素均为正数，所以$\boldsymbol{E}-\boldsymbol{D}$可逆，且$(\boldsymbol{E}-\boldsymbol{D})^{-1}\geq\boldsymbol{0}$. 于是，如果已知总产出向量$\boldsymbol{x}$，就可得到新创造的价值向量$\boldsymbol{z}=(\boldsymbol{E}-\boldsymbol{D})\boldsymbol{x}$. 反之，如果已知新创造的价值向量$\boldsymbol{z}\geq\boldsymbol{0}$，则可求出对应的总产出向量

$$\boldsymbol{x}=(\boldsymbol{E}-\boldsymbol{D})^{-1}\boldsymbol{z}. \tag{6.14}$$

例3 假设某地区经济系统只分为3个部门：农业、工业和服务业，这3个部门间的生产分配关系可列成下表(见表3-6-2)：

表3-6-2 **投入产出表** (单位：万元)

部门间流量（投入＼产出）	中间产出			合计	最终产出 $\boldsymbol{y}$	总产出 $\boldsymbol{x}$
	农业	工业	服务业			
农业	27	44	2	73	120	193
工业	58	11 010	182	11 250	13 716	24 966
服务业	23	284	153	460	960	1420
合计	108	11 338	337			
新创造的价值 $\boldsymbol{z}$	85	13 628	1 083			
总投入	193	24 966	1 420			

根据表3-6-2和直接消耗系数的定义，可求出直接消耗系数a_{ij} ($i, j=1, 2, 3$)，从而求得直接消耗系数矩阵$\boldsymbol{A}$和$\boldsymbol{E}-\boldsymbol{A}$：

$$\boldsymbol{A}=\begin{pmatrix}0.139\,9 & 0.001\,8 & 0.001\,4\\ 0.300\,5 & 0.441\,0 & 0.128\,2\\ 0.119\,2 & 0.011\,4 & 0.107\,7\end{pmatrix}, \quad \boldsymbol{E}-\boldsymbol{A}=\begin{pmatrix}0.860\,1 & -0.001\,8 & -0.001\,4\\ -0.300\,5 & 0.559\,0 & -0.128\,2\\ -0.119\,2 & -0.011\,4 & 0.892\,3\end{pmatrix}.$$

可以算出
$$(\boldsymbol{E}-\boldsymbol{A})^{-1}=\begin{pmatrix}1.164\,3 & 0.003\,8 & 0.002\,4\\ 0.663\,5 & 1.796\,3 & 0.259\,1\\ 0.164\,0 & 0.023\,5 & 1.124\,3\end{pmatrix}.$$

如果给定下一年计划的最终需求向量

$$\boldsymbol{y}=(135,\ 13\ 820,\ 1\ 023)^{\mathrm{T}},$$

则由模型(6.13), 有

$$\boldsymbol{x}=(\boldsymbol{E}-\boldsymbol{A})^{-1}\boldsymbol{y}\approx\begin{pmatrix}212\\25\ 179\\1\ 497\end{pmatrix}.$$

从而可预测下一年各部门的总产出为

$$x_1=212,\quad x_2=25\ 179,\quad x_3=1\ 497.$$ ■

利用这一结果, 可以进一步得到 $x_{ij}=a_{ij}x_j\ (i,j=1,2,3)$ 和 $z_j\ (j=1,2,3)$. 即可预测下一年各部门间的流量和各部门新创造的价值(见表 3-6-3), 从而为决策提供依据.

表 3-6-3　**新创造的价值表**

部门间流量 投入＼产出	中间产出			最终产出 $\boldsymbol{y}$	总产出 $\boldsymbol{x}$
	农业	工业	服务业		
农业	29.7	45.3	2.1	134.9	212
工业	63.7	11 103.9	191.9	13 819.7	25 179
服务业	25.3	287.0	161.2	1 023.5	1 497
新创造的价值 $\boldsymbol{z}$	93.3	13 742.8	1 141.8		
总投入	212	25 179	1 497		

注: 表中各数据均为近似值.

4. 完全消耗系数

直接消耗系数 $a_{ij}\,(i,j=1,2,\cdots,n)$ 表示部门 j 在生产单位产品 j 时, 所需直接消耗产品 i 的数量. 然而, 在生产过程中, 除了部门间的这种直接联系外, 各部门间还具有间接的联系. 例如, 汽车制造部门除需直接消耗电力外, 还要消耗钢材、橡胶等产品. 而生产钢材、橡胶等产品的部门也需要消耗电力. 对汽车制造部门来说, 这类消耗是对电力的一次间接消耗. 而生产钢材、橡胶等产品的部门也通过其他部门间接消耗电力. 对于汽车制造部门而言, 这类间接消耗是对电力的更高一级的间接消耗. 依此类推, 汽车制造部门对电力的消耗应包括直接消耗和多次间接消耗.

一般地, 部门 j 除直接消耗部门 i 的产品外, 还要通过一系列中间环节形成对部门 i 产品的间接消耗. 直接消耗与间接消耗的和称为**完全消耗**. 部门 j 生产一个单位的最终产出对部门 i 的完全消耗量称为**完全消耗系数**, 记为 $b_{ij}\,(i,j=1,2,\cdots,n)$, 由完全消耗系数构成的矩阵 $\boldsymbol{B}=\begin{pmatrix}b_{11}&b_{12}&\cdots&b_{1n}\\b_{21}&b_{22}&\cdots&b_{2n}\\\vdots&\vdots&&\vdots\\b_{n1}&b_{n2}&\cdots&b_{nn}\end{pmatrix}$ 称为**完全消耗系数矩阵**.

根据完全消耗的意义, 有

$$b_{ij}=a_{ij}+\sum_{k=1}^{n} b_{ik}a_{kj}\quad (i,j=1,2,\cdots,n). \tag{6.15}$$

将其写成矩阵形式, 即为

$$\boldsymbol{B}=\boldsymbol{A}+\boldsymbol{BA} \text{ 或 } \boldsymbol{B}(\boldsymbol{E}-\boldsymbol{A})=\boldsymbol{A}.$$

两边右乘 $(\boldsymbol{E}-\boldsymbol{A})^{-1}$, 得到

$$\boldsymbol{B}=\boldsymbol{A}(\boldsymbol{E}-\boldsymbol{A})^{-1}. \tag{6.16}$$

由 $(\boldsymbol{E}-\boldsymbol{A})^{-1}=\sum\limits_{k=0}^{\infty}\boldsymbol{A}^k$, 可进一步得到

$$\boldsymbol{B}=\boldsymbol{A}+\boldsymbol{A}^2+\boldsymbol{A}^3+\cdots+\boldsymbol{A}^k+\cdots=(\boldsymbol{E}-\boldsymbol{A})^{-1}-\boldsymbol{E}. \tag{6.17}$$

上式右端的第一项 $\boldsymbol{A}$ 是直接消耗系数矩阵, 其后的各项可以解释为各次间接消耗的和.

利用矩阵等式 (6.16), 可将产出平衡方程组的解 $\boldsymbol{x}=(\boldsymbol{E}-\boldsymbol{A})^{-1}\boldsymbol{y}$ 表示为

$$\boldsymbol{x}=(\boldsymbol{B}+\boldsymbol{E})\boldsymbol{y}. \tag{6.18}$$

上式表明: 如果已知完全消耗系数矩阵 $\boldsymbol{B}$ 和最终产出向量 $\boldsymbol{y}$, 就可以直接计算出总产出向量 $\boldsymbol{x}$.

5. 最终产出变动的影响分析

如果最终产出由 $\boldsymbol{y}$ 变到 $\boldsymbol{y}+\Delta\boldsymbol{y}$, 则产量由 $\boldsymbol{x}$ 变到 $\boldsymbol{x}+\Delta\boldsymbol{x}$, 代入式 (6.9), 得

$$(\boldsymbol{E}-\boldsymbol{A})(\boldsymbol{x}+\Delta\boldsymbol{x})=\boldsymbol{y}+\Delta\boldsymbol{y}. \tag{6.19}$$

式 (6.19) 减去式 (6.9), 得

$$(\boldsymbol{E}-\boldsymbol{A})\Delta\boldsymbol{x}=\Delta\boldsymbol{y} \text{ 或 } \Delta\boldsymbol{x}=(\boldsymbol{E}-\boldsymbol{A})^{-1}\Delta\boldsymbol{y}, \tag{6.20}$$

利用 $(\boldsymbol{E}-\boldsymbol{A})^{-1}$ 的幂级数展开式, 则有

$$\begin{aligned}\Delta\boldsymbol{x}&=(\boldsymbol{E}+\boldsymbol{A}+\boldsymbol{A}^2+\cdots+\boldsymbol{A}^k+\cdots)\Delta\boldsymbol{y}=\Delta\boldsymbol{y}+\boldsymbol{A}\Delta\boldsymbol{y}+\boldsymbol{A}^2\Delta\boldsymbol{y}+\cdots+\boldsymbol{A}^k\Delta\boldsymbol{y}+\cdots\\&=\Delta\boldsymbol{y}+\Delta\boldsymbol{x}^{(0)}+\Delta\boldsymbol{x}^{(1)}+\cdots+\Delta\boldsymbol{x}^{(k-1)}+\cdots,\end{aligned} \tag{6.21}$$

其中,

$$\Delta\boldsymbol{x}^{(0)}=\boldsymbol{A}\Delta\boldsymbol{y},\ \Delta\boldsymbol{x}^{(k)}=\boldsymbol{A}^{k+1}\Delta\boldsymbol{y}=\boldsymbol{A}\Delta\boldsymbol{x}^{(k-1)}\quad (k=1,2,\cdots).$$

式 (6.21) 右端的第一项 $\Delta\boldsymbol{y}$ 表示最终产出的变动, 而后面各项之和表示各部门生产 $\Delta\boldsymbol{y}$ 的完全消耗, 其中 $\Delta\boldsymbol{x}^{(0)}$ 表示各部门生产 $\Delta\boldsymbol{y}$ 的直接消耗, $\Delta\boldsymbol{x}^{(k)}\,(k=1,2,\cdots)$ 分别表示各部门生产 $\Delta\boldsymbol{y}$ 的第 k 次间接消耗.

投入产出模型是利用数学方法和计算机研究经济活动中投入与产出之间的数量关系, 特别是研究、分析国民经济各个部门生产与消耗间数量依存关系的一种经济数学模型.

习题 3-6

1. 给出如题1图所示的流量模式. 假设所有的流量都非负, x_3 的最大可能值是多少?

2. 某地的道路交叉口处通常建成单行的小环岛, 如题2图所示. 假设交通行进方向必须如图示那样, 请求出该网络流的通解并找出 x_6 的最小可能值.

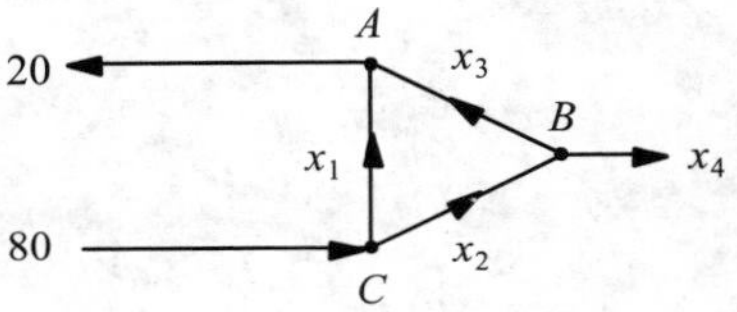

题1图

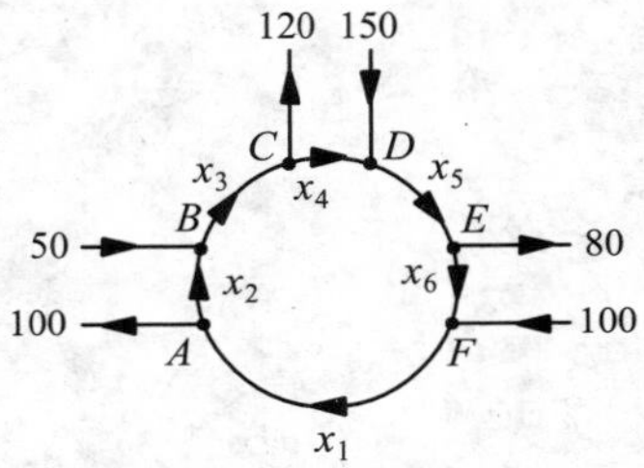

题2图

3. 在某个地区, 每年约有 5% 的城市人口移居到周围的农村, 约有 4% 的农村人口移居到城市. 在 2008 年, 城市中有400 000 名居民, 农村有600 000 名居民. 建立一个差分方程来描述这种情况, 用 x_0 表示 2008 年的初始人口. 估计两年之后, 即 2010 年城市和农村的人口数量 (忽略其他因素对人口规模的影响).

4. 某公司有一个车队, 大约有 450 辆车, 分布在三个地点. 一个地点租出去的车可以归还到三个地点中的任意一个, 但租出的车必须当天归还. 下面的矩阵给出了汽车归还到每个地点的不同比例. 假设星期一在机场有 304 辆车 (或从机场租出), 东部办公区有 48 辆车, 西部办公区有 98 辆车, 那么在星期三时, 车辆的大致分布是怎样的?

车辆出租地

$$\begin{array}{cccl} \text{机场} & \text{东部} & \text{西部} & \text{归还到} \\ \end{array}$$
$$\begin{pmatrix} 0.97 & 0.05 & 0.1 \\ 0 & 0.9 & 0.05 \\ 0.03 & 0.05 & 0.85 \end{pmatrix} \begin{array}{l} \text{机场} \\ \text{东部} \\ \text{西部} \end{array}$$

5. 设有一个经济系统包括三个部门, 在某个生产周期内各部门间的消耗系数及最终产出如下表所示.

消耗部门 / 消耗系数 / 生产部门	1	2	3	最终产出
1	0.25	0.1	0.1	245
2	0.2	0.2	0.1	90
3	0.1	0.1	0.2	175

求各部门的总产出及部门间的流量.

6. 已知一个经济系统包括三个部门, 在报告期内的直接消耗系数矩阵为

$$A=\begin{pmatrix}0.6 & 0.1 & 0.1\\0.1 & 0.6 & 0.1\\0.1 & 0.1 & 0.6\end{pmatrix},$$

若各部门在计划期内的最终产出为 $y_1=30$, $y_2=40$, $y_3=30$, 预测各部门在计划期内的总产出 x_1, x_2, x_3.

第二部分　概率统计

第 4 章　随机事件及其概率

概率论与数理统计是从数量化的角度来研究现实世界中的一类不确定现象（随机现象）及其规律性的一门应用数学学科．20 世纪以来，它已广泛应用于工业、国防、国民经济及工程技术等各个领域．本章介绍的随机事件及其概率是概率论中最基本、最重要的概念之一．

§4.1　随 机 事 件

一、随机现象

在自然界和人类社会生活中普遍存在着两类现象：一类是在一定条件下必然出现的现象，称为**确定性现象**．

例如：(1) 一物体从高度为 h（米）处垂直下落，则经过 t（秒）后必然落到地面，且当高度 h 一定时，可由公式

$$h=\frac{1}{2}gt^2 \quad (g=9.8\,(\text{米}/\text{秒}^2))$$

具体计算出该物体落到地面所需的时间 $t=\sqrt{2h/g}$（秒）.

(2) 异性电荷相互吸引，同性电荷相互排斥，等等．

另一类则是在一定条件下我们事先无法准确预知其结果的现象，称为**随机现象**．

例如：(1) 在相同的条件下抛掷同一枚硬币，我们无法事先预知将出现正面还是反面；

(2) 将来某日某种股票的价格是多少？等等．

从亚里士多德时代开始，哲学家们就已经认识到随机性在生活中的作用，但直到 20 世纪初，人们才认识到随机现象亦可以通过数量化方法进行研究．概率论就是以数量化方法研究随机现象及其规律性的一门数学学科．

二、随机试验

由于随机现象的结果事先不能预知，初看似乎毫无规律．然而，人们发现同一随机现象大量重复出现时，其每种可能的结果出现的频率具有稳定性，从而表明随机现象也有其固有的规律性．人们把随机现象在大量重复出现时所表现出的量的规律性称为随机现象的**统计规律性**．概率论与数理统计是研究随机现象统计规律性的一门学科．

历史上，研究随机现象统计规律最著名的试验是抛掷硬币的试验．表4-1-1是历史上抛掷硬币试验的记录．

表 1-1-1　　历史上抛掷硬币试验的记录

试验者	抛掷次数(n)	正面次数(r_n)	正面频率(r_n/n)
德・摩根	2 048	1 061	0.518 1
蒲丰	4 040	2 048	0.506 9
皮尔逊	12 000	6 019	0.501 6
皮尔逊	24 000	12 012	0.500 5

数学随机试验

*数学实验

实验 4.1　微信扫描右侧二维码，可借助软件进行掷硬币仿真试验．

试验表明：虽然事先无法准确预知每次抛掷硬币将出现正面还是反面，但大量重复试验时发现，出现正面和反面的次数大致相等，即各占总试验次数的比例大致为0.5，并且随着试验次数的增加，这一比例更加稳定地趋于0.5．它说明虽然随机现象在少数几次试验或观察中其结果没有什么规律性，但通过长期的观察或大量的重复试验可以看出，试验的结果是有规律可循的，这种规律是随机试验的结果自身所具有的特征．

要对随机现象的统计规律性进行研究，就需要对随机现象进行重复观察，我们把对随机现象的观察称为**试验**．

例如，观察某射手对固定目标所进行的射击；抛一枚硬币三次，观察出现正面的次数；记录某市120急救电话一昼夜接到的呼叫次数等均为试验．上述试验具有以下共同特征：

(1) 可重复性：试验可以在相同的条件下重复进行；

(2) 可观察性：每次试验的可能结果不止一个，并且能事先明确试验的所有可能结果；

(3) 不确定性：每次试验出现的结果事先不能准确预知，但可以肯定会出现上述所有可能结果中的一个．

在概率论中，我们将具有上述三个特征的试验称为**随机试验**，记为E．

三、样本空间

尽管一个随机试验将要出现的结果是不确定的，但其所有可能结果是明确的，我们把随机试验的每一种可能的结果称为一个**样本点**，它们的全体称为**样本空间**，记为S(或Ω).

例如：(1) 在抛掷一枚硬币观察其出现正面或反面的试验中，有两个样本点：正面、反面．样本空间为$S=\{$正面, 反面$\}$. 若记$\omega_1=$(正面), $\omega_2=$(反面), 则样本空间可记为

$$S=\{\omega_1, \omega_2\}.$$

(2) 观察某电话交换台在一天内收到的呼叫次数，其样本点有可数无穷多个：i $(i=0, 1, 2, 3, \cdots)$次，则样本空间可简记为

$$S=\{0, 1, 2, 3, \cdots\}.$$

(3) 在一批灯泡中任意抽取一个，测试其寿命，其样本点也有无穷多个(且不可数): $t\ (0\le t<+\infty)$小时，则样本空间可简记为

$$S=\{t\,|\,0\le t<+\infty\}=[0, +\infty).$$

(4) 设随机试验为从装有三个白球(记号为1, 2, 3)与两个黑球(记号为4, 5)的袋中任取两球.

① 若观察取出的两个球的颜色，则样本点为ω_{00}(两个白球), ω_{11}(两个黑球), ω_{01}(一白一黑), 于是，样本空间为

$$S=\{\omega_{00}, \omega_{11}, \omega_{01}\}.$$

② 若观察取出的两球的号码，则样本点为ω_{ij}(取出第i号与第j号球，由于球的号码不相同，我们可以假设$i<j$), $1\le i<j\le 5$. 于是，样本空间共有$C_5^2=10$个样本点，样本空间为

$$S=\{\omega_{ij}\,|\,1\le i<j\le 5\}.$$

注：此例说明，对于同一个随机试验，试验的样本点与样本空间是根据要观察的内容来确定的.

四、随机事件

在随机试验中，人们除了关心试验的结果本身外，往往还关心试验的结果是否具备某一指定的可观察的特征．在概率论中，把具有这一可观察特征的随机试验的结果称为**事件**. 事件可分为以下三类:

(1) **随机事件**: 在试验中可能发生也可能不发生的事件. 随机事件通常用字母A, B, C等表示.

例如，在抛掷一颗骰子的试验中，用A表示“点数为奇数”这一事件，则A是一个随机事件.

(2) **必然事件**: 在每次试验中都必然发生的事件，用字母S(或Ω)表示.

例如，在上述试验中，“点数小于7”是一个必然事件.

(3) **不可能事件**: 在任何一次试验中都不可能发生的事件，用空集符号$\varnothing$表示.

例如，在上述试验中，“点数为8”是一个不可能事件.

显然，必然事件与不可能事件都是确定性事件，为讨论方便，今后将它们看作是两个特殊的随机事件，并将随机事件简称为**事件**.

五、事件的集合表示

由定义，样本空间 S 是随机试验的所有可能结果（样本点）的集合，每一个样本点是该集合的一个元素. 一个事件是由具有该事件所要求的特征的那些可能结果构成的，所以一个事件是对应于 S 中具有相应特征的样本点所构成的集合，它是 S 的一个子集. 于是，**任何一个事件都可以用 S 的某个子集来表示**.

我们说某事件 A 发生，即指属于该事件的某一个样本点在随机试验中出现.

例如：在抛掷骰子的试验中，样本空间为 $S=\{1, 2, 3, 4, 5, 6\}$. 于是，事件 A：“点数为5”可表示为 $A=\{5\}$;

事件 B：“点数小于5”可表示为 $B=\{1, 2, 3, 4\}$;

事件 C：“点数为小于5的偶数”可表示为 $C=\{2, 4\}$.

我们称仅含一个样本点的事件为**基本事件**；称含有两个或两个以上样本点的事件为**复合事件**. 显然，样本空间 S 作为一个事件是必然事件，空集 $\varnothing$ 作为一个事件是不可能事件.

六、事件的关系与运算

因为事件是样本空间的一个子集，故事件之间的关系与运算可按集合之间的关系与运算来处理. 下面给出这些关系与运算在概率论中的提法和含义.

(1) 若 $A\subset B$，则称事件 B **包含**事件 A，或事件 A **包含于**事件 B，或 A 是 B 的子事件. 其含义是：若事件 A 发生必然导致事件 B 发生. 显然，$\varnothing\subset A\subset S$.

(2) 若 $A=B$，则称事件 A 与事件 B **相等**. 其含义是：若事件 A 发生必然导致事件 B 发生，且若事件 B 发生必然导致事件 A 发生，即 $A\subset B$，且 $B\subset A$.

(3) 事件 $A\cup B=\{\omega|\omega\in A$ 或 $\omega\in B\}$ 称为事件 A 与事件 B 的**和**（或**并**）. 其含义是：当且仅当事件 A, B 中至少有一个发生时，事件 $A\cup B$ 发生. $A\cup B$ 有时也记为 $A+B$.

类似地，称 $\bigcup\limits_{i=1}^{n} A_i$ 为 n 个事件 $A_1, A_2, \cdots, A_n$ 的**和事件**，称 $\bigcup\limits_{i=1}^{\infty} A_i$ 为可数个事件 $A_1, A_2, \cdots, A_n, \cdots$ 的**和事件**.

(4) 事件 $A\cap B=\{\omega|\omega\in A$ 且 $\omega\in B\}$ 称为事件 A 与事件 B 的**积**（或**交**）. 其含义是：当且仅当事件 A, B 同时发生时，事件 $A\cap B$ 发生. 事件 $A\cap B$ 也记作 AB.

类似地，称 $\bigcap\limits_{i=1}^{n} A_i$ 为 n 个事件 $A_1, A_2, \cdots, A_n$ 的**积事件**，称 $\bigcap\limits_{i=1}^{\infty} A_i$ 为可数个事件 $A_1, A_2, \cdots, A_n, \cdots$ 的**积事件**.

(5) 事件 $A-B=\{\omega|\omega\in A$ 且 $\omega\notin B\}$ 称为事件 A 与事件 B 的**差**. 其含义是：当且仅

当事件A发生，且事件B不发生时，事件$A-B$发生.

例如，在抛掷骰子的试验中，记事件

$$A=\{点数为奇数\},\ B=\{点数小于5\},$$

则
$$A\cup B=\{1,2,3,4,5\};\quad A\cap B=\{1,3\};\quad A-B=\{5\}.$$

(6) 若$A\cap B=\varnothing$，则称事件A与事件B是**互不相容**的，或称是**互斥**的. 其含义是：事件A与事件B不能同时发生.

例如，基本事件是两两互不相容的.

(7) 若$A\cup B=S$且$A\cap B=\varnothing$，则称事件A与事件B互为**对立事件**，或称事件A与事件B互为**逆事件**. 其含义是：对每次试验而言，事件A, B中有且仅有一个发生. 事件A的对立事件记为$\overline{A}$. 于是，$\overline{A}=S-A$.

注：两个互为对立的事件一定是互斥事件；反之，互斥事件不一定是对立事件. 而且，互斥的概念适用于多个事件，但是对立的概念只适用于两个事件.

事件的关系与运算可用以下维恩图形象地表示.

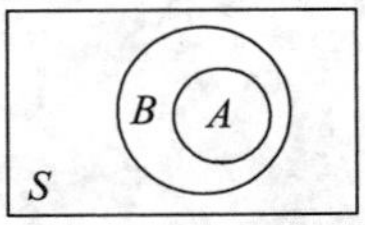

$A\subset B$

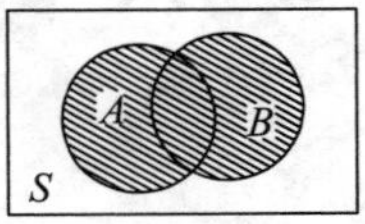

$A\cup B$ 或 $A+B$

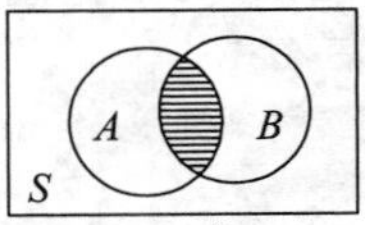

$A\cap B$ 或 AB

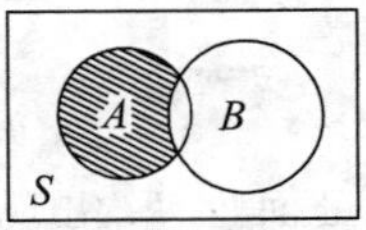

$A-B$

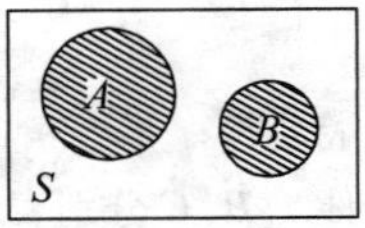

$A\cap B=\varnothing$

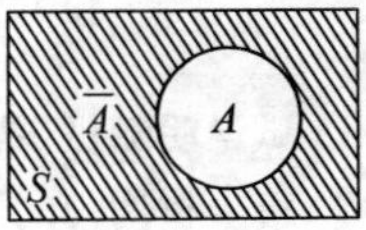

$\overline{A}=S-A$

(8) 完备事件组.

设$A_1, A_2, \cdots, A_n, \cdots$是有限或可数个事件，若其满足：

① $A_i\cap A_j=\varnothing,\ i\neq j,\ i, j=1, 2, \cdots,$

② $\bigcup\limits_i A_i=S,$

则称$A_1, A_2, \cdots, A_n, \cdots$是一个**完备事件组**，也称$A_1, A_2, \cdots, A_n, \cdots$是样本空间$S$的一个**划分**.

显然，$\overline{A}$与A构成一个完备事件组.

七、事件的运算规律

由集合的运算律，易给出事件间的运算律. 设A, B, C为同一随机试验E中的事件，则有

(1) 交换律　$A\cup B=B\cup A,\ A\cap B=B\cap A;$

(2) 结合律　$(A\cup B)\cup C=A\cup(B\cup C),$

$(A\cap B)\cap C=A\cap(B\cap C)$;

(3) 分配律 $(A\cup B)\cap C=(A\cap C)\cup(B\cap C)$,

$(A\cap B)\cup C=(A\cup C)\cap(B\cup C)$;

(4) 自反律 $\overline{\overline{A}}=A$;

(5) 对偶律 $\overline{A\cup B}=\overline{A}\cap\overline{B}$, $\overline{A\cap B}=\overline{A}\cup\overline{B}$.

例1 考虑某教育局全体干部的集合, 令 A 为女干部, B 为已婚干部, C 为具有硕士学历的干部.

(1) 用文字说明 ABC, $(\overline{A}\cup B)\overline{C}$ 以及 $(A\overline{B}\cup\overline{AB})$ 的含义;

(2) 用 A, B, C 的运算表示"硕士学历的单身女干部"和"不是已婚硕士的干部".

解 (1) $AB\overline{C}$ 表示非硕士学历的已婚女干部.

$(\overline{A}\cup B)\overline{C}$ 表示非硕士学历的干部, 他是男性干部或是已婚干部.

$(A\overline{B}\cup\overline{A}\overline{B})=\overline{B}\cap\Omega=\overline{B}$, 表示"全体未婚干部".

(2)"硕士学历的单身女干部"表示为 $(A-B)C$,"不是已婚硕士的干部"表示为 $\overline{BC}$. ■

习题 4-1

1. 试说明随机试验应具有的三个特点.

2. 将一枚均匀的硬币抛两次, 事件 A, B, C 分别表示"第一次出现正面""两次出现同一面""至少有一次出现正面". 试写出样本空间及事件 A, B, C 中的样本点.

3. 掷一颗骰子, 观察其出现的点数, 事件 $A=$"偶数点", $B=$"奇数点", $C=$"点数小于5", $D=$"点数为小于5的偶数". 讨论上述事件的关系.

4. 设某人向靶子射击三次, 用 A_i 表示"第 i 次射击击中靶子" $(i=1, 2, 3)$, 试用语言描述下列事件:

(1) $\overline{A}_1\cup\overline{A}_2\cup\overline{A}_3$;　　(2) $\overline{A_1\cup A_2}$;　　(3) $(A_1A_2\overline{A}_3)\cup(\overline{A}_1A_2A_3)$.

5. 判断下列各式哪个成立, 哪个不成立, 并说明为什么.

(1) 若 $A\subset B$, 则 $\overline{B}\subset\overline{A}$;　　(2) $(A\cup B)-B=A$;　　(3) $A(B-C)=AB-AC$.

6. 证明: $(A\cup B)-B=A-AB=A\overline{B}=A-B$.

7. 两个事件互不相容与两个事件对立有何区别? 举例说明.

§4.2 随机事件的概率

对于一个随机事件 A, 在一次随机试验中, 它是否会发生, 事先并不能确定. 但我们会问：在一次试验中，事件 A 发生的可能性有多大？并希望找到一个合适的数来表征事件 A 在一次试验中发生的可能性大小．为此，本节首先引入频率的概念，它描述了事件发生的频繁程度，进而引出表征事件在一次试验中发生的可能性大小的数——概率．

一、频率及其性质

定义1 若在相同条件下进行 n 次试验，其中事件 A 发生的次数为 $r_n(A)$，则称 $f_n(A)=\dfrac{r_n(A)}{n}$ 为事件 A 发生的**频率**．

根据上述定义，频率反映了一个随机事件在大量重复试验中发生的频繁程度．例如，抛掷一枚均匀硬币时，在一次试验中虽然不能肯定是否会出现正面，但大量重复试验时，发现出现正面和反面的次数大致相等（见表4-1-1），即各占总试验次数的比例大致为0.5，并且随着试验次数的增加，这一比例更加稳定地趋于0.5．这似乎表明频率的稳定值与事件发生的可能性大小（概率）之间有着内在的联系．

在实际观察中，通过大量重复试验得到随机事件的频率稳定于某个数值的例子还有很多．它们均表明这样一个事实：当试验次数增加时，事件 A 发生的频率 $f_n(A)$ 总是稳定在一个确定的数值 p 附近，而且偏差随着试验次数的增加而越来越小．频率的这种性质在概率论中称为**频率的稳定性**．频率稳定性的事实说明了刻画随机事件 A 发生的可能性大小的数——概率的客观存在性．

定义2 在相同条件下重复进行 n 次试验，若事件 A 发生的频率 $f_n(A)=\dfrac{r_n(A)}{n}$ 随着试验次数 n 的增大而稳定地在某个常数 $p\,(0\le p\le 1)$ 附近摆动，则称 p 为**事件 A 的概率**，记为 $P(A)$．

上述定义称为随机事件概率的统计定义．根据这一定义，在实际应用时，往往可用试验次数足够多时的频率来估计概率的大小，且随着试验次数的增加，估计的精度会越来越高．

概率的统计定义实际上给出了一个近似计算随机事件概率的方法：当试验重复多次时，随机事件 A 的频率 $f_n(A)$ 可以作为事件 A 的概率 $P(A)$ 的近似值．

例1 从某鱼池中取100条鱼，做上记号后再放入该鱼池中．现从该池中任意捉来40条鱼，发现其中两条有记号，问池内大约有多少条鱼？

解 设池内有 n 条鱼，则从池中捉到一条有记号的鱼的概率为 $\dfrac{100}{n}$，它近似于捉到有记号的鱼的频率 $\dfrac{2}{40}$，即 $\dfrac{100}{n}\approx\dfrac{2}{40}$，解之得 $n\approx 2\,000$，故池内大约有2 000条鱼．■

二、概率的性质

由概率的统计定义可知，概率具有下述基本性质：

性质1　对于任一事件 A，有 $0 \le P(A) \le 1$.

性质2　$P(S)=1$，$P(\varnothing)=0$.

性质3　设 A, B 为两个互不相容的事件，则

$$P(A \cup B)=P(A)+P(B).$$

注：性质 3 可推广到任意 n 个事件的并的情形.

性质4　$P(\overline{A})=1-P(A)$.

证明　因 $A \cup \overline{A}=S$，且 $A\overline{A}=\varnothing$，由性质 2 与性质 3，得

$$1=P(S)=P(A \cup \overline{A})=P(A)+P(\overline{A}),$$

因此 $P(\overline{A})=1-P(A)$. ■

性质5　$P(A-B)=P(A)-P(AB)$；特别地，若 $B \subset A$，则

(1) $P(A-B)=P(A)-P(B)$，　　(2) $P(A) \ge P(B)$.

证明　因 $A=(A-B) \cup AB$，且 $(A-B)(AB)=\varnothing$，再由概率的有限可加性，即得 $P(A)=P(A-B)+P(AB)$，所以

$$P(A-B)=P(A)-P(AB).$$

特别地，若 $B \subset A$，则

$$P(A)=P(A-B)+P(AB)=P(A-B)+P(B),$$

又由概率的非负性，$P(A-B) \ge 0$，有 $P(A) \ge P(B)$. ■

性质6　对于任意两个事件 A, B，有

$$P(A \cup B)=P(A)+P(B)-P(AB).$$

证明　因 $A \cup B=A \cup (B-AB)$，且 $A(B-AB)=\varnothing$，$AB \subset B$，故有

$$P(A \cup B)=P(A)+P(B-AB)=P(A)+P(B)-P(AB).$$ ■

注：性质 6 可推广到任意 n 个事件的并的情形，如 $n=3$ 时，有

$$P(A \cup B \cup C)=P(A)+P(B)+P(C)-P(AB)-P(BC)-P(AC)+P(ABC).$$

例2　已知 $P(\overline{A})=0.5$，$P(AB)=0.2$，$P(B)=0.4$，求

(1) $P(A-B)$；　　(2) $P(A \cup B)$；　　(3) $P(\overline{AB})$.

解　利用概率的性质，可得

(1) $P(A)=1-P(\overline{A})=1-0.5=0.5$，

$P(A-B)=P(A)-P(AB)=0.5-0.2=0.3$；

(2) $P(A \cup B)=P(A)+P(B)-P(AB)=0.5+0.4-0.2=0.7$；

(3) $P(\overline{A}\,\overline{B})=P(\overline{A \cup B})=1-P(A \cup B)=1-0.7=0.3$. ■

三、古典概型

我们称具有下列两个特征的随机试验模型为**古典概型**.

(1) 随机试验只有有限个可能的结果；

(2) 每一个结果发生的可能性大小相同.

因而，古典概型又称为**等可能概型**. 在概率论的产生和发展过程中，它是最早的研究对象，而且在实际应用中也是最常用的一种概率模型. 它在数学上可表述为

(1)′ 试验的样本空间有限，记 $S=\{\omega_1,\omega_2,\cdots,\omega_n\}$；

(2)′ 每一基本事件的概率相同，记 $A_i=\{\omega_i\}\ (i=1,2,\cdots,n)$，即

$$P(A_1)=P(A_2)=\cdots=P(A_n).$$

根据古典概型的特点，我们可以定义任一随机事件的概率.

定义3 对给定的古典概型，若其样本空间中基本事件的总数为 n，事件 A 包含其中 k 个基本事件，则事件 A 的**概率**为

$$P(A)=\frac{k}{n}=\frac{A\text{包含的基本事件数}}{S\text{中基本事件的总数}}.$$

上述定义称为**概率的古典定义**，由古典定义求得的概率简称为**古典概率**. 按照古典定义确定概率的方法称为**古典方法**，这种方法把求古典概率的问题转化为对基本事件的计数问题，此类计数问题可以排列组合作为工具.

注：有关排列组合的基本内容详见教材配套的网络学习空间.

例3 掷一颗匀称骰子，设 A 表示所掷结果为"四点或五点"，B 表示所掷结果为"偶数点". 求 $P(A)$ 和 $P(B)$.

解 设 $A_1=\{1\},A_2=\{2\},\cdots,A_6=\{6\}$分别表示所掷结果为"一点""两点"……"六点"，则样本空间 $\Omega=\{1,2,3,4,5,6\}$，$A_1,A_2,\cdots,A_6$ 是所有不同的基本事件，且它们发生的概率相同，于是

$$P(A_1)=P(A_2)=\cdots=P(A_6)=\frac{1}{6}.$$

由$A=A_4\cup A_5=\{4,5\}$，$B=A_2\cup A_4\cup A_6=\{2,4,6\}$，得

$$P(A)=\frac{2}{6}=\frac{1}{3},\ P(B)=\frac{3}{6}=\frac{1}{2}.$$ ■

例4 将3个球随机放入4个杯子中，问杯子中球的个数最多为1, 2, 3的概率各是多少？

解 设 A,B,C 分别表示杯子中的球数最多为1, 2, 3的事件. 我们认为球是可以区分的，于是，放球过程的所有可能结果数为 $n=4^3$.

(1) A 所含的基本事件数，即从4个杯子中任选3个杯子，每个杯子放入一个球，杯子的选法有 C_4^3 种，球的放法有3!种，故

$$P(A)=\frac{\mathrm{C}_4^3\cdot 3!}{4^3}=\frac{3}{8}.$$

(2) C 所含的基本事件数：由于杯子中的最多球数是3，即3个球放在同一个杯

子中共有 4 种放法，故

$$P(C)=\frac{4}{4^3}=\frac{1}{16}.$$

(3) 由于 3 个球放在 4 个杯子中的各种可能放法为事件

$$A\cup B\cup C,$$

显然 $A\cup B\cup C=S$，且 A,B,C 互不相容，故

$$P(B)=1-P(A)-P(C)=\frac{9}{16}.$$ ■

注：在用排列组合公式计算古典概率时必须注意，样本空间 S 和事件 A 所包含的基本事件数的多少与问题是排列还是组合有关，不要重复计数，也不要遗漏.

例 5　货架上有外观相同的商品 15 件，其中 12 件来自产地甲，3 件来自产地乙. 现从 15 件商品中随机地抽取两件，求这两件商品来自同一产地的概率.

解　从 15 件商品中取出两件商品，共有 C_{15}^2 种取法，且每种取法都是等可能的. 每一种取法是一个基本事件，于是，基本事件总数 $n=\mathrm{C}_{15}^2=\frac{15\times14}{2\times1}=105$. 同理，事件 $A_1=\{$两件商品来自产地甲$\}$ 包含基本事件数

$$k_1=\mathrm{C}_{12}^2=\frac{12\times11}{2\times1}=66,$$

事件 $A_2=\{$两件商品来自产地乙$\}$ 包含基本事件数

$$k_2=\mathrm{C}_3^2=3,$$

而事件 $A=\{$两件商品来自同一产地$\}=A_1\cup A_2$，且 A_1 与 A_2 互斥. 所以，事件 A 包含基本事件数 $k=k_1+k_2=69$. 于是，所求概率

$$P(A)=\frac{k}{n}=\frac{69}{105}=\frac{23}{35}.$$ ■

例 6　设某校高一年级一、二、三班男生与女生的人数如下表所示：

班级 / 性别	一班	二班	三班	总计
男	23	22	24	69
女	25	24	22	71
总计	48	46	46	140

现从中随机抽取一人，问该学生是一班学生或是男学生的概率是多少？

解　设 A 表示 {一班学生}，B 表示 {男学生}，则

$$P(A)=\frac{48}{140},\ P(B)=\frac{69}{140},\ P(AB)=\frac{23}{140}.$$

于是

$$P(A\cup B)=P(A)+P(B)-P(AB)=\frac{48}{140}+\frac{69}{140}-\frac{23}{140}=\frac{47}{70}\approx 0.67.$$

即该学生是一班学生或是男学生的概率约为0.67. ■

习题 4-2

1. 设 $P(A)=0.1$, $P(A\cup B)=0.3$, 且 A 与 B 互不相容，求 $P(B)$.

2. 设 $P(A)=\frac{1}{3}$, $P(B)=\frac{1}{4}$, $P(A\cup B)=\frac{1}{2}$, 求 $P(\overline{A}\cup\overline{B})$.

3. 10 把钥匙中有 3 把能打开门, 今任取两把, 求能打开门的概率.

4. 将两封信随机地投入四个邮筒, 求前两个邮筒内没有信的概率及第一个邮筒内只有一封信的概率.

5. 从 0, 1, 2, ⋯, 9 中任意选出 3 个不同的数字，试求下列事件的概率：

$A_1=\{$三个数字中不含 0 与 5$\}$，$A_2=\{$三个数字中不含 0 或 5$\}$.

6. 从一副扑克牌 (52 张) 中任取 3 张(不重复), 计算取出的 3 张牌中至少有 2 张花色相同的概率.

7. 袋中装有 5 个白球，3 个黑球, 从中一次任取两个.

(1) 求取到的两个球颜色不同的概率;

(2) 求取到的两个球中有黑球的概率.

8. 在 1 500 个产品中有 400 个次品、1 100 个正品，任取 200 个.

(1) 求恰有 90 个次品的概率;　　(2) 求至少有 2 个次品的概率.

9. 从 5 双不同的鞋子中任取 4 只, 问这 4 只鞋子中至少有两只配成一双的概率是多少?

10. 从 1 到 9 的 9 个整数中有放回地随机取 3 次，每次取一个数，求取出的 3 个数之积能被 10 整除的概率.

§4.3 条 件 概 率

一、条件概率的概念

先由一个简单的例子引入条件概率的概念.

引例　一批同型号的产品由甲、乙两厂生产，产品结构如表 4-3-1 所示：

表 4-3-1

等级 \ 数量 \ 厂别	甲厂	乙厂	合计
合格品	475	644	1 119
次品	25	56	81
合计	500	700	1 200

从这批产品中随意地取一件，则这件产品为次品的概率为

$$\frac{81}{1\,200}=6.75\,\%.$$

现在假设被告知取出的产品是甲厂生产的，那么这件产品为次品的概率又是多大呢？回答这一问题并不困难. 当我们被告知取出的产品是甲厂生产的时，我们不能肯定的只是该件产品是甲厂生产的500件中的哪一件，由于500件中有25件次品，自然我们可从中得出，在已知取出的产品是甲厂生产的条件下，它是次品的概率为 $\frac{25}{500}=5\%$. 记“取出的产品是甲厂生产的”这一事件为A，“取出的产品为次品”这一事件为B.

在事件A发生的条件下，求事件B发生的概率，这就是条件概率，记作$P(B|A)$.

在本例中，我们注意到：

$$P(B|A)=\frac{25}{500}=\frac{25/1\,200}{500/1\,200}=\frac{P(AB)}{P(A)}.$$

事实上，容易验证，对一般的古典概型，只要$P(A)>0$，总有

$$P(B|A)=\frac{P(AB)}{P(A)}.$$

由这些共性得到启发，我们在一般的概率模型中引入条件概率的数学定义.

二、条件概率的定义

定义1 设A, B是两个事件，且$P(A)>0$，则称

$$P(B|A)=\frac{P(AB)}{P(A)} \tag{3.1}$$

为在事件A发生的条件下，事件B的**条件概率**. 相应地，把$P(B)$称为**无条件概率**.

注: $P(B)$表示“B发生”这个随机事件的概率，而$P(B|A)$表示在A发生的条件下，事件B发生的条件概率. 计算$P(B)$时，是在整个样本空间S上考察B发生的概率，而计算$P(B|A)$时，实际上是仅局限于在A事件发生的范围考察B事件发生的概率. 一般地，$P(B|A)\neq P(B)$.

例1 某种元件用满6 000小时未坏的概率是3/4，用满10 000小时未坏的概率是1/2，现有一个此种元件，已经用过6 000小时未坏，求它能用到10 000小时的概率.

解 设A表示{用满10 000小时未坏}，B表示{用满6 000小时未坏}，则

$$P(B)=3/4,\quad P(A)=1/2.$$

由于$A\subset B$，$AB=A$，因而$P(AB)=1/2$，故

$$P(A|B)=\frac{P(AB)}{P(B)}=\frac{P(A)}{P(B)}=\frac{1/2}{3/4}=2/3. \quad ■$$

注：计算条件概率有两种方法：

① 在样本空间 S 中，先求事件 $P(AB)$ 和 $P(A)$，再按定义计算 $P(B|A)$；

② 在缩减的样本空间 A 中求事件 B 的概率，就得到 $P(B|A)$.

例 2 袋中有 5 个球，其中 3 个红球，2 个白球. 现从袋中不放回地连取两个. 已知第一次取得红球，求第二次取得白球的概率.

解 设 A 表示“第一次取得红球”，B 表示“第二次取得白球”，求 $P(B|A)$.

方法一 缩减样本空间 A 中的样本点数，即第一次取得红球的取法有 $\mathrm{P}_3^1\mathrm{P}_4^1$ 种，其中，第二次取得白球的取法有 $\mathrm{P}_3^1\mathrm{P}_2^1$ 种，所以

$$P(B|A)=\frac{\mathrm{P}_3^1\mathrm{P}_2^1}{\mathrm{P}_3^1\mathrm{P}_4^1}=\frac{1}{2}.$$

也可以直接计算，因为第一次取走了 1 个红球，袋中只剩下 4 个球，其中有 2 个白球，再从中任取 1 个，取到白球的概率为 2/4，所以

$$P(B|A)=\frac{2}{4}=\frac{1}{2}.$$

方法二 在 5 个球中不放回地连取两球的取法有 P_5^2 种，其中，第一次取得红球的取法有 $\mathrm{P}_3^1\mathrm{P}_4^1$ 种，第一次取得红球第二次取得白球的取法有 $\mathrm{P}_3^1\mathrm{P}_2^1$ 种，所以

$$P(A)=\frac{\mathrm{P}_3^1\mathrm{P}_4^1}{\mathrm{P}_5^2}=\frac{3}{5},\quad P(AB)=\frac{\mathrm{P}_3^1\mathrm{P}_2^1}{\mathrm{P}_5^2}=\frac{3}{10}.$$

由定义得

$$P(B|A)=\frac{P(AB)}{P(A)}=\frac{3/10}{3/5}=\frac{1}{2}.$$

■

三、乘法公式

由条件概率的定义立即得到：

$$P(AB)=P(A)P(B|A)\quad (P(A)>0). \tag{3.2}$$

注意到 $AB=BA$，及 A, B 的对称性可得到：

$$P(AB)=P(B)P(A|B)\quad (P(B)>0). \tag{3.3}$$

式 (3.2) 和式 (3.3) 都称为**乘法公式**，利用它们可计算两个事件同时发生的概率.

例 3 一袋中装 10 个球，其中 3 个黑球，7 个白球，先后两次从中任意各取一球 (不放回)，求两次取到的均为黑球的概率.

解 设 A_i 表示事件“第 i 次取到的是黑球” $(i=1, 2)$，则 A_1A_2 表示事件“两次取到的均为黑球”. 由题设知，第一次取得黑球的概率为 $P(A_1)=\dfrac{3}{10}$. 因第二次取球就在剩下的 2 个黑球 7 个白球共 9 个球中任取一个，所以

$$P(A_2|A_1)=\frac{2}{9},$$

于是，根据乘法公式，有

$$P(A_1A_2)=P(A_1)P(A_2|A_1)=\frac{3}{10}\times\frac{2}{9}=\frac{1}{15}. \quad ■$$

注：乘法公式(3.2)和公式(3.3)可以推广到有限个事件积的概率情形：

设 $A_1, A_2, \cdots, A_n$ 为 n 个事件，且 $P(A_1A_2\cdots A_{n-1})>0$，则

$$P(A_1A_2\cdots A_n)=P(A_1)P(A_2|A_1)P(A_3|A_1A_2)\cdots P(A_n|A_1A_2\cdots A_{n-1}). \quad (3.4)$$

例4 一批灯泡共100只，其中10只是次品，其余为正品. 做不放回抽取，每次取一只，求第三次才取到正品的概率.

解 设 $A_i=\{$第 i 次取到正品$\}$, $i=1,2,3$, $A=\{$第三次才取到正品$\}$, 则

$$A=\overline{A_1}\,\overline{A_2}A_3,$$

于是

$$P(A)=P(\overline{A_1}\,\overline{A_2}A_3)=P(\overline{A_1})\cdot P(\overline{A_2}|\overline{A_1})\cdot P(A_3|\overline{A_1}\,\overline{A_2})$$

$$=\frac{10}{100}\times\frac{9}{99}\times\frac{90}{98}\approx 0.008\,3.$$

所以，第三次才取到正品的概率约为0.008 3. ■

四、全概率公式

全概率公式是概率论中的一个基本公式. 它将计算一个复杂事件的概率问题转化为在不同情况或不同原因下发生的简单事件的概率的求和问题.

定理1 设 $A_1, A_2, \cdots, A_n, \cdots$ 是一个完备事件组，且 $P(A_i)>0$, $i=1, 2, \cdots$, 则对任一事件 B, 有

$$P(B)=P(A_1)P(B|A_1)+\cdots+P(A_n)P(B|A_n)+\cdots. \quad (3.5)$$

证明

$$P(B)=P(B\cap S)=P(B\cap(\bigcup_i A_i))=P(\bigcup_i(B\cap A_i))$$

$$=\sum_i P(B\cap A_i)=\sum_i P(A_i)P(B|A_i). \quad ■$$

注：公式(3.5)指出，在复杂情况下不易直接计算 $P(B)$ 时，可根据具体情况构造一组完备事件 $\{A_i\}$，使事件 B 发生的概率是各事件 $A_i(i=1, 2, \cdots)$ 发生的条件下事件 B 发生的概率的总和. 直观示意图见图4-3-1.

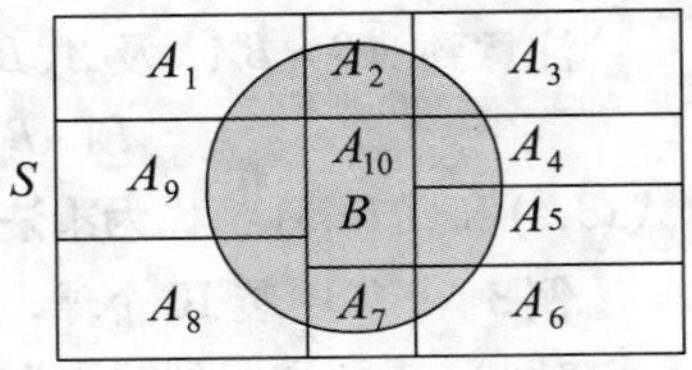

图4-3-1

特别地，若取 $n=2$，并将 A_1 记为 A，则 A_2 就是 $\overline{A}$. 于是，可得

$$P(B)=P(A)P(B|A)+P(\overline{A})P(B|\overline{A}).$$

例5 人们为了解一只股票未来一定时期内价格的变化，往往会去分析影响股票价格的基本因素，比如利率的变化. 现假设人们经分析估计利率下调的概率为60%，利率不变的概率为40%. 根据经验，人们估计，在利率下调的情况下，该只股票价格

上涨的概率为80%，而在利率不变的情况下，其价格上涨的概率为40%，求该只股票价格将上涨的概率.

解 记A为事件“利率下调”，那么$\overline{A}$即为“利率不变”，记B为事件“股票价格上涨”. 据题设知

$$P(A)=60\%,\ P(\overline{A})=40\%,\ P(B|A)=80\%,\ P(B|\overline{A})=40\%,$$

于是

$$P(B)=P(AB)+P(\overline{A}B)=P(A)P(B|A)+P(\overline{A})P(B|\overline{A})$$
$$=60\%\times 80\%+40\%\times 40\%=64\%.$$

■

例6 有三个罐子, 1号装有2红1黑共3个球, 2号装有3红1黑共 4个球, 3号装有2红2黑共4个球, 如图4-3-2所示. 某人从中随机取一罐, 再从该罐中任意取出一球，求取得红球的概率.

解 记$B_i=\{$球取自i号罐$\}$ $i=1, 2, 3;$

$A=\{$取得红球$\}.$

因为A发生总是伴随着B_1, B_2, B_3之一同时发生, 所以B_1, B_2, B_3是样本空间的一个划分.

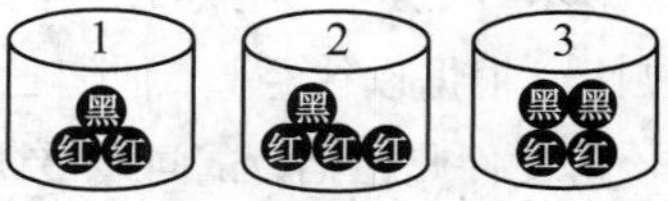

图4-3-2

由全概率公式得

$$P(A)=\sum_{i=1}^{3}P(B_i)P(A|B_i).$$

依题意:

$$P(A|B_1)=2/3,\qquad P(A|B_2)=3/4,\qquad P(A|B_3)=1/2,$$
$$P(B_1)=P(B_2)=P(B_3)=1/3.$$

代入数据计算得

$$P(A)\approx 0.639.$$

■

现在如果我们取出的一个球是红球，那么红球是从第一个罐中取出的概率是多少? 下面的贝叶斯公式将给出这个问题的解答.

五、贝叶斯公式

利用全概率公式，可通过综合分析一事件发生的不同原因或情况及其可能性来求得该事件发生的概率. 下面给出的贝叶斯公式则考虑与之完全相反的问题，即一事件已经发生，要考察引发该事件发生的各种原因或情况的可能性大小.

定理2 设$A_1, A_2, \cdots, A_n, \cdots$是一完备事件组，则对任一事件$B$, $P(B)>0$, 有

$$P(A_i|B)=\frac{P(A_iB)}{P(B)}=\frac{P(A_i)P(B|A_i)}{\sum_j P(A_j)P(B|A_j)},\quad i=1, 2, \cdots, \tag{3.6}$$

上述公式称为**贝叶斯公式**.

由条件概率的定义及全概率公式即可得证.

例 7　对于例 6, 若取出的一球是红球, 试求该红球是从第一个罐中取出的概率.

解　仍然用例 6 的记号. 要求 $P(B_1|A)$, 由贝叶斯公式知

$$P(B_1|A)=\frac{P(A|B_1)P(B_1)}{P(A|B_1)P(B_1)+P(A|B_2)P(B_2)+P(A|B_3)P(B_3)}$$

$$=\frac{P(A|B_1)P(B_1)}{P(A)}\approx 0.348 .$$

■

式 (3.6) 中, $P(A_i)$ 和 $P(A_i|B)$ 分别称为原因的**先验概率**和**后验概率**. $P(A_i)$ $(i=1, 2, \cdots)$ 是在没有进一步信息 (不知道事件 B 是否发生) 的情况下诸事件发生的概率. 在获得新的信息 (知道 B 发生) 后, 人们对诸事件发生的概率 $P(A_i|B)$ 就有了新的估计. 贝叶斯公式从数量上刻画了这种变化.

例 8　某公司有甲、乙、丙三位秘书, 让他们把公司文件的 45%, 40%, 15% 进行归档, 根据以往经验, 他们工作中出现错误的概率分别为 0.01, 0.02, 0.05. 现发现有一份文件归错档, 试问该错误最有可能是谁犯的?

解　设事件

$$A_i=\{\text{文件由第 } i \text{ 位秘书归档}\},\ i=1,2,3,\ B=\{\text{文件归错档}\},$$

依题意, 有

$$P(A_1)=0.45,\quad P(A_2)=0.4,\quad P(A_3)=0.15;$$
$$P(B|A_1)=0.01,\ P(B|A_2)=0.02,\ P(B|A_3)=0.05.$$

根据全概率公式, 有

$$P(B)=\sum_{i=1}^{3}P(B|A_i)P(A_i)=P(B|A_1)P(A_1)+P(B|A_2)P(A_2)+P(B|A_3)P(A_3)$$
$$=0.01\times 0.45+0.02\times 0.4+0.05\times 0.15=0.02,$$

现有一份文件归错档, 即说明事件 B 发生, 根据贝叶斯公式, 甲、乙、丙犯错的 (后验) 概率分别为

$$\text{甲}: P(A_1|B)=\frac{P(A_1B)}{P(B)}=\frac{P(B|A_1)P(A_1)}{\sum_{i=1}^{3}P(B|A_i)P(A_i)}=\frac{0.01\times 0.45}{0.02}=0.225;$$

$$\text{乙}: P(A_2|B)=\frac{P(A_2B)}{P(B)}=\frac{P(B|A_2)P(A_2)}{\sum_{i=1}^{3}P(B|A_i)P(A_i)}=\frac{0.02\times 0.4}{0.02}=0.4;$$

$$\text{丙}: P(A_3|B)=\frac{P(A_3B)}{P(B)}=\frac{P(B|A_3)P(A_3)}{\sum_{i=1}^{3}P(B|A_i)P(A_i)}=\frac{0.05\times 0.15}{0.02}=0.375;$$

由此可见, 这份文件由乙归错档的可能性最大.

■

从医生给病人看病这个例子我们来解释一下先验概率和后验概率. 若 $A_1, A_2, \cdots, A_n$ 是病人可能患的不同种类的疾病，在看病前先诊断这些疾病相关的指标 (如: 血压, 体温等), 若病人的某些指标偏离正常值(即 B 发生), 问该病人患了什么病?

从概率论的角度来看，若 $P(A_i|B)$ 大，则病人患 A_i 病的可能性也较大. 通过贝叶斯公式就可以看出. 人们通常喜欢找老医生看病，主要是因为老医生经验丰富，过去的经验能帮助医生作出较为准确的诊断，就能更好地为病人治病，而经验越丰富，先验概率就越高，贝叶斯公式正是利用了先验概率. 也正因为如此，此类方法受到人们的普遍重视，并被称为“贝叶斯方法”.

习题 4-3

1. 一批产品100件，有80件正品，20件次品，其中甲厂生产的为60件，有50件正品，10件次品，余下的40件均由乙厂生产. 现从该批产品中任取一件，记 A =“正品”, B =“甲厂生产的产品”，求 $P(A)$, $P(B)$, $P(AB)$, $P(B|A)$, $P(A|B)$.

2. 假设一批产品中一、二、三等品各占60%, 30%, 10%, 从中任取1件，结果不是三等品，求取到的是一等品的概率.

3. 设10件产品中有4件不合格品，从中任取2件，已知所取2件产品中有1件不合格品，求另一件也是不合格品的概率.

4. 已知 $P(A)=\frac{1}{4}$, $P(B|A)=\frac{1}{3}$, $P(A|B)=\frac{1}{2}$, 求 $P(A\cup B)$.

5. 设事件 A 与 B 互斥，且 $0<P(B)<1$, 试证明: $P(A|\overline{B})=\dfrac{P(A)}{1-P(B)}$.

6. 甲、乙两选手进行乒乓球单打比赛. 甲先发球，甲发球成功后，乙回球失误的概率为0.3; 若乙回球成功，甲回球失误的概率为0.4; 若甲回球成功，乙再次回球失误的概率为0.5. 试计算这几个回合中乙输掉1分的概率.

7. 用3部机床加工同一种零件，零件由各机床加工的概率分别为0.5, 0.3, 0.2, 各机床加工的零件为合格品的概率分别等于0.94, 0.9, 0.95, 求全部产品的合格率.

§4.4 事件的独立性

由§4.3中的例子可知，一般情况下, $P(B)\neq P(B|A)$, 即事件 A, B 中某个事件发对另一个事件发生的概率是有影响的. 但在许多实际问题中，常会遇到两个事件中任何一个事件发生都不会对另一个事件发生的概率产生影响. 此时, $P(B)=P(B|A)$, 故乘法公式可写成

$$P(AB)=P(A)P(B|A)=P(A)P(B).$$

由此引出了事件间的相互独立问题.

一、两个事件的独立性

定义1　若两事件 A, B 满足

$$P(AB)=P(A)P(B), \tag{4.1}$$

则称 A, B **独立**，或称 A, B **相互独立**.

注：两事件互不相容与相互独立是完全不同的两个概念，它们分别从两个不同的角度表述了两事件间的某种联系. 互不相容是表述在一次随机试验中两事件不能同时发生，而相互独立是表述在一次随机试验中一事件是否发生与另一事件是否发生互无影响. 此外，当 $P(A)>0$, $P(B)>0$ 时，A, B 相互独立与 A, B 互不相容不能同时成立. 进一步还可证明：若 A 与 B 既独立，又互斥，则 A 与 B 至少有一个是零概率事件.

定理1　设 A, B 是两事件，若 A, B 相互独立，且 $P(B)>0$，则 $P(A|B)=P(A)$. 反之亦然.

证明　由条件概率和独立性的定义即得. ■

定理2　设事件 A, B 相互独立，则事件 A 与 $\overline{B}$，$\overline{A}$ 与 B，$\overline{A}$ 与 $\overline{B}$ 也相互独立.

证明　由 $A=A(B\cup\overline{B})=AB\cup A\overline{B}$，得

$$P(A)=P(AB\cup A\overline{B})=P(AB)+P(A\overline{B})=P(A)P(B)+P(A\overline{B}),$$

$$P(A\overline{B})=P(A)[1-P(B)]=P(A)P(\overline{B}).$$

故 A 与 $\overline{B}$ 相互独立. 由此易推得 $\overline{A}$ 与 B，$\overline{A}$ 与 $\overline{B}$ 相互独立. ■

例1　从一副不含大小王的扑克牌中任取一张，记 $A=\{$抽到K$\}$, $B=\{$抽到的牌是黑色的$\}$，问事件 A, B 是否独立？

解　方法一　利用定义判断. 由

$$P(A)=\frac{4}{52}=\frac{1}{13}, \quad P(B)=\frac{26}{52}=\frac{1}{2}, \quad P(AB)=\frac{2}{52}=\frac{1}{26},$$

得到 $P(AB)=P(A)P(B)$，故事件 A, B 独立.

方法二　利用条件概率判断. 由

$$P(A)=\frac{1}{13}, \quad P(A|B)=\frac{2}{26}=\frac{1}{13},$$

得到 $P(A)=P(A|B)$，故事件 A, B 独立. ■

注：由例1可见，判断事件的独立性可利用定义或通过计算条件概率来判断. 但在实际应用中，常根据问题的实际意义去判断两事件是否独立.

例如，甲、乙两人向同一目标射击，记事件 $A=\{$甲命中$\}$, $B=\{$乙命中$\}$，因"甲命中"并不影响"乙命中"的概率，故 A, B 独立.

又如，一批产品共 n 件，从中抽取2件，设事件 $A_i=\{$第 i 件是合格品$\}$ $(i=1,2)$. 若抽取是有放回的，则 A_1 与 A_2 独立，因为第二次抽取的结果不受第一次抽取的影

响. 若抽取是无放回的, 则 A_1 与 A_2 不独立.

二、有限个事件的独立性

定义2 设 A, B, C 为三个事件, 若满足等式

$$\begin{cases} P(AB)=P(A)P(B) \\ P(AC)=P(A)P(C) \\ P(BC)=P(B)P(C) \\ P(ABC)=P(A)P(B)P(C) \end{cases}, \tag{4.2}$$

则称事件 A, B, C **相互独立**.

对 n 个事件的独立性, 可类似地定义:

设 $A_1, A_2, \cdots, A_n$ 是 $n(n>1)$ 个事件, 若对任意 $k(1<k\le n)$ 个事件 $A_{i_1}, A_{i_2}, \cdots, A_{i_k}(1\le i_1<i_2<\cdots<i_k\le n)$ 均满足等式

$$P(A_{i_1}A_{i_2}\cdots A_{i_k})=P(A_{i_1})P(A_{i_2})\cdots P(A_{i_k}), \tag{4.3}$$

则称事件 $A_1, A_2, \cdots, A_n$ **相互独立**.

注: 式(4.3)包含的等式总数为

$$\mathrm{C}_n^2+\mathrm{C}_n^3+\cdots+\mathrm{C}_n^n=(1+1)^n-\mathrm{C}_n^1-\mathrm{C}_n^0=2^n-n-1.$$

定义3 设 $A_1, A_2, \cdots, A_n$ 是 n 个事件, 若其中任意两个事件之间均相互独立, 则称 $A_1, A_2, \cdots, A_n$ **两两独立**.

多个相互独立事件具有如下性质:

性质1 若事件 $A_1, A_2, \cdots, A_n(n\ge 2)$ 相互独立, 则其中任意 $k(1<k\le n)$ 个事件也相互独立.

性质2 若 n 个事件 $A_1, A_2, \cdots, A_n(n\ge 2)$ 相互独立, 则将 $A_1, A_2, \cdots, A_n$ 中任意 $m(1\le m\le n)$ 个事件换成它们的对立事件, 所得的 n 个事件仍相互独立.

例2 已知甲、乙射手的命中率分别为0.77, 0.84, 他们各自独立地向同一目标射击一次. 试求目标被击中的概率.

解 设 A="甲击中目标", B="乙击中目标". 于是

$$P(A)=0.77,\quad P(B)=0.84.$$

题中的"目标被击中"即为"甲、乙射手至少有一人击中目标", 故本题实际上求的是事件 $A\cup B$ 的概率. 根据事件 A, B 具有独立性和相容性的特点, 可采用下列两种方法求解.

方法一 从任意事件概率的加法公式出发, 有

$$\begin{aligned} P(A\cup B)&=P(A)+P(B)-P(A)P(B) \\ &=0.77+0.84-0.77\times 0.84=0.963\,2. \end{aligned}$$

方法二 从事件 $A\cup B$ 的对立事件出发, 有

$$
\begin{aligned}
P(A\cup B) &= 1-P(\overline{A\cup B}) = 1-P(\overline{A}\,\overline{B}) \\
&= 1-P(\overline{A})P(\overline{B}) = 1-[1-P(A)][1-P(B)] \\
&= 1-(1-0.77)(1-0.84) = 0.963\ 2.
\end{aligned}
$$
■

注: 就本例而言, 两种解法的难易程度没有多大差别, 但当构成和(并)事件的独立事件的个数较多时, 方法二更能显示其优越性.

例 3 加工某一零件共需经过四道工序, 设第一、二、三、四道工序的次品率分别是 2%, 3%, 5%, 3%, 假定各道工序是互不影响的, 求加工出来的零件的次品率.

解 设 A_1, A_2, A_3, A_4 分别为四道工序发生次品的事件, D 为加工出来的零件是次品的事件, 则 $\overline{D}$ 为产品合格的事件, 故有

$$\overline{D} = \overline{A}_1\overline{A}_2\overline{A}_3\overline{A}_4,$$

$$
\begin{aligned}
P(\overline{D}) &= P(\overline{A}_1)P(\overline{A}_2)P(\overline{A}_3)P(\overline{A}_4) \\
&= (1-2\%)(1-3\%)(1-5\%)(1-3\%) = 87.597\ 79\% \approx 87.60\%;
\end{aligned}
$$

$$P(D) = 1-P(\overline{D}) = 1-87.60\% = 12.40\%.$$
■

***数学实验**

实验 4.2 中国福利彩票的双色球投注方式中, 红色球号码区由 1~33 共 33 个号码组成, 蓝色球号码区由 1~16 共 16 个号码组成. 投注时选择 6 个红色球号码和 1 个蓝色球号码组成一组进行单式投注, 每注 2 元. 开奖规定如下:

一等奖: 五百万至亿元级. 投注号码与当期开奖号码全部相同, 即中奖.

二等奖: 百万至千万元级. 投注号码与当期开奖号码中的 6 个红色球号码相同, 即中奖.

三等奖: 单注奖金固定为 3 000 元. 投注号码与当期开奖号码中的任意 5 个红色球号码和 1 个蓝色球号码相同, 即中奖.

四等奖: 单注奖金固定为 200 元. 投注号码与当期开奖号码中的任意 5 个红色球号码相同, 或与任意 4 个红色球和 1 个蓝色球号码相同, 即中奖.

五等奖: 单注奖金固定为 10 元. 投注号码与当期开奖号码中的任意 4 个红色球号码相同, 或与任意 3 个红色球和 1 个蓝色球号码相同, 即中奖.

六等奖: 单注奖金固定为 5 元. 投注号码与当期开奖号码中的 1 个蓝色球号码相同, 即中奖.

试分别求出投注者中上述各类奖的概率 (详见教材配套的网络学习空间).

这里我们要指出的是: 投注者如果想要以 99% 以上的概率中一等奖, 则他必须连续投注 53 万年以上 (按每年独立投注 156 期计算); 而投注者如果想要以 99% 以上的概率中二等奖, 则他必须连续投注 3.3 万年以上 (按每年独立投注 156 期计算).

三、伯努利概型

如果随机试验只有两种可能的结果: 事件 A 发生或事件 A 不发生, 则称这样的

试验为**伯努利(Bernoulli)试验**. 记

$$P(A)=p, \quad P(\overline{A})=1-p=q \quad (0<p<1,\ p+q=1),$$

将伯努利试验在相同条件下独立地重复进行 n 次，称这一串重复的独立试验为 ***n* 重伯努利试验**，或简称为**伯努利概型**.

注：n 重伯努利试验是一种很重要的数学模型，在实际问题中具有广泛的应用. 其特点是：事件 A 在每次试验中发生的概率均为 p，且不受其他各次试验中 A 是否发生的影响.

定理 3（伯努利定理） 设在一次试验中，事件 A 发生的概率为 $p(0<p<1)$，则在 n 重伯努利试验中，事件 A 恰好发生 k 次的概率为

$$b(k;n,p)=\mathrm{C}_n^k p^k(1-p)^{n-k} \quad (k=0,1,\cdots,n).$$

证明 略. ■

推论 1 设在一次试验中，事件 A 发生的概率为 $p(0<p<1)$，则在伯努利试验序列中，事件 A 在第 k 次试验中才首次发生的概率为

$$p(1-p)^{k-1} \quad (k=1,2,\cdots).$$

注意到“事件 A 在第 k 次试验中才首次发生”等价于在前 k 次试验组成的 k 重伯努利试验中“事件 A 在前 $k-1$ 次试验中均不发生而在第 k 次试验中发生”，再由伯努利定理即推得.

例 4 某型号高炮，每门炮发射一发炮弹击中飞机的概率为 0.6，现若干门炮同时各射一发，问：欲以 99% 的把握击中一架来犯的敌机，至少需配置几门炮？

解 设需配置 n 门炮. 因为 n 门炮是各自独立发射的，因此，该问题可以看作 n 重伯努利试验.

设 A 表示“高炮击中飞机”，$P(A)=0.6$，B 表示“敌机被击落”，问题归结为求满足下面不等式的 n：

$$P(B)=\sum_{k=1}^{n}\mathrm{C}_n^k\,0.6^k\,0.4^{n-k}\geq 0.99,$$

由

$$P(B)=1-P(\overline{B})=1-0.4^n\geq 0.99, \text{ 或 } 0.4^n\leq 0.01,$$

解得

$$n\geq\frac{\lg 0.01}{\lg 0.4}\approx 5.03.$$

因此，至少应配置 6 门炮才能达到要求. ■

习题 4-4

1. 设 $P(AB)=0$，则（ ）.

(A) A 和 B 不相容； (B) A 和 B 独立；

(C) $P(A)=0$ 或 $P(B)=0$;　(D) $P(A-B)=P(A)$.

2. 设每次试验成功率为 $p(0<p<1)$, 进行重复试验，求直到第 10 次试验时才取得 4 次成功的概率.

3. 甲、乙两人射击，甲击中的概率为 0.8，乙击中的概率为 0.7，两人同时射击，并假定中靶与否是独立的．求:

(1) 两人都中靶的概率;　(2) 甲中乙不中的概率;　(3) 甲不中乙中的概率.

4. 一个自动报警器由雷达和计算机两部分组成，若两部分有任何一个失灵，这个报警器就失灵．若使用 100 小时后，雷达失灵的概率为 0.1，计算机失灵的概率为 0.3，且两部分失灵与否是独立的，求这个报警器使用 100 小时而不失灵的概率.

5. 制造一种零件可采用两种工艺：第一种工艺有三道工序，每道工序的废品率分别为 0.1，0.2，0.3；第二种工艺有两道工序，每道工序的废品率都是 0.3．如果用第一种工艺，在合格零件中，一级品率为 0.9；如果用第二种工艺，合格品中的一级品率只有 0.8．试问哪一种工艺能保证得到一级品的概率较大？

6. 甲、乙、丙 3 部机床独立地工作，由 1 个人照管．某段时间，它们不需要照管的概率依次是 0.9，0.8，0.85，求在这段时间内，机床因无人照管而停工的概率.

7. 设事件 A 在每一次试验中发生的概率为 0.3，当 A 发生不少于 3 次时，指示灯发出信号．(1) 进行了 5 次重复独立试验，求指示灯发出信号的概率；(2) 进行了 7 次重复独立试验，求指示灯发出信号的概率.

8. 有一大批产品，其验收方案如下：先做第一次检验：从中任取 10 件，经检验无次品，则接受这批产品，次品数大于 2，则拒收；否则做第二次检验，其做法是从中再任取 5 件，仅当 5 件中无次品时接受这批产品．若产品的次品率为 10%，求:

(1) 这批产品经第一次检验就能被接受的概率;

(2) 需做第二次检验的概率;

(3) 这批产品按第二次检验的标准被接受的概率;

(4) 这批产品在第一次检验时未能做决定且第二次检验时被接受的概率;

(5) 这批产品被接受的概率.

第5章　随机变量及其分布

在随机试验中，人们除了对某些特定事件发生的概率感兴趣外，往往还关心某个与随机试验的结果相联系的变量．由于这一变量的取值依赖于随机试验的结果，因而被称为随机变量．与普通的变量不同，对于随机变量，人们虽然无法事先预知其确切取值，但可以研究其取值的统计规律性．本章将介绍两类随机变量及描述随机变量统计规律性的分布．

§5.1　随 机 变 量

一、随机变量概念的引入

为全面研究随机试验的结果，揭示随机现象的统计规律性，需将随机试验的结果数量化，即把随机试验的结果与实数对应起来．

(1) 在有些随机试验中，试验的结果本身就由数量来表示．

例如，在抛掷一颗骰子，观察其出现的点数的试验中，试验的结果就可分别由数 1, 2, 3, 4, 5, 6 来表示．

(2) 在另一些随机试验中，试验结果看起来与数量无关，但可以指定一个数量来表示．

例如，在抛掷一枚硬币观察其出现正面或反面的试验中，若规定“出现正面”对应数1,“出现反面”对应数 −1, 则该试验的每一种可能结果都有唯一确定的实数与之对应．

上述例子表明，随机试验的结果都可用一个实数来表示，这个数随着试验结果的不同而变化，因而，它是样本点的函数，这个函数就是我们要引入的随机变量．

二、随机变量的定义

定义 1　设随机试验的样本空间为S，称定义在样本空间S上的实值单值函数$X=X(\omega)$为**随机变量**．

注：随机变量即为定义在样本空间上的实值函数．图 5−1−1 中画出了样本点ω与实数$X=X(\omega)$对应的示意图．

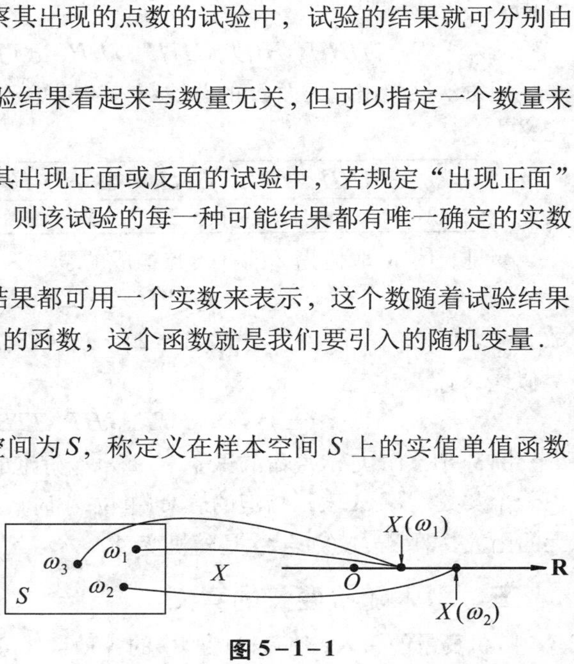

图 5−1−1

随机变量 X 的取值由样本点 ω 决定. 反之，使 X 取某一特定值 a 的那些样本点的全体构成样本空间 S 的一个子集，即

$$A=\{\omega \mid X(\omega)=a\}\subset S.$$

它是一个事件，当且仅当事件 A 发生时才有 $\{X=a\}$，为简便起见，今后将事件

$$A=\{\omega \mid X(\omega)=a\} \text{ 记为 } \{X=a\}.$$

随机变量通常用大写字母 X, Y, Z 或希腊字母 ξ, η 等表示. 而表示随机变量所取的值时，一般采用小写字母 x, y, z 等.

随机变量与高等数学中函数的比较:

(1) 它们都是实值函数，但前者在试验前只知道它可能取值的范围，而不能预先肯定它将取哪个值;

(2) 因试验结果的出现具有一定的概率，故前者取每个值和每个确定范围内的值也有一定的概率.

例1 在抛掷一枚硬币进行打赌时，若规定出现正面时抛掷者赢1元钱，出现反面时输1元钱，则其样本空间为

$$S=\{\text{正面, 反面}\},$$

记赢钱数为随机变量 X，则 X 作为样本空间 S 上的实值函数定义为

$$X(\omega)=\begin{cases} 1, & \omega=\text{正面} \\ -1, & \omega=\text{反面} \end{cases}.$$

■

例2 在将一枚硬币抛掷三次，观察正面 H、反面 T 出现情况的试验中，其样本空间为

$$S=\{HHH, HHT, HTH, THH, HTT, THT, TTH, TTT\}.$$

记每次试验出现正面 H 的总次数为随机变量 X，则 X 作为样本空间 S 上的函数定义为

ω	HHH	HHT	HTH	THH	HTT	THT	TTH	TTT
X	3	2	2	2	1	1	1	0

易见，使 X 取值为2的样本点构成的子集为

$$A=\{HHT, HTH, THH\},$$

故

$$P\{X=2\}=P(A)=3/8,$$

类似地，有

$$P\{X\le 1\}=P\{HTT, THT, TTH, TTT\}=4/8=1/2.$$

■

例3 在测试灯泡寿命的试验中，每一个灯泡的实际使用寿命可能是 $[0,+\infty)$ 中任何一个实数. 若用 X 表示灯泡的寿命(单位:小时)，则 X 是定义在样本空间 $S=\{t \mid t\ge 0\}$ 上的函数，即 $X=X(t)=t$，是随机变量. ■

三、引入随机变量的意义

随机变量的引入，使随机试验中的各种事件可通过随机变量的关系式表达出来.

例如，某城市的120急救电话每小时收到的呼叫次数 X 是一个随机变量.

事件{收到不少于20次呼叫}可表示为$\{X \geq 20\}$;

事件{恰好收到10次呼叫}可表示为$\{X = 10\}$.

由此可见，随机事件这个概念实际上包含在随机变量这个更广的概念内．也可以说，随机事件是以静态的观点来研究随机现象的，而随机变量则以动态的观点来研究.

随机变量概念的产生是概率论发展史上的重大事件．引入随机变量后，对随机现象统计规律的研究，就由对事件及事件概率的研究转化为对随机变量及其取值规律的研究，使人们可利用数学分析的方法对随机试验的结果进行广泛而深入的研究.

随机变量因其取值方式不同，通常分为离散型和非离散型两类．而非离散型随机变量中最重要的是连续型随机变量．今后，我们主要讨论离散型随机变量和连续型随机变量.

习题 5-1

1. 随机变量的特征是什么?

*2. 试述随机变量的分类.

3. 盒中装有大小相同的球10个，编号为0, 1, 2, …, 9，从中任取1个，观察号码“小于5”“等于5”“大于5”的情况．试定义一个随机变量来表达上述随机试验结果，并写出该随机变量取每一个特定值的概率.

§5.2 离散型随机变量及其概率分布

一、离散型随机变量及其概率分布

设 X 是一个随机变量，如果它全部可能的取值只有有限个或可数无穷个，则称 X 为一个**离散型随机变量**.

设 $x_1, x_2, \cdots$ 是随机变量 X 的所有可能取值，对每个取值 x_i，$\{X = x_i\}$ 是其样本空间 S 上的一个事件，为描述随机变量 X，还需知道这些事件发生的可能性(概率).

定义1 设离散型随机变量 X 的所有可能取值为 $x_i\ (i = 1, 2, \cdots)$,

$$P\{X = x_i\} = p_i,\quad i = 1, 2, \cdots$$

称为 X 的**概率分布**或**分布律**，也称**概率函数**.

常用表格形式来表示 X 的概率分布:

X	x_1	x_2	$\cdots$	x_n	$\cdots$
p_i	p_1	p_2	$\cdots$	p_n	$\cdots$

由概率的定义，$p_i\,(i=1,2,\cdots)$ 必然满足：

(1) $p_i \geq 0,\ i=1,2,\cdots$；　　(2) $\sum\limits_i p_i = 1$.

例 1　某篮球运动员投中篮圈的概率是0.9，求他两次独立投篮投中次数 X 的概率分布.

解　X 可取值 0, 1, 2，记 $A_i=\{$第 i 次投中篮圈$\}$，$i=1,2$，则

$$P(A_1)=P(A_2)=0.9,$$

$$P\{X=0\}=P(\overline{A_1}\,\overline{A_2})=P(\overline{A_1})P(\overline{A_2})=0.1\times0.1=0.01,$$

$$\begin{aligned}P\{X=1\}&=P(A_1\overline{A_2}\cup\overline{A_1}A_2)\\&=P(A_1\overline{A_2})+P(\overline{A_1}A_2)=0.9\times0.1+0.1\times0.9=0.18,\end{aligned}$$

$$P\{X=2\}=P(A_1A_2)=P(A_1)P(A_2)=0.9\times0.9=0.81,$$

且

$$P\{X=0\}+P\{X=1\}+P\{X=2\}=1.$$

于是，X 的概率分布可表示为

X	0	1	2
p_i	0.01	0.18	0.81

■

关于分布律的说明：

若已知一个离散型随机变量 X 的概率分布：

X	x_1	x_2	$\cdots$	x_n	$\cdots$
p_i	p_1	p_2	$\cdots$	p_n	$\cdots$

则可以求得 X 所生成的任何事件的概率，特别地，

$$P\{a\leq X\leq b\}=P\left\{\bigcup_{a\leq x_i\leq b}\{X=x_i\}\right\}=\sum_{a\leq x_i\leq b}p_i.$$

例如，设 X 的概率分布由例 1 给出，则

$$P\{X<2\}=P\{X=0\}+P\{X=1\}=0.01+0.18=0.19,$$

$$P\{-2\leq X\leq 6\}=P\{X=0\}+P\{X=1\}+P\{X=2\}=1.$$

二、常用离散分布

1. 两点分布

定义 2　若一个随机变量 X 只有两个可能取值，且其分布为

$$P\{X=x_1\}=p,\quad P\{X=x_2\}=1-p\quad(0<p<1),$$

则称 X 服从 x_1, x_2 处参数为 p 的**两点分布**.

特别地，若 X 服从 $x_1=1$，$x_2=0$ 处参数为 p 的两点分布，即

X	0	1
p_i	q	p

则称 X 服从参数为 p 的 **0－1 分布**，其中 $q=1-p$.

易见，(1) $0<p,\ q<1$；(2) $p+q=1$.

对于一个随机试验，若它的样本空间只包含两个元素，即

$$S=\{\omega_1,\omega_2\},$$

则总能在 S 上定义一个服从 0－1 分布的随机变量

$$X=X(\omega)=\begin{cases}0, & \omega=\omega_1\\ 1, & \omega=\omega_2\end{cases}$$

来描述这个随机试验的结果．例如，抛掷硬币试验，检查产品的质量是否合格，某工厂的电力消耗是否超过负荷等．

例 2 200 件产品中，有196 件是正品，4 件是次品，今从中随机地抽取一件，若规定 $X=\begin{cases}1, & 取到正品\\ 0, & 取到次品\end{cases}$，则

$$P\{X=1\}=\frac{196}{200}=0.98,\ P\{X=0\}=\frac{4}{200}=0.02.$$

于是，X 服从参数为0.98 的 0－1 分布． ■

2. 二项分布

在 n 重伯努利试验中，设每次试验中事件 A 发生的概率为 p．用 X 表示 n 重伯努利试验中事件 A 发生的次数，则 X 的可能取值为 $0,1,\cdots,n$，且对每一个 $k\,(0\le k\le n)$，事件 $\{X=k\}$ 即为“n 次试验中事件 A 恰好发生 k 次”．根据伯努利概型，有

$$P\{X=k\}=\mathrm{C}_n^k p^k(1-p)^{n-k},\quad k=0,1,\cdots,n. \tag{2.1}$$

定义 3 若一个随机变量 X 的概率分布由式 (2.1) 给出，则称 X 服从参数为 n, p 的**二项分布**．记为 $X\sim b(n,p)$（或 $B(n,p)$）.

显然，(1) $P\{X=k\}\ge 0$；(2) $\sum\limits_{k=0}^{n}P\{X=k\}=1$.

注：当 $n=1$ 时，式 (2.1) 变为

$$P\{X=k\}=p^k(1-p)^{1-k},\quad k=0,1,$$

此时，随机变量 X 即服从 0－1 分布．

例 3 已知100 件产品中有 5 件次品，现从中有放回地取 3 次，每次任取 1 件，求在所取的 3 件产品中恰有 2 件次品的概率．

解 因为这是有放回地取 3 次，因此，这 3 次试验的条件完全相同且独立，它是伯努利试验．依题意，每次试验取到次品的概率为 0.05．设 X 为所取的 3 件产品中的次品数，则 $X\sim b(3,0.05)$．于是，所求概率为：

$$P\{X=2\}=\mathrm{C}_3^2(0.05)^2(0.95)=0.007\,125.$$ ■

***数学实验**

实验 5.1(电话接线问题) 某电话交换台有2 000个用户，在任意时刻各用户是否需要通话是独立的，且每个用户需要通话的概率为 $\frac{1}{60}$. 问该交换台最少需要多少条外线才能保证各个用户在任何时刻同时使用的通畅率不小于99%？(详见教材配套的网络学习空间.)

3. 泊松分布

定义4 若一个随机变量 X 的概率分布为

$$P\{X=k\}=\mathrm{e}^{-\lambda}\frac{\lambda^k}{k!},\ \lambda>0,\ k=0,1,2,\cdots, \tag{2.2}$$

则称 X 服从参数为 λ 的**泊松分布**，记为 $X\sim P(\lambda)$ (或 $X\sim\pi(\lambda)$).

易见，(1) $P\{X=k\}\geq 0,\ k=0,1,2,\cdots$;

$$(2)\ \sum_{k=0}^{\infty}P\{X=k\}=\sum_{k=0}^{\infty}\mathrm{e}^{-\lambda}\frac{\lambda^k}{k!}=\mathrm{e}^{-\lambda}\sum_{k=0}^{\infty}\frac{\lambda^k}{k!}=\mathrm{e}^{-\lambda}\mathrm{e}^{\lambda}=1.$$

历史上，泊松分布是作为二项分布的近似，于1837年由法国数学家泊松引入的. 泊松分布是概率论中最重要的分布之一. 实际问题中许多随机现象都服从或近似服从泊松分布. 例如，某电话交换台一定时间内收到的用户的呼叫次数；某机场降落的飞机数；某售票窗口接待的顾客数；一纺锭在某一时段内发生断头的次数；一段时间间隔内某放射物放射的粒子数；一段时间间隔内某容器内的细菌数等都服从泊松分布. 泊松分布的概率值可查附表2.

例4 某城市每天发生火灾的次数 X 服从参数 $\lambda=0.8$ 的泊松分布，求该城市一天内发生3次或3次以上火灾的概率.

解 由概率的性质及式(2.2)，得

$$\begin{aligned}P\{X\geq 3\}&=1-P\{X<3\}\\&=1-P\{X=0\}-P\{X=1\}-P\{X=2\}\\&=1-\mathrm{e}^{-0.8}\left(\frac{0.8^0}{0!}+\frac{0.8^1}{1!}+\frac{0.8^2}{2!}\right)\approx 0.047\,4.\ \blacksquare\end{aligned}$$

泊松分布查表

4. 二项分布的泊松近似

对二项分布 $b(n,p)$，当试验次数 n 很大时，计算其概率很麻烦. 故需寻求某种近似计算方法. 这里介绍二项分布的泊松近似公式，即当 n 很大，p 很小时，有

$$\mathrm{C}_n^k p^k(1-p)^{n-k}\approx\frac{\lambda^k}{k!}\mathrm{e}^{-\lambda}\quad(\lambda=np). \tag{2.3}$$

实际计算中，当 $n\geq 100$，$np\leq 10$ 时近似效果就很好.

例5 某公司生产一种产品300件. 根据历史生产记录知废品率为0.01. 问现在这300件产品经检验废品数大于5的概率是多少？

解 把每件产品的检验看作一次伯努利试验，它有两个结果：

$$A=\{\text{正品}\},\ \overline{A}=\{\text{废品}\}.$$

检验300件产品就是做300次独立的伯努利试验. 用X表示检验出的废品数, 则$X\sim b(300, 0.01)$, 我们要计算$P\{X>5\}$.

对$n=300$, $p=0.01$, 有$\lambda=np=3$, 应用式(2.3)得

$$P\{X>5\}=\sum_{k=6}^{\infty} b(k;300,0.01)=1-\sum_{k=0}^{5} b(k;300,0.01)\approx 1-\sum_{k=0}^{5}\frac{\mathrm{e}^{-3}}{k!}3^k.$$

查泊松分布表, 得

$$P\{X>5\}\approx 1-0.916\,082=0.083\,918.$$ ■

习题 5-2

1. 设随机变量X服从参数为λ的泊松分布, 且$P\{X=1\}=P\{X=2\}$, 求λ.

2. 设随机变量X的分布律为$P\{X=k\}=\dfrac{k}{15}$, $k=1, 2, 3, 4, 5$, 试求:

(1) $P\left\{\dfrac{1}{2}<X<\dfrac{5}{2}\right\}$;　　(2) $P\{1\le X\le 3\}$;　　(3) $P\{X>3\}$.

3. 一袋中装有5个球, 编号为1, 2, 3, 4, 5. 在袋中同时取3个, 以X表示取出的3个球中的最大号码, 写出随机变量X的分布律.

4. 某加油站替出租汽车公司代营出租汽车业务, 每出租一辆汽车, 可从出租汽车公司得到3元. 因代营业务, 每天加油站要多付给职工服务费60元. 设每天出租汽车数X是一个随机变量, 它的概率分布如下:

X	10	20	30	40
p_i	0.15	0.25	0.45	0.15

求因代营业务得到的收入大于当天的额外支出费用的概率.

5. 设自动生产线在调整以后出现废品的概率为$p=0.1$, 当生产过程中出现废品时立即进行调整, X代表在两次调整之间生产的合格品数, 试求:

(1) X的概率分布;　　(2) $P\{X\ge 5\}$.

6. 某种产品共10件, 其中有3件次品, 现从中任取3件, 求取出的3件产品中次品数的概率分布.

7. 有甲、乙两种味道和颜色都极为相似的名酒各4杯. 如果从中挑4杯, 能将甲种酒全部挑出来, 算是试验成功一次.

(1) 某人随机地去试, 问他试验成功一次的概率是多少?

(2) 某人声称他通过品尝能区分两种酒. 他连续试验10次, 成功3次. 试推断他是猜对的, 还是他确有区分的能力(设各次试验是相互独立的).

8. 纺织厂女工照顾800个纺锭, 每一纺锭在某一段时间τ内断头的概率为0.005. 求在τ这段时间内断头次数不大于2的概率.

9. 设书籍上每页的印刷错误的个数 X 服从泊松分布，经统计发现在某本书上，有一个印刷错误与有两个印刷错误的页数相同，求任意检查 4 页，每页上都没有印刷错误的概率.

§5.3 随机变量的分布函数

当我们要描述一个随机变量时，不仅要说明它能够取哪些值，而且要指出它取这些值的概率. 只有这样，才能真正完整地刻画一个随机变量，为此，我们引入随机变量的分布函数的概念.

一、随机变量的分布函数

定义 1 设 X 是一个随机变量，称

$$F(x)=P\{X\le x\} \qquad (-\infty<x<+\infty) \tag{3.1}$$

为 X 的**分布函数**. 有时记作 $X\sim F(x)$ 或 $F_X(x)$.

注: ① 若将 X 看作数轴上随机点的坐标，则分布函数 $F(x)$ 的值就表示 X 落在区间 $(-\infty, x]$ 内的概率，因而 $0\le F(x)\le 1$.

② 对任意实数 $x_1, x_2\ (x_1<x_2)$，随机点落在区间 $(x_1, x_2]$ 内的概率

$$P\{x_1<X\le x_2\}=P\{X\le x_2\}-P\{X\le x_1\}=F(x_2)-F(x_1).$$

③ 随机变量的分布函数是一个普通的函数，它完整地描述了随机变量的统计规律性. 通过它，人们就可以利用数学分析的方法来全面研究随机变量.

分布函数的性质:

(1) 单调非减. 若 $x_1<x_2$，则 $F(x_1)\le F(x_2)$.

事实上，由事件 $\{X\le x_2\}$ 包含事件 $\{X\le x_1\}$ 即得.

(2) $F(-\infty)=\lim\limits_{x\to-\infty}F(x)=0$, $F(+\infty)=\lim\limits_{x\to+\infty}F(x)=1$.

事实上，由事件 $\{X\le -\infty\}$ 和 $\{X\le +\infty\}$ 分别是不可能事件和必然事件即得.

(3) 右连续性. 即 $\lim\limits_{x\to x_0^+}F(x)=F(x_0)$.

注: 另一方面，若一个函数具有上述性质，则它一定是某个随机变量的分布函数.

二、离散型随机变量的分布函数

设离散型随机变量 X 的概率分布为

X	x_1	x_2	$\cdots$	x_n	$\cdots$
p_i	p_1	p_2	$\cdots$	p_n	$\cdots$

则 X 的分布函数为

$$F(x)=P\{X\le x\}=\sum_{x_i\le x}P\{X=x_i\}=\sum_{x_i\le x}p_i. \tag{3.2}$$

即，当 $x<x_1$ 时，$F(x)=0$；

当 $x_1\le x<x_2$ 时，$F(x)=p_1$；

当 $x_2\le x<x_3$ 时，$F(x)=p_1+p_2$；

……

当 $x_{n-1}\le x<x_n$ 时，$F(x)=p_1+p_2+\cdots+p_{n-1}$；

……

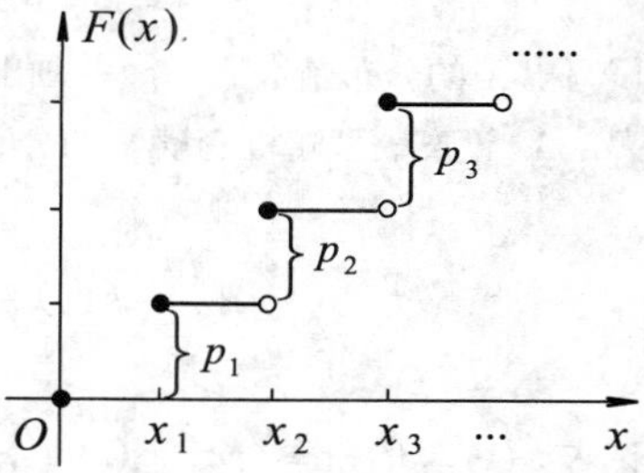

图 5-3-1

如图 5-3-1所示，$F(x)$是一个阶梯形函数，它在 $x=x_i\ (i=1,2,\cdots)$ 处有跳跃，跃度恰为随机变量X 在 $x=x_i$ 点处的概率$p_i=P\{X=x_i\}$.

反之，若一个随机变量 X 的分布函数为阶梯形函数，则 X 一定是一个离散型随机变量，其概率分布亦由$F(x)$唯一确定.

例 1 设随机变量X的分布律为

X	0	1	2
p_i	1/3	1/6	1/2

求 $F(x)$.

解 当 $x<0$ 时，由 $\{X\le x\}=\varnothing$，得 $F(x)=P\{X\le x\}=0$；

当 $0\le x<1$ 时，$F(x)=P\{X\le x\}=P\{X=0\}=1/3$；

当 $1\le x<2$ 时，$F(x)=P\{X=0\}+P\{X=1\}=\dfrac{1}{3}+\dfrac{1}{6}=\dfrac{1}{2}$；

当 $x\ge 2$ 时，$F(x)=P\{X=0\}+P\{X=1\}+P\{X=2\}=1$.

所以

$$F(x)=\begin{cases}0, & x<0\\ 1/3, & 0\le x<1\\ 1/2, & 1\le x<2\\ 1, & x\ge 2\end{cases}.\ ■$$

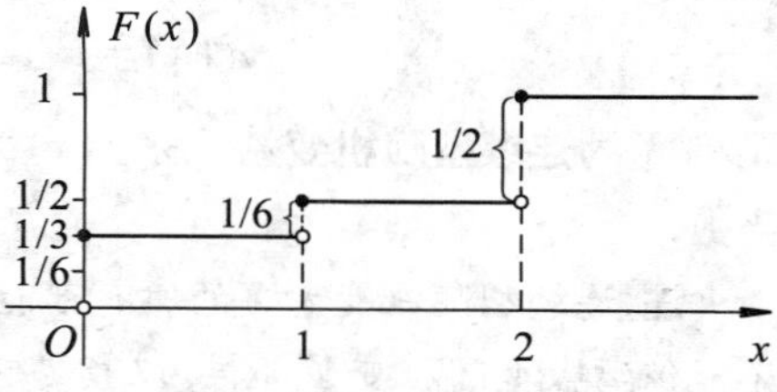

图 5-3-2

从图 5-3-2 不难看出，$F(x)$的图形是阶梯状的，在 $x=0, 1, 2$ 处有跳跃，其跃度分别等于

$$P\{X=0\},\ P\{X=1\},\ P\{X=2\}.$$

习题 5-3

1. $F(x)=\begin{cases}0, & x<-2\\ 0.4, & -2\le x<0\\ 1, & x\ge 0\end{cases}$ 是随机变量 X 的分布函数，则 X 是 ________ 型的随机变量.

2. 已知离散型随机变量 X 的概率分布为

$$P\{X=1\}=0.3,\ P\{X=3\}=0.5,\ P\{X=5\}=0.2.$$

试写出 X 的分布函数 $F(x)$，并画出图形.

3. 设离散型随机变量 X 的分布函数为

$$F(x)=\begin{cases}0, & x<-1\\ 0.4, & -1\le x<1\\ 0.8, & 1\le x<3\\ 1, & x\ge 3\end{cases}.$$

试求：(1) X 的概率分布；(2) $P\{X<2\mid X\ne 1\}$.

4. 设 X 的分布函数为

$$F(x)=\begin{cases}0, & x<0\\ x/2, & 0\le x<1\\ x-1/2, & 1\le x<1.5\\ 1, & x\ge 1.5\end{cases}.$$

求 $P\{0.4<X\le 1.3\}$，$P\{X>0.5\}$，$P\{1.7<X\le 2\}$.

§5.4 连续型随机变量及其概率密度

一、连续型随机变量及其概率密度

定义 1 如果对于随机变量 X 的分布函数 $F(x)$，存在非负可积函数 $f(x)$，使得对于任意实数 x，有

$$F(x)=P\{X\le x\}=\int_{-\infty}^{x} f(t)\,\mathrm{d}t, \tag{4.1}$$

则称 X 为**连续型随机变量**，称 $f(x)$ 为 X 的**概率密度函数**，简称为**概率密度**或**密度函数**.

注：连续型随机变量 X 的所有可能取值充满一个区间，对于这种类型的随机变量，不能像离散型随机变量那样，以指定它取每个值时的概率的方式给出其概率分布，而是采用给出上面的“概率密度函数”的方式. 概率密度的含义类似于物理中的线密度，即把单位质量按密度函数给定的值分布于 $(-\infty,+\infty)$. 对于离散的情形，是只把单位质量分布到了有限个或者可数个点处.

连续型随机变量分布函数的性质：

(1) 对于一个连续型随机变量 X，若已知其密度函数 $f(x)$，则 X 的取值落在任意区间 $(a,b]$ 上的概率为

$$P\{a<X\le b\}=F(b)-F(a)=\int_a^b f(x)\,\mathrm{d}x.$$

(2) 连续型随机变量 X 取任一指定值 $a\,(a\in\mathbf{R})$ 的概率为 0. 故有

$$P\{a<X\le b\}=P\{a\le X<b\}=P\{a\le X\le b\}=P\{a<X<b\}.$$

(3) 若 $f(x)$ 在点 x 处连续，则 $F'(x)=f(x)$.

例 1 设随机变量 X 的分布函数为 $F(x)=\begin{cases}0, & x\le 0\\ x^2, & 0<x<1\\ 1, & x\ge 1\end{cases}$，求：

(1) 概率 $P\{0.3<X<0.7\}$； (2) X 的密度函数.

解 由性质 (2) 和性质 (3)，有

(1) $P\{0.3<X<0.7\}=F(0.7)-F(0.3)=0.7^2-0.3^2=0.4$.

(2) X 的密度函数为

$$f(x)=F'(x)=\begin{cases}0, & x\le 0\\ 2x, & 0<x<1\\ 0, & x\ge 1\end{cases}=\begin{cases}2x, & 0<x<1\\ 0, & \text{其他}\end{cases}.$$

■

二、常用连续型分布

1. 均匀分布

定义 2 若连续型随机变量 X 的概率密度为

$$f(x)=\begin{cases}1/(b-a), & a<x<b\\ 0, & \text{其他}\end{cases}, \tag{4.2}$$

则称 X 在区间 (a, b) 上服从**均匀分布**，记为 $X\sim U(a, b)$.

易见 (1) $f(x)\ge 0$； (2) $\int_{-\infty}^{+\infty}f(x)\,\mathrm{d}x=1$.

当 X 在区间 (a, b) 上服从均匀分布时，易求得 X 的分布函数

$$F(x)=\begin{cases}0, & x<a\\ (x-a)/(b-a), & a\le x<b\\ 1, & x\ge b\end{cases}. \tag{4.3}$$

例 2 某公共汽车站从上午 7 时起，每 15 分钟来一班车，即 7:00, 7:15, 7:30, 7:45 等时刻有汽车到达此站. 如果乘客到达此站的时间 X 是 7:00 到 7:30 之间的均匀随机变量，试求他候车时间少于 5 分钟的概率.

解 以 7:00 为起点 0，以分为单位，依题意，$X\sim U(0, 30)$,

$$f(x)=\begin{cases}1/30, & 0<x<30\\ 0, & \text{其他}\end{cases}.$$

为使候车时间少于 5 分钟，乘客必须在 7:10 到 7:15 之间，或在 7:25 到 7:30 之间到达车站，故所求概率为

$$P\{10<X<15\}+P\{25<X<30\}=\int_{10}^{15}\frac{1}{30}\,\mathrm{d}x+\int_{25}^{30}\frac{1}{30}\,\mathrm{d}x=\frac{1}{3}.$$

即乘客候车时间少于 5 分钟的概率是1/3. ■

2. 指数分布

定义 3　若随机变量 X 的概率密度为

$$f(x)=\begin{cases}\lambda e^{-\lambda x}, & x>0\\ 0, & 其他\end{cases},\quad \lambda>0, \qquad (4.4)$$

则称 X 服从参数为 λ 的**指数分布**. 简记为

$$X\sim e(\lambda).$$

易见 (1) $f(x)\geq 0$;　(2) $\int_{-\infty}^{+\infty}f(x)\,dx=1$.

$f(x)$ 的几何图形如图 5−4−1 所示.

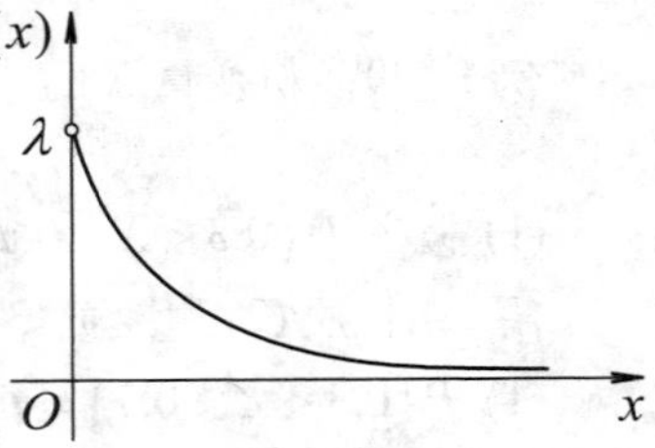

图 5−4−1

若 X 服从参数为 λ 的指数分布，易求出其分布函数

$$F(x)=\begin{cases}1-e^{-\lambda x}, & x>0\\ 0, & 其他\end{cases},\ \lambda>0. \qquad (4.5)$$

例 3　某元件的寿命 X 服从指数分布，已知其参数 $\lambda=\dfrac{1}{1\,000}$, 求 3 个这样的元件使用 1 000 小时，至少已有 1 个损坏的概率.

解　由题设知，X 的分布函数为 $F(x)=\begin{cases}1-e^{-\frac{x}{1\,000}}, & x\geq 0\\ 0, & x<0\end{cases}$, 由此得到

$$P\{X>1\,000\}=1-P\{X\leq 1\,000\}=1-F(1\,000)=e^{-1}.$$

各元件的寿命是否超过 1 000 小时是独立的，用 Y 表示 3 个元件中使用 1 000 小时损坏的元件数，则 $Y\sim b(3,1-e^{-1})$. 所求概率为

$$P\{Y\geq 1\}=1-P\{Y=0\}=1-C_3^0(1-e^{-1})^0(e^{-1})^3=1-e^{-3}.$$ ■

3. 正态分布

定义 4　若随机变量 X 的概率密度为

$$f(x)=\frac{1}{\sqrt{2\pi}\sigma}e^{-\frac{(x-\mu)^2}{2\sigma^2}},\quad -\infty<x<\infty, \qquad (4.6)$$

则称 X 服从参数为 μ 和 σ^2 的**正态分布**, 记为 $X\sim N(\mu,\sigma^2)$, 其中 μ 和 $\sigma(\sigma>0)$ 都是常数.

可证 (1) $f(x)\geq 0$;　(2) $\int_{-\infty}^{+\infty}f(x)\,dx=1$.

一般来说，一个随机变量如果受到许多随机因素的影响，而其中每一个因素都不起主导作用 (作用微小), 则它服从正态分布. 这是正态分布在实践中得以广泛应用的原因. 例如，产品的质量指标，元件的尺寸，某地区成年男子的身高、体重，测量误差，射击目标的水平或垂直偏差，信号噪声，农作物的产量，等等，都服从或近似服从正态分布.

正态分布的图形特征:

(1) 密度曲线关于 $x=\mu$ 对称;

(2) 曲线在 $x=\mu$ 时达到最大值 $f(x)=\dfrac{1}{\sqrt{2\pi}\sigma}$;

(3) 曲线在 $x=\mu\pm\sigma$ 处有拐点且以 x 轴为渐近线;

(4) μ 确定了曲线的位置, σ 确定了曲线中峰的陡峭程度(见图 5-4-2).

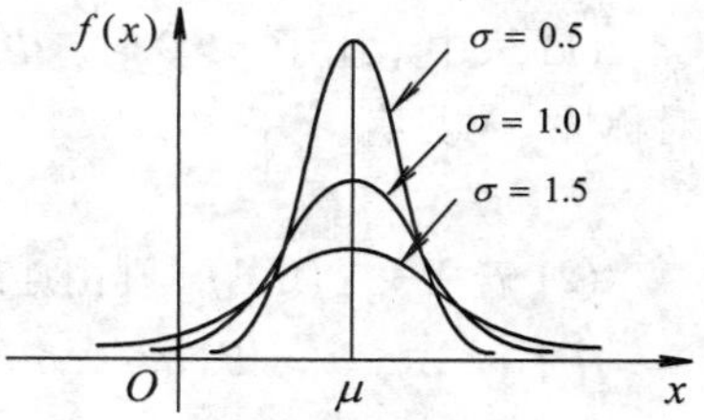

图 5-4-2

若 $X\sim N(\mu,\sigma^2)$, 则 X 的分布函数为

$$F(x)=\frac{1}{\sqrt{2\pi}\sigma}\int_{-\infty}^{x}\mathrm{e}^{-\frac{(t-\mu)^2}{2\sigma^2}}\mathrm{d}t,\quad -\infty<x<\infty. \tag{4.7}$$

当 $\mu=0$, $\sigma=1$ 时, 正态分布称为**标准正态分布**, 此时, 其密度函数和分布函数常用 $\varphi(x)$ 和 $\varPhi(x)$ 表示 (见图 5-4-3 和图 5-4-4).

$$\varphi(x)=\frac{1}{\sqrt{2\pi}}\mathrm{e}^{-\frac{x^2}{2}},\qquad \varPhi(x)=\frac{1}{\sqrt{2\pi}}\int_{-\infty}^{x}\mathrm{e}^{-\frac{t^2}{2}}\mathrm{d}t.$$

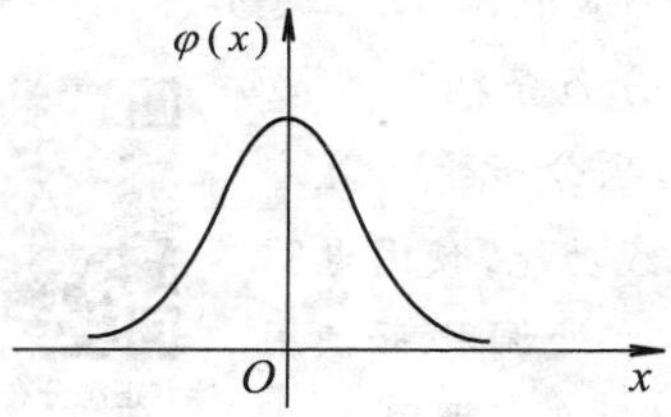

图 5-4-3

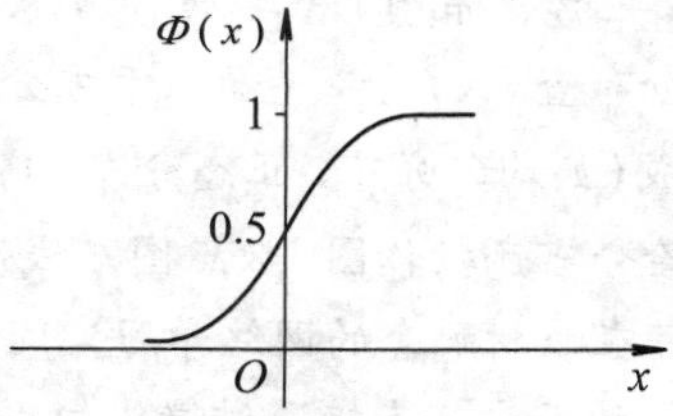

图 5-4-4

标准正态分布的重要性在于, 任何一个一般的正态分布都可以通过线性变换转化为标准正态分布.

定理 1 设 $X\sim N(\mu,\sigma^2)$, 则 $Y=\dfrac{X-\mu}{\sigma}\sim N(0,1)$.

证明 $Y=\dfrac{X-\mu}{\sigma}$ 的分布函数为

$$P\{Y\le x\}=P\left\{\frac{X-\mu}{\sigma}\le x\right\}=P\{X\le\mu+\sigma x\}=\int_{-\infty}^{\mu+\sigma x}\frac{1}{\sqrt{2\pi}\sigma}\mathrm{e}^{-\frac{(t-\mu)^2}{2\sigma^2}}\mathrm{d}t$$

$$\xlongequal{u=\frac{t-\mu}{\sigma}}\frac{1}{\sqrt{2\pi}}\int_{-\infty}^{x}\mathrm{e}^{-\frac{u^2}{2}}\mathrm{d}u=\varPhi(x).$$

所以

$$Y=\frac{X-\mu}{\sigma}\sim N(0,1).$$

■

对标准正态分布的分布函数 $\Phi(x)$，人们利用近似计算方法求出其近似值，并编制了标准正态分布表 (见书后附表 3) 供使用时查用.

标准正态分布表的使用：

(1) 表中给出了 $x>0$ 时，$\Phi(x)$ 的数值．当 $x<0$ 时，利用正态分布密度函数的对称性，易见有

$$\Phi(x)=1-\Phi(-x).$$

(2) 若 $X\sim N(0,1)$，则由连续型随机变量分布函数的性质 (2)，有

$$P\{a<X\le b\}=P\{a\le X\le b\}=P\{a\le X<b\}=P\{a<X<b\}=\Phi(b)-\Phi(a).$$

(3) 若 $X\sim N(\mu,\sigma^2)$，则 $Y=\dfrac{X-\mu}{\sigma}\sim N(0,1)$，故 X 的分布函数

$$F(x)=P\{X\le x\}=P\left\{\frac{X-\mu}{\sigma}\le\frac{x-\mu}{\sigma}\right\}=\Phi\left(\frac{x-\mu}{\sigma}\right);$$

$$P\{a<X\le b\}=P\left\{\frac{a-\mu}{\sigma}<Y\le\frac{b-\mu}{\sigma}\right\}=\Phi\left(\frac{b-\mu}{\sigma}\right)-\Phi\left(\frac{a-\mu}{\sigma}\right).$$

注：借助于迅速发展的信息技术，如今通过智能手机即可实现在线查表，作者主持的数苑团队也为用户提供了一个用于概率统计类课程学习的“统计图表工具”软件，其中包含了常用的统计分布查表 (如泊松分布查表、标准正态分布函数查表、标准正态分布查表、t 分布查表、卡方分布查表、F 分布查表等)、随机数生成 (如均匀分布、正态分布、0−1 分布、二项分布等)、直方图与经验分布函数作图、散点图与线性回归等在线功能，使用电脑的用户可在教材配套的网络学习空间中的相应内容处调用，而使用智能手机的用户可直接通过微信扫描指定的二维码在线调用.

标准正态分布函数查表

示例：查表求 $\Phi(2)$ 的流程示意：微信扫描上面右侧的二维码，打开如下方左图所示的标准正态分布查表界面，在“输入”编辑框内输入“2”，即得到 $\Phi(2)$ 的输出结果“0.977250” (如下方右图所示).

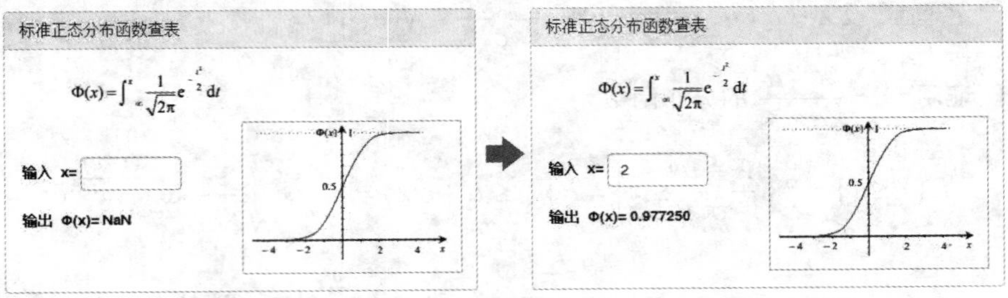

例 4　设 $X\sim N(1,4)$，求 $F(5)$，$P\{0<X\le 1.6\}$，$P\{|X-1|\le 2\}$.

解　这里 $\mu=1$，$\sigma=2$，故

$$F(5)=P\{X\le 5\}=P\left\{\frac{X-1}{2}\le\frac{5-1}{2}\right\}=\Phi\left(\frac{5-1}{2}\right)=\Phi(2)\xlongequal{\text{查表得}}0.977\,2;$$

$$P\{0<X\leq 1.6\}=\Phi\left(\frac{1.6-1}{2}\right)-\Phi\left(\frac{0-1}{2}\right)=\Phi(0.3)-\Phi(-0.5)$$
$$=0.617\,9-[1-\Phi(0.5)]=0.617\,9-(1-0.691\,5)=0.309\,4;$$

$$P\{|X-1|\leq 2\}=P\{-1\leq X\leq 3\}=P\left\{-1\leq\frac{X-1}{2}\leq 1\right\}=2\Phi(1)-1=0.682\,6.$$ ■

例5 假设某地区成年男性的身高(单位:cm) $X\sim N(170,\ 7.69^2)$, 求该地区成年男性的身高超过175 cm 的概率.

解 根据假设 $X\sim N(170,\ 7.69^2)$, 且 $\{X>175\}$ 表示该地区成年男性的身高超过175 cm, 可得

$$P\{X>175\}=P\{175<X<\infty\}=1-P\{X<175\}$$
$$=1-\Phi\left(\frac{175-170}{7.69}\right)\approx 1-\Phi(0.65)$$
$$=1-0.742\,2=0.257\,8.$$

即该地区成年男性身高超过175 cm 的概率为0.257 8. ■

例6 已知某台机器生产的螺栓长度 X(单位:cm) 服从参数 $\mu=10.05$, $\sigma=0.06$ 的正态分布. 规定螺栓长度在 10.05 ± 0.12 内为合格品, 试求螺栓为合格品的概率.

解 根据假设 $X\sim N(10.05,\ 0.06^2)$, 记 $a=10.05-0.12$, $b=10.05+0.12$, 则 $\{a\leq X\leq b\}$ 表示螺栓为合格品. 于是

$$P\{a\leq X\leq b\}=\Phi\left(\frac{b-\mu}{\sigma}\right)-\Phi\left(\frac{a-\mu}{\sigma}\right)$$
$$=\Phi(2)-\Phi(-2)=\Phi(2)-[1-\Phi(2)]$$
$$=2\Phi(2)-1=2\times 0.977\,2-1=0.954\,4,$$

即螺栓为合格品的概率等于 0.954 4. ■

标准正态分布函数查表

注: 设 $X\sim N(\mu,\ \sigma^2)$, 则

(1) $P\{\mu-\sigma<X\leq\mu+\sigma\}=P\left\{-1<\dfrac{X-\mu}{\sigma}\leq 1\right\}=\Phi(1)-\Phi(-1)$

$=2\Phi(1)-1=0.682\,6;$

(2) $P\{\mu-2\sigma<X\leq\mu+2\sigma\}=\Phi(2)-\Phi(-2)=0.954\,4;$

(3) $P\{\mu-3\sigma<X\leq\mu+3\sigma\}=\Phi(3)-\Phi(-3)=0.997\,4.$

如图5-4-5所示, 尽管正态随机变量 X 的取值范围是 $(-\infty,\ +\infty)$, 但它的值几乎全部集中在 $(\mu-3\sigma,\ \mu+3\sigma)$ 区间内, 超出这个范围的可能性仅占不到0.3%. 这在统计学上称为 **3σ 准则(三倍标准差原则)**.

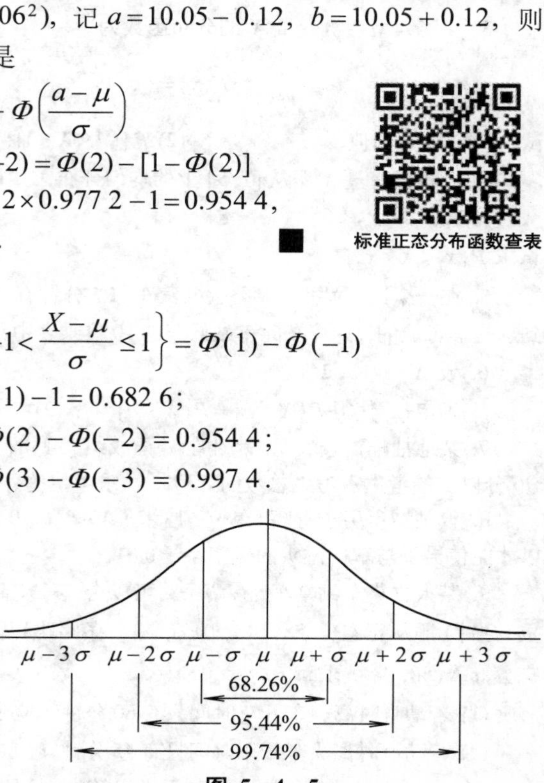

图 5-4-5

正态分布是概率论中最重要的分布，在应用及理论研究中占有头等重要的地位，它与二项分布以及泊松分布是概率论中最重要的三种分布．我们判断一个分布重要性的标准是：

(1) 在实际工作中经常碰到；

(2) 在理论研究中重要，有较好的性质；

(3) 用它能导出许多重要的分布．

随着课程学习的深入和众多案例的探讨，我们会发现这三种分布都满足这些要求．

习题 5-4

1. 设随机变量 X 的概率密度为 $f(x)=\dfrac{1}{2\sqrt{\pi}}\mathrm{e}^{-\frac{(x+3)^2}{4}}$ $(-\infty<x<+\infty)$，则 $Y=$____ $\sim N(0,1)$.

2. 已知 X 的概率密度函数为 $f(x)=\begin{cases}2x, & 0<x<1\\ 0, & 其他\end{cases}$，求 $P\{X\le 0.5\}$，$P\{X=0.5\}$，$F(x)$.

3. 设连续型随机变量 X 的分布函数为

$$F(x)=\begin{cases}A+B\mathrm{e}^{-2x}, & x>0\\ 0, & x\le 0\end{cases},$$

试求：(1) A, B 的值；　　(2) $P\{-1<X<1\}$；　　(3) 概率密度函数 $f(x)$.

4. 设随机变量 X 服从 $[1, 5]$ 上的均匀分布，如果

(1) $x_1<1<x_2<5$；　　(2) $1<x_1<5<x_2$.

试求 $P\{x_1<X<x_2\}$.

5. 在一个汽车站里，某路公共汽车每 5 分钟有一辆车到达，而乘客在 5 分钟内任一时间到达是等可能的，计算在此车站候车的 10 位乘客中只有 1 位等待时间超过 4 分钟的概率．

6. 设 $X\sim N(3, 2^2)$.

(1)确定 c，使得 $P\{X>c\}=P\{X\le c\}$；　(2) 设 d 满足 $P\{X>d\}\ge 0.9$，问 d 至多为多少？

7. 某地抽样调查表明，考生的外语成绩（百分制）近似服从正态分布，平均成绩为 72 分，96 分以上的考生占考生总数的 2.3%，试求考生的外语成绩在 60 分至 84 分之间的概率．

8. 设某城市男子身高（单位：厘米）$X\sim N(170, 36)$，问应如何选择公共汽车车门的高度以才能使男子与车门碰头的概率小于 0.01.

9. 某人去火车站乘车，有两条路可以走．第一条路路程较短，但交通拥挤，所需时间(单位：分钟) 服从正态分布 $N(40, 10^2)$；第二条路路程较长，但意外阻塞较少，所需时间服从正态分布 $N(50, 4^2)$. 求：

(1) 若动身时离火车开车时间只有 60 分钟，应走哪一条路？

(2) 若动身时离火车开车时间只有 45 分钟，应走哪一条路？

10. 设顾客排队等待服务的时间 X(以分钟计) 服从 $\lambda=1/5$ 的指数分布，某顾客等待服务，

若超过10分钟，他就离开，他一个月要去等待服务5次，以 Y 表示一个月内他未等到服务而离开的次数. 试求 Y 的概率分布和 $P\{Y\geq 1\}$.

§5.5 随机变量函数的分布

一、随机变量的函数

在讨论正态分布与标准正态分布的关系时，已知有结论：若随机变量 $X\sim N(\mu,\sigma^2)$，则随机变量

$$Y=\frac{X-\mu}{\sigma}\sim N(0,1).$$

这里，Y 是随机变量 X 的函数，对于 X 的每一个取值，Y 有唯一确定的取值与之对应. 由于 X 是随机变量，其取值事先不确定，因而，Y 的取值也随之不确定，即 Y 也是随机变量.

定义1 如果存在一个函数 $g(x)$，使得随机变量 X, Y 满足

$$Y=g(X),$$

则称**随机变量 Y 是随机变量 X 的函数**.

注：在概率论中，我们主要研究的是随机变量函数的随机性特征，即由自变量 X 的统计规律性出发研究因变量 Y 的统计规律性.

二、离散型随机变量函数的分布

设离散型随机变量 X 的概率分布为

$$P\{X=x_i\}=p_i,\quad i=1,2,\cdots,$$

易见，X 的函数 $Y=g(X)$ 显然还是离散型随机变量.

如何由 X 的概率分布出发导出 Y 的概率分布？其一般方法是：先根据自变量 X 的所有可能取值确定因变量 Y 的所有可能取值，然后通过 Y 的每一个可能取值 y_i $(i=1,2,\cdots)$ 来确定 Y 的概率分布.

例1 设随机变量 X 具有以下分布律，试求 $Y=(X-1)^2$ 的分布律.

X	-1	0	1	2
p_i	0.2	0.3	0.1	0.4

解 Y 所有可能的取值为0, 1, 4, 由

$$P\{Y=0\}=P\{(X-1)^2=0\}=P\{X=1\}=0.1,$$
$$P\{Y=1\}=P\{X=0\}+P\{X=2\}=0.7,$$
$$P\{Y=4\}=P\{X=-1\}=0.2,$$

即得 Y 的分布律为

Y	0	1	4
p_i	0.1	0.7	0.2

■

三、连续型随机变量函数的分布

一般地，连续型随机变量的函数不一定是连续型随机变量，此类情况比较复杂．下面仅针对单调可微函数 $g(x)$，给出计算随机变量函数 $Y=g(X)$ 的概率密度的一种简单方法．

定理 1 设随机变量 X 具有概率密度 $f_X(x)$, $x\in(-\infty,+\infty)$，又设 $y=g(x)$ 是严格单调可微函数，则 $Y=g(X)$ 是一个连续型随机变量，其概率密度为

$$f_Y(y)=f_X[h(y)]|h'(y)|. \tag{5.1}$$

其中 $x=h(y)$ 是 $y=g(x)$ 的反函数，且 y 的取值范围原则上将由 $f_X(x)$ 中 x 的取值范围确定．

例 2 设 $X\sim f_X(x)=\begin{cases} x/8, & 0<x<4 \\ 0, & \text{其他} \end{cases}$，求 $Y=2X+8$ 的概率密度．

解 设 Y 的分布函数为 $F_Y(y)$,

$$F_Y(y)=P\{Y\leq y\}=P\{2X+8\leq y\}=P\left\{X\leq\frac{y-8}{2}\right\}=F_X\left(\frac{y-8}{2}\right).$$

于是，Y 的密度函数

$$f_Y(y)=\frac{\mathrm{d}F_Y(y)}{\mathrm{d}y}=f_X\left(\frac{y-8}{2}\right)\cdot\frac{1}{2}.$$

注意到 $0<x<4$，即 $8<y<16$ 时，$f_X\left(\frac{y-8}{2}\right)=\frac{y-8}{16}\neq 0$，故

$$f_Y(y)=\begin{cases}\dfrac{y-8}{32}, & 8<y<16 \\ 0, & \text{其他}\end{cases}.$$

■

例 3 设随机变量 $X\sim N(\mu,\sigma^2)$．试证明 X 的线性函数 $Y=aX+b$ $(a\neq 0)$ 也服从正态分布．

证明 X 的概率密度为

$$f_X(x)=\frac{1}{\sqrt{2\pi}\sigma}\mathrm{e}^{-\frac{(x-\mu)^2}{2\sigma^2}}, \quad -\infty<x<\infty.$$

由 $y=g(x)=ax+b$，解得

$$x=h(y)=\frac{y-b}{a}, \quad 且\ h'(y)=1/a.$$

由定理 1 得 $Y=aX+b$ 的概率密度为

$$f_Y(y)=\frac{1}{|a|}f_X\left(\frac{y-b}{a}\right)=\frac{1}{|a|}\frac{1}{\sqrt{2\pi}\sigma}\mathrm{e}^{-\frac{\left(\frac{y-b}{a}-\mu\right)^2}{2\sigma^2}}$$

$$=\frac{1}{|a|\sigma\sqrt{2\pi}}\mathrm{e}^{-\frac{[y-(b+a\mu)]^2}{2(a\sigma)^2}},\quad -\infty<y<\infty.$$

即有 $Y=aX+b\sim N(a\mu+b,\ (a\sigma)^2)$. ■

特别地，若在本例中取 $a=\frac{1}{\sigma}$，$b=-\frac{\mu}{\sigma}$，则得

$$Y=\frac{X-\mu}{\sigma}\sim N(0,1).$$

这就是§5.5中定理1的结果.

习题 5-5

1. 已知X的概率分布为

X	-2	-1	0	1	2	3
p_i	$2a$	$1/10$	$3a$	a	a	$2a$

试求: (1) a； (2) $Y=X^2-1$ 的概率分布.

2. 设X的分布律为$P\{X=k\}=\frac{1}{2^k}$, $k=1,2,\cdots$, 求$Y=\sin\left(\frac{\pi}{2}X\right)$的分布律.

3. 设随机变量X服从$[a,\ b]$上的均匀分布，令$Y=cX+d\,(c\neq 0)$, 试求随机变量Y的密度函数.

4. 设随机变量X服从[0,1]上的均匀分布, 求随机变量函数$Y=\mathrm{e}^X$的概率密度$f_Y(y)$.

5. 某物体的温度T(°F)是一个随机变量，且有$T\sim N(98.6,\ 2)$, 已知$\theta=5(T-32)/9$, 试求θ(°F)的概率密度.

第6章　随机变量的数字特征

前面讨论了随机变量的分布函数，从中知道随机变量的分布函数能完整地描述随机变量的统计规律性.

但在许多实际问题中,人们并不需要去全面考察随机变量的变化情况,而只需知道它的某些数字特征即可.

例如，在评价某地区粮食产量的水平时，通常只需知道该地区粮食的平均产量即可.又如,在评价一批棉花的质量时,既要注意纤维的平均长度,又要注意纤维长度与平均长度之间的偏离程度，平均长度越大，偏离程度越小，则质量就越好，等等.

实际上，描述随机变量的平均值和偏离程度的某些数字特征在理论上和实践上都具有重要的意义，它们能更直接、更简洁、更清晰和更实用地反映出随机变量的本质.

本章将要讨论的随机变量的常用数字特征有：数学期望、方差、矩.

§6.1　数 学 期 望

一、离散型随机变量的数学期望

平均值是日常生活中最常用的一个数字特征，它对评判事物、作出决策等具有重要作用. 例如，某商场计划于5月1日在户外搞一次促销活动. 统计资料表明，如果在商场内搞促销活动，可获得经济效益3万元；如果在商场外搞促销活动，未遇到雨天可获得经济效益12万元，遇到雨天则会带来经济损失5万元. 若前一天的天气预报称当日有雨的概率为40%，则商场应如何选择促销方式？

显然，商场该日在商场外搞促销活动预期获得的经济效益X是一个随机变量，其概率分布为

$$P\{X=x_1\}=P\{X=12\}=0.6=p_1,\quad P\{X=x_2\}=P\{X=-5\}=0.4=p_2.$$

要作出决策就要将此时的平均效益与3万元进行比较，如何求平均效益呢？要客观地反映平均效益，既要考虑X的所有取值，又要考虑X取每一个值时的概率，即为

$$\sum_{i=1}^{2} x_i p_i = 12\times 0.6+(-5)\times 0.4=5.2\,(\text{万元}).$$

称这个平均效益5.2万元为随机变量X的数学期望. 一般地，可给出如下定义：

定义1　设离散型随机变量X的概率分布为

$$P\{X=x_i\}=p_i,\ i=1,\ 2,\ \cdots,$$

如果级数 $\sum_{i=1}^{\infty} x_i p_i$ 绝对收敛，则定义 X 的**数学期望**（又称**均值**）为

$$E(X)=\sum_{i=1}^{\infty} x_i p_i. \tag{1.1}$$

注: 符号 $E(X)$ 有时简写为 EX. 同样，对于连续型随机变量也是这样规定的.

例 1 甲、乙两人打靶，所得分数分别记为 X_1, X_2，它们的分布律分别为

X_1	0	1	2
p_i	0	0.2	0.8

X_2	0	1	2
p_i	0.6	0.3	0.1

试评定他们的成绩的好坏.

解 我们来计算 X_1 的数学期望，得

$$E(X_1)=0\times 0+1\times 0.2+2\times 0.8=1.8\ (\text{分}).$$

这意味着，如果甲进行很多次射击，那么，所得分数的算术平均就接近 1.8，而乙所得分数的数学期望为

$$E(X_2)=0\times 0.6+1\times 0.3+2\times 0.1=0.5\ (\text{分}).$$

很明显，乙的成绩远不如甲. ■

二、连续型随机变量的数学期望

定义 2 设 X 是连续型随机变量，其密度函数为 $f(x)$. 如果 $\int_{-\infty}^{+\infty} x f(x)\mathrm{d}x$ 绝对收敛，则定义 X 的**数学期望**为

$$E(X)=\int_{-\infty}^{+\infty} x f(x)\,\mathrm{d}x. \tag{1.2}$$

例 2 已知随机变量 X 的分布函数 $F(x)=\begin{cases} 0, & x\le 0 \\ x/4, & 0<x\le 4 \\ 1, & x>4 \end{cases}$，求 $E(X)$.

解 随机变量 X 的分布密度为

$$f(x)=F'(x)=\begin{cases} 1/4, & 0<x\le 4 \\ 0, & \text{其他} \end{cases},$$

故
$$E(X)=\int_{-\infty}^{+\infty} x f(x)\mathrm{d}x=\int_0^4 x\cdot\frac{1}{4}\,\mathrm{d}x=\frac{x^2}{8}\bigg|_0^4=2.$$ ■

三、随机变量函数的数学期望

设 X 是随机变量，$g(x)$ 为实函数，则 $Y=g(X)$ 也是随机变量，理论上，虽然可通过 X 的分布求出 $g(X)$ 的分布，再按定义求出 $g(X)$ 的数学期望 $E[g(X)]$，但这种求法一般比较复杂.

下面不加证明地引入有关计算随机变量函数的数学期望的定理：

定理 1　设 X 是一个随机变量，$Y=g(X)$，且 $E(Y)$ 存在，于是

(1) 若 X 为离散型随机变量，其概率分布为

$$P\{X=x_i\}=p_i,\ i=1,2,\cdots,$$

则 Y 的数学期望为

$$E(Y)=E[g(X)]=\sum_{i=1}^{\infty}g(x_i)p_i. \tag{1.3}$$

(2) 若 X 为连续型随机变量，其概率密度为 $f(x)$，则 Y 的数学期望为

$$E(Y)=E[g(X)]=\int_{-\infty}^{+\infty}g(x)f(x)\mathrm{d}x. \tag{1.4}$$

注：定理 1 的重要性在于，求 $E[g(X)]$ 时，不必知道 $g(X)$ 的分布，只需知道 X 的分布即可．这给求随机变量函数的数学期望带来很大方便．

例 3　设随机变量 X 在 $[0,\pi]$ 上服从均匀分布，求

$$E(X),\ E(\sin X),\ E(X^2) \text{ 及 } E[X-E(X)]^2.$$

解　$E(X)=\int_{-\infty}^{+\infty}xf(x)\mathrm{d}x=\int_0^{\pi}x\cdot\frac{1}{\pi}\mathrm{d}x=\frac{\pi}{2}$，

$$E(\sin X)=\int_{-\infty}^{+\infty}\sin x f(x)\mathrm{d}x=\int_0^{\pi}\sin x\cdot\frac{1}{\pi}\mathrm{d}x=\frac{1}{\pi}(-\cos x)\Big|_0^{\pi}=\frac{2}{\pi},$$

$$E(X^2)=\int_{-\infty}^{+\infty}x^2f(x)\mathrm{d}x=\int_0^{\pi}x^2\cdot\frac{1}{\pi}\mathrm{d}x=\frac{\pi^2}{3},$$

$$E[X-E(X)]^2=E\left(X-\frac{\pi}{2}\right)^2=\int_0^{\pi}\left(x-\frac{\pi}{2}\right)^2\cdot\frac{1}{\pi}\mathrm{d}x=\frac{\pi^2}{12}.$$ ■

例 4　设国际市场每年对我国某种出口商品的需求量是随机变量 X(单位:吨)，它服从区间 [2 000, 4 000] 上的均匀分布．每销售出一吨该种商品，可为国家赚取外汇 3 万元；若销售不出去，则每吨商品需贮存费 1 万元．问该商品应出口多少吨，才能使国家的平均收益最大？

解　设该商品应出口 t 吨，显然，应要求 $2\,000\le t\le 4\,000$，国家收益 Y(单位: 万元) 是 X 的函数 $Y=g(X)$，表达式为

$$Y=g(X)=\begin{cases}3t, & X\ge t\\ 4X-t, & X<t\end{cases}.$$

设 X 的概率密度函数为 $f(x)$，则

$$f(x)=\begin{cases}1/2\,000, & 2\,000\le x\le 4\,000\\ 0, & \text{其他}\end{cases},$$

于是，Y 的期望为

$$E(Y)=\int_{-\infty}^{+\infty}g(x)f(x)\mathrm{d}x=\int_{2\,000}^{4\,000}\frac{1}{2\,000}g(x)\mathrm{d}x$$

$$=\frac{1}{2\,000}\left[\int_{2\,000}^{t}(4x-t)\mathrm{d}x+\int_t^{4\,000}3t\mathrm{d}x\right]$$

$$=\frac{1}{2\,000}(-2t^2+14\,000t-8\times10^6).$$

考虑 t 的取值使 $E(Y)$ 达到最大，易得 $t^*=3\,500$，因此，出口3 500吨商品为宜. ■

四、数学期望的性质

性质1 若 C 是常数，则 $E(C)=C$.

性质2 若 C 是常数，则 $E(CX)=CE(X)$.

性质3 $E(X_1+X_2)=E(X_1)+E(X_2)$.

注: 综合性质2和性质3，我们有:

$$E(\sum_{i=1}^{n}C_iX_i)=\sum_{i=1}^{n}C_iE(X_i)，其中 C_i\,(i=1,2,\cdots,n) 是常数.$$

性质4 设 X,Y 相互独立，则 $E(XY)=E(X)E(Y)$.

注: 性质3和性质4均可推广到有限个随机变量的情形.

例5 一民航送客车载有20位旅客自机场开出，旅客有10个车站可以下车. 如到达一个车站没有旅客下车就不停车. 以 X 表示停车的次数，求 $E(X)$ (设每位旅客在各个车站下车是等可能的，并设各旅客是否下车相互独立).

解 引入随机变量

$$X_i=\begin{cases}0, & 在第\ i\ 站没有人下车\\ 1, & 在第\ i\ 站有人下车\end{cases},\quad i=1,2,\cdots,10.$$

易知

$$X=X_1+X_2+\cdots+X_{10}.$$

现在来求 $E(X)$. 按题意，任一旅客不在第 i 站下车的概率为9/10，因此，20位旅客都不在第 i 站下车的概率为 $(9/10)^{20}$，在第 i 站有人下车的概率为 $1-(9/10)^{20}$，也就是

$$P\{X_i=0\}=(9/10)^{20},\ P\{X_i=1\}=1-(9/10)^{20},\ i=1,2,\cdots,10.$$

由此

$$E(X_i)=1-(9/10)^{20},\ i=1,2,\cdots,10.$$

$$E(X)=E(X_1+X_2+\cdots+X_{10})=E(X_1)+E(X_2)+\cdots+E(X_{10})$$
$$=10[1-(9/10)^{20}]\approx 8.784\,(次).$$
■

注: 本题是将 X 分解成数个随机变量之和，然后利用随机变量和的数学期望等于随机变量的数学期望之和来求数学期望，这种处理方法具有一定的普遍意义.

习题 6-1

1. 设随机变量 X 服从参数为 p 的0–1分布，求 $E(X)$.

2. 设袋中有 n 张卡片，记有号码 $1,2,\cdots,n$. 现从中有放回地抽出 k 张卡片，求号码之和

X 的数学期望.

3. 某产品的次品率为 0.1，检验员每天检验 4 次. 每次随机地取 10 件产品进行检验，如发现其中的次品数多于 1，就去调整设备. 以 X 表示一天中调整设备的次数，试求 $E(X)$.（设诸产品是否为次品是相互独立的.）

4. 据统计，一位 60 岁的健康（一般体检未发生病症）者，在 5 年之内仍然活着和自杀死亡的概率为 $p\,(0<p<1,\ p$ 为已知)，在 5 年之内非自杀死亡的概率为 $1-p$. 保险公司开办 5 年人寿保险，条件是参加者需交纳人寿保险费 a 元（a 已知），若 5 年内非自杀死亡，公司赔偿 b 元 $(b>a)$，应如何确定 b 才能使公司可期望获益？若有 m 人参加保险，公司可期望从中获益多少？

5. 对任意随机变量 X，若 $E(X)$ 存在，则 $E[E(E(X))]$ 等于 ________.

6. 设随机变量 X 的分布律为

X	-2	0	2
p_i	0.4	0.3	0.3

求 $E(X)$, $E(X^2)$, $E(3X^2+5)$.

7. 设连续型随机变量 X 的概率密度为

$$f(x)=\begin{cases} kx^a, & 0<x<1 \\ 0, & \text{其他} \end{cases},$$

其中 $k, a>0$, 又已知 $E(X)=0.75$，求 k, a 的值.

8. 设随机变量 X 的概率密度为 $f(x)=\begin{cases} 1-|1-x|, & 0<x<2 \\ 0, & \text{其他} \end{cases}$，求 $E(X)$.

9. 设随机变量 X 的概率密度为

$$f(x)=\begin{cases} e^{-x}, & x>0 \\ 0, & x\le 0 \end{cases}.$$

(1) 求 $Y=2X$ 的数学期望；　　(2) 求 $Y=e^{-2X}$ 的数学期望.

§6.2 方　差

随机变量的数学期望是对随机变量**取值水平**的综合评价，而随机变量**取值的稳定性**是判断随机现象性质的另一个十分重要的指标.

例如，甲、乙两人同时向目标靶射击 10 发子弹，射击成绩都为平均 7 环，射击结果分别如图 6－2－1 和图 6－2－2 所示. 试评价甲、乙的射击水平.

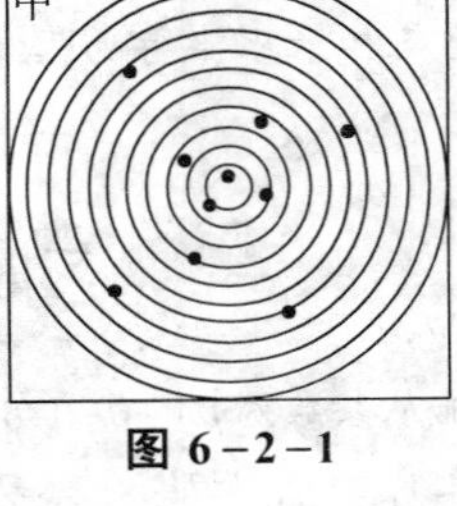

图 6－2－1

图 6－2－2

因为乙的击中点比较集中，即射击的偏差比甲小，故认为乙的射击水平比甲高.

本节将引入另一个数字特征——方

差，用它来度量随机变量取值在其均值附近的平均偏离程度.

一、方差的定义

定义1 设X是一个随机变量，若$E[X-E(X)]^2$存在，则称它为X的**方差**，记为

$$D(X)=E[X-E(X)]^2.$$

注：符号$D(X)$有时简写为DX. 同样，对于连续型随机变量也是这样规定的.

方差的算术平方根$\sqrt{D(X)}$称为**标准差**或**均方差**. 它与X具有相同的度量单位，在实际应用中经常使用.

注：方差刻画了随机变量X的取值与数学期望的偏离程度，它的大小可以衡量随机变量取值的稳定性.

从方差的定义易见：

(1) 若X的取值比较集中，则方差较小；

(2) 若X的取值比较分散，则方差较大；

(3) 若方差$D(X)=0$，则随机变量X以概率1取常数值，此时，X也就不是随机变量了.

二、方差的计算

若X是**离散型**随机变量，且其概率分布为

$$P\{X=x_i\}=p_i,\ i=1,2,\cdots,$$

则

$$D(X)=\sum_{i=1}^{\infty}[x_i-E(X)]^2 p_i. \tag{2.1}$$

若X是**连续型**随机变量，且其概率密度为$f(x)$，则

$$D(X)=\int_{-\infty}^{+\infty}[x-E(X)]^2 f(x)\,\mathrm{d}x. \tag{2.2}$$

由数学期望的性质，易得计算方差的一个**简化公式**：

$$D(X)=E(X^2)-[E(X)]^2. \tag{2.3}$$

证明 因为$[X-E(X)]^2=X^2-2X\cdot E(X)+[E(X)]^2$，所以

$$\begin{aligned}E[X-E(X)]^2&=E[X^2-2X\cdot E(X)+(E(X))^2]\\&=E(X^2)-2E(X)\cdot E(X)+[E(X)]^2=E(X^2)-[E(X)]^2.\end{aligned}$$ ■

设随机变量X具有数学期望$E(X)=\mu$，方差$D(X)=\sigma^2\neq 0$，称

$$X^*=\frac{X-\mu}{\sigma}$$

为X的**标准化随机变量**. 易见

$$E(X^*)=\frac{1}{\sigma}E(X-\mu)=\frac{1}{\sigma}[E(X)-\mu]=0;$$

$$D(X^*)=E(X^{*2})-[E(X^*)]^2=E\left[\left(\frac{X-\mu}{\sigma}\right)^2\right]$$

$$=\frac{1}{\sigma^2}E\,[(X-\mu)^2]=\frac{\sigma^2}{\sigma^2}=1.$$

即标准化随机变量 X^* 的数学期望为0，方差为1. 由于标准化随机变量是无量纲的，可以消除原始变量受到的量纲因素的影响，因而在统计分析中有着广泛的应用.

例1　设随机变量 X 具有 0－1 分布，其分布律为

$$P\{X=0\}=1-p,\ P\{X=1\}=p,$$

求 $E(X), D(X)$.

解　$E(X)=0\cdot(1-p)+1\cdot p=p,\quad E(X^2)=0^2\cdot(1-p)+1^2\cdot p=p.$

故 $$D(X)=E(X^2)-[E(X)]^2=p-p^2=p(1-p).$$ ■

例2　设 $X\sim P(\lambda)$, 求 $E(X), D(X)$.

解　随机变量 X 的分布律为

$$P\{X=k\}=\frac{\lambda^k e^{-\lambda}}{k!},\ \ k=0,1,2,\cdots,\lambda>0.$$

则 $$E(X)=\sum_{k=0}^{\infty}k\frac{\lambda^k e^{-\lambda}}{k!}=\lambda e^{-\lambda}\sum_{k=1}^{\infty}\frac{\lambda^{k-1}}{(k-1)!}=\lambda e^{-\lambda}\cdot e^{\lambda}=\lambda.$$

而 $$E(X^2)=E[X(X-1)+X]=E[X(X-1)]+E(X)$$

$$=\sum_{k=0}^{\infty}k(k-1)\frac{\lambda^k e^{-\lambda}}{k!}+\lambda=\lambda^2 e^{-\lambda}\sum_{k=2}^{\infty}\frac{\lambda^{k-2}}{(k-2)!}+\lambda$$

$$=\lambda^2 e^{-\lambda}e^{\lambda}+\lambda=\lambda^2+\lambda.$$

故方差 $$D(X)=E(X^2)-[E(X)]^2=\lambda.$$ ■

由此可知，泊松分布的数学期望与方差相等，都等于参数 λ. 因为泊松分布只含有一个参数 λ, 只要知道它的数学期望或方差就能完全确定它的分布.

例3　设 $X\sim U(a,b)$, 求 $E(X), D(X)$.

解　X 的概率密度为

$$f(x)=\begin{cases}\dfrac{1}{b-a}, & a<x<b\\ 0, & 其他\end{cases},$$

而 $$E(X)=\int_{-\infty}^{+\infty}xf(x)\,dx=\int_a^b\frac{x}{b-a}\,dx=\frac{a+b}{2},$$

故所求方差为

$$D(X)=E(X^2)-[E(X)]^2=\int_a^b x^2\frac{1}{b-a}\,dx-\left(\frac{a+b}{2}\right)^2=\frac{(b-a)^2}{12}.$$ ■

例 4 设随机变量 X 服从指数分布，其概率密度为

$$f(x)=\begin{cases}\dfrac{1}{\theta}\mathrm{e}^{-x/\theta}, & x>0\\ 0, & x\le 0\end{cases},$$

其中 $\theta>0$，求 $E(X)$, $D(X)$.

解 $E(X)=\int_{-\infty}^{+\infty}xf(x)\mathrm{d}x=\int_0^{+\infty}x\dfrac{1}{\theta}\mathrm{e}^{-x/\theta}\mathrm{d}x=-x\mathrm{e}^{-x/\theta}\Big|_0^{+\infty}+\int_0^{+\infty}\mathrm{e}^{-x/\theta}\mathrm{d}x=\theta$,

$$E(X^2)=\int_{-\infty}^{+\infty}x^2f(x)\mathrm{d}x=\int_0^{+\infty}x^2\frac{1}{\theta}\mathrm{e}^{-x/\theta}\mathrm{d}x$$

$$=-x^2\mathrm{e}^{-x/\theta}\Big|_0^{+\infty}+\int_0^{+\infty}2x\mathrm{e}^{-x/\theta}\mathrm{d}x=2\theta^2,$$

于是

$$D(X)=E(X^2)-[E(X)]^2=2\theta^2-\theta^2=\theta^2.$$

即有

$$E(X)=\theta,\quad D(X)=\theta^2.$$

■

三、方差的性质

性质 1 设 C 为常数，则 $D(C)=0$.

性质 2 设 X 是随机变量，若 C 为常数，则

$$D(CX)=C^2D(X). \tag{2.4}$$

性质 3 若 X, Y 相互独立，则

$$D(X\pm Y)=D(X)+D(Y). \tag{2.5}$$

注：对 n 维情形，若 $X_1, X_2, \cdots, X_n$ 相互独立，则

$$D(X_1+X_2+\cdots+X_n)=D(X_1)+D(X_2)+\cdots+D(X_n). \tag{2.6}$$

例 5 设 $f(x)=E(X-x)^2$, $x\in\mathbf{R}$, 证明：当 $x=E(X)$ 时，$f(x)$ 达到最小值.

证明 依题意，$f(x)=E(X-x)^2=E(X^2)-2xE(X)+x^2$，两边对 x 求导数，有

$$f'(x)=2x-2E(X).$$

显然，当 $x=E(X)$ 时，$f'(x)=0$. 又因 $f''(x)=2>0$，所以当 $x=E(X)$ 时，$f(x)$ 达到最小值，最小值为

$$f(E(X))=E(X-E(X))^2=D(X).$$

■

这个例子又一次说明了随机变量的取值对其数学期望的偏离程度比对其他任何值的偏离程度都要小.

例 6 设 $X\sim b(n,p)$，求 $E(X)$, $D(X)$.

解 X 表示 n 重伯努利试验中“成功”的次数. 若设

$$X_i=\begin{cases}1, & \text{第 } i \text{ 次试验成功}\\ 0, & \text{第 } i \text{ 次试验失败}\end{cases},\quad i=1,2,\cdots,n,$$

则 $X=\sum\limits_{i=1}^{n}X_i$ 是 n 次试验中“成功”的次数，且 X_i 服从 0–1 分布.

$$E(X_i)=P\{X_i=1\}=p,\ E(X_i^2)=p,$$

故 $$D(X_i)=E(X_i^2)-[E(X_i)]^2=p-p^2=p(1-p),\quad i=1,2,\cdots,n.$$

由于 $X_1, X_2, \cdots, X_n$ 相互独立，于是

$$E(X)=\sum_{i=1}^{n}E(X_i)=np,\qquad D(X)=\sum_{i=1}^{n}D(X_i)=np(1-p).$$ ■

例7 设 $X\sim N(\mu,\sigma^2)$, 求 $E(X), D(X)$.

解 先求标准正态变量 $Z=\dfrac{X-\mu}{\sigma}$ 的数学期望和方差.

因为 Z 的概率密度为

$$\varphi(t)=\frac{1}{\sqrt{2\pi}}\mathrm{e}^{-t^2/2}\quad(-\infty<t<+\infty),$$

所以 $$E(Z)=\frac{1}{\sqrt{2\pi}}\int_{-\infty}^{+\infty}t\mathrm{e}^{-t^2/2}\,\mathrm{d}t=\frac{-1}{\sqrt{2\pi}}\mathrm{e}^{-t^2/2}\Big|_{-\infty}^{+\infty}=0,$$

$$D(Z)=E(Z^2)-[E(Z)]^2=\frac{1}{\sqrt{2\pi}}\int_{-\infty}^{+\infty}t^2\mathrm{e}^{-t^2/2}\,\mathrm{d}t=-\frac{1}{\sqrt{2\pi}}\int_{-\infty}^{+\infty}t\,\mathrm{d}(\mathrm{e}^{-t^2/2})$$

$$=\frac{-t}{\sqrt{2\pi}}\mathrm{e}^{-t^2/2}\Big|_{-\infty}^{+\infty}+\frac{1}{\sqrt{2\pi}}\int_{-\infty}^{+\infty}\mathrm{e}^{-t^2/2}\,\mathrm{d}t$$

$$=\frac{1}{\sqrt{\pi}}\int_{-\infty}^{+\infty}\mathrm{e}^{-t^2/2}\,\mathrm{d}\left(\frac{t}{\sqrt{2}}\right)=\frac{1}{\sqrt{\pi}}\cdot\sqrt{\pi}=1.$$

因 $X=\mu+\sigma Z$, 即得

$$E(X)=E(\mu+\sigma Z)=\mu,$$

$$D(X)=D(\mu+\sigma Z)=D(\mu)+D(\sigma Z)=\sigma^2D(Z)=\sigma^2.$$ ■

这就是说，正态分布的概率密度中的两个参数 μ 和 σ 分别是该分布的数学期望和均方差，因而，正态分布完全可由它的数学期望和方差确定.

注: 常用分布的数学期望及方差参见本书附表1.

四、矩的概念

矩是随机变量的某种特殊函数的数学期望，也是在数理统计等领域具有广泛应用的数字特征之一.

定义2 设 X 和 Y 为随机变量，k, l 为正整数，称

$E(X^k)$ 　为 ***k* 阶原点矩**（简称 ***k* 阶矩**）;

$E\{[X-E(X)]^k\}$ 　为 ***k* 阶中心矩**;

$E(|X|^k)$ 　为 ***k* 阶绝对原点矩**;

$E(|X-E(X)|^k)$ 　为 ***k* 阶绝对中心矩**.

注: 由定义2可见:

① X 的数学期望 $E(X)$ 是 X 的一阶原点矩;

② X 的方差 $D(X)$ 是 X 的二阶中心矩.

习题 6-2

1. 设随机变量 X 服从泊松分布, 且 $P\{X=1\}=P\{X=2\}$, 求 $E(X)$, $D(X)$.

2. 下列命题中错误的是 (　).

(A) 若 $X\sim p(\lambda)$, 则 $E(X)=D(X)=\lambda$;

(B) 若 X 服从参数为 λ 的指数分布, 则 $E(X)=D(X)=\dfrac{1}{\lambda}$;

(C) 若 $X\sim b(1,\theta)$, 则 $E(X)=\theta$, $D(X)=\theta(1-\theta)$;

(D) 若 X 服从区间 $[a,b]$ 上的均匀分布, 则 $E(X^2)=\dfrac{a^2+ab+b^2}{3}$.

3. 若 $X_i\sim N(\mu_i,\sigma_i^2)(i=1,2,\cdots,n)$, 且 $X_1,X_2,\cdots,X_n$ 相互独立, 则 $Y=\sum\limits_{i=1}^{n}(a_iX_i+b_i)$ 服从的分布是 ________.

4. 设随机变量 X 服从泊松分布, 且 $3P\{X=1\}+2P\{X=2\}=4P\{X=0\}$, 求 X 的期望与方差.

5. 设甲、乙两家灯泡厂生产的灯泡的寿命 (单位: 小时) X 和 Y 的分布律分别为

X	900	1 000	1 100
p_i	0.1	0.8	0.1

,

Y	950	1 000	1 050
p_i	0.3	0.4	0.3

,

试问哪家工厂生产的灯泡质量较好?

6. 已知 $X\sim b(n,p)$, 且 $E(X)=3$, $D(X)=2$, 试求 X 的全部可能取值, 并计算 $P\{X\le 8\}$.

7. 设随机变量 X_1,X_2,X_3,X_4 相互独立, 且有 $E(X_i)=i$, $D(X_i)=5-i$, $i=1,2,3,4$. 又设

$$Y=2X_1-X_2+3X_3-\frac{1}{2}X_4,$$

求 $E(Y)$, $D(Y)$.

8. 5家商店联营, 它们每两周售出的某种农产品的数量(以千克计)分别为 X_1,X_2,X_3,X_4,X_5. 已知 $X_1\sim N(200,225)$, $X_2\sim N(240,240)$, $X_3\sim N(180,225)$, $X_4\sim N(260,265)$, $X_5\sim N(320,270)$, X_1,X_2,X_3,X_4,X_5 相互独立.

(1) 求5家商店两周的总销售量的均值和方差;

(2) 商店每隔两周进货一次, 为了使新的供货到达商店前该产品不会脱销的概率大于0.99, 问商店的仓库应至少储存该产品多少千克?

9. 设随机变量 X 的概率密度为 $f(x)=\begin{cases}0.5x, & 0<x<2\\ 0, & \text{其他}\end{cases}$, 求随机变量 X 的1至4阶原点矩和中心矩.

第7章 数理统计的基础知识

在第二部分的前三章中我们介绍了概率论的基本内容，概率论是在已知随机变量服从某种分布的条件下，研究随机变量的性质、数字特征及其应用. 从本章开始，我们将讲述数理统计的基本内容. 数理统计作为一门学科诞生于19世纪末20世纪初，是具有广泛应用的一个数学分支，它以概率论为基础，根据试验或观察得到的数据来研究随机现象，以便对研究对象的客观规律性作出合理的估计和判断.

由于大量随机现象必然呈现出它的规律性，故理论上只要对随机现象进行足够多次的观察，研究对象的规律性就一定能清楚地呈现出来. 但实际上人们常常无法对所研究的对象的全体（或总体）进行观察，而只能抽取其中的部分（或样本）进行观察或试验以获得有限的数据.

数理统计的任务包括：怎样有效地收集、整理有限的数据资料；怎样对所得的数据资料进行分析、研究，从而对研究对象的性质、特点作出合理的推断，此即所谓的统计推断问题. 本章主要讲述统计推断的基本内容.

§7.1 数理统计的基本概念

一、总体与总体分布

在数理统计中，把研究的问题所涉及的对象的全体所组成的集合称为**总体**（或**母体**）. 把构成总体的每一个成员（或元素）称为**个体**. 总体中所包含的个体的数量称为**总体的容量**. 容量为有限的称为**有限总体**；容量为无限的称为**无限总体**. 总体与个体之间的关系，即集合与元素之间的关系.

例如，考察某大学一年级新生的体重和身高，则该校一年级的全体新生就构成了一个总体，每一名新生就是一个个体. 又如，研究某灯泡厂生产的一批灯泡的质量，则该批灯泡的全体构成了一个总体，其中每一个灯泡就是一个个体.

实际上，我们真正关心的并不是总体或个体本身，而是它们的某项数量指标（或几项数量指标）. 如在上述前一总体（一年级新生）中，我们所关心的只是新生的体重和身高，而在后一总体（一批灯泡）中，我们关心的仅仅是灯泡的寿命. 在试验中，数量指标 X 是一个随机变量（或随机向量），X 的概率分布完整地描述了这一数量指标在总体中的分布情况. 由于我们只关心总体的数量指标 X，因此就把总体与 X 的所有可能取值的全体组成的集合等同起来，并把 X 的分布称为总体分布，同时，常把总体与总体分布视为同义词.

定义1　统计学中称随机变量(或向量) X 为**总体**，并把随机变量(或向量)的分布称为**总体分布**.

注：①有时对个体的特性的直接描述并不是数量指标，但总可以将其数量化，如检验某学校全体学生的血型，试验的结果有O型、A型、B型、AB型4种. 若分别以1, 2, 3, 4依次记这4种血型，则试验的结果就可以用数量来表示了.

②总体的分布一般来说是未知的，有时即使知道其分布的类型(如正态分布、二项分布等)，也不知道这些分布中所含的参数(如 μ, σ^2, ρ 等). 数理统计的任务就是根据总体中部分个体的数据资料来对总体的未知分布进行统计推断.

二、样本与样本分布

由于总体的分布一般是未知的，或者它的某些参数是未知的，为了判断总体服从何种分布或估计未知参数应取何值，我们可从总体中抽取若干个个体进行观察，从中获得研究总体的一些观察数据，然后通过对这些数据的统计分析，对总体的分布作出判断或对未知参数作出合理估计. 一般的方法是按一定原则从总体中抽取若干个个体进行观察，这个过程称为**抽样**. 显然，对每个个体的观察结果是随机的，可将其看成是一个随机变量的取值，这样就把每个个体的观察结果与一个随机变量的取值对应起来了. 于是，我们可记从总体 X 中第 i 次抽取的个体指标为 $X_i(i=1,2,\cdots,n)$，则 X_i 是一个随机变量；记 $x_i(i=1,2,\cdots,n)$ 为个体指标 X_i 的具体观察值. 我们称 $X_1, X_2, \cdots, X_n$ 为总体 X 的**样本**；称样本观察值 $x_1, x_2, \cdots, x_n$ 为**样本值**；样本所含个体数目称为**样本容量**(或**样本大小**).

为了使抽取的样本能很好地反映总体的信息，除了对样本容量有一定的要求外，还对样本的抽取方式有一定的要求，最常用的一种抽样方法称为**简单随机抽样**. 它要求抽取的样本满足下面两个条件：

(1) 代表性：$X_1, X_2, \cdots, X_n$ 与所考察的总体具有相同的分布；

(2) 独立性：$X_1, X_2, \cdots, X_n$ 是相互独立的随机变量.

由简单随机抽样得到的样本称为**简单随机样本**，它可用与总体同分布的 n 个相互独立的随机变量 $X_1, X_2, \cdots, X_n$ 表示. 显然，简单随机样本是一种非常理想化的样本，在实际应用中要获得严格意义下的简单随机样本并不容易.

对有限总体，若采用有放回抽样就能得到简单随机样本，但有放回抽样使用起来不方便，故实际操作中通常采用的是无放回抽样. 当所考察的总体的容量很大时，无放回抽样与有放回抽样的区别很小，此时可近似地把无放回抽样所得到的样本看成是一个简单随机样本. 对无限总体，因抽取一个个体不影响它的分布，故采用无放回抽样即可得到一个简单随机样本.

注：①除了有放回抽样能得到随机样本外，用随机数表法也可以得到；

②后面假定所考虑的样本均为**简单随机样本**，简称为**样本**.

设总体 X 的分布函数为 $F(x)$，由样本的独立性，则简单随机样本 $X_1, X_2, \cdots, X_n$

的联合分布函数为

$$F(x_1, x_2, \cdots, x_n) = \prod_{i=1}^{n} F(x_i), \tag{1.1}$$

并称其为**样本分布**.

特别地, 若总体 X 为离散型随机变量, 其概率分布为 $P\{X=x_i\}=p(x_i)$, x_i 取遍 X 所有可能取值, 则样本的概率分布为

$$p(x_1, x_2, \cdots, x_n) = P\{X_1=x_1, X_2=x_2, \cdots, X_n=x_n\} = \prod_{i=1}^{n} p(x_i), \tag{1.2}$$

分别称 $p(x_i)$ 与 $p(x_1, x_2, \cdots, x_n)$ 为**离散总体概率分布**与**离散样本概率分布**.

若总体 X 为连续型随机变量, 其概率密度为 $f(x)$, 则样本的概率密度为

$$f(x_1, x_2, \cdots, x_n) = \prod_{i=1}^{n} f(x_i), \tag{1.3}$$

分别称 $f(x)$ 与 $f(x_1, x_2, \cdots, x_n)$ 为**连续总体概率密度**与**连续样本概率密度**.

例 1　若总体 X 服从正态分布, 则称总体 X 为正态总体. 正态总体是统计应用中最常见的总体. 现设总体 X 服从正态分布 $N(\mu, \sigma^2)$, 则其样本概率密度由下式给出:

$$\begin{aligned} f(x_1, x_2, \cdots, x_n) &= \prod_{i=1}^{n} \frac{1}{\sigma\sqrt{2\pi}} \exp\left\{-\frac{1}{2}\left(\frac{x_i-\mu}{\sigma}\right)^2\right\} \\ &= \left(\frac{1}{\sigma\sqrt{2\pi}}\right)^n \exp\left\{-\frac{1}{2\sigma^2}\sum_{i=1}^{n}(x_i-\mu)^2\right\}. \end{aligned}$$

■

例 2　若总体 X 服从以 $p\,(0<p<1)$ 为参数的 0－1 分布, 则称总体 X 为 0－1 总体, 即

$$P\{X=1\}=p,\quad P\{X=0\}=1-p.$$

不难算出其样本 $X_1, X_2, \cdots, X_n$ 的概率分布为

$$P\{X_1=i_1, X_2=i_2, \cdots, X_n=i_n\} = p^{s_n}(1-p)^{n-s_n},$$

其中 $i_k\,(1\le k\le n)$ 取 1 或 0, 而 $s_n=i_1+i_2+\cdots+i_n$, 它恰好等于样本中取值为 1 的分量之总数. 服从 0－1 分布的总体具有较广泛的应用背景. 概率 p 通常可视为某实际总体 (如工厂的某一批产品) 中具有某特征 (如废品) 的个体所占的比例. 从总体中随机抽取一个个体, 可视为一个随机试验, 试验结果可用一随机变量 X 来刻画: 若恰好抽到具有该特征的个体, 记 $X=1$; 否则, 记 $X=0$. 这样, X 便服从以 p 为参数的 0－1 分布. 通常参数 p 是未知的, 故需通过抽样对其做统计推断. ■

三、统计推断问题简述

总体和样本是数理统计中的两个基本概念. 样本来自总体, 自然带有总体的信息, 从而可以从这些信息出发去研究总体的某些特征(分布或分布中的参数). 另一方面, 由样本研究总体可以省时省力(特别是针对破坏性的抽样试验而言). 我们称通过

总体 X 的一个样本 $X_1, X_2, \cdots, X_n$ 对总体 X 的分布进行推断的问题为**统计推断问题**.

总体、个体、样本(样本值)的关系如下:

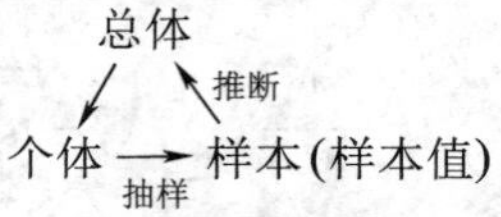

在实际应用中,总体的分布一般是未知的,或虽然知道总体分布所属的类型,但其中含有未知参数. 统计推断就是利用样本值来对总体的分布类型、未知参数进行估计和推断.

四、统计量

为了由样本推断总体,需构造一些合适的统计量,再由这些统计量来推断未知总体. 这里,样本的统计量即为样本的函数. 广义地讲,统计量可以是样本的任一函数,但由于构造统计量的目的是推断未知总体的分布,故在构造统计量时,就不应包含总体的未知参数,为此引入下列定义.

定义 2 设 $X_1, X_2, \cdots, X_n$ 为总体 X 的一个样本,称此样本的任一不含总体分布未知参数的函数为该样本的**统计量**.

例如,设总体 X 服从正态分布, $E(X)=5$, $D(X)=\sigma^2$, σ^2 未知. $X_1, X_2, \cdots, X_n$ 为总体 X 的一个样本,令

$$S_n = X_1 + X_2 + \cdots + X_n, \quad \overline{X} = \frac{S_n}{n},$$

则 S_n 与 $\overline{X}$ 均为样本 $X_1, X_2, \cdots, X_n$ 的统计量. 但 $U = \dfrac{n(\overline{X}-5)}{\sigma}$ 不是该样本的统计量,因其含有总体分布中的未知参数 σ.

注: 当样本未取具体的样本值时,统计量用样本的大写形式 $X_1, X_2, \cdots, X_n$ 来表达;当样本已取得一组具体的样本值时,统计量改用样本的小写形式 $x_1, x_2, \cdots, x_n$ 来表达.

五、常用统计量

以下设 $X_1, X_2, \cdots, X_n$ 为总体 X 的一个样本.

1. 样本均值

$$\overline{X} = \frac{1}{n}\sum_{i=1}^{n} X_i. \tag{1.4}$$

2. 样本方差

$$S^2 = \frac{1}{n-1}\sum_{i=1}^{n} (X_i - \overline{X})^2. \tag{1.5}$$

注: 称 $Q = \sum\limits_{i=1}^{n} (X_i - \overline{X})^2$ 为样本的偏差平方和. 我们有

$$Q=\sum_{i=1}^{n}(X_i^2-2X_i\overline{X}+\overline{X}^2)=\sum_{i=1}^{n}X_i^2-n\overline{X}^2.$$

从而

$$S^2=\frac{1}{n-1}\left(\sum_{i=1}^{n}X_i^2-n\overline{X}^2\right). \tag{1.6}$$

3. 样本标准差

$$S=\sqrt{\frac{1}{n-1}\sum_{i=1}^{n}(X_i-\overline{X})^2}. \tag{1.7}$$

4. 样本 (k 阶) 原点矩

$$A_k=\frac{1}{n}\sum_{i=1}^{n}X_i^k,\quad k=1,2,\cdots. \tag{1.8}$$

5. 样本 (k 阶) 中心矩

$$B_k=\frac{1}{n}\sum_{i=1}^{n}(X_i-\overline{X})^k,\ k=2,3,\cdots. \tag{1.9}$$

其中样本二阶中心矩

$$B_2=\frac{1}{n}\sum_{i=1}^{n}(X_i-\overline{X})^2,$$

又称作**未修正样本方差**.

注: 上述五种统计量可统称为**矩统计量**, 简称为**样本矩**, 它们都是样本的显函数, 它们的观察值仍分别称为样本均值、样本方差、样本标准差、样本 (k 阶) 原点矩、样本 (k 阶) 中心矩.

例 3　某厂实行计件工资制, 为及时了解情况, 随机抽取 30 名工人, 调查各自在一周内加工的零件数, 然后按规定算出每名工人的周工资如下 (单位: 元):

156 134 160 141 159 141 161 157 171 155 149 144 169 138 168
147 153 156 125 156 135 156 151 155 146 155 157 198 161 151

这便是一个容量为 30 的样本观察值, 其样本均值为

$$\overline{x}=\frac{1}{30}(156+134+\cdots+161+151)=153.5.$$

它反映了该厂工人周工资的一般水平.

均值与方差计算实验

我们进一步计算样本方差 s^2 及样本标准差 s. 由于

$$\sum_{i=1}^{30}x_i^2=156^2+134^2+\cdots+151^2=712\,155,$$

代入式 (1.5), 得样本方差为

$$s^2=\frac{1}{30-1}\left(\sum_{i=1}^{30}x_i^2-30\overline{x}^2\right)=\frac{1}{30-1}\times 5\,287.5\approx 182.327\,6,$$

样本标准差为

$$s=\sqrt{182.327\,6}\approx 13.50.$$ ■

例 4 设我们获得了如下三个样本:

样本 A: 3, 4, 5, 6, 7;

样本 B: 1, 3, 5, 7, 9;

样本 C: 1, 5, 9.

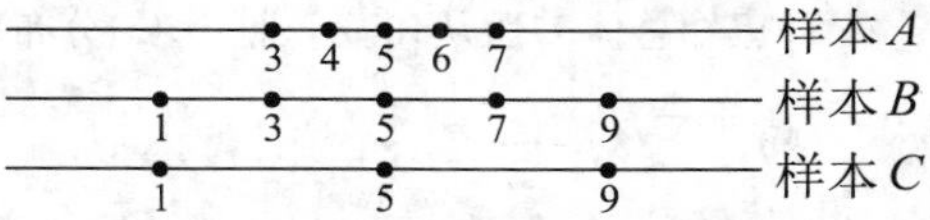

图 7-1-1 三个样本的观察值

如果将它们画在数轴上(见图 7-1-1), 明显可见它们的“分散”程度是不同的: 样本 A 在这三个样本中是比较密集的, 而样本 C 比较分散.

这一直觉可以用样本方差来表示. 这三个样本的均值都是 5, 即 $\overline{x}_A=\overline{x}_B=\overline{x}_C=5$, 而样本容量 $n_A=5$, $n_B=5$, $n_C=3$, 从而它们的样本方差分别为

$$s_A^2=\frac{1}{5-1}[(3-5)^2+(4-5)^2+(5-5)^2+(6-5)^2+(7-5)^2]=\frac{10}{4}=2.5,$$

$$s_B^2=\frac{1}{5-1}[(1-5)^2+(3-5)^2+(5-5)^2+(7-5)^2+(9-5)^2]=\frac{40}{4}=10,$$

$$s_C^2=\frac{1}{3-1}[(1-5)^2+(5-5)^2+(9-5)^2]=\frac{32}{2}=16.$$

由此可见 $s_C^2>s_B^2>s_A^2$. 这与直觉是一致的, 它们反映了取值的离散程度. 由于样本方差的量纲与样本的量纲不一致, 故常用样本标准差表示离散程度, 这里有

$$s_A\approx 1.58,\quad s_B\approx 3.16,\quad s_C=4, \text{同样有 } s_C>s_B>s_A.$$ ■

由于样本方差(或样本标准差)很好地反映了总体方差(或标准差)的信息,因此,当方差 σ^2 未知时, 常用 S^2 来估计, 而总体标准差 σ 则常用样本标准差 S 来估计.

*数学实验

实验 7.1 试比较下列两组数据的均值和方差,并根据计算结果说明它们的集中趋势和离散程度(详见教材配套的网络学习空间).

A组:	1.33	1.60	1.33	2.58	1.22	0.94	2.55	1.58	2.36	1.65
	2.27	−0.56	2.47	3.85	3.04	2.91	1.76	2.18	2.24	2.10
	1.17	1.65	1.83	1.52	2.84	4.54	0.68	2.13	0.56	3.30
	3.41	0.34	3.94	0.92	2.23	3.10	2.15	4.30	4.75	2.14
	0.30	1.64	1.15	1.24	0.87	2.08	4.11	1.28	1.72	3.17
B组:	3.58	2.63	3.33	3.13	1.50	2.55	1.61	0.83	2.82	2.09
	1.75	2.38	3.28	2.51	2.25	2.36	2.06	0.99	3.02	3.83
	1.30	4.50	1.77	1.68	0.83	0.97	0.76	2.46	4.07	2.68
	3.11	3.74	−1.25	1.78	2.46	2.93	0.30	0.69	3.03	1.85
	2.72	0.75	−0.12	2.99	3.55	4.12	0.01	0.26	0.08	1.94

均值与方差计算实验

均值与方差计算实验

习题 7-1

1. 已知总体 X 服从 $[0, \lambda]$ 上的均匀分布（λ 未知），$X_1, X_2, \cdots, X_n$ 为 X 的样本，则（　）.

(A) $\frac{1}{n}\sum_{i=1}^{n} X_i - \frac{\lambda}{2}$ 是一个统计量；　(B) $\frac{1}{n}\sum_{i=1}^{n} X_i - E(X)$ 是一个统计量；

(C) $X_1 + X_2$ 是一个统计量；　(D) $\frac{1}{n}\sum_{i=1}^{n} X_i^2 - D(X)$ 是一个统计量.

2. 从总体 X 中任意抽取一个容量为10的样本，样本值为4.5, 2.0, 1.0, 1.5, 3.5, 4.5, 6.5, 5.0, 3.5, 4.0. 试分别计算样本均值 $\bar{x}$ 及样本方差 s^2.

3. A厂生产的某种电器的使用寿命服从指数分布，参数 λ 未知. 为此，抽查了 n 件电器，测量其使用寿命. 试确定本问题的总体、样本及其密度.

4. 设 $X_1, \cdots, X_n$ 是取自总体 X 的样本，$\overline{X}, S^2$ 分别为样本均值与样本方差，假定 $\mu = E(X)$，$\sigma^2 = D(X)$ 均存在，试求 $E(\overline{X}), D(\overline{X}), E(S^2)$.

§7.2　常用统计分布

取得总体的样本后，通常要借助样本的统计量对未知的总体分布进行推断. 为此，需进一步确定相应的统计量所服从的分布，除在概率论中所提到的常用分布（主要是正态分布）外，本节还要介绍几个在统计学中常用的统计分布：χ^2 分布，t 分布，F 分布.

一、分位数

设随机变量 X 的分布函数为 $F(x)$，对给定的实数 $\alpha(0<\alpha<1)$，若实数 F_α 满足

$$P\{X > F_\alpha\} = \alpha,$$

则称 F_α 为随机变量 X 分布的水平 α 的**上侧分位数**.

若实数 $T_{\alpha/2}$ 满足

$$P\{|X| > T_{\alpha/2}\} = \alpha,$$

则称 $T_{\alpha/2}$ 为随机变量 X 分布的水平 α 的 **双侧分位数**.

例如，标准正态分布的上侧分位数和双侧分位数分别如图7-2-1和图7-2-2所示.

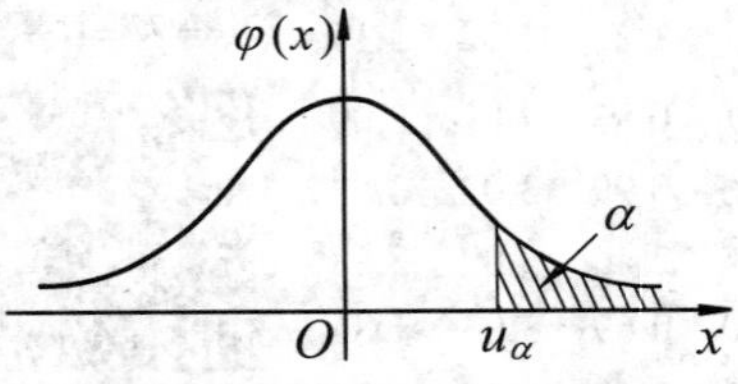

图 7-2-1

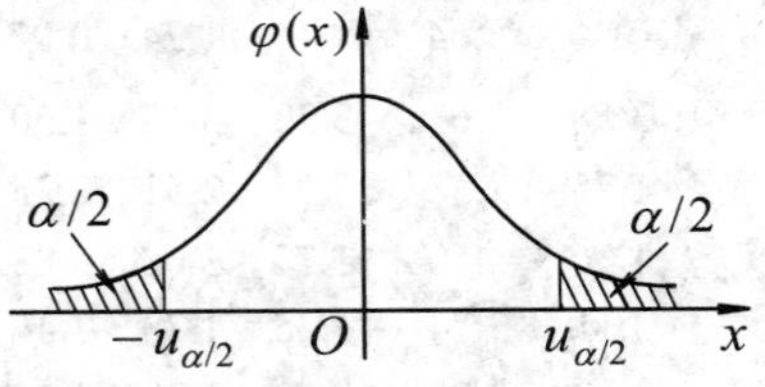

图 7-2-2

通常，直接求解分位数是很困难的，对常用的统计分布，可利用附录中给出的分布函数值表或分位数表来得到分位数的值.

例1　设 $\alpha=0.05$，求标准正态分布的水平 0.05 的上侧分位数和双侧分位数.

解　由于 $\Phi(u_{0.05})=1-0.05=0.95$，查标准正态分布表可得 $u_{0.05}=1.645$. 而水平 0.05 的双侧分位数为 $u_{0.025}$，它满足

$$\Phi(u_{0.025})=1-0.025=0.975,$$

查表得

$$u_{0.025}=1.96.$$

■

注：今后分别记 u_α 与 $u_{\alpha/2}$ 为标准正态分布的上侧分位数与双侧分位数.

用户可利用数苑“统计图表工具”中的“标准正态分布查表”软件，通过微信扫码便捷地查询到指定 α 水平的上侧分位数 u_α.

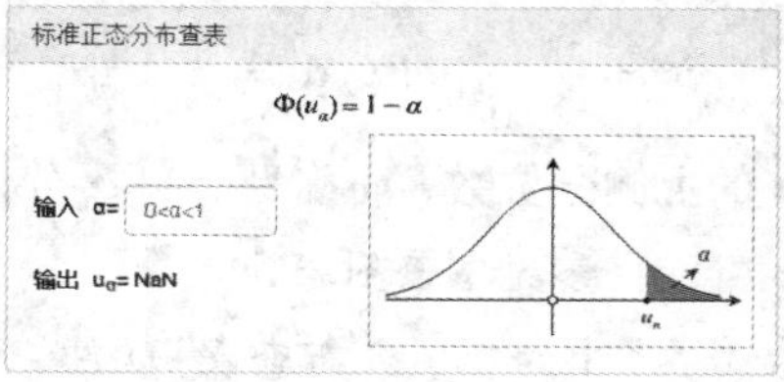

标准正态分布查表

二、χ^2 分布

定义1　设 $X_1, X_2, \cdots, X_n$ 是取自总体 $N(0, 1)$ 的样本，称统计量

$$\chi^2=X_1^2+X_2^2+\cdots+X_n^2 \tag{2.1}$$

服从自由度为 n 的 **χ^2 分布**，记为 $\chi^2 \sim \chi^2(n)$.

χ^2 分布是海尔墨特(Hermert)和K．皮尔逊(K．Pearson)分别于1875年和1900年导出的．它主要适用于拟合优度检验和独立性检验，以及对总体方差的估计和检验等．相关内容将在随后的章节中介绍．

这里，自由度是指式(2.1)右端所包含的独立变量的个数．

$\chi^2(n)$ 分布的概率密度为

$$f(x)=\begin{cases}\dfrac{1}{2^{n/2}\Gamma(n/2)}x^{\frac{n}{2}-1}\mathrm{e}^{-\frac{1}{2}x}, & x>0\\ 0, & x\le 0\end{cases}.$$

其中 $\Gamma(\cdot)$ 为Gamma函数．$f(x)$ 的图形如图7-2-3所示．

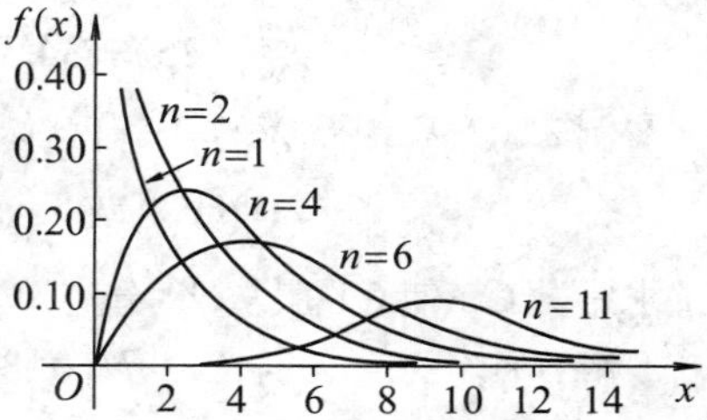

图 7-2-3

注：Gamma 函数的定义为

$$\Gamma(\alpha)=\int_0^{+\infty}x^{\alpha-1}\mathrm{e}^{-x}\mathrm{d}x.$$

它具有下述运算性质：

(1) $\Gamma(\alpha+1)=\alpha\Gamma(\alpha)$；　(2) $\Gamma(n)=(n-1)!$，n 为正整数；　(3) $\Gamma\left(\dfrac{1}{2}\right)=\sqrt{\pi}$.

从图 7−2−3 中可以看出，n 越大，密度函数图形越对称.

可以证明，χ^2分布具有如下性质：

(1) χ^2分布的数学期望与方差：

若$\chi^2 \sim \chi^2(n)$，则$E(\chi^2)=n$，$D(\chi^2)=2n$.

(2) χ^2分布的可加性：

若$\chi_1^2 \sim \chi^2(m)$，$\chi_2^2 \sim \chi^2(n)$，且χ_1^2，χ_2^2相互独立，则

$$\chi_1^2+\chi_2^2 \sim \chi^2(m+n).$$

(3) χ^2分布的分位数：

设$\chi^2 \sim \chi^2(n)$，对给定的实数$\alpha\,(0<\alpha<1)$，称满足条件

$$P\{\chi^2>\chi_\alpha^2(n)\}=\int_{\chi_\alpha^2(n)}^{+\infty} f(x)\,\mathrm{d}x=\alpha \tag{2.2}$$

的数$\chi_\alpha^2(n)$为**$\chi^2(n)$分布的水平α的上侧分位数**，简称为上侧α分位数. 对不同的α与n，分位数的值已经编制成表供查用(参见本书附表 5).

注：用户可利用数苑“统计图表工具”中的“χ^2分布查表”软件，通过微信扫码便捷地查询到χ^2分布的水平α的上侧分位数$\chi_\alpha^2(n)$.

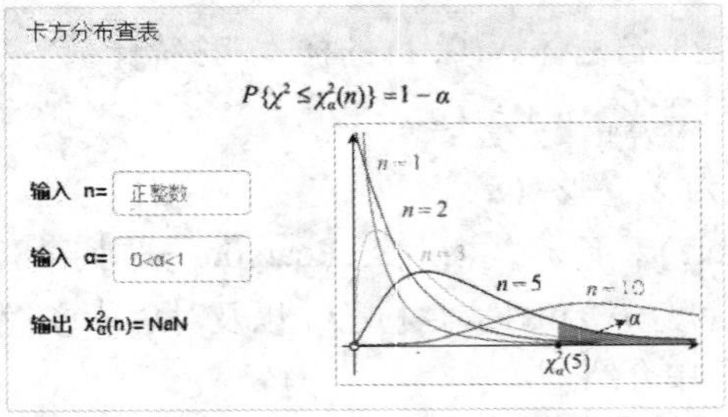

χ^2分布查表

例如，查表得

$$\chi_{0.1}^2(25)=34.382,\quad \chi_{0.05}^2(10)=18.307.$$

例 2 设$X_1,\cdots,X_6$是来自总体$N(0,1)$的样本，又设

$$Y=(X_1+X_2+X_3)^2+(X_4+X_5+X_6)^2,$$

试求常数C，使CY服从χ^2分布.

解 因为$X_1+X_2+X_3 \sim N(0,3)$，$X_4+X_5+X_6 \sim N(0,3)$，所以

$$\frac{X_1+X_2+X_3}{\sqrt{3}} \sim N(0,1),\quad \frac{X_4+X_5+X_6}{\sqrt{3}} \sim N(0,1),$$

且它们相互独立. 于是，

$$\left(\frac{X_1+X_2+X_3}{\sqrt{3}}\right)^2+\left(\frac{X_4+X_5+X_6}{\sqrt{3}}\right)^2 \sim \chi^2(2).$$

故应取 $C=\frac{1}{3}$, 从而有 $\frac{1}{3}Y\sim\chi^2(2)$. ■

三、t 分布

关于 t 分布的早期理论工作，是英国统计学家威廉·西利·戈塞特(William Sealy Gosset)在1900年进行的. t 分布是小样本分布，小样本一般是指 $n<30$. t 分布适用于当总体标准差未知时，用样本标准差代替总体标准差，由样本平均数推断总体平均数以及两个小样本之间差异的显著性检验等.

定义 2 设 $X\sim N(0,1)$, $Y\sim\chi^2(n)$, 且 X 与 Y 相互独立，则称

$$t=\frac{X}{\sqrt{Y/n}} \tag{2.3}$$

服从自由度为 n 的 **t 分布**，记为 $t\sim t(n)$. $t(n)$ 分布的概率密度为

$$f(x)=\frac{\Gamma[(n+1)/2]}{\sqrt{n\pi}\,\Gamma(n/2)}\left(1+\frac{x^2}{n}\right)^{-\frac{n+1}{2}},\quad -\infty<x<+\infty.$$

***t* 分布具有如下性质:**

(1) $f(x)$ 的图形关于 y 轴对称(见图 7-2-4),

且 $$\lim_{x\to\infty}f(x)=0.$$

(2) 当 n 充分大时, t 分布近似于标准正态分布.

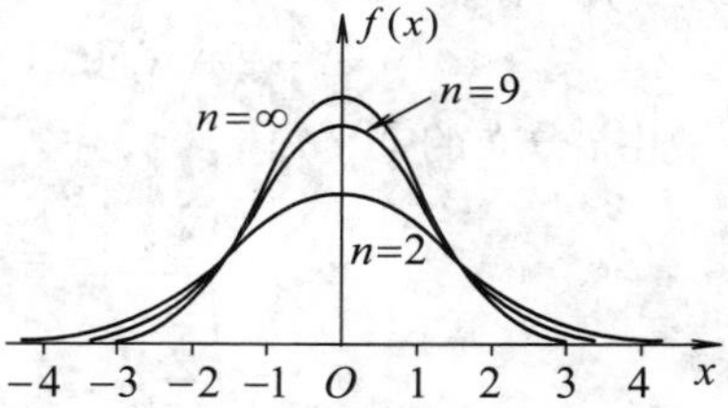

图 7-2-4

(3) t 分布的分位数:

设 $T\sim t(n)$, 对给定的实数 $\alpha\ (0<\alpha<1)$, 称满足条件

$$P\{T>t_\alpha(n)\}=\int_{t_\alpha(n)}^{+\infty}f(x)\,\mathrm{d}x=\alpha \tag{2.4}$$

的数 $t_\alpha(n)$ 为 **$t(n)$ 分布的水平 α 的上侧分位数**. 由密度函数 $f(x)$ 的对称性，可得

$$t_{1-\alpha}(n)=-t_\alpha(n). \tag{2.5}$$

对不同的 α 与 n, t 分布的上侧分位数可从本书附表 4 中查得.

注: 用户可利用数苑“统计图表工具”中的“t 分布查表”软件，通过微信扫码便捷地查询到 $t(n)$ 分布的水平 α 的上侧分位数 $t_\alpha(n)$.

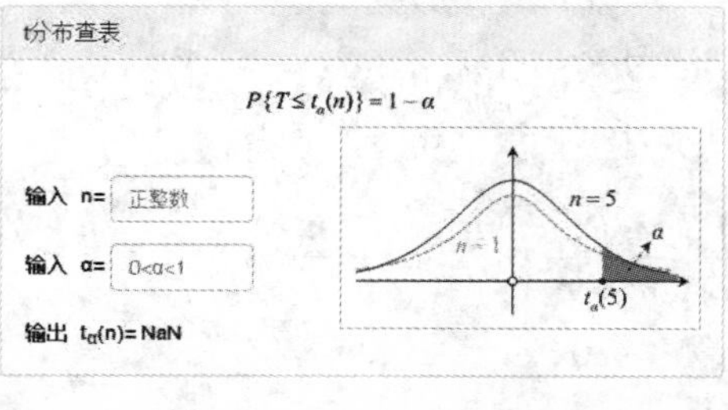

t 分布查表

类似地，我们可以给出 t 分布的双侧分位数

$$P\{|T|>t_{\alpha/2}(n)\}=\int_{-\infty}^{-t_{\alpha/2}(n)}f(x)\,\mathrm{d}x+\int_{t_{\alpha/2}(n)}^{+\infty}f(x)\,\mathrm{d}x=\alpha,$$

显然有 $$P\{T>t_{\alpha/2}(n)\}=\alpha/2\,;\ P\{T<-t_{\alpha/2}(n)\}=\alpha/2.$$

例如，设 $t\sim t(8)$，对水平 $\alpha=0.05$，查表得

$$t_{\alpha}(8)=1.859\,5,\quad t_{\alpha/2}(8)=2.306\,0.$$

故有 $$P\{T>1.859\,5\}=P\{T<-1.859\,5\}=P\{|T|>2.306\,0\}=0.05.$$

例 3 设随机变量 $X\sim N(2,1)$，随机变量 Y_1,Y_2,Y_3,Y_4 均服从 $N(0,4)$，且 X,Y_i $(i=1,2,3,4)$ 都相互独立，令

$$T=\frac{4(X-2)}{\sqrt{\sum_{i=1}^{4}Y_i^2}},$$

试求 T 的分布，并确定 t_0 的值，使 $P\{|T|>t_0\}=0.01$.

解 由于

$$X-2\sim N(0,1),\quad Y_i/2\sim N(0,1),\quad i=1,2,3,4,$$

故由 t 分布的定义知

$$T=\frac{4(X-2)}{\sqrt{\sum_{i=1}^{4}Y_i^2}}=\frac{X-2}{\sqrt{\sum_{i=1}^{4}\left(\frac{Y_i}{4}\right)^2}}=\frac{X-2}{\sqrt{\sum_{i=1}^{4}\left(\frac{Y_i}{2}\right)^2\Big/4}}\sim t(4),$$

即 T 服从自由度为 4 的 t 分布：$T\sim t(4)$. 由 $P\{|T|>t_0\}=0.01$. 对于 $n=4$，$\alpha=0.01$，查附表 4，得：$t_0=t_{\alpha/2}(4)=t_{0.005}(4)=4.604\,1$. ■

四、F 分布

F 分布是以统计学家费希尔(R. A. Fisher)的姓氏的第一个字母命名的，主要用于方差分析、协方差分析和回归分析等.

定义 3 设 $X\sim\chi^2(m)$，$Y\sim\chi^2(n)$，且 X 与 Y 相互独立，则称

$$F=\frac{X/m}{Y/n}=\frac{nX}{mY}\tag{2.6}$$

服从自由度为 (m,n) 的 **F 分布**，记为 $F\sim F(m,n)$.

$F(m,n)$ 分布的概率密度为

$$f(x)=\begin{cases}\dfrac{\Gamma[(m+n)/2]}{\Gamma(m/2)\Gamma(n/2)}\left(\dfrac{m}{n}\right)\left(\dfrac{m}{n}x\right)^{\frac{m}{2}-1}\left(1+\dfrac{m}{n}x\right)^{-\frac{1}{2}(m+n)}, & x>0\\ 0, & x\le 0\end{cases}.$$

密度函数 $f(x)$ 的图形见图 7−2−5.

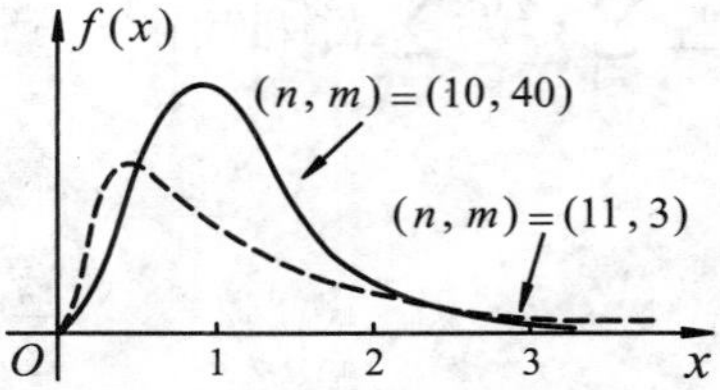

图 7−2−5

F 分布具有如下性质:

(1) 若 $X \sim t(n)$, 则 $X^2 \sim F(1,n)$.

(2) 若 $F \sim F(m, n)$, 则

$$\frac{1}{F} \sim F(n, m).$$

(3) F 分布的分位数:

设 $F \sim F(n,m)$, 对给定的实数 $\alpha(0<\alpha<1)$, 称满足条件

$$P\{F > F_\alpha(n, m)\} = \int_{F_\alpha(n, m)}^{+\infty} f(x)\,\mathrm{d}x = \alpha \tag{2.7}$$

的数 $F_\alpha(n, m)$ 为 **$F(n, m)$ 分布的水平 α 的上侧分位数**, 如图7−2−6 所示. F 分布的上侧分位数可从附表 6 中查得.

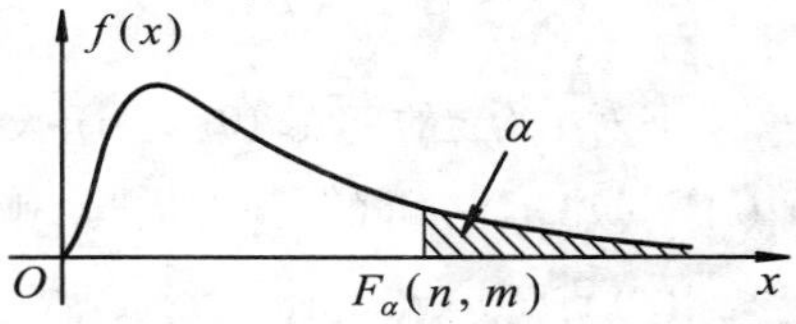

图 7−2−6

注: 用户可利用数苑“统计图表工具”中的“F 分布查表”软件, 通过微信扫码便捷地查询到 $F(m,n)$ 分布的水平 α 的上侧分位数 $F_\alpha(m, n)$.

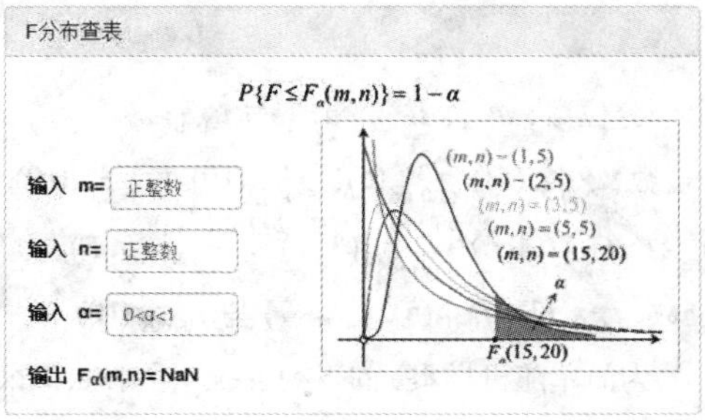

F 分布查表

例如, 查表得

$$F_{0.05}(10, 5) = 4.74, \ F_{0.025}(5, 10) = 4.24.$$

例4 设总体 X 服从标准正态分布, $X_1, X_2, \cdots, X_n$ 是来自总体 X 的一个简单随机样本, 试问统计量

$$Y = \left(\frac{n}{5} - 1\right) \sum_{i=1}^{5} X_i^2 \Big/ \sum_{i=6}^{n} X_i^2, \ n > 5$$

服从何种分布?

解 因为 $X_i \sim N(0, 1)$, 故

$$\sum_{i=1}^{5} X_i^2 \sim \chi^2(5), \quad \sum_{i=6}^{n} X_i^2 \sim \chi^2(n-5),$$

且 $\sum_{i=1}^{5} X_i^2$ 与 $\sum_{i=6}^{n} X_i^2$ 相互独立，所以

$$\frac{\sum_{i=1}^{5} X_i^2 / 5}{\sum_{i=6}^{n} X_i^2 / (n-5)} \sim F(5, n-5),$$

再由统计量 Y 的表达式，即得

$$Y \sim F(5, n-5).$$ ■

习题 7-2

1. 对于给定的正数 $a(0<a<1)$，设 z_a，$\chi_a^2(n)$，$t_a(n)$，$F_a(n_1, n_2)$ 分别是标准正态分布，$\chi^2(n)$，$t(n)$，$F(n_1, n_2)$ 分布的上 a 分位点，则下面的结论中不正确的是（　）.

(A) $z_{1-a}(n) = -z_a(n)$;

(B) $\chi_{1-a}^2(n) = -\chi_a^2(n)$;

(C) $t_{1-a}(n) = -t_a(n)$;

(D) $F_{1-a}(n_1, n_2) = \dfrac{1}{F_a(n_2, n_1)}$.

2. 查表求标准正态分布的下列上侧分位数：$u_{0.4}$，$u_{0.2}$，$u_{0.1}$ 与 $u_{0.05}$.

3. 查表求 χ^2 分布的下列上侧分位数：$\chi_{0.95}^2(5)$，$\chi_{0.05}^2(5)$，$\chi_{0.99}^2(10)$ 与 $\chi_{0.01}^2(10)$.

4. 查表求 F 分布的下列上侧分位数：$F_{0.95}(4,6)$，$F_{0.975}(3,7)$ 与 $F_{0.99}(5,5)$.

5. 查表求 t 分布的下列上侧分位数：$t_{0.05}(3)$，$t_{0.01}(5)$，$t_{0.10}(7)$ 与 $t_{0.005}(10)$.

6. 设总体 $X \sim N(0,1)$，$X_1, X_2, \cdots, X_n$ 为简单随机样本，问下列各统计量服从什么分布？

(1) $\dfrac{X_1 - X_2}{\sqrt{X_3^2 + X_4^2}}$;　　(2) $\dfrac{\sqrt{n-1}X_1}{\sqrt{X_2^2 + X_3^2 + \cdots + X_n^2}}$;　　(3) $\left(\dfrac{n}{3}-1\right)\sum_{i=1}^{3} X_i^2 \Big/ \sum_{i=4}^{n} X_i^2$.

7. 设随机变量 X 和 Y 相互独立且都服从正态分布 $N(0, 3^2)$. $X_1, X_2, \cdots, X_9$ 和 $Y_1, Y_2, \cdots, Y_9$ 是分别取自总体 X 和 Y 的简单随机样本. 试证统计量 $T = \dfrac{X_1 + X_2 + \cdots + X_9}{\sqrt{Y_1^2 + Y_2^2 + \cdots + Y_9^2}}$ 服从自由度为 9 的 t 分布.

8. 已知 $X \sim t(n)$，求证 $X^2 \sim F(1, n)$.

9. 假设 $X_1, X_2, \cdots, X_9$ 是取自总体 $X \sim N(0, 2^2)$ 的简单随机样本，求系数 a, b, c，使

$$Q = a(X_1 + X_2)^2 + b(X_3 + X_4 + X_5)^2 + c(X_6 + X_7 + X_8 + X_9)^2$$

服从 χ^2 分布，并求其自由度.

§7.3 抽样分布

一、抽样分布

有时，总体分布的类型虽然已知，但其中含有未知参数，此时需对总体的未知参数或对总体的数字特征(如数学期望、方差等)进行统计推断，此类问题称为**参数统计推断**. 在参数统计推断问题中，常需利用总体的样本构造出合适的统计量，并使其服从或渐近地服从已知的分布. 统计学中泛称统计量分布为**抽样分布**.

一般说来，要确定某一统计量的分布是比较复杂的问题，然而，对一些重要的特殊情况，例如正态总体，已经有了许多关于抽样分布的结论. 本节主要介绍关于正态总体抽样分布的几个重要结论.

二、单正态总体的抽样分布

设总体 X 的均值为 μ，方差为 $\sigma^2, X_1, X_2, \cdots, X_n$ 是取自 X 的一个样本，$\overline{X}$ 与 S^2 分别为该样本的样本均值与样本方差，则有

$$E(\overline{X})=\mu,\quad D(\overline{X})=\sigma^2/n,\quad E(S^2)=\sigma^2.$$

进一步，若设 $X\sim N(\mu,\sigma^2)$，则根据正态分布的性质，可得到下列定理:

定理 1 设总体 $X\sim N(\mu,\sigma^2)$，$X_1, X_2, \cdots, X_n$ 是取自 X 的一个样本，$\overline{X}$ 为该样本的样本均值，则有

(1) $\overline{X}\sim N(\mu,\sigma^2/n)$; (3.1)

(2) $U=\dfrac{\overline{X}-\mu}{\sigma/\sqrt{n}}\sim N(0,1)$. (3.2)

定理 2 设总体 $X\sim N(\mu,\sigma^2)$, $X_1, X_2, \cdots, X_n$ 是取自 X 的一个样本，$\overline{X}$ 与 S^2 分别为该样本的样本均值与样本方差，则有

(1) $\chi^2=\dfrac{n-1}{\sigma^2}S^2=\dfrac{1}{\sigma^2}\sum\limits_{i=1}^{n}(X_i-\overline{X})^2\sim\chi^2(n-1)$; (3.3)

(2) $\overline{X}$ 与 S^2 相互独立.

定理 3 设总体 $X\sim N(\mu,\sigma^2)$, $X_1, X_2, \cdots, X_n$ 是取自 X 的一个样本，$\overline{X}$ 与 S^2 分别为该样本的样本均值与样本方差，则有

(1) $\chi^2=\dfrac{1}{\sigma^2}\sum\limits_{i=1}^{n}(X_i-\mu)^2\sim\chi^2(n)$; (3.4)

(2) $T=\dfrac{\overline{X}-\mu}{S/\sqrt{n}}\sim t(n-1)$. (3.5)

例 1 设 $X \sim N(21, 2^2)$, $X_1, X_2, \cdots, X_{25}$ 为 X 的一个样本，求：

(1) 样本均值 $\overline{X}$ 的数学期望与方差； (2) $P\{|\overline{X}-21| \le 0.24\}$.

解 (1) 由于 $X \sim N(21, 2^2)$, 样本容量 $n=25$, 所以 $\overline{X} \sim N\left(21, \dfrac{2^2}{25}\right)$, 于是

$$E(\overline{X})=21, \quad D(\overline{X})=\frac{2^2}{25}=0.4^2.$$

标准正态分布查表

(2) 由 $\overline{X} \sim N(21, 0.4^2)$, 得 $\dfrac{\overline{X}-21}{0.4} \sim N(0, 1)$, 故

$$P\{|\overline{X}-21| \le 0.24\}=P\left\{\left|\frac{\overline{X}-21}{0.4}\right| \le 0.6\right\}=2\Phi(0.6)-1=0.451\,4 .$$ ■

例 2 在设计导弹发射装置时，重要的事情之一是研究弹着点偏离目标中心的距离的方差.对于一类导弹发射装置，弹着点偏离目标中心的距离服从正态分布 $N(\mu, \sigma^2)$, 这里 $\sigma^2=100$ 米^2, 现在进行了 25 次发射试验，用 S^2 记这 25 次试验中弹着点偏离目标中心的距离的样本方差. 试求 S^2 超过 50 米^2 的概率.

解 根据定理 2, 有 $\dfrac{(n-1)S^2}{\sigma^2} \sim \chi^2(n-1)$, 故

$$P\{S^2>50\}=P\left\{\frac{(n-1)S^2}{\sigma^2}>\frac{(n-1)50}{\sigma^2}\right\}=P\left\{\chi^2(24)>\frac{24\times 50}{100}\right\}$$

$$=P\{\chi^2(24)>12\}>P\{\chi^2(24)>12.401\}=0.975 .$$

于是，我们可以以超过 97.5% 的概率断言，S^2 超过 50 米^2. ■

三、双正态总体的抽样分布

定理 4 设 $X \sim N(\mu_1, \sigma_1^2)$ 与 $Y \sim N(\mu_2, \sigma_2^2)$ 是两个相互独立的正态总体，又设 $X_1, X_2, \cdots, X_{n_1}$ 是取自总体 X 的样本，$\overline{X}$ 与 S_1^2 分别为该样本的样本均值与样本方差. $Y_1, Y_2, \cdots, Y_{n_2}$ 是取自总体 Y 的样本，$\overline{Y}$ 与 S_2^2 分别为该样本的样本均值与样本方差. 再记 S_w^2 为 S_1^2 与 S_2^2 的加权平均，即

$$S_w^2=\frac{(n_1-1)S_1^2+(n_2-1)S_2^2}{n_1+n_2-2}. \tag{3.6}$$

则 (1) $U=\dfrac{(\overline{X}-\overline{Y})-(\mu_1-\mu_2)}{\sqrt{\sigma_1^2/n_1+\sigma_2^2/n_2}} \sim N(0, 1)$; (3.7)

(2) $F=\left(\dfrac{\sigma_2}{\sigma_1}\right)^2 \dfrac{S_1^2}{S_2^2} \sim F(n_1-1, n_2-1)$; (3.8)

(3) 当 $\sigma_1^2=\sigma_2^2=\sigma^2$ 时，

$$T=\frac{(\overline{X}-\overline{Y})-(\mu_1-\mu_2)}{S_w\sqrt{1/n_1+1/n_2}}\sim t(n_1+n_2-2). \tag{3.9}$$

例 3 设两个总体 X 与 Y 都服从正态分布 $N(20, 3)$. 今从总体 X 与 Y 中分别抽得容量为 $n_1=10$, $n_2=15$ 的两个相互独立的样本，求 $P\{|\overline{X}-\overline{Y}|>0.3\}$.

解 由题设及定理 4 (1), 知

$$\frac{(\overline{X}-\overline{Y})-(20-20)}{\sqrt{\dfrac{3}{10}+\dfrac{3}{15}}}=\frac{\overline{X}-\overline{Y}}{\sqrt{0.5}}\sim N(0,1).$$

于是 $$P\{|\overline{X}-\overline{Y}|>0.3\}=1-P\left\{\left|\frac{\overline{X}-\overline{Y}}{\sqrt{0.5}}\right|\leq\frac{0.3}{\sqrt{0.5}}\right\}=1-\left[2\Phi\left(\frac{0.3}{\sqrt{0.5}}\right)-1\right]$$
$$\approx 2-2\Phi(0.42)=0.674\,4.$$ ■

例 4 设总体 X 和 Y 相互独立且都服从正态分布 $N(30, 3^2)$; $X_1,\cdots,X_{20}$ 和 $Y_1,\cdots,Y_{25}$ 是分别取自总体 X 和 Y 的样本，$\overline{X}$, $\overline{Y}$, S_1^2 和 S_2^2 分别是这两个样本的均值和方差. 求 $P\{S_1^2/S_2^2\leq 0.4\}$.

解 因 $\sigma_1=\sigma_2=3^2$, 由定理 4(2), 有

$$\frac{S_1^2}{S_2^2}\sim F(20-1,\ 25-1)，即\ \frac{S_1^2}{S_2^2}\sim F(19,\ 24).$$

因 F 分布的分位数表中没有 $n_1=19$, 可按性质化为

$$\frac{S_2^2}{S_1^2}\sim F(24,\ 19).$$

F 分布查表

于是 $$P\left\{\frac{S_1^2}{S_2^2}\leq 0.4\right\}=P\left\{\frac{S_2^2}{S_1^2}\geq\frac{1}{0.4}\right\}=P\left\{\frac{S_2^2}{S_1^2}\geq 2.5\right\}.$$

查表得

$$F_{0.025}(24, 19)=2.45，即\ P\{F(24, 19)>2.45\}=0.025,$$

故 $$P\left\{\frac{S_1^2}{S_2^2}\leq 0.4\right\}\approx 0.025.$$ ■

习题 7-3

1. 设总体 X 服从正态分布 $N(10, 3^2)$, $X_1, X_2, \cdots, X_6$ 是它的一组样本, $\overline{X}=\frac{1}{6}\sum_{i=1}^{6}X_i$.

(1) 写出 $\overline{X}$ 所服从的分布； (2) 求 $\overline{X}>11$ 的概率.

2. 设 $X_1, X_2, \cdots, X_n$ 是总体 X 的样本，$\overline{X}=\frac{1}{n}\sum_{i=1}^{n}X_i$，分别按总体服从下列指定分布求 $E(\overline{X}),\ D(\overline{X})$.

(1) X 服从 0–1 分布 $b(1, p)$；

*(2) X 服从二项分布 $b(m, p)$；

(3) X 服从泊松分布 $P(\lambda)$；

(4) X 服从均匀分布 $U(a, b)$；

(5) X 服从指数分布 $e(\lambda)$.

3. 在天平上重复称一重量为 a 的物品，假设各次称量的结果相互独立，且服从正态分布 $N(a, 0.2^2)$. 若以 $\overline{X}$ 表示 n 次称量结果的算术平均值，求使

$$P\{|\overline{X}-a|<0.1\}\geq 0.95$$

成立的称量次数 n 的最小值.

4. 某厂生产的搅拌机平均寿命为5年，标准差为1年. 假设这些搅拌机的寿命近似服从正态分布，求：

(1) 大小为 9 的随机样本平均寿命落在 4.4 年和 5.2 年之间的概率；

(2) 大小为 9 的随机样本平均寿命小于 6 年的概率.

5. 设 $X_1, X_2, \cdots, X_{16}$ 及 $Y_1, Y_2, \cdots, Y_{25}$ 分别是取自两个独立总体 $N(0, 16)$ 及 $N(1, 9)$ 的样本，以 $\overline{X}$ 和 $\overline{Y}$ 分别表示两个样本均值，求 $P\{|\overline{X}-\overline{Y}|>1\}$.

6. 假设总体 X 服从正态分布 $N(20, 3^2)$，样本 $X_1, \cdots, X_{25}$ 取自总体 X，计算

$$P\left\{\sum_{i=1}^{16}X_i-\sum_{i=17}^{25}X_i\leq 182\right\}.$$

7. 从一正态总体中抽取容量为 $n=16$ 的样本，假定样本均值与总体均值之差的绝对值大于2 的概率为0.01，试求总体的标准差.

8. 设总体 $X\sim N(\mu, 16)$，$X_1, X_2, \cdots, X_{10}$ 为取自该总体的样本，已知

$$P\{S^2>a\}=0.1,$$

求常数 a.

9. 分别从方差为 20 和 35 的正态总体中抽取容量为 8 和 10 的两个样本，求第一个样本方差不小于第二个样本方差的两倍的概率.

第8章 参数估计

在实际问题中，当所研究的总体分布类型已知，但分布中含有一个或多个未知参数时，如何根据样本来估计未知参数就是参数估计问题.

参数估计问题分为点估计问题与区间估计问题两类. 所谓点估计就是用某一个函数值作为总体未知参数的估计值;区间估计就是对于未知参数给出一个范围,并且在一定的可靠度下使这个范围包含未知参数的真值.

参数估计问题的一般提法:

设有一个总体 X, 总体的分布函数为 $F(x;\theta)$, 其中 θ 为未知参数(θ 可以是向量). 现从该总体中随机地抽样，得到一个样本 $X_1, X_2, \cdots, X_n$, 再依据该样本对参数 θ 作出估计，或对参数 θ 的某已知函数 $g(\theta)$ 作出估计.

§8.1 点估计

一、点估计的概念

设 $X_1, X_2, \cdots, X_n$ 是取自总体 X 的一个样本, $x_1, x_2, \cdots, x_n$ 是相应的一组样本值. θ 是总体分布中的未知参数, 为估计未知参数 θ, 需构造一个适当的统计量

$$\hat{\theta}(X_1, X_2, \cdots, X_n),$$

然后用其观察值

$$\hat{\theta}(x_1, x_2, \cdots, x_n)$$

来估计 θ 的值. 称 $\hat{\theta}(X_1, X_2, \cdots, X_n)$ 为 θ 的**估计量**. 称 $\hat{\theta}(x_1, x_2, \cdots, x_n)$ 为 θ 的**估计值**. 估计量与估计值统称为**点估计**, 简称为**估计**, 并简记为 $\hat{\theta}$.

注: 估计量 $\hat{\theta}(X_1, X_2, \cdots, X_n)$ 是一个随机变量, 是样本的函数, 即一个统计量. 对不同的样本值, θ 的估计值 $\hat{\theta}$ 一般是不同的.

例1 设 X 表示某种型号的电子元件的寿命(以小时计), 它服从指数分布

$$X \sim f(x;\theta) = \begin{cases} \dfrac{1}{\theta}\mathrm{e}^{-x/\theta}, & x > 0 \\ 0, & x \le 0 \end{cases},$$

其中$\theta(\theta>0)$为未知参数. 现得样本值为

168 130 169 143 174 198 108 212 252

试估计未知参数θ.

解 由题意知, 总体X的均值为θ, 即$\theta=E(X)$, 因此, 用样本均值$\overline{X}$作为θ的估计量看起来是最自然的. 对给定的样本值计算得

$$\bar{x}=\frac{1}{9}(168+130+\cdots+252)\approx 172.7,$$

故$\hat{\theta}=\overline{X}$与$\hat{\theta}=\bar{x}=172.7$分别为$\theta$的估计量与估计值. ■

二、评价估计量的标准

从例1可见, 参数点估计的概念相当宽松, 对同一个参数, 可用不同的方法来估计, 因而得到不同的估计量, 故有必要建立评价估计量好坏的标准. 下面我们介绍评价估计量的两个标准:

1. 无偏性

估计量是随机变量, 对于不同的样本值会得到不同的估计值. 一个自然的要求是希望估计值在未知参数真值的附近, 不要偏高也不要偏低. 由此引入无偏性标准.

定义1 设$\hat{\theta}(X_1,\cdots,X_n)$是未知参数$\theta$的估计量, 若$E(\hat{\theta})=\theta$, 则称$\hat{\theta}$为$\theta$的**无偏估计量**.

注: 在科学技术中, 称$E(\hat{\theta})-\theta$为用$\hat{\theta}$估计θ而产生的系统偏差. 无偏性是对估计量的一个常见而重要的要求, 其实际意义是指估计量没有系统偏差, 只有随机偏差. 例如, 用样本均值作为总体均值的估计时, 虽无法说明一次估计所产生的偏差, 但这种偏差随机地在零的周围波动, 对同一个统计问题大量重复使用不会产生系统偏差.

对一般总体而言, 我们可以证明:

定理1 设$X_1,\cdots,X_n$为取自总体X的样本, 总体X的均值为μ, 方差为σ^2. 则

(1) 样本均值$\overline{X}$是μ的无偏估计量;

(2) 样本方差S^2是σ^2的无偏估计量;

(3) 样本二阶中心矩$\frac{1}{n}\sum\limits_{i=1}^{n}(X_i-\overline{X})^2$是$\sigma^2$的有偏估计量.

例2 设总体$X\sim N(0,\sigma^2)$, $X_1,X_2,\cdots,X_n$是取自这一总体的样本.

(1) 证明$\hat{\sigma}^2=\frac{1}{n}\sum\limits_{i=1}^{n}X_i^2$是$\sigma^2$的无偏估计; (2) 求$D(\hat{\sigma}^2)$.

(1) **证明** 因为

$$E(\hat{\sigma}^2)=\frac{1}{n}\sum_{i=1}^{n}E(X_i^2)=\frac{1}{n}\sum_{i=1}^{n}D(X_i)=\frac{1}{n}n\sigma^2=\sigma^2,$$

故$\hat{\sigma}^2$是σ^2的无偏估计.

(2) **解** 因为 $\dfrac{\sum_{i=1}^{n} X_i^2}{\sigma^2}=\sum_{i=1}^{n}\left(\dfrac{X_i}{\sigma}\right)^2$, 而 $\dfrac{X_i}{\sigma}\sim N(0,1)\ (i=1,2,\cdots,n)$, 且它们相互独立, 故依 χ^2 分布的定义，有

$$\frac{\sum_{i=1}^{n} X_i^2}{\sigma^2}\sim\chi^2(n),\quad D\left(\frac{\sum_{i=1}^{n} X_i^2}{\sigma^2}\right)=2n,$$

由此知

$$D(\hat{\sigma}^2)=D\left(\frac{1}{n}\sum_{i=1}^{n} X_i^2\right)=\frac{\sigma^4}{n^2}D\left(\sum_{i=1}^{n}\frac{X_i^2}{\sigma^2}\right)=\frac{\sigma^4}{n^2}\cdot 2n=\frac{2\sigma^4}{n}.$$ ■

2. 有效性

对一个参数 θ 而言常有多个无偏估计量，在这些估计量中, 自然选用对 θ 的偏离程度较小的为好, 即一个较好的估计量的方差应该较小. 由此引入评选估计量的另一标准 —— 有效性.

定义2 设 $\hat{\theta}_1=\hat{\theta}_1(X_1,\cdots,X_n)$ 和 $\hat{\theta}_2=\hat{\theta}_2(X_1,\cdots,X_n)$ 都是参数 θ 的无偏估计量，若 $D(\hat{\theta}_1)<D(\hat{\theta}_2)$, 则称 $\hat{\theta}_1$ 较 $\hat{\theta}_2$ **有效**.

例3 设 $X_1, X_2,\cdots,X_n$ 为取自均值为 μ, 方差为 σ^2 的总体 X 的样本，$\overline{X}$, X_i $(i=1,2,\cdots,n)$ 均为总体均值 $E(X)=\mu$ 的无偏估计量, 问哪一个估计量更有效?

解 由于 $\overline{X}$, $X_i\ (i=1,2,\cdots,n)$ 为 μ 的无偏估计量, 所以

$$E(X_i)=\mu\ (i=1,2,\cdots,n),\qquad E(\overline{X})=\mu,$$

但

$$D(\overline{X})=D\left(\frac{1}{n}\sum_{i=1}^{n} X_i\right)=\frac{1}{n^2}\sum_{i=1}^{n} D(X_i)=\frac{\sigma^2}{n},$$

$$D(X_i)=\sigma^2\ \ (i=1,2,\cdots,n),$$

故 $\overline{X}$ 较 $X_i\,(i=1,2,\cdots,n)$ 更有效. ■

三、点估计的常用方法

1. 矩估计法

矩估计法的基本思想是用样本矩估计总体矩. 例如, 可用样本均值 $\overline{X}$ 作为总体均值 $E(X)$ 的估计量, 一般地, 记

总体 k 阶矩 $\mu_k=E(X^k)$;

样本 k 阶矩 $A_k=\dfrac{1}{n}\sum_{i=1}^{n} X_i^k$;

总体 k 阶中心矩 $\nu_k=E[X-E(X)]^k$;

样本 k 阶中心矩 $B_k=\dfrac{1}{n}\sum_{i=1}^{n}(X_i-\overline{X})^k$.

定义3 用相应的样本矩去估计总体矩的方法称为**矩估计法**.用矩估计法确定的估计量称为**矩估计量**.相应的估计值称为**矩估计值**.矩估计量与矩估计值统称为**矩估计**.

求矩估计的方法:

设总体 X 的分布函数 $F(x;\theta_1,\cdots,\theta_k)$ 中含有 k 个未知参数 $\theta_1,\cdots,\theta_k$,则

(1) 求总体 X 的前 k 阶矩 $\mu_1,\cdots,\mu_k$,它们一般都是这 k 个未知参数的函数,记为

$$\mu_i=g_i(\theta_1,\cdots,\theta_k),\ i=1,2,\cdots,k. \tag{1.1}$$

(2) 从 (1) 中解得 $\theta_j=h_j(\mu_1,\cdots,\mu_k),\ j=1,2,\cdots,k$.

(3) 再用 $\mu_i(i=1,2,\cdots,k)$ 的估计量 A_i 分别代替上式中的 μ_i,即可得 $\theta_j(j=1,2,\cdots,k)$ 的矩估计量:

$$\hat{\theta}_j=h_j(A_1,\cdots,A_k),\ j=1,2,\cdots,k.$$

注:求 $v_1,\cdots,v_k$,类似于上述步骤,最后用 $B_1,\cdots,B_k$ 代替 $v_1,\cdots,v_k$,求出矩估计 $\hat{\theta}_j(j=1,2,\cdots,k)$.

例4 设总体 X 的概率密度为

$$f(x)=\begin{cases}(\alpha+1)x^{\alpha}, & 0<x<1\\ 0, & \text{其他}\end{cases},$$

其中 $\alpha(\alpha>-1)$ 是未知参数,$X_1,X_2,\cdots,X_n$ 是取自 X 的样本,求参数 α 的矩估计.

解 数学期望是一阶原点矩

$$\mu_1=E(X)=\int_0^1 x(\alpha+1)x^{\alpha}\mathrm{d}x=(\alpha+1)\int_0^1 x^{\alpha+1}\mathrm{d}x=\frac{\alpha+1}{\alpha+2},$$

其样本矩为 $\overline{X}=\dfrac{\alpha+1}{\alpha+2}$,而 $\hat{\alpha}=\dfrac{2\overline{X}-1}{1-\overline{X}}$ 即为 α 的矩估计. ■

例5 设总体 X 的均值 μ 及方差 σ^2 都存在,且有 $\sigma^2>0$,但 μ,σ^2 均未知.又设 $X_1,X_2,\cdots,X_n$ 是取自 X 的样本.试求 μ,σ^2 的矩估计量.

解 由 $\begin{cases}\mu_1=E(X)=\mu\\ \mu_2=E(X^2)=D(X)+[E(X)]^2=\sigma^2+\mu^2\end{cases}$ 得到:$\begin{cases}\mu=\mu_1\\ \sigma^2=\mu_2-\mu_1^2\end{cases}$,

分别以 A_1,A_2 代替 μ_1,μ_2,得 μ 和 σ^2 的矩估计量分别为

$$\hat{\mu}=A_1=\overline{X},$$

$$\hat{\sigma}^2=A_2-A_1^2=\frac{1}{n}\sum_{i=1}^{n}X_i^2-\overline{X}^2=\frac{1}{n}\sum_{i=1}^{n}(X_i-\overline{X})^2.$$ ■

所得结果表明:**总体均值与方差的矩估计量的表达式不因不同的总体分布而异**.

例如,$X\sim N(\mu,\sigma^2)$,μ,σ^2 未知,即得 μ,σ^2 的矩估计量为

$$\hat{\mu}=\overline{X},\quad \hat{\sigma}^2=\frac{1}{n}\sum_{i=1}^{n}(X_i-\overline{X})^2.$$

例6 设总体 X 的概率分布为

X	1	2	3
p_i	θ^2	$2\theta(1-\theta)$	$(1-\theta)^2$

其中 $\theta(0<\theta<1)$ 为未知参数. 现抽得一个样本 $x_1=1,\ x_2=2,\ x_3=1$, 求 θ 的矩估计值.

解 总体的一阶原点矩为

$$E(X)=1\times\theta^2+2\times2\theta(1-\theta)+3(1-\theta)^2=3-2\theta,$$

一阶样本矩为

$$\bar{x}=\frac{1}{3}(1+2+1)=\frac{4}{3}.$$

由 $E(X)=\bar{x}$, 得 $3-2\theta=\frac{4}{3}$, 推出 $\hat{\theta}=\frac{5}{6}$, 即 θ 的矩估计值为 $\hat{\theta}=\frac{5}{6}$. ■

2. 最大似然估计法

引例 某同学与一位猎人一起去打猎, 一只野兔从前方窜过, 只听一声枪响, 野兔应声倒下, 试猜测是谁打中的?

由于只发一枪便打中, 而猎人命中的概率一般大于这位同学命中的概率, 故一般会猜测这一枪是猎人打中的.

(1) 最大似然估计法的基本思想.

在已经得到实验结果的情况下, 应该寻找使这个结果出现的可能性最大的那个 θ 值作为 θ 的估计 $\hat{\theta}$.

注: 最大似然估计法首先由德国数学家高斯于1821年提出, 英国统计学家费希尔于1922年重新发现并做了进一步的研究.

下面分别就离散型总体和连续型总体情形做具体讨论.

① **离散型总体**的情形: 设总体 X 的概率分布为

$$P\{X=x\}=p(x;\theta)\quad(\theta\text{为未知参数}).$$

如果 $X_1,X_2,\cdots,X_n$ 是取自总体 X 的样本, 样本的观察值为 $x_1,x_2,\cdots,x_n$, 则样本的联合分布律为

$$P\{X_1=x_1,X_2=x_2,\cdots,X_n=x_n\}=\prod_{i=1}^{n}p(x_i;\theta),$$

对确定的样本观察值 $x_1,\ x_2,\cdots,\ x_n$, 它是未知参数 θ 的函数, 记为

$$L(\theta)=L(x_1,x_2,\cdots,x_n;\theta)=\prod_{i=1}^{n}p(x_i;\theta),$$

并称其为**似然函数**.

② **连续型总体**的情形: 设总体 X 的概率密度为 $f(x;\theta)$, 其中 θ 为未知参数, 此时定义**似然函数**

$$L(\theta)=L(x_1,x_2,\cdots,x_n;\theta)=\prod_{i=1}^{n}f(x_i;\theta).$$

似然函数$L(\theta)$的值的大小意味着该样本值出现的可能性的大小，在已得到样本值$x_1, x_2, \cdots, x_n$的情况下，则应该选择使$L(\theta)$达到最大值的那个θ作为θ的估计$\hat{\theta}$. 这种求点估计的方法称为**最大似然估计法**.

定义4 若对任意给定的样本值$x_1, x_2, \cdots, x_n$，存在$\hat{\theta}=\hat{\theta}(x_1, x_2, \cdots, x_n)$，使

$$L(\hat{\theta})=\max_{\theta} L(\theta),$$

则称$\hat{\theta}=\hat{\theta}(x_1, x_2, \cdots, x_n)$为$\theta$的**最大似然估计值**. 称相应的统计量$\hat{\theta}(X_1, X_2, \cdots, X_n)$为$\theta$的**最大似然估计量**. 它们统称为$\theta$的**最大似然估计(MLE)**.

(2) 求最大似然估计的一般方法.

求未知参数θ的最大似然估计问题，可被归结为求似然函数$L(\theta)$的最大值点的问题. 当似然函数关于未知参数可微时，可利用微分学中求最大值的方法求之. 其主要步骤如下：

① 写出似然函数$L(\theta)=L(x_1, x_2, \cdots, x_n; \theta)$.

② 令$\dfrac{\mathrm{d}L(\theta)}{\mathrm{d}\theta}=0$或$\dfrac{\mathrm{d}\ln L(\theta)}{\mathrm{d}\theta}=0$，求出驻点.

注：因函数$\ln L$是L的单调增加函数，且函数$\ln L(\theta)$与函数$L(\theta)$有相同的极值点，故常转化为求函数$\ln L(\theta)$的最大值点，这样较方便.

③ 判断并求出最大值点，在最大值点的表达式中，将样本值代入即得到参数的最大似然估计值.

注：a. 当似然函数关于未知参数不可微时，只能按最大似然估计法的基本思想求出最大值点.

b. 上述方法易推广至多个未知参数的情形.

例7 设$X\sim b(1, p)$，$X_1, X_2, \cdots, X_n$是取自总体X的一个样本，试求参数p的最大似然估计.

解 设$x_1, x_2, \cdots, x_n$是相应于样本$X_1, X_2, \cdots, X_n$的一组观察值，X的分布律为

$$P\{X=x\}=p^x(1-p)^{1-x}, \quad x=0, 1.$$

故似然函数为

$$L(p)=\prod_{i=1}^{n} p^{x_i}(1-p)^{1-x_i}=p^{\sum\limits_{i=1}^{n} x_i}(1-p)^{n-\sum\limits_{i=1}^{n} x_i},$$

而

$$\ln L(p)=\left(\sum_{i=1}^{n} x_i\right)\ln p+\left(n-\sum_{i=1}^{n} x_i\right)\ln(1-p),$$

令

$$\frac{\mathrm{d}}{\mathrm{d}p}\ln L(p)=\frac{\sum\limits_{i=1}^{n} x_i}{p}-\frac{n-\sum\limits_{i=1}^{n} x_i}{1-p}=0,$$

解得 p 的最大似然估计值

$$\hat{p}=\frac{1}{n}\sum_{i=1}^{n}x_i=\bar{x}.$$

p 的最大似然估计量为

$$\hat{p}=\frac{1}{n}\sum_{i=1}^{n}X_i=\overline{X}.$$ ■

我们看到这一估计量与矩估计量是相同的.

例8 设总体 X 服从指数分布, 其概率密度函数为

$$f(x;\lambda)=\begin{cases}\lambda e^{-\lambda x}, & x>0\\ 0, & x\le 0\end{cases},$$

其中 $\lambda>0$, 是未知参数. $x_1, x_2, \cdots, x_n$ 是取自总体 X 的一组样本观察值, 求参数 λ 的最大似然估计值.

解 似然函数

$$L(x_1, x_2,\cdots, x_n;\lambda)=\begin{cases}\lambda^n e^{-\lambda\sum\limits_{i=1}^{n}x_i}, & x_i>0,\\ 0, & \text{其他}\end{cases}$$

显然, $L(x_1, x_2,\cdots, x_n;\lambda)$ 的最大值点一定是

$$L_1(x_1, x_2, \cdots, x_n;\lambda)=\lambda^n e^{-\lambda\sum\limits_{i=1}^{n}x_i}$$

的最大值点, 对其取对数得

$$\ln L_1(x_1, x_2, \cdots, x_n;\lambda)=n\ln\lambda-\lambda\sum_{i=1}^{n}x_i.$$

由

$$\frac{d\ln L_1(x_1, x_2, \cdots, x_n;\lambda)}{d\lambda}=\frac{n}{\lambda}-\sum_{i=1}^{n}x_i=0$$

可得参数 λ 的最大似然估计值 $\hat{\lambda}=\dfrac{n}{\sum\limits_{i=1}^{n}x_i}=\dfrac{1}{\bar{x}}$. ■

注: 一般地, 如果总体 X 的分布中含有 k 个未知参数 $\theta_1, \theta_2, \cdots, \theta_k$; $x_1, x_2, \cdots, x_n$ 为取自总体 X 的样本观察值, 则似然函数

$$L(x_1, x_2, \cdots, x_n;\theta_1, \theta_2, \cdots, \theta_k)$$

为 $\theta_1, \theta_2, \cdots, \theta_k$ 的 k 元函数. 由方程组

$$\frac{\partial\ln L(x_1, x_2,\cdots, x_n;\theta_1, \theta_2,\cdots, \theta_k)}{\partial\theta_i}=0\ (i=1, 2, \cdots, k)$$

解得 $\ln L(x_1, x_2, \cdots, x_n;\theta_1, \theta_2, \cdots, \theta_k)$ 的最大值点 $\hat{\theta}_1, \hat{\theta}_2, \cdots, \hat{\theta}_k$ 分别是参数 $\theta_1, \theta_2, \cdots, \theta_k$ 的最大似然估计值.

习题 8-1

1. 设总体 X 的数学期望为 μ, $X_1, X_2, \cdots, X_n$ 是取自 X 的样本, $a_1, a_2, \cdots, a_n$ 是任意常数, 验证

$$\left(\sum_{i=1}^{n} a_i X_i\right) \Big/ \sum_{i=1}^{n} a_i \quad \left(\sum_{i=1}^{n} a_i \neq 0\right)$$

是 μ 的无偏估计量.

2. 设 $\hat{\theta}$ 是参数 θ 的无偏估计, 且有 $D(\hat{\theta}) > 0$, 试证 $\hat{\theta}^2 = (\hat{\theta})^2$ 不是 θ^2 的无偏估计.

3. 设 $X_1, X_2, \cdots, X_n$ 是取自参数为 λ 的泊松分布的简单随机样本, 试求 λ^2 的无偏估计量.

4. 设 $X_1, X_2, \cdots, X_n$ 取自参数为 n, p 的二项分布总体, 试求 p^2 的无偏估计量.

5. 设 $X_1, X_2, \cdots, X_n$ 为总体的一个样本, $x_1, x_2, \cdots, x_n$ 为一组相应的样本观察值, 求下述各总体的密度函数或分布律的未知参数的矩估计量和估计值以及最大似然估计量.

(1) $f(x) = \begin{cases} \theta c^{\theta} x^{-(\theta+1)}, & x > c \\ 0, & \text{其他} \end{cases}$, 其中 $c\,(c > 0)$ 为已知, $\theta(\theta > 1)$ 为未知参数.

(2) $f(x) = \begin{cases} \sqrt{\theta} x^{\sqrt{\theta}-1}, & 0 \le x \le 1 \\ 0, & \text{其他} \end{cases}$, 其中 $\theta(\theta > 0)$ 为未知参数.

(3) $P\{X = x\} = \dbinom{m}{x} p^x (1-p)^{m-x}$, 其中 $x = 0, 1, 2, \cdots, m$, $p\,(0 < p < 1)$ 为未知参数.

6. 设总体 X 服从均匀分布 $U[0, \theta]$, 它的密度函数为

$$f(x;\theta) = \begin{cases} 1/\theta, & 0 \le x \le \theta \\ 0, & \text{其他} \end{cases}.$$

(1) 求未知参数 θ 的矩估计量;

(2) 当样本观察值为 0.3, 0.8, 0.27, 0.35, 0.62, 0.55 时, 求 θ 的矩估计值.

7. 设总体 X 以等概率 $\dfrac{1}{\theta}$ 取值 $1, 2, \cdots, \theta$, 求未知参数 θ 的矩估计量.

8. 一批产品中含有废品, 从中随机地抽取 60 件, 发现废品 4 件, 试用矩估计法估计这批产品的废品率.

9. 设总体 X 具有分布律

X	1	2	3
p_i	θ^2	$2\theta(1-\theta)$	$(1-\theta)^2$

其中 $\theta(0 < \theta < 1)$ 为未知参数. 已知取得了样本值 $x_1 = 1$, $x_2 = 2$, $x_3 = 1$, 试求 θ 的最大似然估计值.

§8.2 置信区间

前面讨论了参数的点估计,它是用样本算出的一个值去估计未知参数,即点估计值仅仅是未知参数的一个近似值,它没有给出这个近似值的误差范围.

若能给出一个估计区间,让我们能以较大的把握(其程度可用概率来度量)相信未知参数的真值包含在这个区间内,这样的估计显然更有实用价值.

本节将引入另一类估计,即**区间估计**. 在区间估计理论中,被广泛接受的一个概念是**置信区间**,它是由内曼(Neyman)于1934年提出的.

一、置信区间的概念

定义1 设θ为总体分布的未知参数,$X_1, X_2, \cdots, X_n$是取自总体X的一个样本,对于给定的数$1-\alpha\ (0<\alpha<1)$,若存在统计量

$$\underline{\theta}=\underline{\theta}(X_1, X_2, \cdots, X_n),\quad \overline{\theta}=\overline{\theta}(X_1, X_2, \cdots, X_n),$$

使得

$$P\{\underline{\theta}<\theta<\overline{\theta}\}=1-\alpha, \tag{2.1}$$

则称随机区间$(\underline{\theta}, \overline{\theta})$为$\theta$的$1-\alpha$**双侧置信区间**,称$1-\alpha$为**置信度**(也称**置信水平**),又分别称$\underline{\theta}$与$\overline{\theta}$为θ的**双侧置信下限**与**双侧置信上限**.

注:① 置信度$1-\alpha$的含义:在随机抽样中,若重复抽样多次,得到样本$X_1, X_2, \cdots, X_n$的多组样本值$x_1, x_2, \cdots, x_n$,对应每组样本值都确定了一个置信区间$(\underline{\theta}, \overline{\theta})$,每个这样的区间要么包含了$\theta$的真值,要么不包含$\theta$的真值.根据伯努利大数定律,当抽样次数$k$充分大时,这些区间中包含$\theta$的真值的频率接近置信度(即概率)$1-\alpha$,即在这些区间中包含$\theta$的真值的区间大约有$k(1-\alpha)$个,不包含$\theta$的真值的区间大约有$k\alpha$个.例如,若令$1-\alpha=0.95$,重复抽样100次,则其中大约有95个区间包含$\theta$的真值,大约有5个区间不包含$\theta$的真值.

② 置信区间$(\underline{\theta}, \overline{\theta})$也是对未知参数$\theta$的一种估计,区间的长度意味着误差,故区间估计与点估计是互补的两种参数估计.

③ 置信度与估计精度是一对矛盾.置信度$1-\alpha$越大,置信区间$(\underline{\theta}, \overline{\theta})$包含$\theta$的真值的概率就越大,区间$(\underline{\theta}, \overline{\theta})$的长度也就越大,对未知参数$\theta$的估计精度就越低.反之,对参数$\theta$的估计精度越高,置信区间$(\underline{\theta}, \overline{\theta})$的长度就越小,$(\underline{\theta}, \overline{\theta})$包含$\theta$的真值的概率就越低,置信度$1-\alpha$就越小. **一般准则**是:在保证置信度的条件下尽可能提高估计精度.

二、寻求置信区间的方法

寻求置信区间的基本思想：在点估计的基础上，构造合适的含样本及待估参数的函数 U, 且已知 U 的分布；再针对给定的置信度导出置信区间.

一般步骤:

(1) 选取未知参数 θ 的某个较优估计量 $\hat{\theta}$.

(2) 围绕 $\hat{\theta}$ 构造一个依赖于样本与参数 θ 的函数

$$U=U(X_1, X_2, \cdots, X_n; \theta),$$

并且该函数的分布是已知的(与 θ 无关), 称具有这种性质的随机变量为**枢轴变量**.

(3) 对给定的置信度 $1-\alpha$, 确定 λ_1 与 λ_2, 使

$$P\{\lambda_1 \leq U \leq \lambda_2\}=1-\alpha. \tag{2.2}$$

通常可选取满足 $P\{U\leq \lambda_1\}=P\{U\geq \lambda_2\}=\dfrac{\alpha}{2}$ 的 λ_1 与 λ_2, 在常用分布情况下, 这可由分位数表查得.

(4) 对不等式 $\lambda_1 \leq U \leq \lambda_2$ 作恒等变形后化为

$$P\{\underline{\theta} \leq \theta \leq \overline{\theta}\}=1-\alpha, \tag{2.3}$$

则 $(\underline{\theta}, \overline{\theta})$ 就是 θ 的置信度为 $1-\alpha$ 的双侧置信区间.

例1 设总体 $X\sim N(\mu, \sigma^2)$, σ^2 为已知, μ 为未知, 设 $X_1, X_2, \cdots, X_n$ 是取自 X 的样本, 求 μ 的置信度为 $1-\alpha$ 的置信区间.

解 我们知道 $\overline{X}$ 是 μ 的无偏估计, 且有

$$\frac{\overline{X}-\mu}{\sigma/\sqrt{n}}\sim N(0,1).$$

$\dfrac{\overline{X}-\mu}{\sigma/\sqrt{n}}$ 所服从的分布 $N(0,1)$ 不依赖于任何未知参数. 按标准正态分布的双侧 α 分位数的定义, 有 $P\left\{\left|\dfrac{\overline{X}-\mu}{\sigma/\sqrt{n}}\right|<u_{\alpha/2}\right\}=1-\alpha$, 即

$$P\left\{\overline{X}-\frac{\sigma}{\sqrt{n}}u_{\alpha/2}<\mu<\overline{X}+\frac{\sigma}{\sqrt{n}}u_{\alpha/2}\right\}=1-\alpha.$$

这样，我们就得到了 μ 的一个置信度为 $1-\alpha$ 的置信区间

$$\left(\overline{X}-\frac{\sigma}{\sqrt{n}}u_{\alpha/2},\ \overline{X}+\frac{\sigma}{\sqrt{n}}u_{\alpha/2}\right). \tag{2.4}$$

这样的置信区间常写成 $\left(\overline{X}\pm\dfrac{\sigma}{\sqrt{n}}u_{\alpha/2}\right)$.

如果取 $\alpha=0.05$, 即 $1-\alpha=0.95$, 又若 $\sigma=1$, $n=16$, 查表得

$$u_{\alpha/2}=u_{0.025}=1.96.$$

于是，我们得到一个置信度为0.95 的置信区间

$$\left(\bar{X}\pm\frac{1}{\sqrt{16}}\times 1.96\right), \text{ 即 } (\bar{X}\pm 0.49). \tag{2.5}$$

再者，若由一组样本值算得样本均值的观察值 $\bar{x}=5.20$，则我们得到一个置信度为0.95 的置信区间

$$(5.20\pm 0.49), \text{ 即 } (4.71,\ 5.69).$$ ■

注意，这已经不是随机区间了，但我们仍称它为置信度为 0.95 的置信区间. 其含义是：若反复抽样多次，每组样本值 ($n=16$) 按式 (2.5) 确定一个区间，按上面的解释，在这么多的区间中，包含 μ 的约占 95%，不包含 μ 的仅仅约占 5%. 现在抽样得到区间 (4.71, 5.69)，则该区间属于那些包含 μ 的区间的可信程度为 95%，或"该区间包含 μ"这一陈述的可信程度为 95%.

三、正态总体的置信区间

与其他总体相比，正态总体参数的置信区间是最完善的，应用也最广泛. 在构造正态总体参数的置信区间的过程中，t 分布、χ^2 分布、F 分布以及标准正态分布 $N(0,1)$ 扮演了重要角色. 下面介绍正态总体的置信区间，讨论下列情形：

(1) 正态总体均值（方差已知）的置信区间；

(2) 正态总体均值（方差未知）的置信区间；

(3) 正态总体方差的置信区间.

1. 正态总体均值（方差已知）的置信区间

设总体 $X\sim N(\mu,\sigma^2)$，其中 σ^2 已知，而 μ 为未知参数，$X_1, X_2, \cdots, X_n$ 是取自总体 X 的一个样本.

对给定的置信度 $1-\alpha$，例 1 已经得到了 μ 的置信区间

$$\left(\bar{X}-u_{\alpha/2}\cdot\frac{\sigma}{\sqrt{n}},\ \bar{X}+u_{\alpha/2}\cdot\frac{\sigma}{\sqrt{n}}\right). \tag{2.6}$$

注：由于标准正态分布具有对称性，见图 8-2-1，利用双侧分位数来计算未知参数的置信度为 $1-\alpha$ 的置信区间，其区间长度在所有这类区间中是最短的.

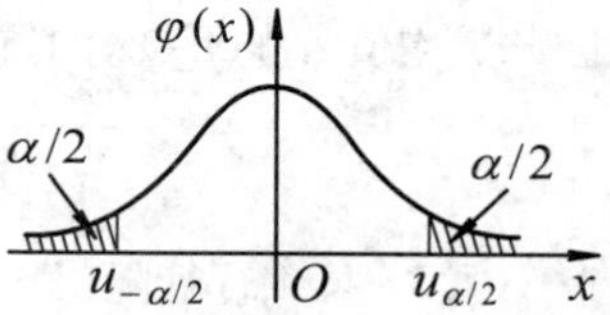

图 8-2-1

事实上，对给定的置信度 $1-\alpha$，对任意的 $\alpha_1>0$，$\alpha_2>0$，$\alpha_1+\alpha_2=\alpha$，按定义，凡满足

$$P\left\{u_{1-\alpha_2}<\frac{\bar{X}-\mu}{\sigma/\sqrt{n}}<u_{\alpha_1}\right\}=1-\alpha$$

的区间

$$\left(\overline{X}-u_{\alpha_1}\cdot\frac{\sigma}{\sqrt{n}},\overline{X}-u_{1-\alpha_2}\cdot\frac{\sigma}{\sqrt{n}}\right)$$

都是μ的置信区间，见图 8−2−2，但在所有这类区间中仅当$\alpha_1=\alpha_2=\alpha/2$时区间长度最短.

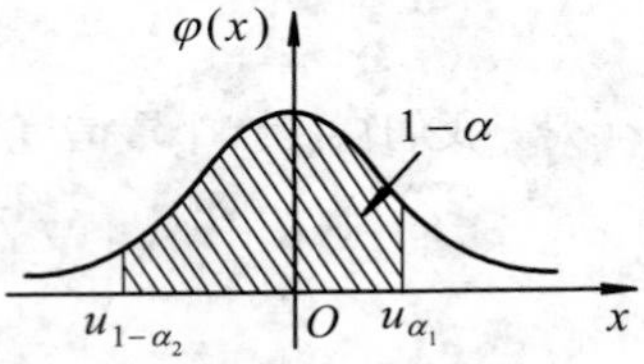

图 8−2−2

例 2 某旅行社为调查当地旅游者的平均消费额，随机访问了100名旅游者，得知平均消费额$\bar{x}=80$元. 根据经验，已知旅游者消费额服从正态分布，且标准差$\sigma=12$元，求该地旅游者平均消费额μ的置信度为95%的置信区间.

解 对于给定的置信度

$$1-\alpha=0.95,\ \alpha=0.05,\ \alpha/2=0.025,$$

查标准正态分布表得$u_{0.025}=1.96$. 将数据$n=100$, $\bar{x}=80$, $\sigma=12$, $u_{0.025}=1.96$代入式(2.6)计算得μ的置信度为95%的置信区间约为(77.6, 82.4)，即在已知$\sigma=12$的情形下，可以95%的置信度认为每个旅游者的平均消费额在77.6元至82.4元之间. ■

2. 正态总体均值（方差未知）的置信区间

设总体$X\sim N(\mu,\sigma^2)$，其中μ,σ^2未知，$X_1,X_2,\cdots,X_n$是取自总体X的一个样本. 此时可用σ^2的无偏估计S^2代替σ^2，构造枢轴变量

$$T=\frac{\overline{X}-\mu}{S/\sqrt{n}},$$

由§7.3的定理3知

$$T=\frac{\overline{X}-\mu}{S/\sqrt{n}}\sim t(n-1).$$

对于给定的置信度$1-\alpha$，由

$$P\left\{-t_{\alpha/2}(n-1)<\frac{\overline{X}-\mu}{S/\sqrt{n}}<t_{\alpha/2}(n-1)\right\}=1-\alpha,$$

即

$$P\left\{\overline{X}-t_{\alpha/2}(n-1)\cdot\frac{S}{\sqrt{n}}<\mu<\overline{X}+t_{\alpha/2}(n-1)\cdot\frac{S}{\sqrt{n}}\right\}=1-\alpha,$$

因此，均值μ的$1-\alpha$的置信区间为

$$\left(\overline{X}-t_{\alpha/2}(n-1)\cdot\frac{S}{\sqrt{n}},\ \overline{X}+t_{\alpha/2}(n-1)\cdot\frac{S}{\sqrt{n}}\right).\tag{2.7}$$

例 3 某旅行社随机访问了25名旅游者，得知平均消费额$\bar{x}=80$元，样本标准差$s=12$元. 已知旅游者的消费额服从正态分布，求旅游者平均消费额μ的95%的置信区间.

解 对于给定的置信度95%（$\alpha=0.05$），有

$$t_{\alpha/2}(n-1)=t_{0.025}(24)=2.063\,9.$$

将 $\bar{x}=80$, $s=12$, $n=25$, $t_{0.025}(24)=2.0639$ 代入式(2.7), 得 μ 的置信度为95% 的置信区间约为(75.05, 84.95), 即在 σ^2 未知的情况下, 估计每个旅游者的平均消费额在 75.05 元至 84.95 元之间, 这个估计的置信度是95%. ■

t 分布查表

注: 与例 2 相比, 在标准差 σ 未知时, 利用样本的标准差 S 给出的置信区间偏差不太大.

例 4 有一大批袋装糖果. 现从中随机地取16 袋, 称得重量(以克计)如下:

506 508 499 503 504 510 497 512 514 505 493 496 506 502 509 496

设袋装糖果的重量近似地服从正态分布, 试求总体均值 μ 的置信度为 0.95 的置信区间.

解

$$1-\alpha=0.95, \ \alpha/2=0.025, \ n-1=15, \ t_{0.025}(15)=2.1314.$$

由题设数据算得 $\bar{x}=503.75$, $s\approx 6.2022$. 可得到均值 μ 的一个置信度为0.95 的置信区间为 $\left(503.75\pm\dfrac{6.2022}{\sqrt{16}}\times 2.1314\right)$, 即 (500.4, 507.1).

这就是说, 估计袋装糖果重量的均值在500.4 克与507.1 克之间, 这个估计的可信程度为95%. 若以此区间内任一值作为 μ 的近似值, 其误差不大于

$$\frac{6.2022}{\sqrt{16}}\times 2.1314\times 2\approx 6.61\ (\text{克}),$$

这个误差估计的可信程度为95%. ■

3. 正态总体方差的置信区间

上面给出了总体均值 μ 的区间估计, 在实际问题中要考虑精度或稳定性时, 需要对正态总体的方差 σ^2 进行区间估计.

设总体 $X\sim N(\mu,\sigma^2)$, 其中 μ,σ^2 未知, $X_1, X_2, \cdots, X_n$ 是取自总体 X 的一个样本. 求方差 σ^2 的置信度为 $1-\alpha$ 的置信区间. σ^2 的无偏估计为 S^2, 由§7.3的定理2知

$$\frac{n-1}{\sigma^2}S^2\sim\chi^2(n-1).$$

对于给定的置信度 $1-\alpha$, 由

$$P\left\{\chi^2_{1-\alpha/2}(n-1)<\frac{n-1}{\sigma^2}S^2<\chi^2_{\alpha/2}(n-1)\right\}=1-\alpha,$$

得

$$P\left\{\frac{(n-1)S^2}{\chi^2_{\alpha/2}(n-1)}<\sigma^2<\frac{(n-1)S^2}{\chi^2_{1-\alpha/2}(n-1)}\right\}=1-\alpha.$$

于是, 方差 σ^2 的 $1-\alpha$ 的置信区间为

$$\left(\frac{(n-1)S^2}{\chi^2_{\alpha/2}(n-1)},\ \frac{(n-1)S^2}{\chi^2_{1-\alpha/2}(n-1)}\right),\tag{2.8}$$

而标准差 σ 的 $1-\alpha$ 的置信区间为

$$\left(\sqrt{\frac{(n-1)S^2}{\chi^2_{\alpha/2}(n-1)}},\ \sqrt{\frac{(n-1)S^2}{\chi^2_{1-\alpha/2}(n-1)}}\right).\tag{2.9}$$

例 5 为考察某大学成年男性的胆固醇水平，现抽取了样本容量为 25 的一样本，并测得样本均值 $\bar{x}=186$，样本标准差 $s=12$. 假定所讨论的胆固醇水平 $X\sim N(\mu,\sigma^2)$，μ 与 σ^2 均未知. 试分别求出 μ 以及 σ 的 90% 的置信区间.

解 μ 的 $1-\alpha$ 的置信区间为 $\left(\bar{X}\pm t_{\alpha/2}(n-1)\cdot\frac{S}{\sqrt{n}}\right)$；$\bar{x}=186$，$s=12$，$n=25$，$\alpha=0.1$，查表得 $t_{0.1/2}(25-1)=1.710\,9$，于是

$$t_{\alpha/2}(n-1)\cdot\frac{s}{\sqrt{n}}=1.710\,9\times\frac{12}{\sqrt{25}}\approx 4.106,$$

从而 μ 的 90% 的置信区间为 (186 ± 4.106)，即 $(181.89, 190.11)$.

t 分布查表

σ 的 $1-\alpha$ 的置信区间为

$$\left(\sqrt{\frac{(n-1)S^2}{\chi^2_{\alpha/2}(n-1)}},\ \sqrt{\frac{(n-1)S^2}{\chi^2_{1-\alpha/2}(n-1)}}\right).$$

查表得 $\chi^2_{0.1/2}(25-1)=36.415$，$\chi^2_{1-0.1/2}(25-1)=13.848$，

于是，置信下限为 $\sqrt{\frac{24\times 12^2}{36.415}}\approx 9.74$，置信上限为 $\sqrt{\frac{24\times 12^2}{13.848}}\approx 15.80$.

χ^2 分布查表

所求 σ 的 90% 的置信区间为 $(9.74, 15.80)$. ■

表 8-2-1 总结了有关正态总体参数的置信区间，以方便查用.

表 8－2－1 **正态总体参数的置信区间**

待估参数	条件	枢轴变量	分布	置信区间
均值 μ	σ^2 已知	$\dfrac{\overline{X}-\mu}{\sigma/\sqrt{n}}$	$N(0,1)$	$\left(\overline{X}-u_{\alpha/2}\cdot\dfrac{\sigma}{\sqrt{n}},\ \overline{X}+u_{\alpha/2}\cdot\dfrac{\sigma}{\sqrt{n}}\right)$
均值 μ	σ^2 未知	$\dfrac{\overline{X}-\mu}{S/\sqrt{n}}$	$t(n-1)$	$\left(\overline{X}-t_{\alpha/2}(n-1)\cdot\dfrac{S}{\sqrt{n}},\ \overline{X}+t_{\alpha/2}(n-1)\cdot\dfrac{S}{\sqrt{n}}\right)$
方差 σ^2	μ 已知	$\dfrac{1}{\sigma^2}\sum\limits_{i=1}^{n}(X_i-\mu)^2$	$\chi^2(n)$	$\left(\dfrac{\sum\limits_{i=1}^{n}(X_i-\mu)^2}{\chi^2_{\alpha/2}(n)},\ \dfrac{\sum\limits_{i=1}^{n}(X_i-\mu)^2}{\chi^2_{1-\alpha/2}(n)}\right)$
方差 σ^2	μ 未知	$\dfrac{(n-1)S^2}{\sigma^2}$	$\chi^2(n-1)$	$\left(\dfrac{(n-1)S^2}{\chi^2_{\alpha/2}(n-1)},\ \dfrac{(n-1)S^2}{\chi^2_{1-\alpha/2}(n-1)}\right)$

习题 8-2

1. 对参数的一种区间估计及一组样本观察值 $(x_1, x_2, \cdots, x_n)$ 来说，下列结论中正确的是(　　).

(A) 置信度越大，对参数取值范围的估计越准确；

(B) 置信度越大，置信区间越长；

(C) 置信度越大，置信区间越短；

(D) 置信度的大小与置信区间的长度无关.

2. 设 (θ_1, θ_2) 是参数 θ 的置信度为 $1-\alpha$ 的区间估计, 则以下结论正确的是(　　).

(A) 参数 θ 落在区间 (θ_1, θ_2) 之内的概率为 $1-\alpha$；

(B) 参数 θ 落在区间 (θ_1, θ_2) 之外的概率为 α；

(C) 区间 (θ_1, θ_2) 包含参数 θ 的概率为 $1-\alpha$；

(D) 对不同的样本观察值, 区间 (θ_1, θ_2) 的长度相同.

3. 已知灯泡寿命的标准差 $\sigma=50$ 小时, 抽出 25 个灯泡检验, 得平均寿命 $\bar{x}=500$ 小时, 试以 95% 的可靠性对灯泡的平均寿命进行区间估计(假设灯泡寿命服从正态分布).

4. 一个随机样本取自正态总体 X, 总体标准差 $\sigma=1.5$, 抽样前希望有 95% 的置信水平使得 μ 的估计的置信区间长度为 $L=1.7$, 试问应抽取一个多大的样本？

5. 设某种电子管的使用寿命服从正态分布. 从中随机抽取15 个进行检验, 得平均使用寿命为1 950 小时, 标准差 s 为300 小时. 以 95% 的可靠性估计整批电子管平均使用寿命的置信上、下限.

6. 人的身高服从正态分布, 从初一女生中随机抽取 6 名, 测得身高如下 (单位: cm):

149　　158.5　　152.5　　165　　157　　142

求初一女生平均身高的置信区间 $(\alpha=0.05)$.

7. 某大学数学测验，抽得20个学生的分数平均数 $\bar{x}=72$, 样本方差 $s^2=16$. 假设分数服从正态分布, 求 σ^2 的置信度为98% 的置信区间.

8. 随机地取某种炮弹 9 发做试验, 得炮口速度的样本标准差 $s=11\,(\mathrm{m/s})$. 设炮口速度服从正态分布, 求这种炮弹的炮口速度的标准差 σ 的置信度为0.95 的置信区间.

9. 设某批铝材料比重 X 服从正态分布 $N(\mu,\sigma^2)$, 现测量它的比重16 次, 算得 $\bar{x}=2.705$, $s=0.029$, 分别求 μ 和 σ^2 的置信度为0.95 的置信区间.

第9章　假 设 检 验

统计推断的另一类重要问题是假设检验. 在总体分布未知或虽知其类型但含有未知参数的时候, 为推断总体的某些未知特性, 提出某些关于总体的假设. 我们需要根据样本所提供的信息以及运用适当的统计量, 对提出的假设作出接受或拒绝的决策, 假设检验是作出这一决策的过程. 假设检验包括两类:

$$\text{假设检验}\begin{cases}\text{参数假设检验}\\ \text{非参数假设检验}\end{cases}.$$

参数假设检验是对针对总体分布函数中的未知参数提出的假设进行检验, **非参数假设检验**是对针对总体分布函数形式或类型提出的假设进行检验. 本章主要讨论单参数假设检验问题.

§9.1　假设检验的基本概念

鉴于本章主要讨论单参数假设检验问题, 本节就以此为背景来探讨一般的假设检验问题.

一、引例

设一箱中有红白两种颜色的球共 100 个, 甲说这里有 98 个白球, 乙从箱中任取一个, 发现是红球, 问甲的说法是否正确?

先作假设 H_0: 箱中确有 98 个白球.

如果假设 H_0 正确, 则从箱中任取一个球是红球的概率只有 0.02, 是小概率事件. 通常认为在一次随机试验中, 概率小的事件不易发生, 因此, 若乙从箱中任取一个, 发现是白球, 则没有理由怀疑假设 H_0 的正确性. 今乙从箱中任取一个, 发现是红球, 即小概率事件竟然在一次试验中发生了, 故有理由拒绝假设 H_0, 即认为甲的说法不正确.

二、假设检验的基本思想

假设检验的基本思想实质上是带有某种概率性质的反证法. 为了检验一个假设 H_0 是否正确, 首先假定该假设 H_0 正确, 然后根据抽取到的样本对假设 H_0 作出接受或拒绝的决策. 如果样本观察值导致了不合理的现象发生, 就应拒绝假设 H_0, 否

则应接受假设 H_0.

假设检验中所谓的"不合理", 并非逻辑中的绝对矛盾, 而是基于人们在实践中广泛采用的原则, 即小概率事件在一次试验中是几乎不发生的. 但概率小到什么程度才能算作"小概率事件"? 显然,"小概率事件"的概率越小, 否定原假设 H_0 就越有说服力. 常记这个概率值为 $\alpha(0<\alpha<1)$, 称为**检验的显著性水平**. 对不同的问题, 检验的显著性水平 α 不一定相同, 但一般应取为较小的值, 如 0.1, 0.05 或 0.01 等.

三、假设检验的两类错误

当假设 H_0 正确时, 小概率事件也有可能发生, 此时, 我们会拒绝假设 H_0, 因而犯了"弃真"的错误, 称此为**第一类错误**. 犯第一类错误的概率恰好就是"小概率事件"发生的概率 α, 即

$$P\{拒绝\ H_0 \mid H_0\ 为真\}=\alpha.$$

反之, 若假设 H_0 不正确, 但一次抽样检验未发生不合理结果, 这时我们就会接受 H_0, 因而犯了"取伪"的错误, 称此为**第二类错误**. 记 β 为犯第二类错误的概率, 即

$$P\{接受\ H_0 \mid H_0\ 不真\}=\beta.$$

理论上, 自然希望犯这两类错误的概率都很小. 当样本容量 n 固定时, α, β 不能同时都小, 即 α 变小时, β 就变大; 而 β 变小时, α 就变大. 一般只有当样本容量 n 增大时, 才有可能使两者同时变小. 在实际应用中, 一般原则是: 控制犯第一类错误的概率, 即给定 α, 然后通过增大样本容量 n 来减小 β.

关于显著性水平 α 的选取: 若注重经济效益, α 可取小些, 如 $\alpha=0.01$; 若注重社会效益, α 可取大些, 如 $\alpha=0.1$; 若要兼顾经济效益和社会效益, 一般可取 $\alpha=0.05$.

四、假设检验问题的一般提法

在假设检验问题中, 把要检验的假设 H_0 称为**原假设** (**零假设**或**基本假设**), 把原假设 H_0 的对立面称为**备择假设** (**对立假设**), 记为 H_1.

例如, 有一封装罐装可乐的生产流水线, 每罐的标准容量规定为 350 毫升. 质检员每天都要检验可乐的容量是否合格, 已知每罐的容量服从正态分布, 且生产比较稳定时, 其标准差 $\sigma=5$ 毫升. 某日上班后, 质检员每隔半小时从生产线上取一罐, 共抽测了 6 罐, 测得容量 (单位: 毫升) 如下:

353　345　357　339　355　360

试问生产线工作是否正常?

本例的假设检验问题可简记为

$$H_0: \mu=\mu_0, \quad H_1: \mu \neq \mu_0\ (其中\ \mu_0=350). \tag{1.1}$$

形如式 (1.1) 的备择假设 H_1, 表示 μ 可能大于 μ_0, 也可能小于 μ_0, 称为**双侧 (边) 备**

择假设. 形如式 (1.1) 的假设检验称为**双侧 (边) 假设检验**.

在实际问题中, 有时还需要检验下列形式的假设:

$$H_0: \mu \le \mu_0, \quad H_1: \mu > \mu_0. \tag{1.2}$$

$$H_0: \mu \ge \mu_0, \quad H_1: \mu < \mu_0. \tag{1.3}$$

形如式 (1.2) 的假设检验称为**右侧 (边) 检验**.

形如式 (1.3) 的假设检验称为**左侧 (边) 检验**.

右侧 (边) 检验和左侧 (边) 检验统称为**单侧 (边) 检验**.

为检验提出的假设, 通常需构造检验统计量, 并取总体的一组样本值, 根据该样本提供的信息来判断假设是否成立. 当检验统计量取某个区域 W 中的值时, 我们拒绝原假设 H_0, 则称区域 W 为**拒绝域**, 拒绝域的边界点称为**临界点**.

五、假设检验的一般步骤

(1) 根据实际问题的要求, 充分考虑和利用已知的背景知识, 提出原假设 H_0 及备择假设 H_1;

(2) 给定显著性水平 α 以及样本容量 n;

(3) 确定检验统计量 U, 并在原假设 H_0 成立的前提下导出 U 的概率分布, 要求 U 的分布不依赖于任何未知参数;

(4) 确定拒绝域, 即依据直观分析先确定拒绝域的形式, 然后根据给定的显著性水平 α 和 U 的分布, 由

$$P\{\text{拒绝 } H_0 \mid H_0 \text{ 为真}\} = \alpha$$

确定拒绝域的临界值, 从而确定拒绝域 W;

(5) 作一次具体的抽样, 根据得到的样本观察值和所得的拒绝域, 对假设 H_0 作出拒绝或接受的判断.

例 1 某化学日用品有限责任公司用包装机包装洗衣粉, 洗衣粉包装机在正常工作时, 装包量 $X \sim N(500, 2^2)$ (单位: g), 每天开工后, 需先检验包装机工作是否正常. 某天开工后, 在装好的洗衣粉中任取 9 袋, 其重量如下:

505 499 502 506 498 498 497 510 503

假设总体标准差 σ 不变, 即 $\sigma = 2$, 试问这天包装机工作是否正常 ($\alpha = 0.05$)?

解 (1) 提出假设检验:

$$H_0: \mu = 500, \ H_1: \mu \ne 500.$$

(2) 以 H_0 成立为前提, 确定检验 H_0 的统计量及其分布.

$$U = \frac{\overline{X} - \mu_0}{\sigma / \sqrt{n}} = \frac{\overline{X} - 500}{2/3} \sim N(0, 1).$$

标准正态分布查表

(3) 对给定的显著性水平 $\alpha = 0.05$, 确定 H_0 的接受域 $\overline{W}$ 或拒绝域 W. 取临界点为 $u_{\alpha/2} = 1.96$, 使 $P\{|U| > u_{\alpha/2}\} = \alpha$. 故 H_0 被接受与被拒绝的区域分别为

$$\overline{W}=[-1.96,1.96],\ W=(-\infty,\ -1.96)\cup(1.96,\ +\infty).$$

(4) 由样本计算统计量 U 的值 $u=\dfrac{502-500}{2/3}=3.$

(5) 对假设 H_0 作出推断.

因为 $u\in W$(拒绝域), 故认为这天洗衣粉包装机工作不正常. ■

六、多参数与非参数假设检验问题

原则上, 以上介绍的所有单参数假设检验的内容也适用于多参数与非参数假设检验问题, 只需在某些细节上作适当的调整即可, 这里仅说明下列两点:

(1) 对多参数假设检验问题, 要寻求一个不包含所有待检验参数的检验统计量, 使之服从一个已知的确定分布;

(2) 非参数假设检验问题可近似地化为一个多参数假设检验问题.

鉴于正态总体是统计应用中最为常见的总体, 在以下两节中, 我们将先分别讨论单正态总体与双正态总体的参数假设检验.

习题 9-1

1. 样本容量 n 确定后, 在一个假设检验中, 给定显著性水平为 α, 设犯第二类错误的概率为 β, 则必有(   ).

(A) $\alpha+\beta=1$;　　(B) $\alpha+\beta>1$;

(C) $\alpha+\beta<1$;　　(D) $\alpha+\beta<2$.

2. 设总体 $X\sim N(\mu,\sigma^2)$, 其中 σ^2 已知, 若要检验 μ, 需用统计量

$$U=\frac{\overline{X}-\mu_0}{\sigma/\sqrt{n}}.$$

(1) 若对单边检验, 统计假设为 $H_0:\mu=\mu_0$ (μ_0 已知), $H_1:\mu>\mu_0$, 则拒绝区间为________;

(2) 若单边假设为 $H_0:\mu=\mu_0$, $H_1:\mu<\mu_0$, 则拒绝区间为________ (给定显著性水平为 α, 样本均值为 $\overline{X}$, 样本容量为 n, 且可记 $u_{1-\alpha}$ 为标准正态分布的 $(1-\alpha)$ 分位数).

3. 如何理解假设检验所作出的“拒绝原假设 H_0”和“接受原假设 H_0”的判断?

4. 犯第一类错误的概率 α 与犯第二类错误的概率 β 之间的关系是怎样的?

5. 在假设检验中, 如何理解指定的显著性水平 α?

6. 在假设检验中, 如何确定原假设 H_0 和备择假设 H_1?

7. 假设检验的基本步骤有哪些?

8. 假设检验与区间估计有何异同?

9. 某天开工时, 需检验自动包装机工作是否正常. 根据以往的经验, 其包装的质量在正常情况下服从正态分布 $N(100,1.5^2)$(单位: kg). 现抽测了 9 包, 其质量为

99.3　98.7　100.5　101.2　98.3　99.7　99.5　102.0　100.5

问这天包装机工作是否正常？将这一问题化为假设检验问题. 写出假设检验的步骤($\alpha=0.05$).

§9.2　单正态总体的假设检验

一、总体均值的假设检验

在检验关于总体均值μ的假设时, 该总体中的另一个参数(即方差σ^2)是否已知会影响到对于检验统计量的选择, 故下面分两种情形进行讨论.

1. 方差 σ^2 已知的情形

设总体$X\sim N(\mu,\sigma^2)$, 其中总体方差σ^2已知, $X_1,X_2,\cdots,X_n$是取自总体X的一个样本, $\overline{X}$为样本均值.

(1) 检验假设$H_0:\mu=\mu_0$, $H_1:\mu\neq\mu_0$, 其中μ_0为已知常数.

由§7.3知, 当H_0为真时, 有

$$U=\frac{\overline{X}-\mu_0}{\sigma/\sqrt{n}}\sim N(0,1), \tag{2.1}$$

故选取U作为检验统计量, 记其观察值为u. 相应的检验法称为 **u 检验法**.

因为$\overline{X}$是μ的无偏估计量, 当H_0成立时, $|u|$不应太大, 当H_1成立时, $|u|$有偏大的趋势, 故拒绝域形式为

$$|u|=\left|\frac{\overline{x}-\mu_0}{\sigma/\sqrt{n}}\right|>k\ \ (k\text{ 待定}).$$

对于给定的显著性水平α, 查标准正态分布表得$k=u_{\alpha/2}$, 使$P\{|U|>u_{\alpha/2}\}=\alpha$, 由此即得拒绝域为

$$|u|=\left|\frac{\overline{x}-\mu_0}{\sigma/\sqrt{n}}\right|>u_{\alpha/2}\,. \tag{2.2}$$

即
$$W=(-\infty,-u_{\alpha/2})\cup(u_{\alpha/2},+\infty).$$

根据一次抽样后得到的样本观察值$x_1,x_2,\cdots,x_n$计算出U的观察值u. 若$|u|>u_{\alpha/2}$, 则拒绝原假设H_0, 即认为总体均值与μ_0有显著差异；若$|u|\le u_{\alpha/2}$, 则接受原假设H_0, 即认为总体均值与μ_0无显著差异.

类似地, 还可给出对总体均值μ的单侧检验的拒绝域(这一点后面不再说明).

(2) 右侧检验：检验假设$H_0:\mu\le\mu_0$, $H_1:\mu>\mu_0$, 其中μ_0为已知常数, 可得拒绝域为

$$u=\frac{\overline{x}-\mu_0}{\sigma/\sqrt{n}}>u_\alpha\,. \tag{2.3}$$

(3) 左侧检验：检验假设$H_0:\mu\ge\mu_0$, $H_1:\mu<\mu_0$, 其中μ_0为已知常数, 可得拒绝

域为

$$u=\frac{\bar{x}-\mu_0}{\sigma/\sqrt{n}}<-u_\alpha. \tag{2.4}$$

例1 某车间生产钢丝，用X表示钢丝的折断力，由经验判断$X\sim N(\mu,\sigma^2)$，其中$\mu=570$，$\sigma^2=8^2$. 今换了一批材料，从性能上看，估计折断力的方差σ^2不会有什么变化（即仍有$\sigma^2=8^2$），但不知折断力的均值μ和原先有无差别. 现抽得样本，测得其折断力为

578 572 570 568 572 570 570 572 596 584

取$\alpha=0.05$，试检验折断力均值有无变化.

解 (1) 建立假设 $H_0:\mu=\mu_0=570$，$H_1:\mu\neq 570$；

(2) 选择统计量 $U=\dfrac{\bar{X}-\mu_0}{\sigma/\sqrt{n}}\sim N(0,1)$；

(3) 对于给定的显著性水平α，确定k，使

$$P\{|U|>k\}=\alpha,$$

查正态分布表得$k=u_{\alpha/2}=u_{0.025}=1.96$，从而拒绝域为$|u|>1.96$；

标准正态分布查表

(4) 由于 $\bar{x}=\dfrac{1}{10}\sum\limits_{i=1}^{10}x_i=575.20$，$\sigma^2=64$，所以

$$|u|=\left|\frac{\bar{x}-\mu_0}{\sigma/\sqrt{n}}\right|\approx 2.06>1.96,$$

故应拒绝H_0，即认为折断力的均值发生了变化. ■

例2 有一工厂生产一种灯管，已知灯管的寿命X服从正态分布$N(\mu,40\,000)$，根据以往的生产经验，知道灯管的平均寿命不会超过1 500小时. 为了提高灯管的平均寿命，工厂采用了新的工艺. 为了弄清楚新工艺是否真的能提高灯管的平均寿命，他们测试了采用新工艺生产的25只灯管的寿命，其平均值是1 575小时. 尽管样本的平均值大于1 500小时，试问：可否由此判定这恰是新工艺的效应，而非偶然的原因使得抽出的这25只灯管的平均寿命较长（显著性水平$\alpha=0.05$）?

解 可把上述问题归纳为下述假设检验问题：

$$H_0:\mu\leq 1\,500,\quad H_1:\mu>1\,500.$$

从而可利用右侧检验法来检验，相对于$\mu_0=1\,500$，$\sigma=200$，$n=25$. 显著性水平为$\alpha=0.05$，查附表3得$u_\alpha=1.645$，因已测出$\bar{x}=1\,575$，从而

$$u=\frac{\bar{x}-\mu_0}{\sigma/\sqrt{n}}=\frac{1\,575-1\,500}{200}\times\sqrt{25}=1.875.$$

由于$u=1.875>u_\alpha=1.645$，从而否定原假设H_0，接受备择假设H_1，即认为新工艺事实上提高了灯管的平均寿命. ■

2. 方差 σ^2 未知的情形

设总体 $X \sim N(\mu, \sigma^2)$，其中总体方差 σ^2 未知，$X_1, X_2, \cdots, X_n$ 是取自 X 的一个样本，$\overline{X}$ 与 S^2 分别为样本均值与样本方差.

检验假设 $H_0: \mu = \mu_0, H_1: \mu \neq \mu_0$，其中 μ_0 为已知常数.

由§7.3知，当 H_0 为真时，

$$T = \frac{\overline{X} - \mu_0}{S / \sqrt{n}} \sim t(n-1), \tag{2.5}$$

故选取 T 作为检验统计量，记其观察值为 t，相应的检验法称为 **t 检验法**. 由于 $\overline{X}$ 是 μ 的无偏估计量，S^2 是 σ^2 的无偏估计量，当 H_0 成立时，$|t|$ 不应太大，当 H_1 成立时，$|t|$ 有偏大的趋势，故拒绝域形式为

$$|t| = \left| \frac{\overline{x} - \mu_0}{s / \sqrt{n}} \right| > k \quad (k \text{ 待定}).$$

对于给定的显著性水平 α，查 t 分布表得 $k = t_{\alpha/2}(n-1)$，使

$$P\{|T| > t_{\alpha/2}(n-1)\} = \alpha,$$

由此即得拒绝域为

$$|t| = \left| \frac{\overline{x} - \mu_0}{s / \sqrt{n}} \right| > t_{\alpha/2}(n-1),$$

即

$$W = (-\infty, -t_{\alpha/2}(n-1)) \cup (t_{\alpha/2}(n-1), +\infty). \tag{2.6}$$

根据一次抽样后得到的样本观察值 $x_1, x_2, \cdots, x_n$ 计算出 T 的观察值 t. 若 $|t| > t_{\alpha/2}(n-1)$，则拒绝原假设 H_0，即认为总体均值与 μ_0 有显著差异；若 $|t| \leq t_{\alpha/2}(n-1)$，则接受原假设 H_0，即认为总体均值与 μ_0 无显著差异.

例 3　水泥厂用自动包装机包装水泥，每袋额定重量是50kg，某日开工后随机抽查了9袋，称得重量如下：

49.6　49.3　50.1　50.0　49.2　49.9　49.8　51.0　50.2

设每袋重量服从正态分布，问包装机工作是否正常 $(\alpha = 0.05)$？

解　(1) 建立假设 $H_0: \mu = 50, H_1: \mu \neq 50$；

(2) 选择统计量 $T = \dfrac{\overline{X} - \mu_0}{S / \sqrt{n}} \sim t(n-1)$；

(3) 对于给定的显著性水平 α，确定 k，使

$$P\{|T| > k\} = \alpha,$$

查 t 分布表得 $k = t_{\alpha/2} = t_{0.025}(8) = 2.306$，从而拒绝域为 $|t| > 2.306$；

t 分布查表

(4) 由于 $\overline{x} = 49.9$，$s^2 \approx 0.29$，所以

$$|t| = \left| \frac{\overline{x} - 50}{s / \sqrt{n}} \right| \approx 0.56 < 2.306,$$

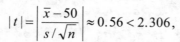

故应接受 H_0，即认为包装机工作正常． ■

二、总体方差的假设检验

设 $X \sim N(\mu, \sigma^2)$，$X_1, X_2, \cdots, X_n$ 是取自 X 的一个样本，$\overline{X}$ 与 S^2 分别为样本均值与样本方差．

(1) 检验假设 $H_0: \sigma^2 = \sigma_0^2$，$H_1: \sigma^2 \neq \sigma_0^2$，其中 σ_0 为已知常数．

由 § 7.3 知，当 H_0 为真时，

$$\chi^2 = \frac{n-1}{\sigma_0^2} S^2 \sim \chi^2(n-1), \tag{2.7}$$

故选取 χ^2 作为检验统计量，相应的检验法称为 **χ^2 检验法**．

由于 S^2 是 σ^2 的无偏估计量，当 H_0 成立时，S^2 应在 σ_0^2 附近，当 H_1 成立时，χ^2 有偏小或偏大的趋势，故拒绝域形式为

$$\chi^2 = \frac{n-1}{\sigma_0^2} S^2 < k_1 \text{ 或 } \chi^2 = \frac{n-1}{\sigma_0^2} S^2 > k_2 \ (k_1, k_2 \text{ 待定}).$$

对于给定的显著性水平 α，查 χ^2 分布表得

$$k_1 = \chi^2_{1-\alpha/2}(n-1), \quad k_2 = \chi^2_{\alpha/2}(n-1),$$

使
$$P\{\chi^2 < \chi^2_{1-\alpha/2}(n-1)\} = \frac{\alpha}{2}, \quad P\{\chi^2 > \chi^2_{\alpha/2}(n-1)\} = \frac{\alpha}{2}.$$

由此即得拒绝域为

$$\chi^2 = \frac{n-1}{\sigma_0^2} s^2 < \chi^2_{1-\alpha/2}(n-1) \text{ 或 } \chi^2 = \frac{n-1}{\sigma_0^2} s^2 > \chi^2_{\alpha/2}(n-1),$$

即
$$W = [0, \chi^2_{1-\alpha/2}(n-1)) \cup (\chi^2_{\alpha/2}(n-1), +\infty). \tag{2.8}$$

根据一次抽样得到的样本观察值 $x_1, x_2, \cdots, x_n$ 计算出 χ^2 的观察值．若

$$\chi^2 < \chi^2_{1-\alpha/2}(n-1) \text{ 或 } \chi^2 > \chi^2_{\alpha/2}(n-1),$$

则拒绝原假设 H_0；若

$$\chi^2_{1-\alpha/2}(n-1) \leq \chi^2 \leq \chi^2_{\alpha/2}(n-1),$$

则接受原假设 H_0．

类似地，对单侧检验有：

(2) 右侧检验：检验假设 $H_0: \sigma^2 \leq \sigma_0^2$，$H_1: \sigma^2 > \sigma_0^2$，其中 σ_0 为已知常数，可得拒绝域为

$$\chi^2 = \frac{n-1}{\sigma_0^2} s^2 > \chi^2_{\alpha}(n-1). \tag{2.9}$$

(3) 左侧检验：检验假设 $H_0: \sigma^2 \geq \sigma_0^2$，$H_1: \sigma^2 < \sigma_0^2$，其中 σ_0 为已知常数，可

得拒绝域为

$$\chi^2=\frac{n-1}{\sigma_0^2}s^2<\chi_{1-\alpha}^2(n-1). \tag{2.10}$$

例 4　某厂生产的某种型号电池的寿命(以小时计)长期以来服从方差 $\sigma^2=5\,000$ 的正态分布. 现有一批这种电池, 从其生产情况来看, 寿命的波动性有所改变. 现随机取 26 只电池, 测出其寿命的样本方差 $s^2=9\,200$. 根据这一数据, 能否推断这批电池的寿命的波动性较以往有显著的变化(取 $\alpha=0.02$)?

解　本题要求在水平 $\alpha=0.02$ 下检验假设

$$H_0:\sigma^2=5\,000,\ \ H_1:\sigma^2\neq 5\,000.$$

现在

$$n=26,\ \ \sigma_0^2=5\,000,\ \ \chi_{\alpha/2}^2(n-1)=\chi_{0.01}^2(25)=44.314,$$

$$\chi_{1-\alpha/2}^2(n-1)=\chi_{0.99}^2(25)=11.524,$$

χ^2分布查表

根据 χ^2 检验法, 拒绝域为

$$W=[0,11.524)\cup(44.314,+\infty),$$

代入观察值 $s^2=9\,200$, 得

$$\chi^2=\frac{(n-1)s^2}{\sigma_0^2}=46>44.314,$$

故拒绝 H_0, 认为这批电池寿命的波动性较以往有显著的变化. ■

例 5　某工厂生产金属丝, 产品指标为折断力. 折断力的方差被用作工厂生产精度的表征. 方差越小, 表明精度越高. 以往工厂一直把该方差保持在 64 及以下. 最近从一批产品中抽取 10 根做折断力试验, 测得的结果 (单位为千克) 如下:

578　572　570　568　572　570　572　596　584　570

由上述样本数据算得:

$$\bar{x}=575.2,\ \ s^2\approx 75.73.$$

为此, 厂方怀疑金属丝折断力的方差变大了. 如确实增大了, 表明生产精度不如以前, 于是, 就需对生产流程做一番检验, 以发现生产环节中存在的问题. 试在 $\alpha=0.05$ 的显著性水平下, 检验厂方的怀疑.

解　为确认上述疑虑是否为真, 假定金属丝折断力服从正态分布, 并做下述假设检验:

$$H_0:\sigma^2\leq 64,\quad H_1:\sigma^2>64.$$

上述假设检验问题可利用 χ^2 检验法的右侧检验法来检验. 就本例而言, 相应的 $\sigma_0^2=64$, $n=10$. 对于给定的显著性水平 $\alpha=0.05$, 查附表, 得

$$\chi_{\alpha}^2(n-1)=\chi_{0.05}^2(9)=16.919.$$

从而有

$$\chi^2=\frac{n-1}{\sigma_0^2}s^2=\frac{9\times 75.73}{64}$$

$$\approx 10.65 < 16.919 = \chi^2_{0.05}(9).$$

故不能拒绝原假设 H_0，从而可认为样本方差的偏大系偶然因素造成的，生产流程正常，故无须再做进一步的检查. ■

习题 9-2

1. 长期统计资料表明，某市轻工业产品月产值占该市工业产品总月产值的百分比 X 服从正态分布，方差 $\sigma^2=1.21$，现任意抽查 10 个月，得轻工业产品产值的百分比为

31.31%　30.10%　32.16%　32.56%　29.66%　31.64%　30.00%　31.87%　31.03%　30.95%

问在显著性水平 $\alpha=0.05$ 下，可否认为过去该市轻工业产品月产值占该市工业产品总月产值百分比的平均数为 32.50%.

2. 要求一种元件平均使用寿命不得低于 1 000 小时，生产者从一批这种元件中随机抽取 25 件，测得其寿命的平均值为 950 小时. 已知该种元件寿命服从标准差为 $\sigma=100$ 小时的正态分布. 试在显著性水平 $\alpha=0.05$ 下确定这批元件是否合格. 设总体均值为 μ（μ 未知），即需检验假设 $H_0: \mu \geq 1\,000$，$H_1: \mu < 1\,000$.

3. 打包机装糖入包，每包标准重量为 100 kg. 每天开工后，要检验所装糖包的总体期望值是否合乎标准(100 kg). 某日开工后，测得 9 包糖重如下（单位：kg）：

99.3　98.7　100.5　101.2　98.3　99.7　99.5　102.1　100.5

打包机装糖的包重服从正态分布，问该天打包机工作是否正常($\alpha=0.05$)？

4. 机器包装食盐，假设每袋盐的净重服从正态分布，规定每袋标准含量为 500 g，标准差不得超过 10 g. 某天开工后，随机抽取 9 袋，测得净重如下（单位：g）：

497　507　510　475　515　484　488　524　491

试在显著性水平 $\alpha=0.05$ 下检验假设：$H_0: \mu=500$，$H_1: \mu \neq 500$.

5. 某特殊润滑油容器的容量为正态分布，其方差为 0.03 升，在 $\alpha=0.01$ 的显著性水平下，抽取样本 10 个，测得样本标准差为 $s=0.246$ 升，检验假设：$H_0: \sigma^2=0.03$，$H_1: \sigma^2 \neq 0.03$.

§9.3　双正态总体的假设检验

上节中我们讨论了单正态总体的参数假设检验，基于同样的思想，本节将考虑双正态总体的参数假设检验. 与单正态总体的参数假设检验不同的是，这里所关心的不是逐一对每个参数的值作假设检验，而是着重考虑两个总体之间的差异，即两个总体的均值或方差是否相等.

设 $X \sim N(\mu_1, \sigma_1^2)$，$Y \sim N(\mu_2, \sigma_2^2)$，$X_1, X_2, \cdots, X_{n_1}$ 为取自总体 $N(\mu_1, \sigma_1^2)$ 的一个样本，$Y_1, Y_2, \cdots, Y_{n_2}$ 为取自总体 $N(\mu_2, \sigma_2^2)$ 的一个样本，并且两个样本相互独

立，记 $\overline{X}$ 与 S_1^2 分别为样本 $X_1, X_2, \cdots, X_{n_1}$ 的均值和方差，$\overline{Y}$ 与 S_2^2 分别为样本 $Y_1, Y_2, \cdots, Y_{n_2}$ 的均值和方差.

一、双正态总体均值差的假设检验

1. 方差 σ_1^2, σ_2^2 已知

检验假设

$$H_0: \mu_1-\mu_2=\mu_0,\ H_1: \mu_1-\mu_2\neq\mu_0,$$

其中μ_0为已知常数.

由§7.3知，当H_0为真时，有

$$U=\frac{\overline{X}-\overline{Y}-\mu_0}{\sqrt{\sigma_1^2/n_1+\sigma_2^2/n_2}}\sim N(0,1), \tag{3.1}$$

故选取U作为检验统计量，记其观察值为u，称相应的检验法为$\boldsymbol{u}$ **检验法**.

由于$\overline{X}$与$\overline{Y}$是μ_1与μ_2的无偏估计量，当H_0成立时，$|u|$不应太大，当H_1成立时，$|u|$有偏大的趋势，故拒绝域形式为

$$|u|=\left|\frac{\overline{x}-\overline{y}-\mu_0}{\sqrt{\sigma_1^2/n_1+\sigma_2^2/n_2}}\right|>k\ (k\text{待定}).$$

对于给定的显著性水平α，查标准正态分布表，得$k=u_{\alpha/2}$，使

$$P\{|U|>u_{\alpha/2}\}=\alpha,$$

由此即得拒绝域为

$$|u|=\left|\frac{\overline{x}-\overline{y}-\mu_0}{\sqrt{\sigma_1^2/n_1+\sigma_2^2/n_2}}\right|>u_{\alpha/2}. \tag{3.2}$$

根据一次抽样得到的样本观察值 $x_1, x_2, \cdots, x_{n_1}$ 和 $y_1, y_2, \cdots, y_{n_2}$ 计算出 U 的观察值 u. 若$|u|>u_{\alpha/2}$，则拒绝原假设H_0，特别地，当 $\mu_0=0$ 时即认为总体均值 μ_1与μ_2有显著差异；若$|u|\leq u_{\alpha/2}$，则接受原假设H_0，当$\mu_0=0$ 时即认为总体均值 μ_1与μ_2无显著差异.

例 1　设甲、乙两厂生产同样的灯泡，其寿命X, Y分别服从正态分布$N(\mu_1, \sigma_1^2)$，$N(\mu_2, \sigma_2^2)$，已知它们寿命的标准差分别为84小时和96小时，现从两厂生产的灯泡中各取60只，测得平均寿命甲厂为1 295小时，乙厂为1 230小时，能否认为两厂生产的灯泡寿命无显著差异$(\alpha=0.05)$?

解　(1) 建立假设

$$H_0: \mu_1=\mu_2,\ H_1: \mu_1\neq\mu_2;$$

(2) 选择统计量

$$U=\frac{\overline{X}-\overline{Y}}{\sqrt{\sigma_1^2/n_1+\sigma_2^2/n_2}}\sim N(0,1);$$

(3) 对于给定的显著性水平 α, 确定 k, 使

$$P\{|U|>k\}=\alpha,$$

查标准正态分布表, 得 $k=u_{\alpha/2}=u_{0.025}=1.96$, 从而拒绝域为 $|u|>1.96$;

标准正态分布查表

(4) 由于 $\bar{x}=1\,295$, $\bar{y}=1\,230$, $\sigma_1=84$, $\sigma_2=96$, 所以

$$|u|=\left|\frac{\bar{x}-\bar{y}}{\sqrt{\sigma_1^2/n_1+\sigma_2^2/n_2}}\right|\approx 3.95>1.96,$$

故应拒绝 H_0, 即认为两厂生产的灯泡寿命有显著差异. ■

2. 方差 σ_1^2,σ_2^2 未知, 但 $\sigma_1^2=\sigma_2^2=\sigma^2$

检验假设 $H_0: \mu_1-\mu_2=\mu_0$, $H_1: \mu_1-\mu_2\neq\mu_0$, 其中 μ_0 为已知常数.

由§7.3 知, 当 H_0 为真时,

$$T=\frac{\overline{X}-\overline{Y}-\mu_0}{S_w\sqrt{1/n_1+1/n_2}}\sim t(n_1+n_2-2), \tag{3.3}$$

其中

$$S_w^2=\frac{(n_1-1)S_1^2+(n_2-1)S_2^2}{n_1+n_2-2}.$$

故选取 T 作为检验统计量, 记其观察值为 t, 相应的检验法称为 **t 检验法**.

由于 S_w^2 也是 σ^2 的最小方差无偏估计量, 当 H_0 成立时, $|t|$ 不应太大, 当 H_1 成立时, $|t|$ 有偏大的趋势, 故拒绝域形式为

$$|t|=\left|\frac{\bar{x}-\bar{y}-\mu_0}{s_w\sqrt{1/n_1+1/n_2}}\right|>k\ (k \text{ 待定}).$$

对于给定的显著性水平 α, 查 t 分布表得 $k=t_{\alpha/2}(n_1+n_2-2)$, 使

$$P\{|T|>t_{\alpha/2}(n_1+n_2-2)\}=\alpha, \tag{3.4}$$

由此即得拒绝域为

$$|t|=\left|\frac{\bar{x}-\bar{y}-\mu_0}{s_w\sqrt{1/n_1+1/n_2}}\right|>t_{\alpha/2}(n_1+n_2-2).$$

根据一次抽样得到的样本观察值 $x_1,x_2,\cdots,x_{n_1}$ 和 $y_1,y_2,\cdots,y_{n_2}$ 计算出 T 的观察值 t, 若 $|t|>t_{\alpha/2}(n_1+n_2-2)$, 则拒绝原假设 H_0, 否则接受原假设 H_0.

例 2 某地某年高考后随机抽得 15 名男生、12 名女生的物理考试成绩如下:

男生: 49 48 47 53 51 43 39 57 56 46 42 44 55 44 40

女生: 46 40 47 51 43 36 43 38 48 54 48 34

这27名学生的成绩能说明这个地区男女生的物理考试成绩不相上下吗（显著性水平 $\alpha=0.05$）？

解 把该地区男生和女生的物理考试成绩分别近似地看作是服从正态分布的随机变量 $X\sim N(\mu_1,\sigma^2)$ 与 $Y\sim N(\mu_2,\sigma^2)$，则本例可归结为双侧检验问题：

$$H_0:\mu_1=\mu_2,\ H_1:\mu_1\neq\mu_2.$$

这里，$n_1=15$，$n_2=12$，故 $n=n_1+n_2=27$. 再根据题中数据算出 $\bar{x}=47.6$，$\bar{y}=44$，及

$$(n_1-1)s_1^2=\sum_{i=1}^{15}(x_i-\bar{x})^2=469.6,\quad (n_2-1)s_2^2=\sum_{i=1}^{12}(y_i-\bar{y})^2=412.$$

$$s_w=\sqrt{\frac{1}{n_1+n_2-2}\{(n_1-1)s_1^2+(n_2-1)s_2^2\}}$$

$$=\sqrt{\frac{1}{25}(469.6+412)}\approx 5.94.$$

由此便可计算出

$$t=\frac{\bar{x}-\bar{y}}{s_w\sqrt{1/n_1+1/n_2}}$$

$$=\frac{47.6-44}{5.94\sqrt{1/15+1/12}}\approx 1.565.$$

t 分布查表

取显著性水平 $\alpha=0.05$，查附表 4，得

$$t_{\alpha/2}(n-2)=t_{0.025}(25)=2.059\,5.$$

因 $|t|=1.565<2.059\,5=t_{0.025}(25)$，从而没有充分理由否认原假设 H_0，即认为这一地区男女生的物理考试成绩不相上下. ■

二、双正态总体方差相等的假设检验

设 $X_1,X_2,\cdots,X_{n_1}$ 为取自总体 $N(\mu_1,\sigma_1^2)$ 的一个样本，$Y_1,Y_2,\cdots,Y_{n_2}$ 为取自总体 $N(\mu_2,\sigma_2^2)$ 的一个样本，并且两个样本相互独立，记 $\overline{X}$ 与 $\overline{Y}$ 分别为相应的样本均值，S_1^2 与 S_2^2 分别为相应的样本方差.

检验假设 $H_0:\sigma_1^2=\sigma_2^2$，$H_1:\sigma_1^2\neq\sigma_2^2$.

由 §7.3 知，当 H_0 为真时，有

$$F=S_1^2/S_2^2\sim F(n_1-1,\ n_2-1),\tag{3.5}$$

故选取 F 作为检验统计量，相应的检验法称为 ***F* 检验法**.

由于 S_1^2 与 S_2^2 是 σ_1^2 与 σ_2^2 的无偏估计量，当 H_0 成立时，F 的取值应集中在1的附近，当 H_1 成立时，F 的取值有偏小或偏大的趋势，故拒绝域形式为

$$F<k_1 \text{ 或 } F>k_2 \ (k_1, k_2 \text{ 待定}).$$

对于给定的显著性水平 α，查 F 分布表得

$$k_1=F_{1-\alpha/2}(n_1-1,\ n_2-1),\quad k_2=F_{\alpha/2}(n_1-1,\ n_2-1),$$

使

$$P\{F<F_{1-\alpha/2}(n_1-1,\ n_2-1)\}=P\{F>F_{\alpha/2}(n_1-1,\ n_2-1)\}=\alpha/2,$$

由此即得拒绝域为

$$F<F_{1-\alpha/2}(n_1-1,\ n_2-1) \text{ 或 } F>F_{\alpha/2}(n_1-1,\ n_2-1). \tag{3.6}$$

根据一次抽样得到的样本观察值 $x_1, x_2, \cdots, x_{n_1}$ 和 $y_1, y_2, \cdots, y_{n_2}$ 计算出 F 的观察值，若式(3.6)成立，则拒绝原假设 H_0，否则接受原假设 H_0.

例 3 为比较甲、乙两种安眠药的疗效，将20名患者分成两组，每组10人，假设服药后延长的睡眠时间分别服从正态分布，其数据(单位：小时)为

甲：	5.5	4.6	4.4	3.4	1.9	1.6	1.1	0.8	0.1	−0.1
乙：	3.7	3.4	2.0	2.0	0.8	0.7	0	−0.1	−0.2	−1.6

问：在显著性水平 $\alpha=0.05$ 下两种药的疗效有无显著差别？

解 设甲药服后延长的睡眠时间 $X\sim N(\mu_1, \sigma_1^2)$，乙药服后延长的睡眠时间 $Y\sim N(\mu_2, \sigma_2^2)$，其中 $\mu_1, \mu_2, \sigma_1^2, \sigma_2^2$ 均为未知，首先在 μ_1, μ_2 未知的条件下检验假设：

$$H_0: \sigma_1^2=\sigma_2^2,\ H_1: \sigma_1^2\neq\sigma_2^2.$$

所用统计量为 $F=S_1^2/S_2^2$，由题中给出的数据得：

$$n_1=10,\ n_2=10,\ \bar{x}=2.33,\ \bar{y}=1.07,\ s_1^2\approx 4.01,\ s_2^2\approx 2.84,$$

于是 $F=\dfrac{s_1^2}{s_2^2}\approx 1.412$. 查 F 分布表，得

$$F_{0.025}(9, 9)=4.03,\quad F_{0.975}(9,9)=\frac{1}{F_{0.025}(9,9)}=\frac{1}{4.03},$$

F 分布查表

由于 $\dfrac{1}{4.03}<1.412<4.03$，故接受原假设 $H_0: \sigma_1^2=\sigma_2^2$，因此，在显著性水平 $\alpha=0.05$ 下不能认为两种药的疗效的方差有显著差别.

另外，在 $\sigma_1^2=\sigma_2^2$ 但其值未知的条件下，检验假设 $H_0': \mu_1=\mu_2$，所用统计量为

$$T=\frac{\bar{X}-\bar{Y}}{S_w\sqrt{1/n_1+1/n_2}},$$

其中

$$S_w=\sqrt{\frac{(n_1-1)S_1^2+(n_2-1)S_2^2}{n_1+n_2-2}},$$

计算出 S_w 的值

$$s_w=\sqrt{\frac{9\times 4.01+9\times 2.84}{18}}\approx 1.85.$$

t 分布查表

从而得到

$$t=\frac{2.33-1.07}{1.85\sqrt{1/10+1/10}}\approx 1.523.$$

查 t 分布表得 $t_{0.025}(18)=2.101$，由于 $|1.523|<2.101$，故接受原假设 H_0'：$\mu_1=\mu_2$，因此，在显著性水平 $\alpha=0.05$ 下不能认为两种药的疗效的均值有显著差别.

综合上述讨论结果，可以认为两种安眠药的疗效无显著差别. ■

表 9–3–1 总结了 §9.2 和 §9.3 中有关正态总体的假设检验，以方便查用.

表 9–3–1　　正态总体的假设检验一览表

H_0	H_1	条件	检验统计量及分布	拒绝域
$\mu=\mu_0$	$\mu\neq\mu_0$	方差 σ^2 已知	$U=\dfrac{\overline{X}-\mu_0}{\sigma/\sqrt{n}}\sim N(0,1)$	$\lvert u\rvert>u_{\alpha/2}$
$\mu\leq\mu_0$	$\mu>\mu_0$			$u>u_\alpha$
$\mu\geq\mu_0$	$\mu<\mu_0$			$u<-u_\alpha$
$\mu=\mu_0$	$\mu\neq\mu_0$	方差 σ^2 未知	$T=\dfrac{\overline{X}-\mu_0}{S/\sqrt{n}}\sim t(n-1)$	$\lvert t\rvert>t_{\alpha/2}(n-1)$
$\mu\leq\mu_0$	$\mu>\mu_0$			$t>t_\alpha(n-1)$
$\mu\geq\mu_0$	$\mu<\mu_0$			$t<-t_\alpha(n-1)$
$\sigma^2=\sigma_0^2$	$\sigma^2\neq\sigma_0^2$	均值 μ 未知	$\chi^2=\dfrac{(n-1)S^2}{\sigma_0^2}\sim\chi^2(n-1)$	$\chi^2<\chi^2_{1-\alpha/2}(n-1)$ 或 $\chi^2>\chi^2_{\alpha/2}(n-1)$
$\sigma^2\leq\sigma_0^2$	$\sigma^2>\sigma_0^2$			$\chi^2>\chi^2_\alpha(n-1)$
$\sigma^2\geq\sigma_0^2$	$\sigma^2<\sigma_0^2$			$\chi^2<\chi^2_{1-\alpha}(n-1)$
$\mu_1-\mu_2=\mu_0$	$\mu_1-\mu_2\neq\mu_0$	方差 σ_1^2,σ_2^2 已知	$U=\dfrac{\overline{X}-\overline{Y}-\mu_0}{\sqrt{\sigma_1^2/n_1+\sigma_2^2/n_2}}\sim N(0,1)$	$\lvert u\rvert>u_{\alpha/2}$
$\mu_1-\mu_2\leq\mu_0$	$\mu_1-\mu_2>\mu_0$			$u>u_\alpha$
$\mu_1-\mu_2\geq\mu_0$	$\mu_1-\mu_2<\mu_0$			$u<-u_\alpha$
$\mu_1-\mu_2=\mu_0$	$\mu_1-\mu_2\neq\mu_0$	方差 σ_1^2,σ_2^2 未知 且 $\sigma_1^2=\sigma_2^2$	$T=\dfrac{\overline{X}-\overline{Y}-\mu_0}{S_w\sqrt{1/n_1+1/n_2}}\sim t(n_1+n_2-2)$	$\lvert t\rvert>t_{\alpha/2}(n_1+n_2-2)$
$\mu_1-\mu_2\leq\mu_0$	$\mu_1-\mu_2>\mu_0$			$t>t_\alpha(n_1+n_2-2)$
$\mu_1-\mu_2\geq\mu_0$	$\mu_1-\mu_2<\mu_0$			$t<-t_\alpha(n_1+n_2-2)$
$\sigma_1^2=\sigma_2^2$	$\sigma_1^2\neq\sigma_2^2$	均值 μ_1,μ_2 未知	$F=\dfrac{S_1^2}{S_2^2}\sim F(n_1-1,n_2-1)$	$F<F_{1-\alpha/2}(n_1-1,n_2-1)$ 或 $F>F_{\alpha/2}(n_1-1,n_2-1)$
$\sigma_1^2\leq\sigma_2^2$	$\sigma_1^2>\sigma_2^2$			$F>F_\alpha(n_1-1,n_2-1)$
$\sigma_1^2\geq\sigma_2^2$	$\sigma_1^2<\sigma_2^2$			$F<F_{1-\alpha}(n_1-1,n_2-1)$

习题 9-3

1. 某厂使用A, B两种不同的原料生产同一类型的产品，分别在A, B生产的一星期的产品中取样进行测试，取A种原料生产的样品220件，取B种原料生产的样品205件，测得平均重量和重量的方差分别如下：

$$A: \bar{x}_A = 2.46\,(\text{千克}),\ \ S_A^2 = 0.57^2\,(\text{千克}^2),\ \ n_A = 220$$

$$B: \bar{x}_B = 2.55\,(\text{千克}),\ \ S_B^2 = 0.48^2\,(\text{千克}^2),\ \ n_B = 205$$

设这两个总体都服从正态分布，且方差相等，问在显著性水平 $\alpha = 0.05$ 下能否认为使用原料B的产品平均重量比使用原料A的要大？

2. 欲知某新血清是否能抑制白血球过多症，选择已患该病的老鼠9只，并对其中5只施以此种血清，另外4只则不然. 从实验开始，其存活年限列示如下：

接受血清	2.1	5.3	1.4	4.6	0.9
未接受血清	1.9	0.5	2.8	3.1	

假定两总体均服从方差相等的正态分布，试在显著性水平 $\alpha = 0.05$ 下检验此种血清是否有效.

3. 据现在的推测，矮个子的人比高个子的人寿命要长一些. 下面给出美国31个自然死亡的总统的寿命，将他们分为矮个子与高个子两类，数据如下：

矮个子总统	85	79	67	90	80								
高个子总统	68	53	63	70	88	74	64	66	60	60	78	71	67
	90	73	71	77	72	57	78	67	56	63	64	83	65

假设两总体服从方差相同的正态分布，试问这些数据是否符合上述推测 $(\alpha = 0.05)$？

4. 某系学生可以被允许选修3学分有实验的物理课和4学分无实验的物理课，11名学生选3学分的课，考试平均分数为85分，标准差为4.7分；17名学生选4学分的课，考试平均分数为79分，标准差为6.1分. 假定两总体近似服从方差相等的正态分布，试在显著性水平 $\alpha = 0.05$ 下检验实验课程是否能使平均分数增加8分.

5. 有两台车床生产同一种型号的滚珠. 根据过去的经验，可以认为这两台车床生产的滚珠的直径都服从正态分布. 现要比较两台车床所生产的滚珠的直径的方差，分别抽出8个和9个样品，测得滚珠的直径如下(单位：mm)：

甲车床 x_i：15.0 14.5 15.2 15.5 14.8 15.1 15.2 14.8

乙车床 y_i：15.2 15.0 14.8 15.2 15.0 15.0 14.8 15.1 14.8

问乙车床生产的产品的直径的方差是否比甲车床的小 $(\alpha = 0.05)$.

6. 从某个正态总体中抽出一个容量为21的简单随机样本，得修正样本方差为10，能否根据此结果得出总体方差小于15的结论 $(\alpha = 0.05)$？

7. 随机地选取8个人，分别测量了他们在早晨起床时和晚上就寝时的身高(cm)，得到如下数据：

序号	1	2	3	4	5	6	7	8
早上 (x_i)	172	168	180	181	160	163	165	177
晚上 (y_i)	172	167	177	179	159	161	166	175

设各对数据的差 Z_i 是来自正态总体 $N(\mu_z, \sigma_z^2)$ 的样本, μ_z, σ_z^2 均未知. 问是否可以认为早晨的身高比晚上的身高要高 ($\alpha = 0.05$)?

第10章　方差分析与回归分析

§10.1　单因素试验的方差分析

在科学试验、生产实践和社会生活中，影响一个事件的因素往往有很多．例如，在工业生产中，产品的质量往往受到原材料、设备、技术及员工素质等因素的影响；又如，在工作中，影响个人收入的因素也是多方面的，除了学历、专业、工作时间、性别等方面外，还受到个人能力、经历及机遇等偶然因素的影响．虽然在这众多因素中，每一个因素的改变都可能影响最终的结果，但有些因素影响较大，有些因素影响较小，故在实际问题中，就有必要找出对事件最终结果有显著影响的那些因素．方差分析就是根据试验的结果进行分析，通过建立数学模型，鉴别各个因素影响效应的一种有效方法．

一、基本概念

在方差分析中，我们把要考察的对象的某种特征称为**试验指标**．影响试验指标的条件称为**因素**．因素可分为两类：一类是人们可以控制的（如上述提到的原材料、设备、学历、专业等因素）；另一类是人们无法控制的（如上述提到的员工素质与机遇等因素）．

今后，我们所讨论的因素都是指可控制因素．因素所处的状态，称为该**因素的水平**．如果在一项试验中只有一个因素在改变，则称为**单因素试验**；如果有多于一个因素在改变，则称为**多因素试验**．为方便起见，今后用大写字母 A,B,C 等表示因素，用大写字母加下标表示该因素的水平，如 A_1, A_2 等．

下面通过例题来说明问题的提法．

例1　设有三台机器，用来生产规格相同的铝合金薄板．取样，测量薄板的厚度精确至千分之一厘米，得结果如表10－1－1所示．

表10－1－1　铝合金板的厚度

机器Ⅰ	机器Ⅱ	机器Ⅲ
0.236	0.257	0.258
0.238	0.253	0.264
0.248	0.255	0.259
0.245	0.254	0.267
0.243	0.261	0.262

这里，试验的指标是薄板的厚度，机器为因素，不同的三台机器就是这个因素的三个不同的水平．如果假定除机器这一因素外，材料的规格、操作人员的水平等其他条件都相同，这就是单因素试验．试验的目的是为了考察各台机器所生产的薄板的厚度有无显著的差异，即考察机器这一因素对厚度有无显著的影响．如果厚度有显著差异，就表明机器这一因素对厚度的影响是显著的．■

例2 某食品公司对一种食品设计了四种新包装.为了考察哪种包装最受欢迎,选了十个有近似销售量的商店作试验,其中两种包装各指定两个商店销售,另两种包装各指定三个商店销售.在试验期间各商店的货架排放位置、空间都尽量一致,营业员的促销方法也基本相同.观察在一定时期内的销售量,数据如表10−1−2所示. ■

表 10−1−2 销售量

包装	商店			商店数 n_i
	1	2	3	
A_1	12	18		2
A_2	14	12	13	3
A_3	19	17	21	3
A_4	24	30		2

在本例中,我们要比较的是四种包装的销售量是否一致,为此把包装类型看成是一个因素,记为因素A,它有四种不同的包装,四种包装被看成是因素A的四个水平,记为A_1, A_2, A_3, A_4.一般将第i种包装在第j个商店的销售量记为x_{ij}, $i=1, 2, 3, 4$, $j=1, 2, \cdots, n_i$(对本例,$n_1=2$, $n_2=3$, $n_3=3$, $n_4=2$).

由于商店间的差异已被控制在最小的范围内,因此,一种包装在不同商店里的销售量被看作对一种包装的若干次重复观察,所以可以把一种包装看作一个总体.为比较四种包装的销售量是否相同,相当于要比较四个总体的均值是否一致.为简化起见,需要给出若干假定,把要回答的问题归结为某类统计问题,然后设法解决它.

二、假设前提

设单因素A具有r个水平,分别记为$A_1, A_2, \cdots, A_r$,在每个水平$A_i\,(i=1, 2, \cdots, r)$下,要考察的指标可以被看成一个总体,故有r个总体,并假设:

(1) 每个总体均服从正态分布;

(2) 每个总体的方差相同;

(3) 从每个总体中抽取的样本相互独立.

那么,要比较各个总体的均值是否一致,就是要检验各个总体的均值是否相等.设第i个总体的均值为μ_i,则要检验的假设为

$$H_0\colon \mu_1=\mu_2=\cdots=\mu_r.$$

$$H_1\colon \mu_1, \mu_2, \cdots, \mu_r \text{ 不全相等}.$$

通常备择假设H_1可以不写.

在水平$A_i\,(i=1, 2, \cdots, r)$下,进行n_i次独立试验,得到试验数据为$X_{i1}, X_{i2}, \cdots, X_{in_i}$,记数据的总个数为$n=\sum_{i=1}^{r} n_i$.

由假设有$X_{ij}\sim N(\mu_i, \sigma^2)$($\mu_i$和$\sigma^2$未知),即有

$$X_{ij}-\mu_i\sim N(0, \sigma^2),$$

故$X_{ij}-\mu_i$可视为随机误差,记$X_{ij}-\mu_i=\varepsilon_{ij}$,从而得到如下数学模型:

$$\begin{cases} X_{ij}=\mu_i+\varepsilon_{ij}, & i=1,2,\cdots,r;\ j=1,2,\cdots,n_i \\ \varepsilon_{ij}\sim N(0,\sigma^2), & \text{各个 } \varepsilon_{ij} \text{ 相互独立}, \mu_i \text{ 和 } \sigma^2 \text{ 未知} \end{cases}. \tag{1.1}$$

方差分析的任务如下：

(1) 检验该模型中r个总体$N(\mu_i,\sigma^2)$ $(i=1,2,\cdots,r)$的均值是否相等.

(2) 作出未知参数$\mu_1,\mu_2,\cdots,\mu_r,\sigma^2$的估计.

为了更仔细地描述数据，常在方差分析中引入总平均和效应的概念．称各均值的加权平均

$$\mu=\frac{1}{n}\sum_{i=1}^{r}n_i\mu_i$$

为**总平均**．再引入

$$\delta_i=\mu_i-\mu,\ i=1,2,\cdots,r,$$

δ_i 表示在水平 A_i 下总体的均值 μ_i 与总平均 μ 的差异，称其为**因素 A 的第 i 个水平 A_i 的效应**．易见，效应间有如下关系式

$$\sum_{i=1}^{r}n_i\delta_i=\sum_{i=1}^{r}n_i(\mu_i-\mu)=0,$$

利用上述记号，前述数学模型可改写为

$$\begin{cases} X_{ij}=\mu+\delta_i+\varepsilon_{ij}, & i=1,2,\cdots,r;\ j=1,2,\cdots,n_i \\ \sum_{i=1}^{r}n_i\delta_i=0 & \\ \varepsilon_{ij}\sim N(0,\sigma^2), & \text{各个 } \varepsilon_{ij} \text{ 相互独立}, \mu_i \text{ 和 } \sigma^2 \text{ 未知} \end{cases}, \tag{1.2}$$

而前述假设则等价于：

$$H_0:\delta_1=\delta_2=\cdots=\delta_r=0,$$
$$H_1:\delta_1,\delta_2,\cdots,\delta_r \text{ 不全为零}.$$

三、偏差平方和及其分解

为了使各 X_{ij} 之间的差异能定量表示出来，我们先引入如下记号：

记在水平A_i下的数据和为$X_{i\cdot}=\sum_{j=1}^{n_i}X_{ij}$，其样本均值为$\overline{X}_{i\cdot}=\frac{1}{n_i}\sum_{j=1}^{n_i}X_{ij}$，因素$A$下的所有水平的样本总均值为

$$\overline{X}=\frac{1}{n}\sum_{i=1}^{r}\sum_{j=1}^{n_i}X_{ij}=\frac{1}{n}\sum_{i=1}^{r}n_i\overline{X}_{i\cdot}.$$

为了通过分析对比产生样本 X_{ij} $(i=1,2,\cdots,r;\ j=1,2,\cdots,n_i)$ 之间差异性的原因，从而确定因素 A 的影响是否显著，我们引入偏差平方和

$$S_T=\sum_{i=1}^{r}\sum_{j=1}^{n_i}(X_{ij}-\overline{X})^2 \tag{1.3}$$

来度量各个体间的差异程度，S_T 能反映全部试验数据之间的差异，又称为**总偏差平方和**.

如果H_0成立，则r个总体间无显著差异，也就是说因素A对指标没有显著影响，所有的 X_{ij} 可以认为来自同一个总体 $N(\mu,\sigma^2)$，各个 X_{ij} 间的差异只是由随机因素引起的．若 H_0 不成立，则在总偏差中，除随机因素引起的差异外，还包括由因素A的不同水平的作用而产生的差异．如果不同水平作用产生的差异比随机因素引起的差异大得多，就可认为因素A对指标有显著影响，否则，认为无显著影响．为此，可将总偏差中的这两种差异分开，然后进行比较．

记

$$S_T=S_A+S_E, \tag{1.4}$$

其中

$$S_A=\sum_{i=1}^{r}n_i(\overline{X}_{i\cdot}-\overline{X})^2,\quad S_E=\sum_{i=1}^{r}\sum_{j=1}^{n_i}(X_{ij}-\overline{X}_{i\cdot})^2. \tag{1.5}$$

S_A反映每个水平下的样本均值与样本总均值的差异，它是由因素A取不同水平引起的，称为**组间(偏差)平方和**，也称为**因素A的偏差平方和**.

S_E 表示在水平 A_i 下样本值与该水平下的样本均值之间的差异，它是由随机误差引起的，称为**组内(偏差)平方和**，也称为**误差(偏差)平方和**.

等式 $S_T=S_A+S_E$ 称为**平方和分解式**．事实上，

$$\begin{aligned}S_T&=\sum_{i=1}^{r}\sum_{j=1}^{n_i}(X_{ij}-\overline{X})^2=\sum_{i=1}^{r}\sum_{j=1}^{n_i}[(X_{ij}-\overline{X}_{i\cdot})+(\overline{X}_{i\cdot}-\overline{X})]^2\\&=\sum_{i=1}^{r}\sum_{j=1}^{n_i}(X_{ij}-\overline{X}_{i\cdot})^2+2\sum_{i=1}^{r}\sum_{j=1}^{n_i}(X_{ij}-\overline{X}_{i\cdot})(\overline{X}_{i\cdot}-\overline{X})+\sum_{i=1}^{r}n_i(\overline{X}_{i\cdot}-\overline{X})^2,\end{aligned}$$

根据 $\overline{X}_{i\cdot}$ 和 $\overline{X}$ 的定义知

$$\sum_{i=1}^{r}\sum_{j=1}^{n_i}(X_{ij}-\overline{X}_{i\cdot})(\overline{X}_{i\cdot}-\overline{X})=0,$$

所以

$$S_T=\sum_{i=1}^{r}\sum_{j=1}^{n_i}(X_{ij}-\overline{X}_{i\cdot})^2+\sum_{i=1}^{r}n_i(\overline{X}_{i\cdot}-\overline{X})^2=S_E+S_A.$$

四、S_E 与 S_A 的统计特性

如果 H_0 成立，则所有的 X_{ij} 都服从正态分布 $N(\mu,\sigma^2)$，且相互独立，由§7.3的定理可以证明:

(1) $S_T/\sigma^2\sim\chi^2(n-1)$;

(2) $S_E/\sigma^2\sim\chi^2(n-r)$，且$E(S_E)=(n-r)\sigma^2$，所以 $S_E/(n-r)$ 为σ^2的无偏估计;

(3) $S_A/\sigma^2 \sim \chi^2(r-1)$, 且$E(S_A)=(r-1)\sigma^2$, 因此, $S_A/(r-1)$为σ^2的无偏估计;

(4) S_E 与 S_A 相互独立.

五、检验方法

如果组间差异比组内差异大得多, 即说明因素的各水平间有显著差异, r个总体不能认为是同一个正态总体, 应认为H_0不成立, 此时, 比值 $\dfrac{(n-r)S_A}{(r-1)S_E}$ 有偏大的趋势. 为此, 选用统计量

$$F=\frac{S_A/(r-1)}{S_E/(n-r)}=\frac{(n-r)S_A}{(r-1)S_E};$$

在 H_0 为真时, 有

$$F=\frac{(n-r)S_A}{(r-1)S_E}\sim F(r-1,n-r). \tag{1.6}$$

对给定的显著性水平α, 查 $F_\alpha(r-1,n-r)$ 的值, 由样本观察值计算 S_E, S_A, 进而计算出统计量 F 的观察值. 由于H_0 为不真时, S_A 值偏大, 导致 F 值偏大. 因此,

(1) 当 $F>F_\alpha(r-1,n-r)$ 时, 拒绝 H_0, 表示因素 A 的各水平下的效应有显著差异;

(2) 当 $F<F_\alpha(r-1,n-r)$ 时, 接受H_0, 表示没有理由认为因素A的各水平下的效应有显著差异.

实际计算中, 往往直接利用公式与原始数据的关系式来计算, 即

$$S_T=\sum_{i=1}^{r}\sum_{j=1}^{n_i}x_{ij}^2-\frac{1}{n}\left(\sum_{i=1}^{r}\sum_{j=1}^{n_i}x_{ij}\right)^2,\ S_A=\sum_{i=1}^{r}\left[\frac{1}{n_i}\left(\sum_{j=1}^{n_i}x_{ij}\right)^2\right]-\frac{1}{n}\left(\sum_{i=1}^{r}\sum_{j=1}^{n_i}x_{ij}\right)^2,$$

$$S_E=\sum_{i=1}^{r}\sum_{j=1}^{n_i}x_{ij}^2-\sum_{i=1}^{r}\left(\frac{1}{n_i}(\sum_{j=1}^{n_i}x_{ij})^2\right) \text{ 或 } S_E=S_T-S_A, \text{ 其中 } n=n_1+\cdots+n_r.$$

为表达的方便和直观, 将上面的分析过程和结果制成一张表格(见表10–1–3), 称这张表为**单因素方差分析表**.

表 10–1–3　　　　单因素方差分析表

方差来源	平方和	自由度	均方和	F 值
因素 A	S_A	$r-1$	$MS_A=\dfrac{S_A}{r-1}$	$F=\dfrac{MS_A}{MS_E}$
误差 E	S_E	$n-r$	$MS_E=\dfrac{S_E}{n-r}$	
总和 T	S_T	$n-1$		

例3 在例1中，检验假设（$\alpha=0.05$）

$$H_0: \mu_1=\mu_2=\mu_3,\quad H_1: \mu_1, \mu_2, \mu_3 \text{ 不全相等}.$$

解 这里 $r=3$, $n_1=n_2=n_3=5$, $n=15$, 所以

计算实验

$$S_T=\sum_{i=1}^{r}\sum_{j=1}^{n_i}x_{ij}^2-\frac{1}{n}\left(\sum_{i=1}^{r}\sum_{j=1}^{n_i}x_{ij}\right)^2$$

$$=0.963\,912-\frac{1}{15}\times 3.8^2\approx 0.001\,245\,33,$$

$$S_E=\sum_{i=1}^{r}\sum_{j=1}^{n_i}x_{ij}^2-\sum_{i=1}^{r}\left(\frac{1}{n_i}(\sum_{j=1}^{n_i}x_{ij})^2\right)=0.963\,912-0.963\,72=0.000\,192,$$

$$S_A=\sum_{i=1}^{r}\left[\frac{1}{n_i}\left(\sum_{j=1}^{n_i}x_{ij}\right)^2\right]-\frac{1}{n}\left(\sum_{i=1}^{r}\sum_{j=1}^{n_i}x_{ij}\right)^2=0.963\,72-\frac{1}{15}\times 3.8^2\approx 0.001\,053\,3.$$

S_T, S_A, S_E 的自由度依次为 $n-1=14$, $r-1=2$, $n-r=12$, 得方差分析表，如表10−1−4所示：

表 10−1−4　方差分析表

方差来源	平方和	自由度	均方和	F 值
因素 A	0.001 053 33	2	0.000 526 67	32.92
误差 E	0.000 192	12	0.000 016	
总和 T	0.001 245 33	14		

F 分布查表

因 $F_{0.05}(2,12)=3.89<32.92$, 故在 0.05 的显著性水平下拒绝 H_0，认为各台机器生产的薄板厚度有显著的差异. ■

例4 在例2中，检验假设（$\alpha=0.05$）

$$H_0: \mu_1=\mu_2=\mu_3=\mu_4,\quad H_1: \mu_1, \mu_2, \mu_3, \mu_4 \text{ 不全相等}.$$

解 这里 $r=4$, $n_1=n_4=2$, $n_2=n_3=3$, $n=10$, 所以

计算实验

$$S_T=\sum_{i=1}^{r}\sum_{j=1}^{n_i}x_{ij}^2-\frac{1}{n}\left(\sum_{i=1}^{r}\sum_{j=1}^{n_i}x_{ij}\right)^2=3\,544-\frac{1}{10}\times 180^2=304,$$

$$S_E=\sum_{i=1}^{r}\sum_{j=1}^{n_i}x_{ij}^2-\sum_{i=1}^{r}\left(\frac{1}{n_i}(\sum_{j=1}^{n_i}x_{ij})^2\right)=3\,544-3\,498=46,$$

$$S_A=\sum_{i=1}^{r}\left[\frac{1}{n_i}\left(\sum_{j=1}^{n_i}x_{ij}\right)^2\right]-\frac{1}{n}\left(\sum_{i=1}^{r}\sum_{j=1}^{n_i}x_{ij}\right)^2=3\,498-\frac{1}{10}\times 180^2=258.$$

S_T, S_A, S_E 的自由度依次为 $n-1=9$, $r-1=3$, $n-r=6$, 得方差分析表，如表10−1−5所示：

表 10－1－5　　方差分析表

方差来源	平方和	自由度	均方和	F 值
因素 A	258	3	86	11.22
误差 E	46	6	7.67	
总和 T	304	9		

因 $F_{0.05}(3,6)=4.76<11.22$，故在 0.05 的显著性水平下拒绝 H_0，即认为四种包装的销售量有显著差异. 这说明不同包装受欢迎的程度不同. ■

***数学实验**

实验 10.1 某公司想做一个关于缩短排队等候时间的项目，以分析排队人数与每周 7 天之间是否有显著差异. 他们收集了近半年每天排队人数的历史数据：

星期一: 55, 180, 168, 172, 177, 163, 229, 228, 164, 196, 172, 187, 175, 60, 182, 172, 161, 132, 147, 56, 208, 162

星期二: 62, 175, 130, 202, 176, 170, 179, 172, 180, 163, 168, 163, 171, 43, 158, 143, 145, 140, 88, 59, 176

星期三: 133, 41, 160, 134, 160, 111, 155, 184, 151, 144, 135, 156, 162, 157, 148, 126, 133, 111, 112, 36, 153, 155

星期四: 141, 71, 127, 141, 124, 136, 144, 145, 150, 161, 145, 142, 168, 145, 163, 172, 153, 141, 115, 22, 174, 119

星期五: 174, 92, 152, 170, 150, 172, 169, 168, 178, 163, 136, 138, 141, 182, 169, 145, 138, 119, 140, 62, 175, 147

星期六: 131, 61, 77, 89, 71, 66, 79, 70, 76, 84, 71, 76, 87, 181, 81, 68, 62, 54, 115, 43, 66, 74

星期日: 135, 42, 43, 48, 58, 53, 67, 43, 47, 43, 47, 42, 41, 47, 52, 46, 58, 30, 112, 30, 47, 47

试问星期一到星期日平均排队人数是否有差异？星期一到星期五呢？(详见教材配套的网络学习空间.)

习题 10-1

1. 粮食加工厂试验 5 种贮藏方法，检验它们对粮食含水率是否有显著影响. 在贮藏前这些粮食的含水率几乎没有差别，贮藏后含水率如下表所示. 问不同的贮藏方法对含水率的影响是否有明显差异 ($\alpha=0.05$)？

含水率 (%)		试验批号 1	2	3	4	5
因素 A（贮藏方法）	A_1	7.3	8.3	7.6	8.4	8.3
	A_2	5.4	7.4	7.1		
	A_3	8.1	6.4			
	A_4	7.9	9.5	10.0		
	A_5	7.1				

2. 有某型号的电池三批，它们分别是 A、B、C 三个工厂生产的，为评比其质量，各随机抽取 5 只电池为样品，经试验得其寿命形式如右表所示．试在显著性水平 0.05 下检验电池的平均寿命有无显著差异．若差异显著，试求均值差 $\mu_A-\mu_B$，$\mu_A-\mu_C$ 及 $\mu_B-\mu_C$ 的置信度为95%的置信区间，设各工厂生产的电池的寿命服从同方差的正态分布．

A	B	C
40	26	39
48	34	40
38	30	43
42	28	50
45	32	50

3. 一个年级有三个小班，他们进行了一次数学考试．现从各个班级随机地抽取了一些学生，所记录成绩如下表所示．

班级	I	73	66	89	60	82	45	43	93	80	36	73	77			
	II	88	77	78	31	48	78	91	62	51	76	85	96	74	80	56
	III	68	41	79	59	56	68	91	53	71	79	71	15	87		

试在显著性水平 0.05 下检验各班级的平均分数有无显著差异．设各个总体服从正态分布，且方差相等．

§10.2　一元线性回归

在客观世界中，普遍存在着变量之间的关系．数学的一个重要作用就是从数量上来揭示、表达和分析这些关系．而变量之间的关系，一般可分为确定的和非确定的两类．确定性关系可用函数关系表示，而非确定性关系则不然．

例如，人的身高和体重的关系、人的血压和年龄的关系、某产品的广告投入与销售额的关系等，它们之间是有关联的，但是它们之间的关系又不能用普通函数来表示．我们称这类非确定性关系为**相关关系**．具有相关关系的变量虽然不具有确定的函数关系，但是可以借助于函数关系来表示它们之间的统计规律，这种近似地表示它们之间的相关关系的函数被称为**回归函数**．回归分析是研究两个或两个以上变量的相关关系的一种重要的统计方法．

在实际中，最简单的情形是由两个变量形成的关系．考虑用下列模型表示：

$$Y=f(x).$$

但是，由于两个变量之间不存在确定的函数关系，因此，必须把随机波动考虑进去，故引入模型如下：

$$Y=f(x)+\varepsilon,$$

其中 Y 是随机变量，x 是普通变量，ε 是随机变量（称为**随机误差**）．

回归分析 就是根据已得的试验结果以及以往的经验来建立统计模型，并研究变量间的相关关系，建立起变量之间关系的近似表达式，即 **经验公式**，并由此对相应的变量进行预测和控制等．

本节主要介绍一元线性回归模型的估计、检验以及相应的预测和控制等问题．

一、引例

为研究某国标准普通信件（重量不超过50克）的邮资与时间的关系，得到如下数据：

年份x	1978	1981	1984	1985	1987	1991	1995	1997	2001	2005	2008
价格y(单位:元)	0.06	0.08	0.10	0.13	0.15	0.20	0.22	0.25	0.29	0.32	0.33

为了研究这些数据所蕴藏的规律性，将年份 x_i 作为横坐标，价格 y_i 作为纵坐标，在 xOy 坐标系中作出散点图（见图10－2－1）.

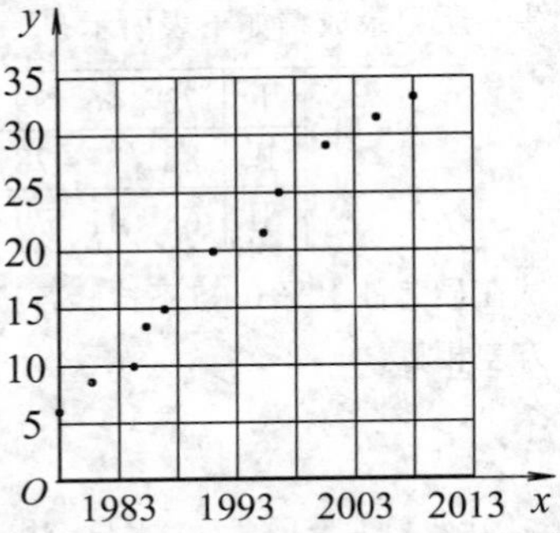

图 10－2－1

从图10－2－1中易见，虽然这些点是散乱的，但大体上散布在某一条直线附近，即信件的邮资与时间之间大致为线性关系，故信件的邮资与时间的数据可假设有如下的结构形式：

$$y_i=\beta_0+\beta_1 x_i+\varepsilon_i,\quad i=1,2,\cdots,11,$$

其中 ε_i 为近似误差，它反映了变量之间的不确定关系. ■

二、一元线性回归模型

一般地，当随机变量 Y 与普通变量 x 之间有线性关系时，可设

$$Y=\beta_0+\beta_1 x+\varepsilon, \tag{2.1}$$

$\varepsilon\sim N(0,\sigma^2)$，其中 β_0,β_1 为待定系数.

设 $(x_1,Y_1),(x_2,Y_2),\cdots,(x_n,Y_n)$ 是取自总体 (x,Y) 的一组样本，而 $(x_1,y_1),(x_2,y_2),\cdots,(x_n,y_n)$ 是该样本的观察值，在样本和它的观察值中的 $x_1,x_2,\cdots,x_n$ 是取定的不完全相同的数值，而样本中的 $Y_1,Y_2,\cdots,Y_n$ 在试验前为随机变量，在试验或观测后是具体的数值，一次抽样的结果可以取得 n 对数据 $(x_1,y_1),(x_2,y_2),\cdots,(x_n,y_n)$，则有

$$Y_i=\beta_0+\beta_1 x_i+\varepsilon_i,\quad i=1,2,\cdots,n, \tag{2.2}$$

其中 $\varepsilon_1,\varepsilon_2,\cdots,\varepsilon_n$ 相互独立. 在线性模型中，由假设知

$$Y\sim N(\beta_0+\beta_1 x,\ \sigma^2),\quad E(Y)=\beta_0+\beta_1 x, \tag{2.3}$$

回归分析就是根据样本观察值来求 β_0,β_1 的估计 $\hat\beta_0,\hat\beta_1$.

对于给定的 x 值，取

$$\hat Y=\hat\beta_0+\hat\beta_1 x \tag{2.4}$$

作为 $E(Y)=\beta_0+\beta_1 x$ 的估计，方程(2.4)称为 Y 关于 x 的**线性回归方程**或**经验公式**，其图形称为**回归直线**，$\hat\beta_1$ 称为**回归系数**.

三、最小二乘估计

给定样本的一组观察值 $(x_1, y_1), (x_2, y_2), \cdots, (x_n, y_n)$，对每个 x_i，由线性回归方程 (2.4) 都可以确定一回归值

$$\hat{y}_i = \hat{\beta}_0 + \hat{\beta}_1 x_i,$$

这个回归值 $\hat{y}_i$ 与实际观察值 y_i 之差

$$y_i - \hat{y}_i = y_i - \hat{\beta}_0 - \hat{\beta}_1 x_i$$

刻画了 y_i 与回归直线 $\hat{y} = \hat{\beta}_0 + \hat{\beta}_1 x$ 的偏离度. 一个自然的想法就是: 对所有 x_i，y_i 与 $\hat{y}_i$ 的偏离越小，则认为直线与所有试验点拟合得越好.

令
$$Q(\beta_0, \beta_1) = \sum_{i=1}^{n} (y_i - \beta_0 - \beta_1 x_i)^2,$$

上式表示所有观察值 y_i 与回归直线 $\hat{y}_i$ 的偏差平方和，它刻画了所有观察值与回归直线的偏离度. 所谓**最小二乘法**就是寻求 β_0 与 β_1 的估计 $\hat{\beta}_0, \hat{\beta}_1$，使

$$Q(\hat{\beta}_0, \hat{\beta}_1) = \min Q(\beta_0, \beta_1).$$

利用微分的方法，求 Q 关于 β_0, β_1 的偏导数，并令其为零，得

$$\begin{cases} \dfrac{\partial Q}{\partial \beta_0} = -2\sum\limits_{i=1}^{n} (y_i - \beta_0 - \beta_1 x_i) = 0 \\ \dfrac{\partial Q}{\partial \beta_1} = -2\sum\limits_{i=1}^{n} (y_i - \beta_0 - \beta_1 x_i) x_i = 0 \end{cases},$$

整理得

$$\begin{cases} n\beta_0 + \left(\sum\limits_{i=1}^{n} x_i\right)\beta_1 = \sum\limits_{i=1}^{n} y_i \\ \left(\sum\limits_{i=1}^{n} x_i\right)\beta_0 + \left(\sum\limits_{i=1}^{n} x_i^2\right)\beta_1 = \sum\limits_{i=1}^{n} x_i y_i \end{cases},$$

称此为**正规方程组**，解正规方程组得

$$\hat{\beta}_0 = \frac{\left(\sum\limits_{i=1}^{n} y_i\right)\left(\sum\limits_{i=1}^{n} x_i^2\right) - \left(\sum\limits_{i=1}^{n} x_i\right)\left(\sum\limits_{i=1}^{n} x_i y_i\right)}{n\left(\sum\limits_{i=1}^{n} x_i^2\right) - \left(\sum\limits_{i=1}^{n} x_i\right)^2}, \quad \hat{\beta}_1 = \frac{n\left(\sum\limits_{i=1}^{n} x_i y_i\right) - \left(\sum\limits_{i=1}^{n} x_i\right)\left(\sum\limits_{i=1}^{n} y_i\right)}{n\left(\sum\limits_{i=1}^{n} x_i^2\right) - \left(\sum\limits_{i=1}^{n} x_i\right)^2}. \tag{2.5}$$

若记 $\bar{x} = \dfrac{1}{n}\sum\limits_{i=1}^{n} x_i$，$\bar{y} = \dfrac{1}{n}\sum\limits_{i=1}^{n} y_i$，

$$L_{xy} = \sum_{i=1}^{n} (x_i - \bar{x})(y_i - \bar{y}) = \sum_{i=1}^{n} x_i y_i - n\overline{x}\overline{y}, \tag{2.6}$$

$$L_{xx}=\sum_{i=1}^{n}(x_i-\bar{x})^2=\sum_{i=1}^{n}x_i^2-n(\bar{x})^2, \tag{2.7}$$

则
$$\hat{\beta}_0=\bar{y}-\bar{x}\hat{\beta}_1,\quad \hat{\beta}_1=L_{xy}/L_{xx}. \tag{2.8}$$

式(2.5)或式(2.8)称为β_0, β_1的**最小二乘估计**，而

$$\hat{Y}=\hat{\beta}_0+\hat{\beta}_1 x$$

为Y关于x的一元经验回归方程.

例 1　求引例中信件的邮资关于时间的回归方程.

解　设起始年1978年为0, 并用x表示，用y(单位:分)表示相应年份的信件的邮资，得到下表:

x	0	3	6	7	9	13	17	19	23	27	30
y	6	8	10	13	15	20	22	25	29	32	33

利用上表的数据，作散点图(见图10－2－2).

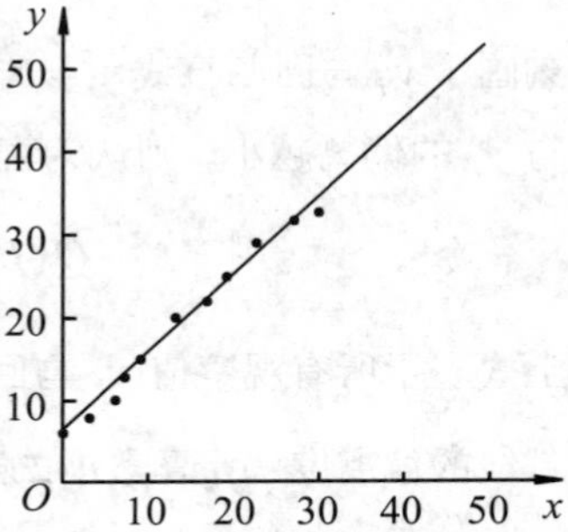

图 10－2－2

由该图可见，作一元线性回归较合适，根据所给数据计算如下:

$$\sum_{i=1}^{11}x_i=154,\qquad \sum_{i=1}^{11}y_i=213,$$

$$\sum_{i=1}^{11}x_i y_i=3\,940,\ \sum_{i=1}^{11}x_i^2=3\,152,$$

计算实验

于是

$$\hat{\beta}_0=\frac{\left(\sum_{i=1}^{11}y_i\right)\left(\sum_{i=1}^{11}x_i^2\right)-\left(\sum_{i=1}^{11}x_i\right)\left(\sum_{i=1}^{11}x_i y_i\right)}{11\left(\sum_{i=1}^{11}x_i^2\right)-\left(\sum_{i=1}^{11}x_i\right)^2}$$

$$=\frac{213\times 3\,152-154\times 3\,940}{11\times 3\,152-154^2}\approx 5.897\,8,$$

$$\hat{\beta}_1=\frac{11\left(\sum_{i=1}^{11}x_i y_i\right)-\left(\sum_{i=1}^{11}x_i\right)\left(\sum_{i=1}^{11}y_i\right)}{11\left(\sum_{i=1}^{11}x_i^2\right)-\left(\sum_{i=1}^{11}x_i\right)^2}$$

$$=\frac{11\times 3\,940-154\times 213}{11\times 3\,152-154^2}\approx 0.961\,8,$$

散点图与线性回归

所以得该国标准普通信件的邮资关于时间的回归直线方程为

$$\hat{y}=5.897\,8+0.961\,8x.$$

■

注：用户可利用数苑"统计图表工具"中的"散点图与线性回归"软件，通过微信扫码便捷地绘出散点图，并进一步求出相应的线性回归方程.

例 2　对某地区生产同一产品的8个不同规模的乡镇企业进行生产费用调查，得产量 x（万件）和生产费用 Y（万元）的数据如下：

x	1.5	2	3	4.5	7.5	9.1	10.5	12
y	5.6	6.6	7.2	7.8	10.1	10.8	13.5	16.5

试据此建立 Y 关于 x 的回归方程.

解　作散点图如图10-2-3所示. 由该图可见，作一元线性回归较合适. 根据所给数据计算如下：

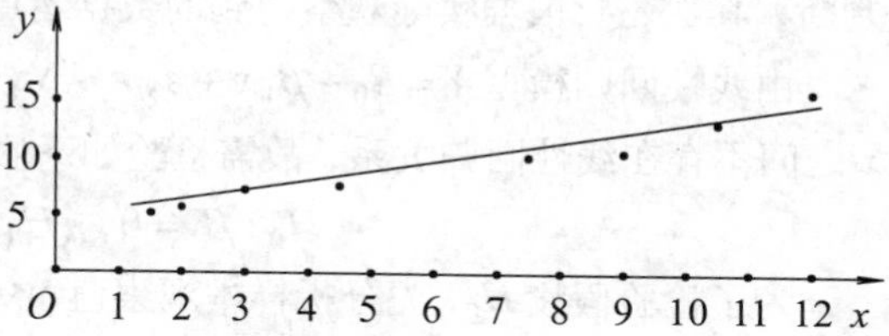

图 10-2-3

$$\sum_{i=1}^{8} x_i = 50.1,\qquad \sum_{i=1}^{8} y_i = 78.1,$$

$$\sum_{i=1}^{8} x_i^2 = 428.81,\quad \sum_{i=1}^{8} x_i y_i = 592.08,$$

于是

计算实验

$$\hat{\beta}_0 = \frac{\left(\sum_{i=1}^{8} y_i\right)\left(\sum_{i=1}^{8} x_i^2\right) - \left(\sum_{i=1}^{8} x_i\right)\left(\sum_{i=1}^{8} x_i y_i\right)}{8\left(\sum_{i=1}^{8} x_i^2\right) - \left(\sum_{i=1}^{8} x_i\right)^2}$$

$$= \frac{78.1\times 428.81 - 50.1\times 592.08}{8\times 428.81 - 50.1^2} \approx 4.157\,5,$$

$$\hat{\beta}_1 = \frac{8\left(\sum_{i=1}^{8} x_i y_i\right) - \left(\sum_{i=1}^{8} x_i\right)\left(\sum_{i=1}^{8} y_i\right)}{8\left(\sum_{i=1}^{8} x_i^2\right) - \left(\sum_{i=1}^{8} x_i\right)^2}$$

$$= \frac{8\times 592.08 - 50.1\times 78.1}{8\times 428.81 - 50.1^2} \approx 0.895\,0,$$

所以回归直线方程为 $\hat{y} = 4.157\,5 + 0.895\,0x$.　■

注：用户还可通过微信扫码打开软件并调入本例数据得出散点图与线性回归方程，对上述计算结果进行验算.

散点图与线性回归

四、最小二乘估计的性质

定理 1　若 $\hat{\beta}_0, \hat{\beta}_1$ 分别为 β_0, β_1 的最小二乘估计，则 $\hat{\beta}_0$，$\hat{\beta}_1$ 分别是 β_0, β_1 的无偏估计，且

$$\hat{\beta}_0 \sim N\left(\beta_0, \sigma^2\left(\frac{1}{n}+\frac{\overline{x}^2}{L_{xx}}\right)\right), \ \hat{\beta}_1 \sim N\left(\beta_1, \frac{\sigma^2}{L_{xx}}\right).$$

五、回归方程的假设检验

前面关于线性回归方程 $\hat{y}=\hat{\beta}_0+\hat{\beta}_1 x$ 的讨论是在线性假设

$$Y=\beta_0+\beta_1 x+\varepsilon, \quad \varepsilon \sim N(0, \sigma^2)$$

下进行的. 这个线性回归方程是否有实用价值，首先要根据有关专业知识和实践来判断，其次还要根据实际观察得到的数据运用假设检验的方法来判断.

由线性回归模型 $Y=\beta_0+\beta_1 x+\varepsilon, \varepsilon \sim N(0,\sigma^2)$ 可知，当 $\beta_1=0$ 时，就认为 Y 与 x 之间不存在线性回归关系，故需检验如下假设:

$$H_0: \beta_1=0, \ H_1: \beta_1 \neq 0.$$

为了检验假设 H_0, 先分析样本观察值 $y_1, y_2, \cdots, y_n$ 的差异，它可以用总的偏差平方和来度量，记为

$$S_{总}=\sum_{i=1}^{n}(y_i-\overline{y})^2.$$

由正规方程组，有

$$\begin{aligned} S_{总} &= \sum_{i=1}^{n}(y_i-\hat{y}_i+\hat{y}_i-\overline{y})^2=\sum_{i=1}^{n}(y_i-\hat{y})^2+2\sum_{i=1}^{n}(y_i-\hat{y}_i)(\hat{y}_i-\overline{y})+\sum_{i=1}^{n}(\hat{y}_i-\overline{y})^2 \\ &= \sum_{i=1}^{n}(y_i-\hat{y}_i)^2+\sum_{i=1}^{n}(\hat{y}_i-\overline{y})^2. \end{aligned}$$

令

$$S_{剩}=\sum_{i=1}^{n}(y_i-\hat{y}_i)^2, \quad S_{回}=\sum_{i=1}^{n}(\hat{y}_i-\overline{y})^2. \tag{2.9}$$

则有

$$S_{总}=S_{剩}+S_{回}. \tag{2.10}$$

上式称为**总偏差平方和分解公式**. $S_{回}$ 称为**回归平方和**(有时也记为U), 它是由普通变量x的变化引起的,它的大小(在与误差相比下)反映了普遍变量x的重要程度; $S_{剩}$ 称为**剩余平方和**(有时也记为Q), 它是由试验误差以及其他未加控制的因素引起的, 它的大小反映了试验误差及其他因素对试验结果的影响. $S_{回}$ 和 $S_{剩}$ 具有下面的性质:

定理2 在线性模型假设下, 当 H_0 成立时, $\hat{\beta}_1$ 与 $S_{剩}$ 相互独立, 且

$$S_{剩}/\sigma^2 \sim \chi^2(n-2), \ S_{回}/\sigma^2 \sim \chi^2(1).$$

对 H_0 的检验有多种方法, 我们仅介绍其中一种检验方法: ***F* 检验法**.

在介绍 F 检验法之前, 先给出公式与原始数据的关系式, 以方便实际计算, 即

$$S_{总}=\frac{1}{n}\left[n\sum_{i=1}^{n}y_i^2-\left(\sum_{i=1}^{n}y_i\right)^2\right] \doteq L_{yy}, \tag{2.11}$$

$$S_{回}=\frac{1}{n}\frac{\left[n\left(\sum_{i=1}^{n}x_i y_i\right)-\left(\sum_{i=1}^{n}x_i\right)\left(\sum_{i=1}^{n}y_i\right)\right]^2}{n\left(\sum_{i=1}^{n}x_i^2\right)-\left(\sum_{i=1}^{n}x_i\right)^2}, \tag{2.12}$$

$$S_{剩}=S_{总}-S_{回}$$

或
$$S_{剩}=\frac{1}{n}\left(\left[n\sum_{i=1}^{n}y_i^2-\left(\sum_{i=1}^{n}y_i\right)^2\right]-\frac{\left[n\left(\sum_{i=1}^{n}x_i y_i\right)-\left(\sum_{i=1}^{n}x_i\right)\left(\sum_{i=1}^{n}y_i\right)\right]^2}{n\left(\sum_{i=1}^{n}x_i^2\right)-\left(\sum_{i=1}^{n}x_i\right)^2}\right). \tag{2.13}$$

***F* 检验法**

由定理 2，当 H_0 为真时，取统计量

$$F=\frac{S_{回}}{S_{剩}/(n-2)}\sim F(1,n-2). \tag{2.14}$$

由给定的显著性水平α, 查表得$F_\alpha(1,n-2)$，根据试验数据 $(x_1,y_1),(x_2,y_2),\cdots,(x_n,y_n)$ 计算 F 的值 F_0. 当 $F_0>F_\alpha(1,n-2)$ 时，拒绝 H_0，即回归效果显著；当 $F\le F_\alpha(1,n-2)$ 时，接受 H_0，即没有理由认为回归效果显著.

例 3 以家庭为单位，某种商品年需求量与该商品价格之间的一组调查数据如下表所示：

价格 x (元)	2	2	2.3	2.5	2.6	2.8	3	3.3	3.5	5
需求量 y (kg)	3.5	3	2.7	2.4	2.5	2	1.5	1.2	1.2	1

(1) 求经验回归方程 $\hat{y}=\hat{\beta}_0+\hat{\beta}_1 x$；

(2) 试用 F 检验法检验线性关系的显著性 ($\alpha=0.05$).

解 根据题设数据，计算得

计算实验

$$\sum_{i=1}^{10}x_i=29,\qquad \sum_{i=1}^{10}y_i=21,\qquad \sum_{i=1}^{10}x_i^2=91.28,$$

$$\sum_{i=1}^{10}x_i y_i=54.97,\quad \sum_{i=1}^{10}y_i^2=50.68,$$

$$\hat{\beta}_0=\frac{\left(\sum_{i=1}^{10}y_i\right)\left(\sum_{i=1}^{10}x_i^2\right)-\left(\sum_{i=1}^{10}x_i\right)\left(\sum_{i=1}^{10}x_i y_i\right)}{10\left(\sum_{i=1}^{10}x_i^2\right)-\left(\sum_{i=1}^{10}x_i\right)^2}$$

$$=\frac{21\times 91.28-29\times 54.97}{10\times 91.28-29^2}\approx 4.495\,125,$$

$$\hat{\beta}_1=\frac{10\left(\sum_{i=1}^{10}x_iy_i\right)-\left(\sum_{i=1}^{10}x_i\right)\left(\sum_{i=1}^{10}y_i\right)}{10\left(\sum_{i=1}^{10}x_i^2\right)-\left(\sum_{i=1}^{10}x_i\right)^2}=\frac{10\times 54.97-29\times 21}{10\times 91.28-29^2}\approx -0.825\,905.$$

$$S_{总}=\frac{1}{10}\left[10\sum_{i=1}^{10}y_i^2-\left(\sum_{i=1}^{10}y_i\right)^2\right]=\frac{1}{10}(10\times 50.68-21^2)=6.58,$$

$$S_{回}=\frac{1}{10}\frac{\left[10\left(\sum_{i=1}^{10}x_iy_i\right)-\left(\sum_{i=1}^{10}x_i\right)\left(\sum_{i=1}^{10}y_i\right)\right]^2}{10\left(\sum_{i=1}^{10}x_i^2\right)-\left(\sum_{i=1}^{10}x_i\right)^2}=\frac{1}{10}\frac{(10\times 54.97-29\times 21)^2}{10\times 91.28-29^2}\approx 4.897\,618,$$

$$S_{剩}=S_{总}-S_{回}=6.58-4.897\,618=1.682\,382.$$

散点图与线性回归

于是有

(1) 经验线性回归方程为

$$\hat{y}=4.495\,1-0.825\,9x;$$

(2) $F_0=\dfrac{(n-2)S_{回}}{S_{剩}}\approx 23.288\,97$, 在 $\alpha=0.05$ 下, 查 F 分布表得

$$F_{0.05}(1,8)=5.32<F_0,$$

故回归方程是显著的. ■

F 分布查表

六、预测问题

在回归问题中，若回归方程经检验效果显著，这时回归值与实际值就拟合得较好，因而可以利用它对因变量 Y 的新观察值 y_0 进行点预测或区间预测.

对于给定的 x_0，由回归方程可得到回归值

$$\hat{y}_0=\hat{\beta}_0+\hat{\beta}_1x_0,$$

称 $\hat{y}_0$ 为 y 在 x_0 处的**预测值**. y 的观察值 y_0 与预测值 $\hat{y}_0$ 之差称为**预测误差**.

例如，在例 1 中回归方程为

$$\hat{y}=5.897\,8+0.961\,8x,$$

可以预测该国 2012 年的标准普通信件的邮资，对于 $x_0=34$，预测值为

$$\hat{y}_0=5.897\,8+0.961\,8\times 34\approx 39,$$

即该国 2012 年的标准普通信件的邮资约为 39 分.

在实际问题中，预测的真正意义就是在一定的显著性水平 α 下，寻找一个正数 $\delta(x_0)$，使得实际观察值 y_0 以 $1-\alpha$ 的概率落入区间 $(\hat{y}_0-\delta(x_0),\ \hat{y}_0+\delta(x_0))$ 内，即

$$P\{|Y_0-\hat{y}_0|<\delta(x_0)\}=1-\alpha.$$

由定理 1 知,

$$Y_0-\hat{y}_0 \sim N\left(0,\left[1+\frac{1}{n}+\frac{(x_0-\bar{x})^2}{L_{xx}}\right]\sigma^2\right),$$

记 $\hat{\sigma}=\sqrt{\dfrac{S_{剩}}{n-2}}$，则由定理 2 知

$$\frac{(n-2)\hat{\sigma}^2}{\sigma^2}\sim\chi^2(n-2),$$

又因 $Y_0-\hat{y}_0$ 与 $\hat{\sigma}^2$ 相互独立，所以

$$T=(Y_0-\hat{y}_0)\Bigg/\left[\hat{\sigma}\sqrt{1+\frac{1}{n}+\frac{(x_0-\bar{x})^2}{L_{xx}}}\right]\sim t(n-2),$$

故对于给定的显著性水平 α，求得

$$\delta(x_0)=t_{\alpha/2}(n-2)\hat{\sigma}\sqrt{1+\frac{1}{n}+\frac{(x_0-\bar{x})^2}{L_{xx}}},\tag{2.15}$$

故得 y_0 的置信度为 $1-\alpha$ 的**预测区间**为

$$(\hat{y}_0-\delta(x_0),\ \hat{y}_0+\delta(x_0)).\tag{2.16}$$

易见，y_0 的预测区间长度为 $2\delta(x_0)$, 对于给定的 α，x_0 越靠近样本均值 $\bar{x}$，$\delta(x_0)$ 越小，预测区间长度越小，效果越好. 当 n 很大，并且 x_0 较接近 $\bar{x}$ 时，有

$$\sqrt{1+\frac{1}{n}+\frac{(x_0-\bar{x})^2}{L_{xx}}}\approx 1,\quad t_{\alpha/2}(n-2)\approx u_{\alpha/2},$$

则预测区间近似为

$$(\hat{y}_0-u_{\alpha/2}\hat{\sigma},\ \hat{y}_0+u_{\alpha/2}\hat{\sigma}).\tag{2.17}$$

注: 预测区间的几何解释如图 10-2-4 所示，对任意 x，根据样本可以作出两条曲线：

$$y_1(x)=\hat{y}(x)-\delta(x),\ y_2(x)=\hat{y}(x)+\delta(x).$$

回归直线 $\hat{Y}=\hat{\beta}_0+\hat{\beta}_1x$ 夹在两条曲线中间，当 $x=\bar{x}$ 时，两条曲线形成的带形区域最窄.

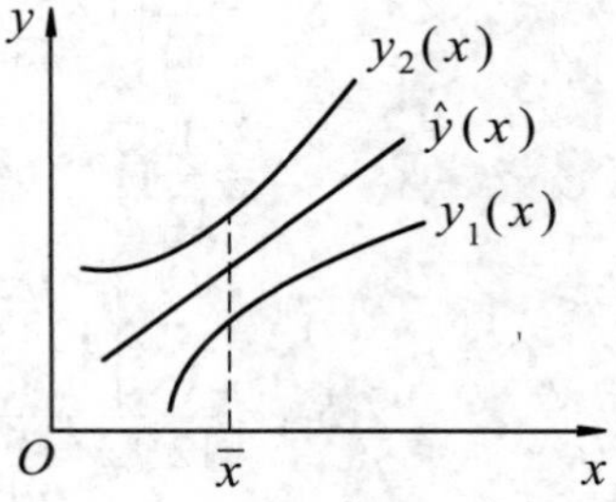

图 10-2-4

例 4　某建材实验室做陶粒混凝土实验时，考察每立方米混凝土的水泥用量(单位: 千克) 对混凝土抗压强度(单位: 千克/平方厘米) 的影响，测得下列数据.

水泥用量 x	150	160	170	180	190	200
抗压强度 y	56.9	58.3	61.6	64.6	68.1	71.3
水泥用量 x	210	220	230	240	250	260
抗压强度 y	74.1	77.4	80.2	82.6	86.4	89.7

(1) 求经验回归方程 $\hat{y}=\hat{\beta}_0+\hat{\beta}_1 x$；

(2) 检验一元线性回归的显著性 ($\alpha=0.05$)；

(3) 设 $x_0=225$，求 y 的预测值及置信度为 0.95 的预测区间.

解　根据题设数据，计算得

计算实验

$$\sum_{i=1}^{12} x_i=2\,460,\quad \sum_{i=1}^{12} x_i^2=518\,600,\quad \sum_{i=1}^{12} x_i y_i=182\,943,$$

$$\sum_{i=1}^{12} y_i=871.2,\quad \sum_{i=1}^{12} y_i^2=64\,572.94,$$

$$\hat{\beta}_0=\frac{\left(\sum\limits_{i=1}^{12} y_i\right)\left(\sum\limits_{i=1}^{12} x_i^2\right)-\left(\sum\limits_{i=1}^{12} x_i\right)\left(\sum\limits_{i=1}^{12} x_i y_i\right)}{12\left(\sum\limits_{i=1}^{12} x_i^2\right)-\left(\sum\limits_{i=1}^{12} x_i\right)^2}$$

$$=\frac{871.2\times 518\,600-2\,460\times 182\,943}{12\times 518\,600-2\,460^2}\approx 10.282\,9,$$

$$\hat{\beta}_1=\frac{12\left(\sum\limits_{i=1}^{12} x_i y_i\right)-\left(\sum\limits_{i=1}^{12} x_i\right)\left(\sum\limits_{i=1}^{12} y_i\right)}{12\left(\sum\limits_{i=1}^{12} x_i^2\right)-\left(\sum\limits_{i=1}^{12} x_i\right)^2}$$

$$=\frac{12\times 182\,943-2\,460\times 871.2}{12\times 518\,600-2\,460^2}\approx 0.304\,0.$$

$$S_{总}=\frac{1}{12}\left[12\sum_{i=1}^{12} y_i^2-\left(\sum_{i=1}^{12} y_i\right)^2\right]$$

$$=\frac{1}{12}(12\times 64\,572.94-871.2^2)=1\,323.82,$$

$$S_{回}=\frac{1}{12}\frac{\left[12\left(\sum\limits_{i=1}^{12} x_i y_i\right)-\left(\sum\limits_{i=1}^{12} x_i\right)\left(\sum\limits_{i=1}^{12} y_i\right)\right]^2}{12\left(\sum\limits_{i=1}^{12} x_i^2\right)-\left(\sum\limits_{i=1}^{12} x_i\right)^2}$$

$$=\frac{1}{12}\frac{(12\times 182\,943-2\,460\times 871.2)^2}{12\times 518\,600-2\,460^2}\approx 1\,321.427\,2,$$

$$S_{剩}=S_{总}-S_{回}=1\,323.82-1\,321.427\,2=2.392\,8.$$

于是

(1) 经验线性回归方程为

$$\hat{y}=10.282\,9+0.304\,0x.$$

散点图与线性回归

(2) $F_0=\dfrac{(n-2)S_{回}}{S_{剩}}=\dfrac{10\times 1\ 321.427\ 2}{2.392\ 8}\approx 5\ 522.514\ 2$，

在 $\alpha=0.05$ 下，查 F 分布表得 $F_{0.05}(1,10)=4.96<F_0$，故回归方程是显著的.

F 分布查表

(3) 依题意有，

$$\alpha=0.05,\quad \hat{y}(225)=10.282\ 9+0.304\ 0\times 225=78.682\ 9,$$

$$\delta(225)=t_{\alpha/2}(n-2)\cdot\hat{\sigma}\cdot\sqrt{1+\frac{1}{n}+\frac{(225-\bar{x})^2}{L_{xx}}}$$

$$=2.228\ 1\times\sqrt{\frac{2.392\ 8}{12-2}}\times\sqrt{1+\frac{1}{12}+\frac{(225-2\ 460/12)^2}{518\ 600-2\ 460^2/12}}$$

$$\approx 1.149\ 0,$$

t 分布查表

于是 $\hat{y}(225)$ 的置信度为95%的预测区间为

$$(78.682\ 9\pm 1.149\ 0),即(77.533\ 9,79.831\ 9).$$ ■

七、可化为一元线性回归的情形

前面讨论了一元线性回归问题，但在实际应用中，有时会遇到更复杂的回归问题，其中有些情形可通过适当的变量替换化为一元线性回归问题来处理.

例如，设有非线性关系

$$Y=\alpha e^{\beta x}+\varepsilon,\ \varepsilon 为随机误差, \tag{2.18}$$

其中 α,β,σ^2 是与 x 无关的未知参数.

在 $Y=\alpha e^{\beta x}+\varepsilon$ 两边取对数，得

$$\ln Y=\ln\alpha+\beta x+\varepsilon'\ \left(\varepsilon'=\ln\left(1+\frac{\varepsilon}{\alpha e^{\beta x}}\right)\right).$$

令 $Y'=\ln Y,\ \beta_0=\ln\alpha,\ \beta_1=\beta,\ x'=x$. 假定 $\varepsilon'\sim N(0,\sigma^2)$，则式(2.18)可转化为下列一元线性回归模型：

$$Y'=\beta_0+\beta_1 x'+\varepsilon',\ \varepsilon'\sim N(0,\sigma^2).$$

注：关于此类情况的更全面的介绍，请读者参考更高一级课程的教材.

*数学实验

实验10.2 伊春市是我国主要的木材工业基地之一. 1999年伊春林区木材采伐量为532万立方米. 按此速度44年之后，1999年的蓄积量将被采伐一空. 为缓解森林资源危机，除了做好木材的深加工外，还要充分利用木材剩余物生产林业产品，如纸浆、纸袋、纸板等. 因此，预测林区的年木材剩余物是安排木材剩余物加工生产的一个关键环节. 显然引起木材剩余物变化的关键因素是年木材采伐量. 下面给出伊春林区16个林业局1999年木材剩余物和年木材采伐量数据（见下表），试利用线性回归模型预测林区每年的木材剩余物（详见教材配套的网络学习空间）.

年木材剩余物 y 和年木材采伐量 x 的数据 (单位 : 万立方米)

林业局名	y	x	林业局名	y	x
乌伊岭	26.13	61.4	翠峦	11.69	32.7
东风	23.49	48.3	乌马河	6.80	17.0
新青	21.97	51.8	美溪	9.69	27.3
红星	11.53	35.9	大丰	7.99	21.5
五营	7.18	17.8	南岔	12.15	35.5
上甘岭	6.80	17.0	带岭	6.80	17.0
友好	18.43	55.0	朗乡	17.20	50.0
桃山	9.50	30.0	双丰	5.52	13.8

习题 10-2

1. 根据下表中的数据判断某商品的供给量 s 与价格 p 之间的回归函数类型，并求出 s 对 p 的回归方程 ($\alpha = 0.05$).

价格 p_i(元)	7	12	6	9	10	8	12	6	11	9	12	10
供给量 s_i(吨)	57	72	51	57	60	55	70	55	70	53	76	56

2. 随机抽取12个城市居民家庭关于收入与食品支出的样本，数据如下表所示. 试判断食品支出与家庭收入是否存在线性相关关系，求出食品支出与收入之间的回归直线方程($\alpha = 0.05$).

家庭收入 m_i	82	93	105	130	144	150	160	180	200	270	300	400
每月食品支出 y_i(元)	75	85	92	105	120	120	130	145	156	200	200	240

3. 有人认为，企业的利润水平和它的研究费用之间存在近似的线性关系，下表所列资料能否证实这种论断 ($\alpha = 0.05$)?

年份	1955	1956	1957	1958	1959	1960	1961	1962	1963	1964
研究费用(万元)	10	10	8	8	8	12	12	12	11	11
利润(万元)	100	150	200	180	250	300	280	310	320	300

4. 假设儿子的身高 (y) 与父亲的身高 (x) 符合一元正态线性回归模型，观察了10对英国父子的身高 (英寸)，所得结果如下表所示:

x	60	62	64	65	66	67	68	70	72	74
y	63.6	65.2	66	65.5	66.9	67.1	67.4	63.3	70.1	70

(1) 建立 y 关于 x 的回归方程;

(2) 对线性回归方程做假设检验(显著性水平取为0.05);

(3) 给出 $x_0 = 69$ 时，y_0 的置信度为95%的预测区间.

附表 常用分布表

附表1 常用的概率分布表

分布	参数	分布律或概率密度	数学期望	方差
0-1 分布	$0<p<1$	$P\{X=k\}=p^k(1-p)^{1-k},\quad k=0,1$	p	$p(1-p)$
二项分布	$n\geq 1,\ 0<p<1$	$P\{X=k\}=\binom{n}{k}p^k(1-p)^{n-k},\quad k=0,1,\cdots,n$	np	$np(1-p)$
泊松分布	$\lambda>0$	$P\{X=k\}=\dfrac{\lambda^k e^{-\lambda}}{k!},\quad k=0,1,\cdots$	λ	λ
均匀分布	$a<b$	$f(x)=\begin{cases}1/(b-a), & a<x<b\\ 0, & \text{其他}\end{cases}$	$\dfrac{a+b}{2}$	$\dfrac{(b-a)^2}{12}$
正态分布	$\mu,\sigma>0$	$f(x)=\dfrac{1}{\sqrt{2\pi}\sigma}e^{-\frac{(x-\mu)^2}{2\sigma^2}}$	μ	σ^2
指数分布	$\theta>0$	$f(x)=\begin{cases}\lambda e^{-\lambda x}, & x>0\\ 0, & \text{其他}\end{cases},\ \lambda>0$	$\dfrac{1}{\lambda}$	$\dfrac{1}{\lambda^2}$
χ^2分布	$n\geq 1$	$f(x)=\begin{cases}\dfrac{1}{2^{n/2}\Gamma(n/2)}x^{n/2-1}e^{-x/2}, & x>0\\ 0, & \text{其他}\end{cases}$	n	$2n$
t分布	$n\geq 1$	$f(x)=\dfrac{\Gamma\left(\dfrac{n+1}{2}\right)}{\sqrt{n\pi}\,\Gamma(n/2)}\left(1+\dfrac{x^2}{n}\right)^{-(n+1)/2}$	0	$\dfrac{n}{n-2},\ n>2$
F分布	n_1,n_2	$f(x)=\begin{cases}\dfrac{\Gamma[(n_1+n_2)/2]}{\Gamma(n_1/2)\Gamma(n_2/2)}\left(\dfrac{n_1}{n_2}\right)\left(\dfrac{n_1}{n_2}x\right)^{(n_1/2)-1}\cdot\left(1+\dfrac{n_1}{n_2}x\right)^{-(n_1+n_2)/2}, & x>0\\ 0, & \text{其他}\end{cases}$	$\dfrac{n_2}{n_2-2},\ n_2>2$	$\dfrac{2n_2^2(n_1+n_2-2)}{n_1(n_2-2)^2(n_2-4)},n_2>4$

附表 2　泊松分布概率值表

$$P\{X=m\}=\frac{\lambda^m}{m!}e^{-\lambda}$$

m \ λ	0.1	0.2	0.3	0.4	0.5	0.6	0.7	0.8
0	0.904837	0.818731	0.740818	0.670320	0.606531	0.548812	0.496585	0.449329
1	0.090484	0.163746	0.222245	0.268128	0.303265	0.329287	0.347610	0.359463
2	0.004524	0.016375	0.033337	0.053626	0.075816	0.098786	0.121663	0.143785
3	0.000151	0.001092	0.003334	0.007150	0.012636	0.019757	0.028388	0.038343
4	0.000004	0.000055	0.000250	0.000715	0.001580	0.002964	0.004968	0.007669
5		0.000002	0.000015	0.000057	0.000158	0.000356	0.000696	0.001227
6			0.000001	0.000004	0.000013	0.000036	0.000081	0.000164
7					0.000001	0.000003	0.000008	0.000019
8							0.000001	0.000002
9								
10								
11								
12								
13								
14								
15								
16								
17								

m \ λ	0.9	1.0	1.5	2.0	2.5	3.0	3.5	4.0
0	0.406570	0.367879	0.223130	0.135335	0.082085	0.049787	0.030197	0.018316
1	0.365913	0.367879	0.334695	0.270671	0.205212	0.149361	0.105691	0.073263
2	0.164661	0.183940	0.251021	0.270671	0.256516	0.224042	0.184959	0.146525
3	0.049398	0.061313	0.125511	0.180447	0.213763	0.224042	0.215785	0.195367
4	0.011115	0.015328	0.047067	0.090224	0.133602	0.168031	0.188812	0.195367
5	0.002001	0.003066	0.014120	0.036089	0.066801	0.100819	0.132169	0.156293
6	0.000300	0.000511	0.003530	0.012030	0.027834	0.050409	0.077098	0.104196
7	0.000039	0.000073	0.000756	0.003437	0.009941	0.021604	0.038549	0.059540
8	0.000004	0.000009	0.000142	0.000859	0.003106	0.008102	0.016865	0.029770
9		0.000001	0.000024	0.000191	0.000863	0.002701	0.006559	0.013231
10			0.000004	0.000038	0.000216	0.000810	0.002296	0.005292
11				0.000007	0.000049	0.000221	0.000730	0.001925
12				0.000001	0.000010	0.000055	0.000213	0.000642
13					0.000002	0.000013	0.000057	0.000197
14						0.000003	0.000014	0.000056
15						0.000001	0.000003	0.000015
16							0.000001	0.000004
17								0.000001

m \ λ	4.5	5.0	5.5	6.0	6.5	7.0	7.5	8.0
0	0.011109	0.006738	0.004087	0.002479	0.001503	0.000912	0.000553	0.000335
1	0.049990	0.033690	0.022477	0.014873	0.009772	0.006383	0.004148	0.002684
2	0.112479	0.084224	0.061812	0.044618	0.031760	0.022341	0.015555	0.010735
3	0.168718	0.140374	0.113323	0.089235	0.068814	0.052129	0.038889	0.028626
4	0.189808	0.175467	0.155819	0.133853	0.111822	0.091226	0.072916	0.057252
5	0.170827	0.175467	0.171401	0.160623	0.145369	0.127717	0.109375	0.091604
6	0.128120	0.146223	0.157117	0.160623	0.157483	0.149003	0.136718	0.122138
7	0.082363	0.104445	0.123449	0.137677	0.146234	0.149003	0.146484	0.139587
8	0.046329	0.065278	0.084871	0.103258	0.118815	0.130377	0.137329	0.139587
9	0.023165	0.036266	0.051866	0.068838	0.085811	0.101405	0.114440	0.124077
10	0.010424	0.018133	0.028526	0.041303	0.055777	0.070983	0.085830	0.099262
11	0.004264	0.008242	0.014263	0.022529	0.032959	0.045171	0.058521	0.072190
12	0.001599	0.003434	0.006537	0.011264	0.017853	0.026350	0.036575	0.048127
13	0.000554	0.001321	0.002766	0.005199	0.008926	0.014188	0.021101	0.029616
14	0.000178	0.000472	0.001087	0.002228	0.004144	0.007094	0.011304	0.016924
15	0.000053	0.000157	0.000398	0.000891	0.001796	0.003311	0.005652	0.009026
16	0.000015	0.000049	0.000137	0.000334	0.000730	0.001448	0.002649	0.004513
17	0.000004	0.000014	0.000044	0.000118	0.000279	0.000596	0.001169	0.002124
18	0.000001	0.000004	0.000014	0.000039	0.000101	0.000232	0.000487	0.000944
19		0.000001	0.000004	0.000012	0.000034	0.000085	0.000192	0.000397
20			0.000001	0.000004	0.000011	0.000030	0.000072	0.000159
21				0.000001	0.000003	0.000010	0.000026	0.000061
22					0.000001	0.000003	0.000009	0.000022
23						0.000001	0.000003	0.000008
24							0.000001	0.000003
25								0.000001
26								
27								
28								
29								

附表3　标准正态分布表

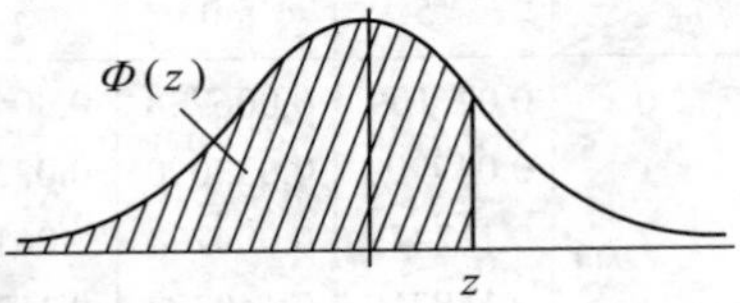

$$\Phi(z)=\int_{-\infty}^{z}\frac{1}{\sqrt{2\pi}}\mathrm{e}^{-u^2/2}\,\mathrm{d}u=P\{Z\le z\}$$

z	0	1	2	3	4	5	6	7	8	9
0.0	0.5000	0.5040	0.5080	0.5120	0.5160	0.5199	0.5239	0.5279	0.5319	0.5359
0.1	0.5398	0.5438	0.5478	0.5517	0.5557	0.5596	0.5636	0.5675	0.5714	0.5753
0.2	0.5793	0.5832	0.5871	0.5910	0.5948	0.5987	0.6026	0.6064	0.6103	0.6141
0.3	0.6179	0.6217	0.6255	0.6293	0.6331	0.6368	0.6406	0.6443	0.6480	0.6517
0.4	0.6554	0.6591	0.6628	0.6664	0.6700	0.6736	0.6772	0.6808	0.6844	0.6879
0.5	0.6915	0.6950	0.6985	0.7019	0.7054	0.7088	0.7123	0.7157	0.7190	0.7224
0.6	0.7257	0.7291	0.7324	0.7357	0.7389	0.7422	0.7454	0.7486	0.7517	0.7549
0.7	0.7580	0.7611	0.7642	0.7673	0.7704	0.7734	0.7764	0.7794	0.7823	0.7852
0.8	0.7881	0.7910	0.7939	0.7967	0.7995	0.8023	0.8051	0.8078	0.8106	0.8133
0.9	0.8159	0.8186	0.8212	0.8238	0.8264	0.8289	0.8315	0.8340	0.8365	0.8389
1.0	0.8413	0.8438	0.8461	0.8485	0.8508	0.8531	0.8554	0.8577	0.8599	0.8621
1.1	0.8643	0.8665	0.8686	0.8708	0.8729	0.8749	0.8770	0.8790	0.8810	0.8830
1.2	0.8849	0.8869	0.8888	0.8907	0.8925	0.8944	0.8962	0.8980	0.8997	0.9015
1.3	0.9032	0.9049	0.9066	0.9082	0.9099	0.9115	0.9131	0.9147	0.9162	0.9177
1.4	0.9192	0.9207	0.9222	0.9236	0.9251	0.9265	0.9279	0.9292	0.9306	0.9319
1.5	0.9332	0.9345	0.9357	0.9370	0.9382	0.9394	0.9406	0.9418	0.9429	0.9441
1.6	0.9452	0.9463	0.9474	0.9484	0.9495	0.9505	0.9515	0.9525	0.9535	0.9545
1.7	0.9554	0.9564	0.9573	0.9582	0.9591	0.9599	0.9608	0.9616	0.9625	0.9633
1.8	0.9641	0.9649	0.9656	0.9664	0.9671	0.9678	0.9686	0.9693	0.9699	0.9706
1.9	0.9713	0.9719	0.9726	0.9732	0.9738	0.9744	0.9750	0.9756	0.9761	0.9767
2.0	0.9772	0.9778	0.9783	0.9788	0.9793	0.9798	0.9803	0.9808	0.9812	0.9817
2.1	0.9821	0.9826	0.9830	0.9834	0.9838	0.9842	0.9846	0.9850	0.9854	0.9857
2.2	0.9861	0.9864	0.9868	0.9871	0.9875	0.9878	0.9881	0.9884	0.9887	0.9890
2.3	0.9893	0.9896	0.9898	0.9901	0.9904	0.9906	0.9909	0.9911	0.9913	0.9916
2.4	0.9918	0.9920	0.9922	0.9925	0.9927	0.9929	0.9931	0.9932	0.9934	0.9936
2.5	0.9938	0.9940	0.9941	0.9943	0.9945	0.9946	0.9948	0.9949	0.9951	0.9952
2.6	0.9953	0.9955	0.9956	0.9957	0.9959	0.9960	0.9961	0.9962	0.9963	0.9964
2.7	0.9965	0.9966	0.9967	0.9968	0.9969	0.9970	0.9971	0.9972	0.9973	0.9974
2.8	0.9974	0.9975	0.9976	0.9977	0.9977	0.9878	0.9979	0.9979	0.9980	0.9981
2.9	0.9981	0.9982	0.9982	0.9983	0.9984	0.9984	0.9985	0.9985	0.9986	0.9986
3.0	0.9987	0.9990	0.9993	0.9995	0.9997	0.9998	0.9998	0.9999	0.9999	1.0000

注：表中末行系函数值 $\Phi(3.0), \Phi(3.1), \cdots, \Phi(3.9)$.

附表4　t 分布表

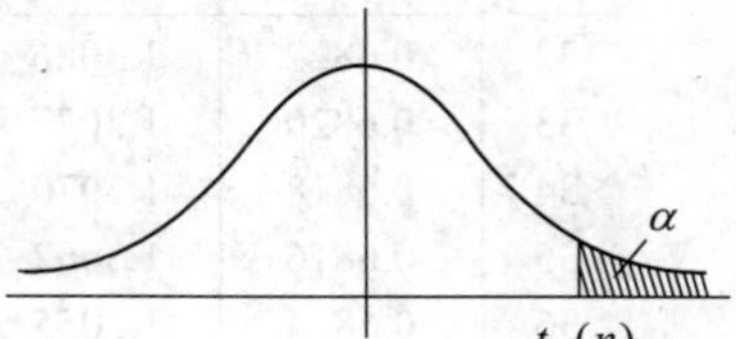

$P\{t(n)>t_\alpha(n)\}=\alpha$

n \ α	0.25	0.10	0.05	0.025	0.01	0.005
1	1.0000	3.0777	6.3138	12.7062	31.8205	63.6567
2	0.8165	1.8856	2.9200	4.3027	6.9646	9.9248
3	0.7649	1.6377	2.3534	3.1824	4.5407	5.8409
4	0.7407	1.5332	2.1318	2.7764	3.7469	4.6041
5	0.7267	1.4759	2.0150	2.5706	3.3649	4.0321
6	0.7176	1.4398	1.9432	2.4469	3.1427	3.7074
7	0.7111	1.4149	1.8946	2.3646	2.9980	3.4995
8	0.7064	1.3968	1.8595	2.3060	2.8965	3.3554
9	0.7027	1.3830	1.8331	2.2622	2.8214	3.2498
10	0.6998	1.3722	1.8125	2.2281	2.7638	3.1693
11	0.6974	1.3634	1.7959	2.2010	2.7181	3.1058
12	0.6955	1.3562	1.7823	2.1788	2.6810	3.0545
13	0.6938	1.3502	1.7709	2.1604	2.6503	3.0123
14	0.6924	1.3450	1.7613	2.1448	2.6245	2.9768
15	0.6912	1.3406	1.7531	2.1314	2.6025	2.9467
16	0.6901	1.3368	1.7459	2.1199	2.5835	2.9208
17	0.6892	1.3334	1.7396	2.1098	2.5669	2.8982
18	0.6884	1.3304	1.7341	2.1009	2.5524	2.8784
19	0.6876	1.3277	1.7291	2.0930	2.5395	2.8609
20	0.6870	1.3253	1.7247	2.0860	2.5280	2.8453
21	0.6864	1.3232	1.7207	2.0796	2.5176	2.8314
22	0.6858	1.3212	1.7171	2.0739	2.5083	2.8188
23	0.6853	1.3195	1.7139	2.0687	2.4999	2.8073
24	0.6848	1.3178	1.7109	2.0639	2.4922	2.7969
25	0.6844	1.3163	1.7081	2.0595	2.4851	2.7874
26	0.6840	1.3150	1.7056	2.0555	2.4786	2.7787
27	0.6837	1.3137	1.7033	2.0516	2.4727	2.7707
28	0.6834	1.3125	1.7011	2.0484	2.4671	2.7633
29	0.6830	1.3114	1.6991	2.0452	2.4620	2.7564
30	0.6828	1.3104	1.6973	2.0423	2.4573	2.7500
31	0.6825	1.3095	1.6955	2.0395	2.4528	2.7440

续前表

n \ α	0.25	0.10	0.05	0.025	0.01	0.005
32	0.6822	1.3086	1.6939	2.0369	2.4487	2.7385
33	0.6820	1.3077	1.6924	2.0345	2.4448	2.7333
34	0.6818	1.3070	1.6909	2.0322	2.4411	2.7284
35	0.6816	1.3062	1.6896	2.0301	2.4377	2.7238
36	0.6814	1.3055	1.6883	2.0281	2.4345	2.7195
37	0.6812	1.3049	1.6871	2.0262	2.4314	2.7154
38	0.6810	1.3042	1.6860	2.0244	2.4286	2.7116
39	0.6808	1.3036	1.6849	2.0227	2.4258	2.7079
40	0.6807	1.3031	1.6839	2.0211	2.4233	2.7045
41	0.6805	1.3025	1.6829	2.0195	2.4208	2.7012
42	0.6804	1.3020	1.6820	2.0181	2.4185	2.6981
43	0.6802	1.3016	1.6811	2.0167	2.4163	2.6951
44	0.6801	1.3011	1.6802	2.0154	2.4141	2.6923
45	0.6800	1.3006	1.6794	2.0141	2.4121	2.6896

附表5 χ^2 分布表

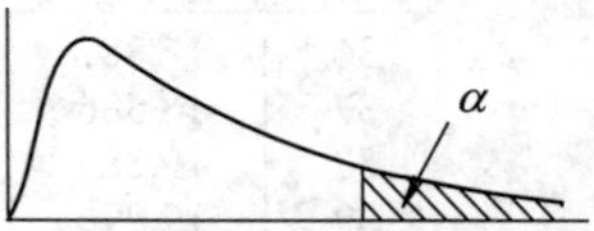

$P\{\chi^2(n) > \chi^2_\alpha(n)\} = \alpha$

n \ α	0.995	0.99	0.975	0.95	0.90	0.75
1	—	—	0.001	0.004	0.016	0.102
2	0.010	0.020	0.051	0.103	0.211	0.575
3	0.072	0.115	0.216	0.352	0.584	1.213
4	0.207	0.297	0.484	0.711	1.064	1.923
5	0.412	0.554	0.831	1.145	1.610	2.675
6	0.676	0.872	1.237	1.635	2.204	3.455
7	0.989	1.239	1.690	2.167	2.833	4.255
8	1.344	1.646	2.180	2.733	3.490	5.071
9	1.735	2.088	2.700	3.325	4.168	5.899
10	2.156	2.558	3.247	3.940	4.865	6.737
11	2.603	3.053	3.816	4.575	5.578	7.584
12	3.074	3.571	4.404	5.226	6.304	8.438
13	3.565	4.107	5.009	5.892	7.042	9.299
14	4.075	4.660	5.629	6.571	7.790	10.165
15	4.601	5.229	6.262	7.261	8.547	11.037
16	5.142	5.812	6.908	7.962	9.312	11.912
17	5.697	6.408	7.564	8.672	10.085	12.792
18	6.265	7.015	8.231	9.390	10.865	13.675
19	6.844	7.633	8.907	10.117	11.651	14.562
20	7.434	8.260	9.591	10.851	12.443	15.452
21	8.034	8.897	10.283	11.591	13.240	16.344
22	8.643	9.542	10.982	12.338	14.042	17.240
23	9.260	10.196	11.689	13.091	14.848	18.137
24	9.886	10.856	12.401	13.848	15.659	19.037
25	10.520	11.524	13.120	14.611	16.473	19.939
26	11.160	12.198	13.844	15.379	17.292	20.843
27	11.808	12.879	14.573	16.151	18.114	21.749
28	12.461	13.565	15.308	16.928	18.939	22.657
29	13.121	14.257	16.047	17.708	19.768	23.567
30	13.787	14.953	16.791	18.493	20.599	24.478
31	14.458	15.655	17.539	19.281	21.434	25.390
32	15.134	16.362	18.291	20.072	22.271	26.304
33	15.815	17.074	19.047	20.867	23.110	27.219
34	16.501	17.789	19.806	21.664	23.952	28.136
35	17.192	18.509	20.569	22.465	24.797	29.054

续前表

n \ α	0.995	0.99	0.975	0.95	0.90	0.75
36	17.887	19.233	21.336	23.269	25.643	29.973
37	18.586	19.960	22.106	24.075	26.492	30.893
38	19.289	20.691	22.878	24.884	27.343	31.815
39	19.996	21.426	23.654	25.695	28.196	32.737
40	20.707	22.164	24.433	26.509	29.051	33.660
41	21.421	22.906	25.215	27.326	29.907	34.585
42	22.138	23.650	25.999	28.144	30.765	35.510
43	22.859	24.398	26.785	28.965	31.625	36.430
44	23.584	25.148	27.575	29.787	32.487	37.363
45	24.311	25.901	28.366	30.612	33.350	38.291

n \ α	0.25	0.10	0.05	0.025	0.01	0.005
1	1.323	2.706	3.841	5.024	6.635	7.879
2	2.773	4.605	5.991	7.378	9.210	10.597
3	4.108	6.251	7.815	9.348	11.345	12.838
4	5.385	7.779	9.488	11.143	13.277	14.860
5	6.626	9.236	11.071	12.833	15.086	16.750
6	7.841	10.645	12.592	14.449	16.812	18.548
7	9.037	12.017	14.067	16.013	18.475	20.278
8	10.219	13.362	15.507	17.535	20.090	21.955
9	11.389	14.684	16.919	19.023	21.666	23.589
10	12.549	15.987	18.307	20.483	23.209	25.188
11	13.701	17.275	19.675	21.920	24.725	26.757
12	14.845	18.549	21.026	23.337	26.217	28.300
13	15.984	19.812	22.362	24.736	27.688	29.819
14	17.117	21.064	23.685	26.119	29.141	31.319
15	18.245	22.307	24.996	27.488	30.578	32.801
16	19.369	23.542	26.296	28.845	32.000	34.267
17	20.489	24.769	27.587	30.191	33.409	35.718
18	21.605	25.989	28.869	31.526	34.805	37.156
19	22.718	27.204	30.144	32.852	36.191	38.582
20	23.828	28.412	31.410	34.170	37.566	39.997
21	24.935	29.615	32.671	35.479	38.932	41.401
22	26.039	30.813	33.924	36.781	40.289	42.796
23	27.141	32.007	35.172	38.076	41.638	44.181
24	28.241	33.196	36.415	39.364	42.980	45.559
25	29.339	34.382	37.652	40.646	44.314	46.928
26	30.435	35.563	38.885	41.923	45.642	48.290
27	31.528	36.741	40.113	43.194	46.963	49.645
28	32.620	37.916	41.337	44.461	48.278	50.993
29	33.711	39.087	42.557	45.722	49.588	52.336
30	34.800	40.256	43.773	46.979	50.892	53.672

续前表

n \ α	0.25	0.10	0.05	0.025	0.01	0.005
31	35.887	41.422	44.985	48.232	52.191	55.003
32	36.973	42.585	46.194	49.480	53.486	56.328
33	38.058	43.745	47.400	50.725	54.776	57.648
34	39.141	44.903	48.602	51.966	56.061	58.964
35	40.223	46.059	49.802	53.203	57.342	60.275
36	41.304	47.212	50.998	54.437	58.619	61.581
37	42.383	48.363	52.192	55.668	59.892	62.883
38	43.462	49.513	53.384	56.896	61.162	64.181
39	44.539	50.660	54.572	58.120	62.428	65.476
40	45.616	51.805	55.758	59.342	63.691	66.766
41	46.692	52.949	56.942	60.561	64.950	68.053
42	47.766	54.090	58.124	61.777	66.206	69.336
43	48.840	55.230	59.304	62.990	67.459	70.616
44	49.913	56.369	60.481	64.201	68.710	71.893
45	50.985	57.505	61.656	65.410	69.957	73.166

附表 6　F 分布表

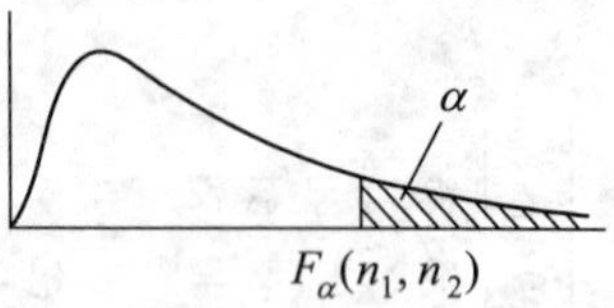

$$P\{F(n_1,n_2) > F_\alpha(n_1,n_2)\} = \alpha$$

$\alpha = 0.05$

n_2 \ n_1	1	2	3	4	5	6	7	8	9	10	12	15	20	24	30	40	60	120	∞
1	161.4	199.5	215.7	224.6	230.2	234.0	236.8	238.9	240.5	241.9	243.9	245.9	248.0	249.1	250.1	251.1	252.2	253.3	254.3
2	18.51	19.00	19.16	19.25	19.30	19.33	19.35	19.37	19.38	19.40	19.41	19.43	19.45	19.45	19.46	19.47	19.48	19.49	19.50
3	10.13	9.55	9.28	9.12	9.01	8.94	8.89	8.85	8.81	8.79	8.74	8.70	8.66	8.64	8.62	8.59	8.57	8.55	8.53
4	7.71	6.94	6.59	6.39	6.26	6.16	6.09	6.04	6.00	5.96	5.91	5.86	5.80	5.77	5.75	5.72	5.69	5.66	5.63
5	6.61	5.79	5.41	5.19	5.05	4.95	4.88	4.82	4.77	4.74	4.68	4.62	4.56	4.53	4.50	4.46	4.43	4.40	4.36
6	5.99	5.14	4.76	4.53	4.39	4.28	4.21	4.15	4.10	4.06	4.00	3.94	3.87	3.84	3.81	3.77	3.74	3.70	3.67
7	5.59	4.74	4.35	4.12	3.97	3.87	3.79	3.73	3.68	3.64	3.57	3.51	3.44	3.41	3.38	3.34	3.30	3.27	3.23
8	5.32	4.46	4.07	3.84	3.69	3.58	3.50	3.44	3.39	3.35	3.28	3.22	3.15	3.12	3.08	3.04	3.01	2.97	2.93
9	5.12	4.26	3.86	3.63	3.48	3.37	3.29	3.23	3.18	3.14	3.07	3.01	2.94	2.90	2.86	2.83	2.79	2.75	2.71
10	4.96	4.10	3.71	3.48	3.33	3.22	3.14	3.07	3.02	2.98	2.91	2.85	2.77	2.74	2.70	2.66	2.62	2.58	2.54
11	4.84	3.98	3.59	3.36	3.20	3.09	3.01	2.95	2.90	2.85	2.79	2.72	2.65	2.61	2.57	2.53	2.49	2.45	2.40
12	4.75	3.89	3.49	3.26	3.11	3.00	2.91	2.85	2.80	2.75	2.69	2.62	2.54	2.51	2.47	2.43	2.38	2.34	2.30
13	4.67	3.81	3.41	3.18	3.03	2.92	2.83	2.77	2.71	2.67	2.60	2.53	2.46	2.42	2.38	2.34	2.30	2.25	2.21
14	4.60	3.74	3.34	3.11	2.96	2.85	2.76	2.70	2.65	2.60	2.53	2.46	2.39	2.35	2.31	2.27	2.22	2.18	2.13
15	4.54	3.68	3.29	3.06	2.90	2.79	2.71	2.64	2.59	2.54	2.48	2.40	2.33	2.29	2.25	2.20	2.16	2.11	2.07
16	4.49	3.63	3.24	3.01	2.85	2.74	2.66	2.59	2.54	2.49	2.42	2.35	2.28	2.24	2.19	2.15	2.11	2.06	2.01
17	4.45	3.59	3.20	2.96	2.81	2.70	2.61	2.55	2.49	2.45	2.38	2.31	2.23	2.19	2.15	2.10	2.06	2.01	1.96
18	4.41	3.55	3.16	2.93	2.77	2.66	2.58	2.51	2.46	2.41	2.34	2.27	2.19	2.15	2.11	2.06	2.02	1.97	1.92
19	4.38	3.52	3.13	2.90	2.74	2.63	2.54	2.48	2.42	2.38	2.31	2.23	2.16	2.11	2.07	2.03	1.98	1.93	1.88
20	4.35	3.49	3.10	2.87	2.71	2.60	2.51	2.45	2.39	2.35	2.28	2.20	2.12	2.08	2.04	1.99	1.95	1.90	1.84

续前表

$\alpha=0.05$

n_2 \ n_1	1	2	3	4	5	6	7	8	9	10	12	15	20	24	30	40	60	120	∞
21	4.32	3.47	3.07	2.84	2.68	2.57	2.49	2.42	2.37	2.32	2.25	2.18	2.10	2.05	2.01	1.96	1.92	1.87	1.81
22	4.30	3.44	3.05	2.82	2.66	2.55	2.46	2.40	2.34	2.30	2.23	2.15	2.07	2.03	1.98	1.94	1.89	1.84	1.78
23	4.28	3.42	3.03	2.80	2.64	2.53	2.44	2.37	2.32	2.27	2.20	2.13	2.05	2.01	1.96	1.91	1.86	1.81	1.76
24	4.26	3.40	3.01	2.78	2.62	2.51	2.42	2.36	2.30	2.25	2.18	2.11	2.03	1.98	1.94	1.89	1.84	1.79	1.73
25	4.24	3.39	2.99	2.76	2.60	2.49	2.40	2.34	2.28	2.24	2.16	2.09	2.01	1.96	1.92	1.87	1.82	1.77	1.71
26	4.23	3.37	2.98	2.74	2.59	2.47	2.39	2.32	2.27	2.22	2.15	2.07	1.99	1.95	1.90	1.85	1.80	1.75	1.69
27	4.21	3.35	2.96	2.73	2.57	2.46	2.37	2.31	2.25	2.20	2.13	2.06	1.97	1.93	1.88	1.84	1.79	1.73	1.67
28	4.20	3.34	2.95	2.71	2.56	2.45	2.36	2.29	2.24	2.19	2.12	2.04	1.96	1.91	1.87	1.82	1.77	1.71	1.65
29	4.18	3.33	2.93	2.70	2.55	2.43	2.35	2.28	2.22	2.18	2.10	2.03	1.94	1.90	1.85	1.81	1.75	1.70	1.64
30	4.17	3.32	2.92	2.69	2.53	2.42	2.33	2.27	2.21	2.16	2.09	2.01	1.93	1.89	1.84	1.79	1.74	1.68	1.62
40	4.08	3.23	2.84	2.61	2.45	2.34	2.25	2.18	2.12	2.08	2.00	1.92	1.84	1.79	1.74	1.69	1.64	1.58	1.51
60	4.00	3.15	2.76	2.53	2.37	2.25	2.17	2.10	2.04	1.99	1.92	1.84	1.75	1.70	1.65	1.59	1.53	1.47	1.39
120	3.92	3.07	2.68	2.45	2.29	2.18	2.09	2.02	1.96	1.91	1.83	1.75	1.66	1.61	1.55	1.50	1.43	1.35	1.25
∞	3.84	3.00	2.60	2.37	2.21	2.10	2.01	1.94	1.88	1.83	1.75	1.67	1.57	1.52	1.46	1.39	1.32	1.22	1.00

$\alpha=0.025$

n_2 \ n_1	1	2	3	4	5	6	7	8	9	10	12	15	20	24	30	40	60	120	∞
1	647.8	799.5	864.2	899.6	921.8	937.1	948.2	956.7	963.3	968.6	976.7	984.9	993.1	997.2	1001	1006	1010	1014	1018
2	38.51	39.00	39.17	39.25	39.30	39.33	39.36	39.37	39.39	39.40	39.41	39.43	39.45	39.46	39.46	39.47	39.48	39.49	39.50
3	17.44	16.04	15.44	15.10	14.88	14.73	14.62	14.54	14.47	14.42	14.34	14.25	14.17	14.12	14.08	14.04	13.99	13.95	13.90
4	12.22	10.65	9.98	9.60	9.36	9.20	9.07	8.98	8.90	8.84	8.75	8.66	8.56	8.51	8.46	8.41	8.36	8.31	8.26
5	10.01	8.43	7.76	7.39	7.15	6.98	6.85	6.76	6.68	6.62	6.52	6.43	6.33	6.28	6.23	6.18	6.12	6.07	6.02
6	8.81	7.26	6.60	6.23	5.99	5.82	5.70	5.60	5.52	5.46	5.37	5.27	5.17	5.12	5.07	5.01	4.96	4.90	4.85
7	8.07	6.54	5.89	5.52	5.29	5.12	4.99	4.90	4.82	4.76	4.67	4.57	4.47	4.41	4.36	4.31	4.25	4.20	4.14
8	7.57	6.06	5.42	5.05	4.82	4.65	4.53	4.43	4.36	4.30	4.20	4.10	4.00	3.95	3.89	3.84	3.78	3.73	3.67
9	7.21	5.71	5.08	4.72	4.48	4.32	4.20	4.10	4.03	3.96	3.87	3.77	3.67	3.61	3.56	3.51	3.45	3.39	3.33
10	6.94	5.46	4.83	4.47	4.24	4.07	3.95	3.85	3.78	3.72	3.62	3.52	3.42	3.37	3.31	3.26	3.20	3.14	3.08
11	6.72	5.26	4.63	4.28	4.04	3.88	3.76	3.66	3.59	3.53	3.43	3.33	3.23	3.17	3.12	3.06	3.00	2.94	2.88
12	6.55	5.10	4.47	4.12	3.89	3.73	3.61	3.51	3.44	3.37	3.28	3.18	3.07	3.02	2.96	2.91	2.85	2.79	2.72
13	6.41	4.97	4.35	4.00	3.77	3.60	3.48	3.39	3.31	3.25	3.15	3.05	2.95	2.89	2.84	2.78	2.72	2.66	2.60

续前表

$\alpha = 0.025$

n_2 \ n_1	1	2	3	4	5	6	7	8	9	10	12	15	20	24	30	40	60	120	∞
14	6.30	4.86	4.24	3.89	3.66	3.50	3.38	3.29	3.21	3.15	3.05	2.95	2.84	2.79	2.73	2.67	2.61	2.55	2.49
15	6.20	4.77	4.15	3.80	3.58	3.41	3.29	3.20	3.12	3.06	2.96	2.86	2.76	2.70	2.64	2.59	2.52	2.46	2.40
16	6.12	4.69	4.08	3.73	3.50	3.34	3.22	3.12	3.05	2.99	2.89	2.79	2.68	2.63	2.57	2.51	2.45	2.38	2.32
17	6.04	4.62	4.01	3.66	3.44	3.28	3.16	3.06	2.98	2.92	2.82	2.72	2.62	2.56	2.50	2.44	2.38	2.32	2.25
18	5.98	4.56	3.95	3.61	3.38	3.22	3.10	3.01	2.93	2.87	2.77	2.67	2.56	2.50	2.44	2.38	2.32	2.26	2.19
19	5.92	4.51	3.90	3.56	3.33	3.17	3.05	2.96	2.88	2.82	2.72	2.62	2.51	2.45	2.39	2.33	2.27	2.20	2.13
20	5.87	4.46	3.86	3.51	3.29	3.13	3.01	2.91	2.84	2.77	2.68	2.57	2.46	2.41	2.35	2.29	2.22	2.16	2.09
21	5.83	4.42	3.82	3.48	3.25	3.09	2.97	2.87	2.80	2.73	2.64	2.53	2.42	2.37	2.31	2.25	2.18	2.11	2.04
22	5.79	4.38	3.78	3.44	3.22	3.05	2.93	2.84	2.76	2.70	2.60	2.50	2.39	2.33	2.27	2.21	2.14	2.08	2.00
23	5.75	4.35	3.75	3.41	3.18	3.02	2.90	2.81	2.73	2.67	2.57	2.47	2.36	2.30	2.24	2.18	2.11	2.04	1.97
24	5.72	4.32	3.72	3.38	3.15	2.99	2.87	2.78	2.70	2.64	2.54	2.44	2.33	2.27	2.21	2.15	2.08	2.01	1.94
25	5.69	4.29	3.69	3.35	3.13	2.97	2.85	2.75	2.68	2.61	2.51	2.41	2.30	2.24	2.18	2.12	2.05	1.98	1.91
26	5.66	4.27	3.67	3.33	3.10	2.94	2.82	2.73	2.65	2.59	2.49	2.39	2.28	2.22	2.16	2.09	2.03	1.95	1.88
27	5.63	4.24	3.65	3.31	3.08	2.92	2.80	2.71	2.63	2.57	2.47	2.36	2.25	2.19	2.13	2.07	2.00	1.93	1.85
28	5.61	4.22	3.63	3.29	3.06	2.90	2.78	2.69	2.61	2.55	2.45	2.34	2.23	2.17	2.11	2.05	1.98	1.91	1.83
29	5.59	4.20	3.61	3.27	3.04	2.88	2.76	2.67	2.59	2.53	2.43	2.32	2.21	2.15	2.09	2.03	1.96	1.89	1.81
30	5.57	4.18	3.59	3.25	3.03	2.87	2.75	2.65	2.57	2.51	2.41	2.31	2.20	2.14	2.07	2.01	1.94	1.87	1.79
40	5.42	4.05	3.46	3.13	2.90	2.74	2.62	2.53	2.45	2.39	2.29	2.18	2.07	2.01	1.94	1.88	1.80	1.72	1.64
60	5.29	3.93	3.34	3.01	2.79	2.63	2.51	2.41	2.33	2.27	2.17	2.06	1.94	1.88	1.82	1.74	1.67	1.58	1.48
120	5.15	3.80	3.23	2.89	2.67	2.52	2.39	2.30	2.22	2.16	2.05	1.94	1.82	1.76	1.69	1.61	1.53	1.43	1.31
∞	5.02	3.69	3.12	2.79	2.57	2.41	2.29	2.19	2.11	2.05	1.94	1.83	1.71	1.64	1.57	1.48	1.39	1.27	1.00

$\alpha = 0.01$

n_2 \ n_1	1	2	3	4	5	6	7	8	9	10	12	15	20	24	30	40	60	120	∞
1	4052	4999.5	5403	5625	5764	5859	5928	5981	6022	6056	6106	6157	6209	6235	6261	6287	6313	6339	6366
2	98.50	99.00	99.17	99.25	99.30	99.33	99.36	99.37	99.39	99.40	99.42	99.43	99.45	99.46	99.47	99.47	99.48	99.49	99.50
3	34.12	30.82	29.46	28.71	28.24	27.91	27.67	27.49	27.35	27.23	27.05	26.87	26.69	26.60	26.50	26.41	26.32	26.22	26.13
4	21.20	18.00	16.69	15.98	15.52	15.21	14.98	14.80	14.66	14.55	14.37	14.20	14.02	13.93	13.84	13.75	13.65	13.56	13.46
5	16.26	13.27	12.06	11.39	10.97	10.67	10.46	10.29	10.16	10.05	9.89	9.72	9.55	9.47	9.38	9.29	9.20	9.11	9.02

续前表

$\alpha = 0.01$

n_2 \ n_1	1	2	3	4	5	6	7	8	9	10	12	15	20	24	30	40	60	120	∞
6	13.75	10.92	9.78	9.15	8.75	8.47	8.26	8.10	7.98	7.87	7.72	7.56	7.40	7.31	7.23	7.14	7.06	6.97	6.88
7	12.25	9.55	8.45	7.85	7.46	7.19	6.99	6.84	6.72	6.62	6.47	6.31	6.16	6.07	5.99	5.91	5.82	5.74	5.65
8	11.26	8.65	7.59	7.01	6.63	6.37	6.18	6.03	5.91	5.81	5.67	5.52	5.36	5.28	5.20	5.12	5.03	4.95	4.86
9	10.56	8.02	6.99	6.42	6.06	5.80	5.61	5.47	5.35	5.26	5.11	4.96	4.81	4.73	4.65	4.57	4.48	4.40	4.31
10	10.04	7.56	6.55	5.99	5.64	5.39	5.20	5.06	4.94	4.85	4.71	4.56	4.41	4.33	4.25	4.17	4.08	4.00	3.91
11	9.65	7.21	6.22	5.67	5.32	5.07	4.89	4.74	4.63	4.54	4.40	4.25	4.10	4.02	3.94	3.86	3.78	3.69	3.60
12	9.33	6.93	5.95	5.41	5.06	4.82	4.64	4.50	4.39	4.30	4.16	4.01	3.86	3.78	3.70	3.62	3.54	3.45	3.36
13	9.07	6.70	5.74	5.21	4.86	4.62	4.44	4.30	4.19	4.10	3.96	3.82	3.66	3.59	3.51	3.43	3.34	3.25	3.17
14	8.86	6.51	5.56	5.04	4.69	4.46	4.28	4.14	4.03	3.94	3.80	3.66	3.51	3.43	3.35	3.27	3.18	3.09	3.00
15	8.68	6.36	5.42	4.89	4.56	4.32	4.14	4.00	3.89	3.80	3.67	3.52	3.37	3.29	3.21	3.13	3.05	2.96	2.87
16	8.53	6.23	5.29	4.77	4.44	4.20	4.03	3.89	3.78	3.69	3.55	3.41	3.26	3.18	3.10	3.02	2.93	2.84	2.75
17	8.40	6.11	5.18	4.67	4.34	4.10	3.93	3.79	3.68	3.59	3.46	3.31	3.16	3.08	3.00	2.92	2.83	2.75	2.65
18	8.29	6.01	5.09	4.58	4.25	4.01	3.84	3.71	3.60	3.51	3.37	3.23	3.08	3.00	2.92	2.84	2.75	2.66	2.57
19	8.18	5.93	5.01	4.50	4.17	3.94	3.77	3.63	3.52	3.43	3.30	3.15	3.00	2.92	2.84	2.76	2.67	2.58	2.49
20	8.10	5.85	4.94	4.43	4.10	3.87	3.70	3.56	3.46	3.37	3.23	3.09	2.94	2.86	2.78	2.69	2.61	2.52	2.42
21	8.02	5.78	4.87	4.37	4.04	3.81	3.64	3.51	3.40	3.31	3.17	3.03	2.88	2.80	2.72	2.64	2.55	2.46	2.36
22	7.95	5.72	4.82	4.31	3.99	3.76	3.59	3.45	3.35	3.26	3.12	2.98	2.83	2.75	2.67	2.58	2.50	2.40	2.31
23	7.88	5.66	4.76	4.26	3.94	3.71	3.54	3.41	3.30	3.21	3.07	2.93	2.78	2.70	2.62	2.54	2.45	2.35	2.26
24	7.82	5.61	4.72	4.22	3.90	3.67	3.50	3.36	3.26	3.17	3.03	2.89	2.74	2.66	2.58	2.49	2.40	2.31	2.21
25	7.77	5.57	4.68	4.18	3.85	3.63	3.46	3.32	3.22	3.13	2.99	2.85	2.70	2.62	2.54	2.45	2.36	2.27	2.17
26	7.72	5.53	4.64	4.14	3.82	3.59	3.42	3.29	3.18	3.09	2.96	2.81	2.66	2.58	2.50	2.42	2.33	2.23	2.13
27	7.68	5.49	4.60	4.11	3.78	3.56	3.39	3.26	3.15	3.06	2.93	2.78	2.63	2.55	2.47	2.38	2.29	2.20	2.10
28	7.64	5.45	4.57	4.07	3.75	3.53	3.36	3.23	3.12	3.03	2.90	2.75	2.60	2.52	2.44	2.35	2.26	2.17	2.06
29	7.60	5.42	4.54	4.04	3.73	3.50	3.33	3.20	3.09	3.00	2.87	2.73	2.57	2.49	2.41	2.33	2.23	2.14	2.03
30	7.56	5.39	4.51	4.02	3.70	3.47	3.30	3.17	3.07	2.98	2.84	2.70	2.55	2.47	2.39	2.30	2.21	2.11	2.01
40	7.31	5.18	4.31	3.83	3.51	3.29	3.12	2.99	2.89	2.80	2.66	2.52	2.37	2.29	2.20	2.11	2.02	1.92	1.80
60	7.08	4.98	4.13	3.65	3.34	3.12	2.95	2.82	2.72	2.63	2.50	2.35	2.20	2.12	2.03	1.94	1.84	1.73	1.60
120	6.85	4.79	3.95	3.48	3.17	2.96	2.79	2.66	2.56	2.47	2.34	2.19	2.03	1.95	1.86	1.76	1.66	1.53	1.38
∞	6.63	4.61	3.78	3.32	3.02	2.80	2.64	2.51	2.41	2.32	2.18	2.04	1.88	1.79	1.70	1.59	1.47	1.32	1.00

习题答案

第 1 章　答案

习题 1-1

1. (1) 1;　(2) 5;　(3) $ab(b-a)$.　2. (1) -48;　(2) 9;　(3) -5.　3. 0, 29.

4. $A_{23}=-\begin{vmatrix}5 & -3 & 1\\1 & 0 & 7\\0 & 3 & 2\end{vmatrix}$, $A_{33}=\begin{vmatrix}5 & -3 & 1\\0 & -2 & 0\\0 & 3 & 2\end{vmatrix}$.　5. -15.　7. (1) $a+b+d$;　(2) 0.

习题 1-2

1. (1) 6 123 000;　(2) 2 000;　(3) $4abcdef$;　(4) $abcd+ab+cd+ad+1$;

(5) 0;　(6) 8.

4. (1) -270;　(2) 160;　(3) 6.

5. (1) x^2y^2;　(2) $b^2(b^2-4a^2)$;　(3) $x^n+(-1)^{n+1}y^n$;　(4) $(-1)^n(n+1)a_1a_2\cdots a_n$.

习题 1-3

1. (1) $x=1,\ y=2,\ z=3$;　(2) $x=-a,\ y=b,\ z=c$.

2. (1) $x_1=1,\ x_2=2,\ x_3=3,\ x_4=-1$;　(2) $x_1=0,\ x_2=2,\ x_3=0,\ x_4=0$.

3. 方程组仅有零解.　4. 当 $\mu=0$ 或 $\lambda=1$ 时, 齐次线性方程组有非零解.

第 2 章　答案

习题 2-1

		B 策略 →	
A 策略 ↓	石头	剪子	布
石头	0	1	−1
剪子	−1	0	1
布	1	−1	0

$$\begin{pmatrix}0 & 1 & -1\\-1 & 0 & 1\\1 & -1 & 0\end{pmatrix}.$$

习题 2-2

1. (1) $\begin{pmatrix}-1 & 6 & 5\\-2 & -1 & 12\end{pmatrix}$;　(2) $\begin{pmatrix}-1 & 4\\0 & -2\end{pmatrix}$.

2. (1) $\begin{pmatrix}-1 & 3 & 1 & 5\\8 & 2 & 8 & 2\\3 & 7 & 9 & 13\end{pmatrix}$;　(2) $\begin{pmatrix}14 & 13 & 8 & 7\\-2 & 5 & -2 & 5\\2 & 1 & 6 & 5\end{pmatrix}$;　(3) $\begin{pmatrix}3 & 1 & 1 & -1\\-4 & 0 & -4 & 0\\-1 & -3 & -3 & -5\end{pmatrix}$.

3. (1) $\begin{pmatrix}35\\6\\49\end{pmatrix}$;　(2) $\begin{pmatrix}0 & 0 & 0\\0 & 0 & 0\\0 & 0 & 0\end{pmatrix}$;　(3) (10);　(4) $\begin{pmatrix}3 & 6 & 9\\2 & 4 & 6\\1 & 2 & 3\end{pmatrix}$;　(5) $\begin{pmatrix}10 & 4 & -1\\4 & -3 & -1\end{pmatrix}$;

(6) $a_{11}x_1^2+a_{22}x_2^2+a_{33}x_3^2+2a_{12}x_1x_2+2a_{13}x_1x_3+2a_{23}x_2x_3$.

4. $3\boldsymbol{AB}-2\boldsymbol{A}=\begin{pmatrix}-2&13&22\\-2&-17&20\\4&29&-2\end{pmatrix}$；$\boldsymbol{A}^{\mathrm{T}}\boldsymbol{B}=\begin{pmatrix}0&5&8\\0&-5&6\\2&9&0\end{pmatrix}$.

5. 总价值：4 650 万元；　总重量：470 吨；　总体积：2 700 m^3.　　6. $\begin{pmatrix}a&b\\0&a\end{pmatrix}$，$a, b\in\mathbf{R}$.

7. (1) $\begin{pmatrix}1&1\\0&0\end{pmatrix}$；　(2) $\begin{pmatrix}1&0\\5\lambda&1\end{pmatrix}$；　(3) $\begin{pmatrix}a^3&0&0\\0&b^3&0\\0&0&c^3\end{pmatrix}$.　　11. $-m^4$.

习题 2-3

1. (1) $\begin{pmatrix}5&-2\\-2&1\end{pmatrix}$；　(2) $\begin{pmatrix}-2&1&0\\-13/2&3&-1/2\\-16&7&-1\end{pmatrix}$；　(3) $\begin{pmatrix}1&-2&1&0\\0&1&-2&1\\0&0&1&-2\\0&0&0&1\end{pmatrix}$.

2. (1) $\boldsymbol{X}=\begin{pmatrix}2&-23\\0&8\end{pmatrix}$；　(2) $\boldsymbol{X}=\begin{pmatrix}1&1\\1/4&0\end{pmatrix}$；　(3) $\boldsymbol{X}=\begin{pmatrix}2&-1&0\\1&3&-4\\1&0&-2\end{pmatrix}$.

3. (1) $\begin{cases}x_1=1\\x_2=0\\x_3=0\end{cases}$；　(2) $\begin{cases}x_1=5\\x_2=0\\x_3=3\end{cases}$.

习题 2-4

1. (1) $\begin{pmatrix}3&0&-2\\5&-1&-2\\0&3&2\end{pmatrix}$；　(2) $\begin{pmatrix}a&0&ac&0\\0&a&0&ac\\1&0&c+bd&0\\0&1&0&c+bd\end{pmatrix}$.　　2. $\begin{pmatrix}1&2&5&1\\0&1&2&-4\\0&0&-4&3\\0&0&0&-9\end{pmatrix}$.

3. (1) $\begin{pmatrix}0&-2&1\\0&3/2&-1/2\\1/2&0&0\end{pmatrix}$；　(2) $\begin{pmatrix}1&-2&0&0\\-2&5&0&0\\0&0&2&-3\\0&0&-5&8\end{pmatrix}$；　(3) $\begin{pmatrix}0&0&\cdots&0&a_n^{-1}\\a_1^{-1}&0&\cdots&0&0\\0&a_2^{-1}&\cdots&0&0\\\vdots&\vdots&&\vdots&\vdots\\0&0&\cdots&a_{n-1}^{-1}&0\end{pmatrix}$.

4. $|\boldsymbol{A}^8|=10^{16}$，　$\boldsymbol{A}^4=\begin{pmatrix}5^4&0&&\\0&5^4&&\boldsymbol{O}\\&&2^4&0\\\boldsymbol{O}&&2^6&2^4\end{pmatrix}$.　　5. (1) -4；　(2) 6.

习题 2-5

1. (1) $\begin{pmatrix}1&0&0\\0&1&0\\0&0&1\end{pmatrix}$；　(2) $\begin{pmatrix}1&0&0\\0&1&0\\0&0&0\end{pmatrix}$；　(3) $\begin{pmatrix}1&0&0&0\\0&1&0&0\\0&0&1&0\end{pmatrix}$.

2. (1) $\begin{pmatrix}1&0&0\\-1/2&1/2&0\\0&-1/3&1/3\end{pmatrix}$；　(2) $\begin{pmatrix}2/3&2/9&-1/9\\-1/3&-1/6&1/6\\-1/3&1/9&1/9\end{pmatrix}$；　(3) $\begin{pmatrix}7/6&2/3&-3/2\\-1&-1&2\\-1/2&0&1/2\end{pmatrix}$；

(4) $\begin{pmatrix} 1 & 1 & -2 & -4 \\ 0 & 1 & 0 & -1 \\ -1 & -1 & 3 & 6 \\ 2 & 1 & -6 & -10 \end{pmatrix}$.

3. (1) $\begin{pmatrix} 10 & 2 \\ -15 & -3 \\ 12 & 4 \end{pmatrix}$;　(2) $\begin{pmatrix} 0 & 1 & -1 \\ -1 & 0 & 1 \\ 1 & -1 & 0 \end{pmatrix}$.　4. $\begin{pmatrix} 2 & 0 & 1 \\ 0 & 3 & 6 \\ 1 & 6 & 2 \end{pmatrix}$.

习题 2-6

1. $r(\boldsymbol{A})=2$.　2. 可能有，可能有.

3. (1) 秩为2，一个最高阶非零子式为二阶子式：$\begin{vmatrix} 3 & 1 \\ 1 & -1 \end{vmatrix}=-4$；

(2) 秩为2，一个最高阶非零子式为二阶子式：$\begin{vmatrix} 3 & 2 \\ 2 & -1 \end{vmatrix}=-7$；

(3) 秩为3，一个最高阶非零子式为三阶子式：$\begin{vmatrix} 1 & 1 & 0 \\ 3 & -1 & 1 \\ 0 & 0 & 1 \end{vmatrix}=-4$.

4. 当 $\lambda=3$ 时，$r(\boldsymbol{A})=2$；当 $\lambda\neq 3$ 时，$r(\boldsymbol{A})=3$.

第3章　答案

习题 3-1

1. (1) $\begin{cases} x_1=-2c \\ x_2=c \\ x_3=0 \end{cases}$，其中 c 为任意实数；　(2) 只有零解；　(3) $k\begin{pmatrix} 4/3 \\ -3 \\ 4/3 \\ 1 \end{pmatrix}$，$k\in\mathbf{R}$；

(4) $k_1\begin{pmatrix} -2 \\ 1 \\ 0 \\ 0 \end{pmatrix}+k_2\begin{pmatrix} 1 \\ 0 \\ 0 \\ 1 \end{pmatrix}$，$k_1, k_2\in\mathbf{R}$.

2. (1) 无解；　(2) $\begin{pmatrix} x \\ y \\ z \\ w \end{pmatrix}=k_1\begin{pmatrix} 1/7 \\ 5/7 \\ 1 \\ 0 \end{pmatrix}+k_2\begin{pmatrix} 1/7 \\ -9/7 \\ 0 \\ 1 \end{pmatrix}+\begin{pmatrix} 6/7 \\ -5/7 \\ 0 \\ 0 \end{pmatrix}$，$k_1, k_2\in\mathbf{R}$.

3. (1) 当 $\lambda\neq 1,-2$ 时，有唯一解；当 $\lambda=-2$ 时，无解；

当 $\lambda=1$ 时，有无穷多解，解为 $k_1\begin{pmatrix} -1 \\ 1 \\ 0 \end{pmatrix}+k_2\begin{pmatrix} -1 \\ 0 \\ 1 \end{pmatrix}+\begin{pmatrix} 1 \\ 0 \\ 0 \end{pmatrix}$ $(k_1, k_2\in\mathbf{R})$.

(2) 当 $\lambda=1$ 时，解为 $k\begin{pmatrix} 1 \\ 1 \\ 1 \end{pmatrix}+\begin{pmatrix} 1 \\ 0 \\ 0 \end{pmatrix}$ $(k\in\mathbf{R})$；　当 $\lambda=-2$ 时，解为 $k\begin{pmatrix} 1 \\ 1 \\ 1 \end{pmatrix}+\begin{pmatrix} 2 \\ 2 \\ 0 \end{pmatrix}$ $(k\in\mathbf{R})$；

当 $\lambda\neq 1$ 且 $\lambda\neq -2$ 时，方程组无解；方程组不存在有唯一解的情况.

习题 3-2

1. $\boldsymbol{v}_1-\boldsymbol{v}_2=(1,0,-1)^{\mathrm{T}}$,　$3\boldsymbol{v}_1+2\boldsymbol{v}_2-\boldsymbol{v}_3=(0,1,2)^{\mathrm{T}}$.

2. $\boldsymbol{\beta}=-11\boldsymbol{\alpha}_1+14\boldsymbol{\alpha}_2+9\boldsymbol{\alpha}_3$.

3. $\boldsymbol{\alpha}_1=\dfrac{1}{2}(\boldsymbol{\beta}_1+\boldsymbol{\beta}_2)$, $\boldsymbol{\alpha}_2=\dfrac{1}{2}(\boldsymbol{\beta}_2+\boldsymbol{\beta}_3)$, $\boldsymbol{\alpha}_3=\dfrac{1}{2}(\boldsymbol{\beta}_1+\boldsymbol{\beta}_3)$.

4. (1) 当 $b\neq 2$ 时, $\boldsymbol{\beta}$ 不能由 $\boldsymbol{\alpha}_1,\boldsymbol{\alpha}_2,\boldsymbol{\alpha}_3$ 线性表示.

   (2) 当 $b=2$, $a\neq 1$ 时, $\boldsymbol{\beta}$ 可由 $\boldsymbol{\alpha}_1,\boldsymbol{\alpha}_2,\boldsymbol{\alpha}_3$ 唯一地线性表示，表达式为 $\boldsymbol{\beta}=-\boldsymbol{\alpha}_1+2\boldsymbol{\alpha}_2$;

   当 $b=2$, $a=1$ 时, $\boldsymbol{\beta}$ 可由 $\boldsymbol{\alpha}_1,\boldsymbol{\alpha}_2,\boldsymbol{\alpha}_3$ 线性表示，但表达式不唯一，表达式为

   $\boldsymbol{\beta}=-(2k+1)\boldsymbol{\alpha}_1+(k+2)\boldsymbol{\alpha}_2+k\boldsymbol{\alpha}_3$，其中 k 为任意常数.

习题 3-3

1. (1) $\boldsymbol{\alpha}_1,\boldsymbol{\alpha}_2,\boldsymbol{\alpha}_3$ 线性相关；　(2) $\boldsymbol{\alpha}_1,\boldsymbol{\alpha}_2,\boldsymbol{\alpha}_3$ 线性无关；　(3) $\boldsymbol{\alpha}_1,\boldsymbol{\alpha}_2,\boldsymbol{\alpha}_3,\boldsymbol{\alpha}_4$ 线性无关.

2. 当 $a=2$ 或 $a=-1$ 时, $\boldsymbol{\alpha}_1,\boldsymbol{\alpha}_2,\boldsymbol{\alpha}_3$ 线性相关.

3. $\boldsymbol{\beta}=-\dfrac{k_1}{k_1+k_2}\boldsymbol{\alpha}_1-\dfrac{k_2}{k_1+k_2}\boldsymbol{\alpha}_2$, $k_1,k_2\in\mathbf{R}$, $k_1+k_2\neq 0$.　　4. $k=2$.

习题 3-4

1. (1) 秩为 2, 一组极大线性无关组为 $\boldsymbol{\alpha}_1,\boldsymbol{\alpha}_2$；(2) 秩为 2, 一组极大线性无关组为 $\boldsymbol{\alpha}_1^{\mathrm{T}},\boldsymbol{\alpha}_2^{\mathrm{T}}$.

2. (1) $\boldsymbol{\alpha}_1,\boldsymbol{\alpha}_2,\boldsymbol{\alpha}_3$ 是向量组的一个极大无关组，且 $\boldsymbol{\alpha}_4=-3\boldsymbol{\alpha}_1+5\boldsymbol{\alpha}_2-\boldsymbol{\alpha}_3$;

   (2) $\boldsymbol{\alpha}_1,\boldsymbol{\alpha}_2$ 是向量组的一个极大无关组，且 $\boldsymbol{\alpha}_3=\dfrac{4}{3}\boldsymbol{\alpha}_1-\dfrac{1}{3}\boldsymbol{\alpha}_2$, $\boldsymbol{\alpha}_4=\dfrac{13}{3}\boldsymbol{\alpha}_1+\dfrac{2}{3}\boldsymbol{\alpha}_2$.

3. (1) 第 1 列和第 3 列向量是矩阵的列向量组的一个极大无关组;

   (2) 第 1、2、3 列构成一个极大无关组；　(3) 第 1、2、3 列构成一个极大无关组.

4. $a=2$, $b=5$.

习题 3-5

1. (1) $\boldsymbol{\xi}_1=\begin{pmatrix}-4\\0\\1\\-3\end{pmatrix}$, $\boldsymbol{\xi}_2=\begin{pmatrix}0\\1\\0\\4\end{pmatrix}$;　　(2) $\boldsymbol{\xi}_1=\begin{pmatrix}0\\0\\1\\2\end{pmatrix}$, $\boldsymbol{\xi}_2=\begin{pmatrix}1\\7\\0\\19\end{pmatrix}$;

   (3) $(\boldsymbol{\xi}_1,\boldsymbol{\xi}_2,\cdots,\boldsymbol{\xi}_{n-1})=\begin{pmatrix}1&0&\cdots&0\\0&1&\cdots&0\\\vdots&\vdots&&\vdots\\0&0&\cdots&1\\-n&-n+1&\cdots&-2\end{pmatrix}$.

3. (1) $\boldsymbol{\eta}=\begin{pmatrix}-8\\13\\0\\2\end{pmatrix}$, $\boldsymbol{\xi}=\begin{pmatrix}-1\\1\\1\\0\end{pmatrix}$;　　(2) $\boldsymbol{\eta}=\begin{pmatrix}1\\-2\\0\\0\end{pmatrix}$, $\boldsymbol{\xi}_1=\begin{pmatrix}-9\\1\\7\\0\end{pmatrix}$, $\boldsymbol{\xi}_2=\begin{pmatrix}1\\-1\\0\\2\end{pmatrix}$.

4. $\boldsymbol{x}=\boldsymbol{\eta}_1+c_1(\boldsymbol{\eta}_3-\boldsymbol{\eta}_1)+c_2(\boldsymbol{\eta}_2-\boldsymbol{\eta}_1)$, $c_1,c_2\in\mathbf{R}$.　　5. (1) $a\neq -1$ 或 3;　(2) $a=-1$.

6. $c_1\begin{pmatrix}1\\-1\\1\\0\end{pmatrix}+c_2\begin{pmatrix}0\\-1\\0\\1\end{pmatrix}$, $c_1, c_2\in\mathbf{R}$.

习题 3-6

1. 20.　　2. 70.　　3. 城市人口为407 640，农村人口为592 360.

4. 星期三的机场约有310 辆车，东部办公区约有48 辆车，西部办公区约有92 辆车.

5.

消耗部门 / 消耗量 / 生产部门	1	2	3	y	x
1	100	25	30	245	400
2	80	50	30	90	250
3	40	25	60	175	300

6. $x_1=160$, $x_2=180$, $x_3=160$.

第 4 章　答案

习题 4-1

2. $S=\{$(正, 正), (正, 反), (反, 正), (反, 反)$\}$;
$A=\{$(正, 正), (正, 反)$\}$;　$B=\{$(正, 正), (反, 反)$\}$;　$C=\{$(正, 正), (正, 反), (反, 正)$\}$.

3. $A\supset D$, $C\supset D$, $\overline{A}=B$, B 与 D 互不相容.

4. (1) 表示三次射击至少有一次没击中靶子；　(2) 表示前两次射击都没有击中靶子；
(3) 表示恰好连续两次击中靶子.

5. (1) 成立；　(2) 当 A, B 互不相容时，成立；　(3) 成立.

7. 区别在于是否有 $A\cup B=S$.

习题 4-2

1. 0.2.　　2. 11/12.　　3. 8/15.　　4. 0.25；0.375.

5. $P(A_1)=\frac{7}{15}$; $P(A_2)=\frac{14}{15}$.　　6. 约 0.602.　　7. (1) $\frac{15}{28}$；　(2) $\frac{9}{14}$.

8 (1) $p=\frac{C_{400}^{90}C_{1\,100}^{110}}{C_{1\,500}^{200}}$；(2) $p=1-\frac{C_{1\,100}^{200}}{C_{1\,500}^{200}}-\frac{C_{400}^{1}C_{1\,100}^{199}}{C_{1\,500}^{200}}$.　　9. $\frac{13}{21}$.　　10. 0.214.

习题 4-3

1. 0.8；0.6；0.5；0.625；约为0.83.

2. 2/3.　　3. 1/5.　　4. 1/3.　　6. 0.51.　　7. 0.93.

习题 4-4

1. D.　　2. $C_9^3p^4(1-p)^6$.　　3. (1) 0.56；　(2) 0.24；　(3) 0.14.

4. 0.63.　　5. 第一种工艺保证得到一级品的概率更大.　　6. 0.059.

7. (1) 0.163; (2) 0.353.　　8. (1) 0.349;　(2) 0.581;　(3) 0.590;　(4) 0.343;　(5) 0.692.

第5章　答案

习题 5-1

3. $X=X(\omega)=\begin{cases}0, & \omega=\omega_1\\ 1, & \omega=\omega_2\\ 2, & \omega=\omega_3\end{cases}$;　$P\{X=0\}=\dfrac{5}{10}$;　$P\{X=1\}=\dfrac{1}{10}$;　$P\{X=2\}=\dfrac{4}{10}$.

习题 5-2

1. $\lambda=2$.　　2. (1) 1/5;　(2) 2/5;　(3) 3/5.

3.

X	3	4	5
p_k	1/10	3/10	6/10

.

4. 0.6.

5. (1) $(0.9)^k\times 0.1,\ k=0,1,2,\cdots$;　　(2) $P\{X\geq 5\}=(0.9)^5$.

6.

X	0	1	2	3
P	$\dfrac{35}{120}$	$\dfrac{63}{120}$	$\dfrac{21}{120}$	$\dfrac{1}{120}$

7. (1) 1/70; (2) 有区分能力.　　8. 约 0.238 1.　　9. e^{-8}.

习题 5-3

1. 离散.　　2. $F(x)=\begin{cases}0, & x<1\\ 0.3, & 1\leq x<3\\ 0.8, & 3\leq x<5\\ 1, & x\geq 5\end{cases}$.

3. (1)

X	−1	1	3
p_k	0.4	0.4	0.2

;　(2) $\dfrac{2}{3}$.

4. 0.6; 0.75; 0.

习题 5-4

1. $\dfrac{X+3}{\sqrt{2}}$.　　2. 0.25; 0; $F(x)=\begin{cases}0, & x\leq 0\\ x^2, & 0<x<1\\ 1, & x\geq 1\end{cases}$.

3. (1) $A=1, B=-1$;　　(2) $P\{-1<X<1\}=e^1-e^{-2}$;　　(3) $f(x)=\begin{cases}2e^{-2x}, & x>0\\ 0, & x\leq 0\end{cases}$.

4. (1) $P\{x_1<X<x_2\}=\dfrac{1}{4}(x_2-1)$;　　(2) $P\{x_1<X<x_2\}=\dfrac{1}{4}(5-x_1)$.

5. 约为 0.268.　　6. (1) $c=3$; (2) $d\leq 0.436$.　　7. 0.682.

8. 车门的高度超过183.98cm 时，该城市男子与车门碰头的概率小于 0.01.

9. (1) 有 60 分钟应走第二条路;　　(2) 只有 45 分钟应走第一条路.

10. $P\{Y=k\}=C_5^k(e^{-2})^k(1-e^{-2})^{5-k},\ k=0,1,2,3,4,5$;　　$P\{Y\geq 1\}\approx 0.516\,7$.

习题 5-5

1. (1) $a=\frac{1}{10}$； (2)

Y	-1	0	3	8
p_i	3/10	1/5	3/10	1/5

.

2.

Y	-1	0	1
P	$\frac{2}{15}$	$\frac{1}{3}$	$\frac{8}{15}$

.

3. 当 $c>0$ 时，$f_Y(y)=\begin{cases}\dfrac{1}{c(b-a)}, & ca+d\le y\le cb+d\\ 0, & \text{其他}\end{cases}$；

当 $c<0$ 时，$f_Y(y)=\begin{cases}-\dfrac{1}{c(b-a)}, & cb+d\le y\le ca+d\\ 0, & \text{其他}\end{cases}$.

4. $f_Y(y)=\begin{cases}\dfrac{1}{y}, & 1<y<\mathrm{e}\\ 0, & \text{其他}\end{cases}$. 5. $f_\theta(y)=\dfrac{9}{10\sqrt{\pi}}\mathrm{e}^{-\frac{81}{100}(y-37)^2}$，$-\infty<y<+\infty$.

第 6 章 答案

习题 6-1

1. p. 2. $E(X)=\dfrac{k(n+1)}{2}$. 3. 1.055 6.

4. $a<b<\dfrac{a}{1-p}$，对于 m 个人可期望获益 $ma-mb(1-p)$. 5. $E(X)$.

6. $E(X)=-0.2$，$E(X^2)=2.8$，$E(3X^2+5)=13.4$. 7. $k=3$, $a=2$.

8. $E(X)=1$. 9. (1) $E(2X)=2$； (2) $E(\mathrm{e}^{-2X})=1/3$.

习题 6-2

1. 2, 2. 2. B. 3. $N\left(\sum_{i=1}^{n}(a_i\mu_i+b_i), \sum_{i=1}^{n}a_i^2\sigma_i^2\right)$.

4. $E(X)=\lambda=1$, $D(X)=\lambda=1$.

5. 因为 $E(X)=E(Y)=1\ 000$，而 $D(X)>D(Y)$，故乙厂生产的灯泡质量较甲厂稳定.

6. X 可取值 $0, 1, \cdots, 9$；$P\{X\le 8\}=1-\left(\dfrac{1}{3}\right)^9$.

7. $E(Y)=7$, $D(Y)=37.25$.

8. (1) $E(X)=1\ 200$，$D(X)=1\ 225$； (2) 应至少储存 1 282 千克该产品.

9. 原点矩为 $\dfrac{4}{3}$，2，3.2，$\dfrac{16}{3}$；中心矩为 0，$\dfrac{2}{9}$，$-\dfrac{8}{135}$，$\dfrac{16}{135}$.

第 7 章 答案

习题 7-1

1. C. 2. 3.6, 2.88.

3. 总体是电器的使用寿命，其概率密度为

$$f(x)=\begin{cases}\lambda e^{-\lambda x}, & x>0\\ 0, & x\le 0\end{cases}\quad (\lambda\text{未知}),$$

样本 $X_1, X_2, \cdots, X_n$ 是 n 件该种电器的使用寿命，其样本密度为

$$f(x_1, x_2,\cdots, x_n)=\begin{cases}\lambda^n e^{-\lambda(x_1+x_2+\cdots+x_n)}, & x_1, x_2, \cdots, x_n>0\\ 0, & \text{其他}\end{cases}.$$

4. $\mu, \dfrac{\sigma^2}{n}, \sigma^2$.

习题 7-2

1. B.
2. 0.253，0.841 6, 1.28, 1.65.
3. 1.145，11.071，2.558，23.209.
4. 0.162 3，0.068 4，0.091 2.
5. 2.353，3.365，1.415，3.169.
6. (1) $t(2)$；(2) $t(n-1)$；(3) $F(3,n-3)$.
9. $a=1/8$，$b=1/12$，$c=1/16$，自由度为3.

习题 7-3

1. (1) $\overline{X}\sim N\left(10, \dfrac{3}{2}\right)$；(2) 约为0.206 1.

2. (1) p；$\dfrac{1}{n}p(1-p)$；　(2) mp；$\dfrac{1}{n}mp(1-p)$；　(3) λ；$\dfrac{1}{n}\lambda$；

   (4) $\dfrac{a+b}{2}$；$\dfrac{(b-a)^2}{12n}$；　(5) $\dfrac{1}{\lambda}$；$\dfrac{1}{n\lambda^2}$.

3. 16.
4. (1) 0.689 8；(2) 0.998 7.
5. 0.543 1.
6. 约 0.997.
7. $\sigma=3.11$.
8. $a=26.105$.
9. $0.025\le P(S_1^2\ge 2S_2^2)\le 0.05$.

第 8 章　答案

习题 8-1

3. $\hat{\lambda}^2=\dfrac{1}{n}\sum\limits_{i=1}^{n}X_i^2-\overline{X}$.

4. $\hat{p}^2=\dfrac{1}{n^2(n-1)}\sum\limits_{i=1}^{n}(X_i^2-X_i)$.

5. (1) $\hat{\theta}=\dfrac{\overline{X}}{\overline{X}-c}$；$\hat{\theta}=\dfrac{\bar{x}}{\bar{x}-c}$，其中 $\bar{x}=\dfrac{1}{n}\sum\limits_{i=1}^{n}x_i$；$\hat{\theta}_L=\dfrac{n}{\sum\limits_{i=1}^{n}\ln X_i-n\ln c}$.

   (2) $\hat{\theta}=\left(\dfrac{\overline{X}}{1-\overline{X}}\right)^2$；$\hat{\theta}=\left(\dfrac{\bar{x}}{1-\bar{x}}\right)^2$；$\hat{\theta}_L=\left(n\Big/\sum\limits_{i=1}^{n}\ln X_i\right)^2$.

   (3) $\hat{p}=\dfrac{1}{m}\cdot\dfrac{1}{n}\sum\limits_{i=1}^{n}X_i$；$\hat{p}=\dfrac{1}{m}\cdot\dfrac{1}{n}\sum\limits_{i=1}^{n}x_i$；$\hat{p}_L=\dfrac{\overline{X}}{m}$.

6. (1) $\hat{\theta}=2\overline{X}$；(2) $\hat{\theta}=2\bar{x}\approx 0.963\,4$.
7. $\hat{\theta}=2\overline{X}-1$.
8. 1/15.
9. $\hat{\theta}_L=\dfrac{5}{6}$.

习题 8-2

1. B.　　2. C.
3. (480.4, 519.6).　　4. $n=12$.　　5. 置信上限为2 116.15，下限为1 783.85.
6. (145.58, 162.42).　　7. (8.400, 39.827).　　8. (7.4, 21.1).
9. (2.690, 2.720);　(0.000 459, 0.002 015).

第9章　答案

习题 9-1

1. D.　　2. (1) $U > u_{1-\alpha}$; (2) $U < u_{\alpha}$.
9. 认为包装机工作正常.

习题 9-2

1. 不可认为过去该市轻工产品月产值占该市工业产品总月产值百分比的平均数为32.50%.
2. 可认为这批元件不合格.　　3. 可认为该天打包机工作正常.
4. 接受 H_0，该天每袋平均质量可视为500 g.　　5. 可认为总体方差 $\sigma^2=0.03$.

习题 9-3

1. 使用原料 B 的产品平均重量比使用原料 A 的要大.　　2. 可认为此种血清无效.
3. 可认为矮个子总统的寿命比高个子总统的寿命长.
4. 可认为实验课程能使平均分数增加 8 分.
5. 可认为乙车床生产的产品的直径的方差比甲车床生产的产品的小.
6. 不能得出方差小于15的结论.　　7. 可认为早晨比晚上身高要高.

第10章　答案

习题 10-1

1. 可认为不同的贮藏方法对含水率的影响没有显著差异.

2. 电池的平均寿命有显著差异；所求的 $\mu_A-\mu_B$ 的置信区间为 (6.75, 18.45)；$\mu_A-\mu_C$ 的置信区间为(−7.652, 4.052); $\mu_B-\mu_C$ 的置信区间为 (−20.252, −8.548).

3. 可认为各班级的平均分数无显著差异.

习题 10-2

1. 认为某商品的供给量 s 与价格 p 间存在近似的线性关系，线性关系为

$$\hat{s}=30.48+3.27p.$$

2. 食品支出与收入间的线性关系显著，线性关系为 $\hat{y}=39.37+0.54m$.
3. 资料不能证实企业的利润水平和它的研究费用之间存在线性关系.
4. (1) $\hat{y}=41.707\,2+0.371\,3x$;　(2) 可认为回归效果显著;　(3) (63.043 3, 71.610 5).

图书在版编目（CIP）数据

线性代数与概率统计：经管类：高职高专版/吴赣昌主编. —4 版. —北京：中国人民大学出版社，2017.7
21 世纪数学教育信息化精品教材　高职高专数学立体化教材
ISBN 978-7-300-24463-1

Ⅰ.①线…　Ⅱ.①吴…　Ⅲ.①线性代数-高等职业教育-教材②概率论-高等职业教育-教材③数理统计-高等职业教育-教材　Ⅳ.①O151.2②O21

中国版本图书馆 CIP 数据核字（2017）第 115526 号

21 世纪数学教育信息化精品教材
高职高专数学立体化教材
线性代数与概率统计（经管类·高职高专版·第四版）
吴赣昌　主编
Xianxing Daishu yu Gailü Tongji

出版发行	中国人民大学出版社		
社　址	北京中关村大街 31 号	邮政编码	100080
电　话	010－62511242（总编室）		010－62511770（质管部）
	010－82501766（邮购部）		010－62514148（门市部）
	010－62515195（发行公司）		010－62515275（盗版举报）
网　址	http://www.crup.com.cn		
	http://www.ttrnet.com（人大教研网）		
经　销	新华书店		
印　刷	北京东君印刷有限公司	版　次	2007 年 4 月第 1 版
规　格	170 mm×228 mm　16 开本		2017 年 7 月第 4 版
印　张	15.75 插页 1	印　次	2017 年 7 月第 1 次印刷
字　数	318 000	定　价	35.80 元